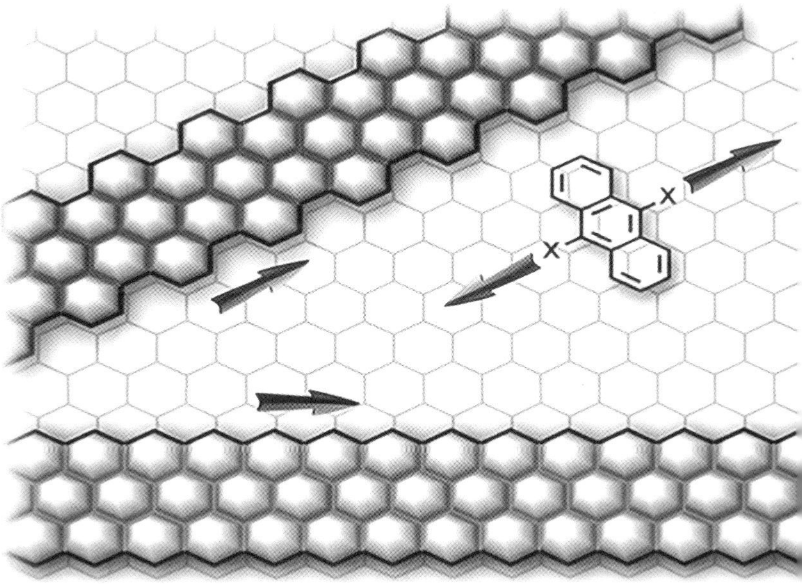
X
X

LEBENSWERKE
IN DER
CHEMIE

LIVES IN CHEMISTRY – LEBENSWERKE IN DER CHEMIE

Große Ziele in der chemischen Forschung zu erreichen, erfordert oft lange Zeiträume. Der Forschungsprozess – von der Hypothese über das Experiment hin zur Interpretation – besteht in der Chemie dabei häufig aus vielen, raschen Schritten, die für sich schneller gegangen sind als in den Nachbardisziplinen. Wie sich daraus ein wissenschaftliches Lebenswerk ergibt, ist Gegenstand der Darstellungen dieser Reihe.

Ein vom Vorstand der Fachgruppe Geschichte der Chemie in der Gesellschaft Deutscher Chemiker (GDCh) bestimmter Beirat lenkt die Reihe. Das Projekt wird von Dr. Karl Reuter (RCA, Freiburg i. Br.) gefördert. Wie es zu all dem kam, schildert Günther Maier im ersten Band der „Lebenswerke in der Chemie". Wie die Chemie, so ist auch die Reihe selbst international, und Chemie wird umfassend definiert, schließt also viele benachbarte Disziplinen mit ein.

Leben und Werk sind in der Wissenschaft oft eng verwoben. Mit der Reihe entstehen wichtige Zeitdokumente, die anregend, lehrreich und unterhaltend sind – dabei so unterschiedlich, wie Menschen nur sein können.

Danke allen, die die Realisierung der Idee unterstützen.

Berlin, im Sommer 2025
Carsten Reinhardt,
Vorsitzender des Beirats

BISLANG IN DER REIHE ERSCHIENEN

GÜNTHER MAIER
DAS WAR'S – ERINNERUNGEN EINES DOKTORVATERS (2021)

GERHARD ERTL
MEIN LEBEN MIT DER WISSENSCHAFT (2021)

HENRI BRUNNER
BILD UND SPIEGELBILD: KLEINER UNTERSCHIED–GROSSE AUSWIRKUNGEN (2021)

DIETER OESTERHELT AND MATHIAS GROTE
LEBEN MIT LICHT UND FARBE – EIN BIOCHEMISCHES GESPRÄCH (2022)

STEPHEN B. H. KENT
INVENTING SYNTHETIC METHODS TO DISCOVER HOW ENZYMES WORK (2022)

FRANZ EFFENBERGER
VON AROMATEN UND HETEROCYCLEN ZUR BIO- UND NANOTECHNOLOGIE (2023)

GERHARD ERTL
MY LIFE WITH SCIENCE (2023)

HORST KESSLER
NMR: MEIN KOMPASS IN DER ORGANISCHEN UND MEDIZINISCHEN CHEMIE (2024)

LARRY E. OVERMAN
DESIGNING SYNTHETIC METHODS AND NATURAL PRODUCTS SYNTHESIS (2024)

HUBERT SCHMIDBAUR
FROM CHEMICAL CRAFTSMANSHIP TO THE ART OF GILDING ATOMS (2024)

KATHARINA KOHSE-HÖINGHAUS
BURNING FOR SCIENCE – A WOMAN IN A TECHNICAL FIELD (2025)

SIGRID PEYERIMHOFF
AB INITIO – EIN LEBEN FÜR DIE QUANTENCHEMIE (2025)

RYOJI NOYORI
RESEARCH SHOULD BE FRESH, SIMPLE, AND CLEAR (2025)

ALBERT ESCHENMOSER
AWARDS ARE NICE BUT DISCOVERIES ARE BETTER (2025)

KLAUS MÜLLEN
DIE CHEMIE MUSS STIMMEN (2025)

DIE WERKE DER INTERNATIONALEN REIHE SIND EINE HOMMAGE AN AUSGEZEICHNETE FORSCHUNG, ERZÄHLEN LEHRREICH UND ANREGEND, WIE SIE GELANG, UND WOLLEN DIE NÄCHSTEN GENERATIONEN FÜR DIE ZUKUNFT INSPIRIEREN.

DIE BUCHREIHE „LEBENSWERKE IN DER CHEMIE“ ERHIELT EINE GOLDPRÄMIERUNG DER STIFTUNG BUCHKUNST UND GEHÖRT DAMIT ZU DEN „SCHÖNSTEN DEUTSCHEN BÜCHERN“.

L-I-C.ORG

KLAUS MÜLLEN

DIE
CHEMIE
MUSS
STIMMEN

BIBLIOGRAPHISCHE INFORMATION DER DEUTSCHEN NATIONALBIBLIOTHEK

DIE DEUTSCHE NATIONALBIBLIOTHEK VERZEICHNET DIESE PUBLIKATION IN DER DEUTSCHEN NATIONALBIBLIOGRAFIE; DETAILLIERTE BIBLIOGRAPHISCHE DATEN SIND ÜBER HTTP://DNB.DNB.DE ABRUFBAR.

REIHE „LEBENSWERKE IN DER CHEMIE“

HERAUSGEGEBEN VOM BEIRAT DER FACHGRUPPE GESCHICHTE DER CHEMIE IN DER GESELLSCHAFT DEUTSCHER CHEMIKER (GDCh)
ISSN 2747-8696
HTTPS://DOI.ORG/10.47261/LIC

L-I-C.ORG

SUPPORTING MATERIAL
BEGLEITMATERIAL UND EINIGE FARBABBILDUNGEN FINDEN SIE AUF DER WEBSITE:
L-I-C.ORG/1139

GESTALTUNG UND SATZ
ANDREAS TÖPFER, BERLIN (WWW.ANDREASTOEPFER.DE)

DRUCK UND BUCHBINDERISCHE VERARBEITUNG
LIVONIA PRINT, SIA, JŪRKALNES IELA 15/25, 1046 RIGA (WWW.LIVONIAPRINT.LV)

1. AUFLAGE 2025

ISBN 978-3-86225-139-1 (HARDCOVER)
ISBN 978-3-86225-572-6 (E-BOOK/PDF)
ISBN 978-3-86225-597-9 (E-BOOK/EPUB)
HTTPS://DOI.ORG/10.47261/1572

GRAPHIKDESIGN – LOOK & FEEL

DIE REIHE „LEBENSWERKE IN DER CHEMIE“ (LIC) IST IN IHRER GESTALTUNG UND VERPACKUNG EBENSO INNOVATIV UND EXPERIMENTELL WIE CHEMISCHE FORSCHUNG. DIE AUFMACHUNG ERINNERT AN LABORPROTOKOLL-KLADDEN.

DAS LESEN EINES BUCHS IST AUCH EIN HAPTISCHES ERLEBNIS: MAN FÜHLT DIE MATERIALIEN, ERFASST DIE UNTERSCHIEDLICHEN DRUCKTECHNIKEN, ARBEITET MIT DEM TEXT DURCH ANMERKUNGEN UND UNTERSTREICHUNGEN UND DREHT DAS BUCH, UM QUERFORMATIGE BILDER IM DETAIL ZU BETRACHTEN. DAS KONZEPT HAT DER VIELFACH AUSGEZEICHNETE BUCHDESIGNER UND ILLUSTRATOR ANDREAS TÖPFER ENTWICKELT, DER AN DER WEISSENSEE KUNSTHOCHSCHULE BERLIN AUSGEBILDET WURDE.

UMSCHLAGABBILDUNG

DAS TITELBILD ZEIGT ZWEI NANOBÄNDER VON GRAPHEN MIT UNTERSCHIEDLICHER KANTENSTRUKTUR. SIE SIND KETTEN UND SCHEIBEN ZUGLEICH UND VERKNÜPFEN DESHALB DIE EIGENSCHAFTEN VON KONJUGIERTEN MAKROMOLEKÜLEN UND GRAPHEN. ALS NEUE HALBLEITER KÖNNTEN SIE ANWENDUNG IN ELEKTRONIK, SPINTRONIK UND QUANTENTECHNOLOGIE FINDEN (SIEHE ABSCHNITTE 5.4 UND 6.2).

AUTORENFARBE

FÜR JEDES BUCH WÄHLEN VERLAG, GRAPHIKER UND AUTOR EINE BESONDERE FARBE AUS DEM PANTONEFÄCHER, IN DIESEM WERK PANTONE 266U, UND SETZEN DAMIT WEITERE PERSÖNLICHE AKZENTE. DAMIT WIRD DAS SCHAUEN UND LESEN VOM SCHUBER ÜBER DEN UMSCHLAG, DIE TEXTE UND BILDER BIS ZU DEN ANHÄNGEN ZUM ERLEBNIS.

PAPIER

DAS VERWENDETE PAPIER MUNKEN PRINT WHITE 15 STEHT FÜR NACHHALTIGE FORSTWIRTSCHAFT UND VEREINT DIE BESTEN EIGENSCHAFTEN VON HOLZFREIEM UND HOLZHALTIGEM PAPIER MITEINANDER. (EU ECOLABEL, FSC-C020637).

TYPOGRAPHIE

DIE URFORM DER VERWENDETEN AKZIDENZ GROTESK NEXT ENTSTAND 1880 AUS DER HAND DES KÖNIGLICH-PREUSSISCHEN SCHRIFTSCHNEIDERS FERDINAND THEINHARDT ALS „ROYAL GROTESK“. GANZ IM STIL DER ZEIT WURDEN AUS IHR DIE PUBLIKATIONEN DER PREUSSISCHEN AKADEMIE DER WISSENSCHAFTEN GESETZT. SERIFENLOSE TYPEN FANDEN VOR BEGINN DES 20. JAHRHUNDERTS OFTMALS IM WISSENSCHAFTLICHEN SCHRIFTWERK VERWENDUNG. IM KONTRAST WIRD DIE LEICHT LESBARE SERIFENSCHRIFT CENTURY SCHOOLBOOK VERWENDET.

SPRACHE

IN DIESEM BUCH WIRD DAS GENERISCHE MASKULINUM VERWENDET. KEINESFALLS SIND DAMIT DISKRIMINIERUNGEN BEABSICHTIGT.

Inhaltsverzeichnis

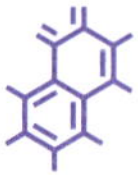

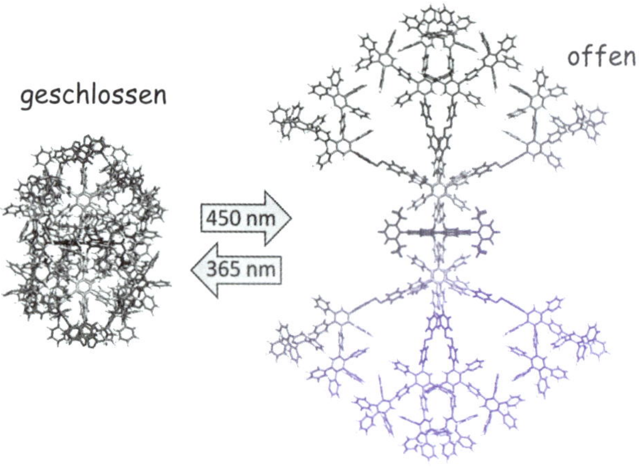

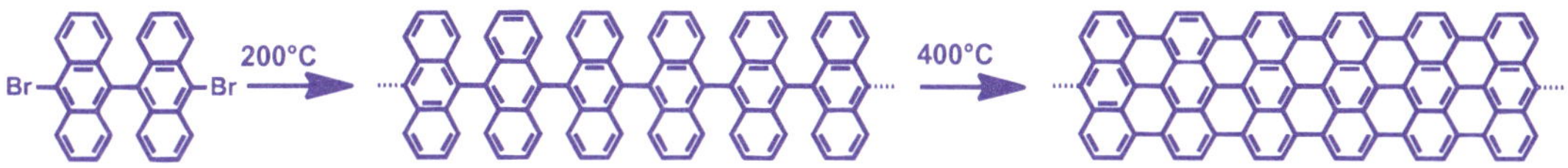

6 Von Freude und Nutzen wissenschaftlicher Zusammenarbeit 205

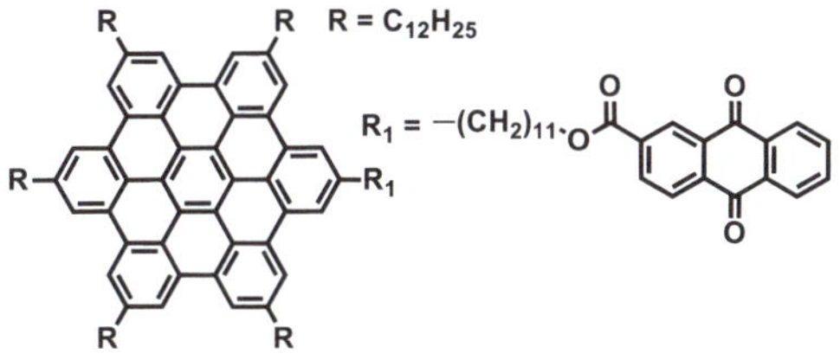

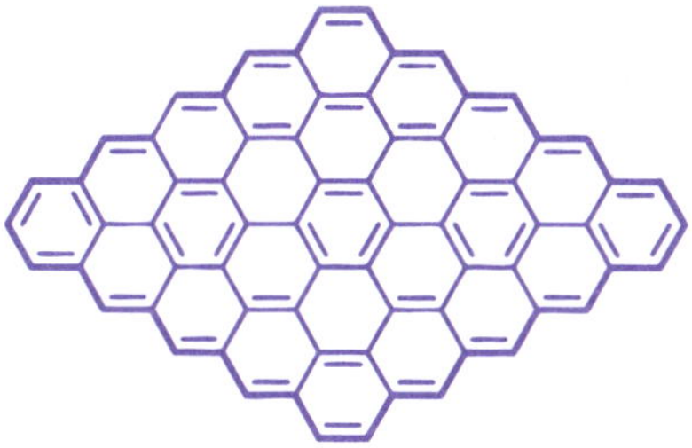

* Anhang 291

7 Im Wissenschaftsbetrieb 261

VORBEMERKUNG

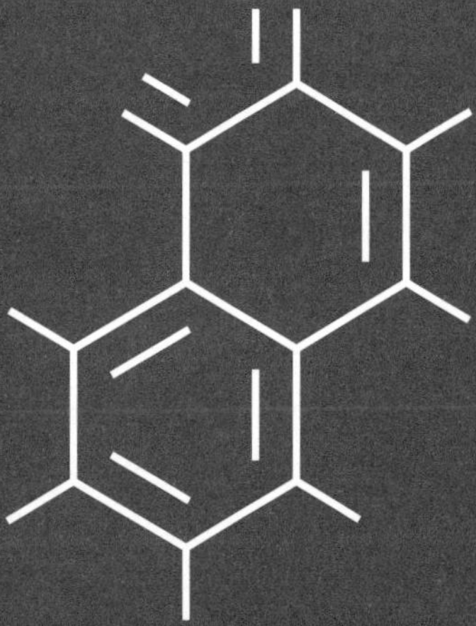

Die Chemie muss stimmen – ist das nur ein gängiger Buchtitel oder eine ernstgemeinte Gesamtschau eines Forscherlebens? Diese Forderung gilt landläufig dem glücklichen Gelingen menschlicher Beziehungen und klingt nicht streng, sondern voller Hoffnung. Aber was wir so leichthin als Redensart im Munde führen, macht im Grunde die Chemie zur Blaupause für unser soziales Leben. Dann, das schicke ich gleich vorweg, verdiente sie in der öffentlichen Wahrnehmung auch eine viel höhere Wertschätzung.

Es wäre schön, wenn ich dazu ein wenig beitragen könnte, aber dann muss die Chemie auch in ihren Inhalten stimmen. Sie ist die Wissenschaft von den Stoffen und deshalb gleichermaßen wichtig als Bildungsauftrag und als Technologiegrundlage, denn wir leben nun einmal in einer stofflichen Welt. Damit kommen mir Forderungen wie experimentelle oder gedankliche Sorgfalt in den Sinn, aber auch die große Verantwortung des Forschers. Dies gilt nicht nur für das Sammeln von Kenntnissen und Fertigkeiten im Respekt vor der Natur, sondern auch für deren Rückwirkungen auf unsere Gesellschaft.

Darum also soll sich dieses Buch drehen: um meine Erlebnisse als Lehrer und Forscher der Chemie in einem wissenschaftlichen, menschlichen und gesellschaftlichen Umfeld. Ich erzähle deshalb nicht nur die Geschichte von chemischen Ideen, sondern auch von Begegnungen, wobei offen bleiben muss, welche von beiden bunter und spannender gewesen ist. Es hat sich so ergeben, dass ich Arbeitsgebiete gewechselt habe, mit großem Gewinn für mich selbst und mit der Gelegenheit zu einer echten Synthese von Kenntnissen, aber immer auch mit den Risiken des Newcomers. Dabei wurden aus kleinen Molekülen Oligomere und Polymere, aus verdünnten Lösungen komplexe Festkörper und aus Verbindungen Materialien.

Es wird bei dieser Entwicklung um wissenschaftliche Pläne gehen und um die Anstrengungen, sie umzusetzen, und natürlich will ich versuchen, Ihnen beides verständlich zu machen. Ein solcher Versuch mag am Ende dem einen als zu speziell, dem anderen als zu oberflächlich erscheinen, doch das ist nicht zu ändern. Es wird von Erfolgen ebenso wie von Misserfolgen die Rede sein; es wird um Zusammenarbeit ebenso wie um Konkurrenz gehen, also um das Menschliche in der Forschung, und nur, wenn auch das stimmt, wird die Chemie wirklich stimmen. Aber kann ich das alles uneitel und mit der nötigen Distanz nachzeichnen und dennoch Freude und Zweifel an meinem eigenen Weg glaubhaft vermitteln? Hat diese persönliche Rückschau überhaupt einen Wert für andere? Weil ich an so vielen Erinnerungen vorbeikomme, wird sie aufzuschreiben zumindest meine eigenen Gedanken klären. Derart aus meinem Leben eine Erzählung zu machen und entscheidende Wegmarken aufzufinden, könnte also sinnstiftend sein, allerdings vor allem für mich selbst. Diese Erzählung eignet sich kaum als konkrete Betriebsanleitung für andere, vielleicht aber als Anregung zur

Selbstreflexion. Und noch etwas. Wenn meine Enkelkinder drängen: „Opa, erzähle eine Geschichte“, so muss die spannend, aber nicht unbedingt wahr sein. Ob die Geschichten, die ich Ihnen erzähle, spannend sind, weiß ich nicht, wahr sollten sie aber sein. Die Voraussetzungen sind gut, denn während ich beim Memory-Spielen gegen die Enkelkinder immer verliere, scheinen meine Lebenserinnerungen sich wohl bewahrt zu haben.

›Links [8].

Die Heldin in dem schönen Buch „Eine Frage der Chemie“ von Bonnie Garmus ist Chemikerin. Sie wird am Anfang der 1960er Jahre zum Gesicht einer bekannten Kochsendung, aber noch viel mehr zur Vorkämpferin persönlicher Selbstverwirklichung. Hier gewinnt Chemie noch eine neue Bedeutung, denn Chemie wird zum Stoff der Lebensgestaltung. Unsere Buchhändlerin spricht von dem meistgelesenen Buch der letzten Jahre, woraus ich zumindest den Trost ziehe, dass das Wort Chemie in einem Buchtitel keine Angst macht.

Abb. 0.1. Spannend, aber auch wahr?

FRÜHE JAHRE UND SPÄTE EINSICHTEN

1

DOI.ORG/10.47261/1572-1

Weil ich ja einen großen Bogen schlagen darf, hier ist eine Erinnerung, die, lange verschüttet, nun Gestalt annimmt. Im Kölner Vorort Ehrenfeld, damals stark industriell geprägt und heute ein Schwerpunkt deutsch-türkischen Lebens, gab es gut zugänglich und gegenüber „Strohhut's Eisdiele" eine Volksbücherei, deren eifriger Kunde ich schon in frühen Jahren war, auch wegen der freundlichen Bibliothekarinnen. Das Bällchen Eis kostete übrigens 10 Pfennig. Ich mag vielleicht 14 Jahre alt gewesen sein, als ich mir, heute erscheint das als etwas verfrüht, ein Büchlein über akademische Berufe auslieh. Zur Chemie hieß es sinngemäß – ich weiß noch, dass ich es unter dem Pfirsichbaum in unserem Garten las: „Es braucht viel Ausdauer und Energie, um dieses längste und schwierigste aller Studien in Angriff zu nehmen." Lassen wir dahingestellt, ob das stimmt oder nicht, aber diese Drohung hat mich eher angezogen. Völlig klar ist mir aber, dass ich meine Hinwendung zur Chemie ab der späten Mittelstufe des Gymnasiums meinem Lehrer am Albertus-Magnus-Gymnasium in Köln verdanke, Dr. Hans-Otto Hammer, einem begeisterten Chemiker, aber großen Naturfreund und ausdauernden Wanderer. Die Synthese von Azofarbstoffen oder von Polyurethanschäumen in seiner Chemie-Arbeitsgemeinschaft stand für die Faszination des Stofflichen. Damals gab es in der Schulbibliothek ein Exemplar des „Beyer" über die organische Chemie, das ich in Dauerausleihe hatte. Das konnte aber kaum als unsozial gelten, weil sich sonst kein Mensch für diesen Schinken interessierte, von dem mich dann aber ein eigenes Exemplar lange begleitet hat und jetzt noch als „Beyer / Walter" in meinem Regal steht.

Lief denn alles so zielstrebig auf den Beruf des Chemikers hinaus? Die Abiturnoten hätten auch eine andere Studienwahl zugelassen, und noch heute finde ich die Geschichtswissenschaften oder die Medizin als mindestens genauso anziehend wie die Chemie, denn sie sind, wenn auch aus unterschiedlichen Gründen, noch näher am Menschen. Andererseits suchte ich Ordnung, unwiderlegbare Schlussfolgerungen, und so reizten mich eher die exakten Wissenschaften. Chemie ragte dabei heraus, weil sie mir sowohl intellektuell als auch praktisch erschien, geheimnisvoll und handfest zugleich, aber klaren Gesetzen gehorchend. So sehr ich im Ruhestand die Geschichtswissenschaften als Bildungserlebnis schätze, vor allem als Spiegel sozialer Ideen, so sehr glaube ich, dass in allen Fällen die Vermittlung komplexer Zusammenhänge einer klaren Sprache bedarf. Einfach sagen, was ist. Als Stipendiat der Studienstiftung des Deutschen Volkes erlebte ich Seminare, zum Beispiel in Kronenburg in der Eifel, die mich eher verwirrten, denn ich konnte den reichlich geflochtenen, rhetorischen Girlanden wenig abgewinnen. Und das ist so geblieben. Viele Jahre später saß ich als Vertreter der Direktoren im Senat der Max-Planck-Gesellschaft (MPG), einem der wichtigen entscheidungsfindenden Gremien, nicht zuletzt wird dort über Berufungen abgestimmt. Dem Senat gehören auch Persönlichkeiten aus Politik,

Wirtschaft und Forschungsorganisationen an, deren Wortmeldungen manchmal erhellend waren, mich aber nicht selten an Kronenburg erinnerten. Einfach sagen, was ist, und damit auch Schwieriges offenlegen können. Natürlich würde die öffentliche Diskussion zum Beispiel der Energietechnologien gewinnen, wenn mehr Menschen wenigstens elementare Kenntnisse der naturwissenschaftlichen Grundlagen hätten, und ich begreife den Versuch einer Popularisierung von Wissenschaften als wichtigen Auftrag eines Forschers. Sie beginnt mit den Lehrern an Schulen als Multiplikatoren, muss aber auch die politischen Entscheidungsträger umfassen, denn es ist gut, wenn dort nach Fakten statt nach Anschauungen entschieden wird. Ich verfolge aufmerksam, wie der Zusammenschluss Science Advice for Policy by European Academies (SAPEA) als wichtiger Teil der Beratungsmechanismen für die Europäische Kommission große Wirksamkeit entfaltet. Forschern Gehör zu geben, das leuchtet jedermann ein, sollte aber nicht nur eine Frage allseitigen guten Willens sein, sondern professionell hinterfragt werden. Ich nenne als Beleg für diese Forderung zwei unterschiedliche Beispiele, die mir kürzlich begegnet sind und die ich auch Ihnen ans Herz legen möchte. Das eine ist ein Handbuch der Finnish Academy of Sciences and Letters, mit dem Titel „Researcher's Handbook on Science-for-Policy", das den bezeichnenden Untertitel „Pathways to Impact" trägt, und das andere umfasst Arbeiten von Nina Janich, Professorin für Germanistik an der TU Darmstadt, die dem „Public Understanding of Science" und der dabei zu verwendenden Sprache gewidmet sind.

Ich habe meinen Beruf gerngehabt und ihn als Privileg gesehen, er war mir bei allen Mühen eine Freude, einfach Teil meines Lebens. Umso mehr bedrückt mich der Gedanke an die vielen, denen diese Freude an ihrer Arbeit nicht vergönnt ist. Als ich im Freundeskreis einmal fröhlich vom Spaß am Forschen erzählte, hielt einer betrübt dagegen, die Freude am eigenen Tun schwinde schnell, wenn dieses zumeist in Routine erstarre, nur Broterwerb sei und man überdies befürchten müsse, die Stelle zu verlieren. Noch mehr aber erinnere ich mich an die Totenstille nach dem Schlusswort eines Lehrers, der bei seiner Verabschiedung in der Aula eingestand, schon früh erkannt zu haben, dass dieser Beruf nicht das Richtige für ihn gewesen sei, er aber nie die Konsequenzen aus der falschen Lebensentscheidung habe ziehen können.

Ohne Fleiß kein Preis? Ich gestehe, wenn ich bei den Übungen zur Vorlesung Organische Chemie I im Sommersemester an der Universität Mainz mit dem Einsatz der Studierenden nicht zufrieden war, gerne an solche Spruchweisheiten unserer Sprache, erinnert zu haben. Trotz der Nähe zu Pfingsten werde es nicht der Heilige Geist, sondern nur die eigene Arbeit richten. Diese Botschaft wiederum ist nicht weit entfernt von aktuellen Diskussionen in den Medien, ob wir mehr oder weniger arbeiten sollten. Am Ende ist es doch so: Wer mehr erreichen will als andere, der muss auch mehr einsetzen. Die kölsche Mundart hat es ebenso einfach wie prägnant ausgedrückt: „Vun nix kütt nix."

Feste feiern und feste arbeiten, so haben Mitarbeiter meine Lebensformel beschrieben. Dabei sind es die gemeinsamen Erfolge und Misserfolge, die das Leben einer Arbeitsgruppe ausmachen. Man muss den Alltag erfahren, die abgelehnte Publikation, die fehlgeschlagene letzte Stufe oder die immer wieder auftretende Verunreinigung im Ethylen bei dessen katalytischer Polymerisation. Gemeinsam Erlebtes kann jedoch nicht nur aus Chemie bestehen, sondern braucht einfach auch den Grillabend oder die Wanderung. Das wöchentliche Fußballspiel war mein Jungbrunnen, bis meine lädierten Hüften dem ein Ende machten (**Abb. 1.1. – 1.2.**). Auf der anderen Seite schenkte mir die Gruppe zu irgendeinem Fest das Foto eines älteren Herrn, im Unterhemd und mit herabhängenden Hosenträgern auf der Untersuchungsliege sitzend, der vom Doktor gefragt wird: „So so, Sie arbeiten 12 Stunden am Tag?", mit der betrübten Antwort: „Ja, ich möchte auch gerne wieder in Vollzeit arbeiten." An die Feier zu meinem 40. Geburtstag habe ich eine glasklare Erinnerung. Ich hatte in Japan von Yoshiteru Sakata, Professor in Osaka, gelernt, der mit 40 Jahren das Cello-Spielen begann, dass man an dieser Wegmarke eine wichtige Lebensentscheidung im Hinblick auf zukünftige Pläne treffen müsse. Als mich Mitarbeiter, angeführt von Petra Baierweck, im „Kaffeelabor" fragten, was ich denn mit dem 40. Geburtstag an guten Vorsätzen verbinde, antwortete ich, ohne viel nachzudenken, ich wolle Trompete spielen lernen.

Abb. 1.1. (unten) und 1.2. (nächste Seite) Für die Mannschaft und für den Photographen.

Das wiederum hatte eine Vorgeschichte. Meine Frau und ich hörten während unserer Zeit in Zürich zum Advent gerne das Weihnachtsoratorium, meistens die Sätze 1 bis 3, im Großmünster, auch wenn wir immer wieder das Pech hatten, hinter einer dicken Säule zu sitzen. Von daher hatte ich das Strahlende der Trompete im Zusammenspiel mit der Orgel im Ohr. Jedenfalls bekam ich von der Gruppe eine Trompete geschenkt, was mich so begeisterte, dass ich versprach, bei der nächsten Weihnachtsfeier „Stille Nacht, Heilige Nacht" zu spielen. Mein Trompetenlehrer, ein hochbegabter Musikstudent, und ich trafen uns wöchentlich im Autoklavenraum des Organisch-Chemischen Instituts in Mainz; „Strangers in the Night" war der Anfang, und das kleine Weihnachtskonzert fast ein Jahr später fand freundlichen und nicht nur höflichen Beifall. In den folgenden Jahren habe ich gerne mit einem Freund, einem Laienposaunisten, zusammengespielt, aber das Metronom blieb mein Feind, und ich habe es nie in ein Orchester geschafft.

Mir wird jedoch an dieser Stelle deutlich, dass die vielen Episoden aus dem Leben der Arbeitsgruppe und meiner beruflichen Entwicklung zwar helfen werden, Erinnerungen wachzurufen und Gedanken zu klären, aber für Sie rasch zum Durcheinander führen werden, wenn sie nicht strenger sortiert und, zumindest größtenteils, chronologisch erzählt werden. Vermehrt Rückschau zu halten, ist wohl eine Alterserscheinung und hat schon seit längerem begonnen. Dazu gehört dreimal im Jahr unser Treffen der alten Volksschulklasse. Nichts ist schöner, als gemeinsam auf die damaligen Lehrer zu schimpfen, und es ist entspannt, wenn es keinen Hauch von „mein Haus, mein Auto, mein Boot" gibt.

Wenn ich gerade bei der Kindheit und der geordneten Welt in einem Kölner Vorort Halt mache: Ich stamme aus einer Arbeiterfamilie ohne Tradition in höherer Schulbildung oder Hochschulstudium. Das hatte einen großen Vorteil, denn ich lernte früh, meine schulischen Dinge selbst zu ordnen, das hatte aber auch einen Nachteil, denn ich verspürte den Druck, möglichst gut zu sein. Irgendwann in der Oberstufe kam die Einladung, an das „Atlantic College" zu gehen, man trete da in eine andere Welt ein und könne ein Jahr früher zum Abitur kommen. Zu einem solchen Schritt fehlten mir aber Mut und Motivation, und im Grunde wollte ich mich nicht von meiner vertrauten Umgebung, die mir Halt und Lebensfreude gab, lösen. Ich habe mich später oft gefragt, welche Begabungen Studierenden am ehesten zu einem erfolgreichen Abschluss verhelfen können. Ich will sicher die Bedeutung von Bildung und schöpferischer Phantasie nicht kleinreden. Mir scheint aber, dass Belastbarkeit und der Wille, stets noch einmal neu anzufangen, ebenso wichtige Zutaten sind. Dazu zwei Geschichten.

Mein Mentor während der Postdoktorandenzeit an der Eidgenössischen Technischen Hochschule (ETH) in Zürich, Professor Jean Oth, war kein leicht zu handhabender Chef, aber ein begnadeter und mitreißender Experimentator. Er optimierte das Magnetfeld am Kernresonanzspektrometer stets schneller als ich, zudem schlossen seine Fertigkeiten nicht nur die Handhabung von Spektrometern, sondern ebenso Glasblasen und Arbeiten an der Drehbank ein. Und er stand mit im Labor. Da wir beide Strohwitwer waren, arbeiteten wir viel nachts, so etwa an der Reduktion eines [18]Annulens aus der Gruppe von Franz Sondheimer. Man fügt den 18 π-Elektronen des neutralen Rings zwei Elektronen hinzu und erzeugt dadurch eine völlig andere Bindungssituation. Die Reaktionsenergie, also gewissermaßen die „Leichtigkeit" der Elektronenübertragung, lässt sich über das elektrochemische Redoxpotenzial bestimmen, das man anhand einer Welle im Cyclovoltammogramm messen kann. Es ergab sich nun, dass die Reversibilität der Dianionstufe nicht perfekt ausgebildet war, weil wir kleinste Spuren von Wasser und damit eine rasche Protonierung des extrem basischen Dianions nicht rigoros genug ausschließen konnten. Tagelang destillierte ich Dimethylformamid über Calciumhydrid und trocknete Tetrabutylammoniumperchlorat, das Leitsalz, im Exsikkator. Nach einem gemeinsamen Marathon von 17 Stunden, mitten in der Nacht, sah die Welle fast perfekt aus, aber eben nur fast. Da meinte Jean Oth, etwa um 1 Uhr nachts, jetzt fangen wir noch einmal ganz neu an. Vorher fuhren wir aber noch auf ein Bier in eine Bar am Bellevueplatz. Elektronenübertragung, das kann ich jetzt schon festhalten, hat mich mein ganzes Forscherleben eng begleitet.

Die zweite Geschichte, auch sie handelt von Ausdauer und Standfestigkeit. Als Verantwortlicher für das Organisch-Chemische Fortgeschrittenenpraktikum an der Johannes Gutenberg-Universität Mainz leitete ich, wie es der Studienplan vorsah, ein Seminar über „Methodisches Arbeiten", bei dem Studierende über die Grundlagen einer Synthesemethode und eigene, einschlägige Synthesen vortrugen. Übrigens gab es noch keine Overhead-, geschweige denn PowerPoint-Projektion, vielmehr wurde eine Tapetenrolle quer über die Tafel aufgespannt und mit Filzstift beschriftet. Professor Leopold Horner, unser berühmter und liebenswürdiger Vater der Mainzer Chemie und bis in das hohe Alter zutiefst neugieriger Forscher, saß mit mir in der ersten Reihe. Es ging um Ausbeuten, genauer gesagt eine Literaturausbeute von 85 %, der eine eigene Ausbeute des Vortragenden von 20 % entgegenstand. Horner räusperte sich vernehmlich: „Sagen Sie, was war denn da los?" Ich weiß nicht mehr, was der Grund war, vielleicht völlig banal, aber der arme Student geriet völlig aus der Fassung, denn er war offensichtlich einer Diskussionsfrage, wie harmlos sie auch gemeint war, nicht gewachsen.

Auch wenn es ein wenig wie das Wort zum Sonntag klingt, aber hier haben Sie eine meiner Lehren aus dem Leben mit vielen jungen Wissenschaftlern: Das Wichtigste neben aller Schlauheit ist die Bildung einer Persönlichkeit mit reifer Urteilskraft und einer Standfestigkeit, die eine Meinung auch in kontroverser Diskussion vertreten kann, ohne einzuknicken. Denn Wissenschaft schreitet durch Auseinandersetzung voran, durch den Austausch von Meinung und Gegenmeinung, durch das Abwägen von Resultaten, seien sie auch widersprüchlich.

Jasager haben mich nie beeindruckt. Ich verstehe deshalb auch den Jugendwahn in der Einstellungspolitik mancher Firmen nicht. Wollen sie kostengünstiges Personal oder gestandene Persönlichkeiten, die sich nicht von der ersten Kontroverse mit dem Chef oder der Diskussion mit einem Kunden ins Bockshorn jagen lassen? Noch weniger Sinn macht dann die Frage nach Alter und gleichzeitig nach Berufserfahrung, zumal neu Eingetretene kaum auf Dauer bei der anfänglichen Tätigkeit bleiben werden. Ich lasse gelten, dass eine Auswahl klare Anforderungen an die Bewerber stellen muss, aber wie geht man mit deren unvermeidlichen Frustration um, wenn jene später in der „Produktpflege" verkommen oder Besuchergruppen umherführen, sich bestimmte Karriereerwartungen also nicht erfüllen? Als Doktorvater, der die Interviews seiner ihm Anvertrauten nicht ohne Bangen verfolgt hat, habe ich vielerlei erlebt, Arroganz gegenüber dem Kandidaten, Nachholen einer Diplomprüfung, aber auch Assessments auf dem Niveau einer Schmalspurpsychologie. Am treffsichersten in ihrer Auswahl erscheinen mir immer noch diejenigen Interviewer, welche ihre Firma glaubwürdig vertreten, die wissenschaftliche Landschaft kennen und dabei ihre eigene Studienzeit mitsamt anschließender Stellensuche nicht vergessen haben. Meine Frage nach respektvollem Umgang bleibt auch dann bestehen, wenn ich einen großen Sprung an das Ende der Berufstätigkeit mache, denn da erlebte ich oft Frühverrentungen, die, obwohl pekuniär versüßt, unwürdig waren. Wenn ich aber von einem Jugendwahn in der Industrie geredet habe, so kann ich mir nicht verkneifen, auch einmal auf den Hochschulbereich einzugehen. Es stimmt, die ersten Gehversuche zu einer eigenen akademischen Karriere sind mühsam und können sehr belastend sein, und es ist auch wahr, dass manchmal in Amt und Würden ergraute Entscheidungsträger die Förderung des eigenen Egos über die Belange des Nachwuchses gestellt haben. Und dennoch, in der Fülle der oft pflichtschuldigst vorgetragenen „early career opportunities", so wichtig sie im Ansatz sind, sollten Augenmaß und Qualitätsbewusstsein nicht verloren werden.

Zurück zur Kindheit. Im ersten Schuljahr, es war 1953, mussten wir Erstklässler noch kilometerweit laufen, denn es herrschte Raumnot, und unser Unterricht fand nachmittags statt. In meiner Erinnerung tauchen immer wieder Trümmergrundstücke und Baustellen mit emporwachsenden Häusern auf, beides ergiebige, wenn auch nicht ungefährliche Spielplätze. Die neue Volksschule, die wir bald bezogen, lag in einem ruhigen Vorort, der katholische und evangelische Zweig der Schule getrennt und durchaus mit Rivalität ausgestattet. Unser Lehrer war überaus fromm, was ihn nicht hinderte, tüchtig darauf loszuprügeln.

Die enge Wechselwirkung zwischen Schule und Pfarrgemeinde war ein bestimmender Faktor, der Rektor leitete den Kirchenchor, der Pfarrer gab Religionsunterricht, und die meisten von uns waren Ministranten. Und auch das gehört hierhin. Ich bin ein gläubiger Mensch, in rheinisch-katholischer Umgebung sozialisiert, jedoch mit Distanz zu der reformunfähigen Organisation Kirche in ihrem Herrschaftsanspruch.

Im Rückblick war es also eine geordnete, wenig aufgeregte Welt, in der ich aufwuchs. Wir wohnten etwas am Rande einer Siedlung im sogenannten „Eisenbahnerblock". Kölsch war die Umgangssprache, mit meiner Mutter, einer Urkölnerin, habe ich bis an ihr Ende Dialekt gesprochen. Meine beiden Schwestern, die ältere lebt leider nicht mehr, beschreibe ich in tiefster Überzeugung als ernsthafte, zielstrebige und zugleich liebenswerte Menschen, aber möglicherweise die verrücktesten Hühner, die der Kölner Karneval kennt. Aber die Sonne scheint nicht immer. Meine jüngere Schwester und ihr Mann hatten einen behinderten Sohn, ein Rollstuhlkind, das wegen seiner fragilen Gesundheit stets Grund zur Sorge war, aber auch eine Freude für uns alle.

Wenn ich dennoch bei der fünften Jahreszeit in Köln bleibe, könnte ich ein eigenes Buch schreiben. Ich schaue mit Verständnis auf jene, die solcherlei Verrücktheiten als milde Form der Geisteskrankheit betrachten. Aber einmal aus Konventionen ausbrechen, sich an das Gleiche in uns allen erinnern und dabei Spaß zu haben, das ist Teil meines Lebens, ebenso wie die sangesfreudigen Namenstagsfeiern innerhalb einer weit verzweigten Familie. Heute gehe ich gerne nicht nur in die Philharmonie, sondern auch ins Fußballstadion zum 1. FC Köln, auch wenn er mir nicht immer Freude macht, oder zu Karnevalssitzungen. Das alles bringt mich auf Köln, die Stadt, in der ich den größten Teil meines Lebens verbracht habe. Selbstverliebt sei sie, hässlich, schmutzig und provinziell. Es mag sein, dass im Krieg mit den Häusern auch ein Teil ihrer Schönheit und ihrer Seele zerstört worden ist, aber ich weiß von vielen Zugezogenen, dass sie durchaus dem Charme einer menschenfreundlichen Stadt erliegen.

Konrad Beikircher, Südtiroler zwar, aber scharfsichtiger Beobachter des „Rheinländers an sich", hat es mit einer Geschichte beschrieben, die ich gerne nacherzählen möchte: Zwei Damen mittleren Alters ergehen sich im Damenoberbekleidungsgeschäft, die eine probiert ein Kleid an, aber die Freundin dämpft die aufkommende Begeisterung, weil es viel zu knapp geschnitten sei. Schließlich wird eine Verkäuferin als Autorität beigezogen, die sich die Sache von allen Seiten beguckt und dann urteilt: „Kannit jeder tragen". Überflüssige Schärfen zu vermeiden, das Gemeinsame zu suchen, ja, das rheinische „Sowohl-als-auch" haben mir mit Kolleginnen und Kollegen fast immer einen friedlichen und freundlichen Umgang beschert, und das ist schon einmal ein schöner Teil meiner Rückschau. Man sollte sich gut überlegen, um welcher Sache willen man einen Streit anfängt.

Kinder gab es in unserem Quartier wie Sand am Meer. Ich denke daran, wie sehr wir später unsere eigenen Kinder und jetzt Enkelkinder von einer Verabredung oder Verpflichtung zur anderen gefahren haben. Weder besaßen wir in meiner Kindheit ein Auto, noch hatten meine Eltern Auge und Ohr für eine derartige Freizeitorganisation. Dafür brauchte ich nur vor die Tür gehen und fand immer genug Gesellschaft. Das bei weitem wichtigste Element war Fußball, ja, das Können dort bestimmte die soziale Rangstellung. Bis zum 18. Lebensjahr spielte ich im Fußballverein. Aber auch da, man lernte sich durchzusetzen, sei es, um in die 1. Mannschaft zu kommen oder um gegen keineswegs zimperliche Gegenspieler zu bestehen, vor allem, wenn man nicht unbedingt großgewachsen war. Wir spielten auf Aschenplätzen, im Sommer in Staubwolken eingehüllt, im Winter auf steinhart gefrorenem, zerfurchtem Grund, aber noch einmal, es war eine schöne und unbeschwerte Zeit.

Dann kam die Frage nach einer weiterführenden Schule und nach diffus auftauchenden Berufsaussichten. Mein Vater, Elektriker bei einer Kleinbahn, die Briketts aus dem Braunkohlegebiet im Westen zum Kölner Rheinhafen transportierte, war in der Direktion auf „Herren" getroffen, die in Schlips und Anzug am Schreibtisch saßen. Seine Erkundigungen hatten ergeben, dies seien Inspektoren, und für ihre Laufbahn qualifiziere sie die mittlere Reife. Das schien ihm am ehesten der Weg für mich, um aus dem Blaumann herauszukommen. Also wurde ich zur Realschule angemeldet. Damals kostete das noch Schulgeld, aber dafür wollten Onkel Otto und Tante Ursel aufkommen. Eine Komplikation entstand nur dadurch, dass der Brief über die bestandene Aufnahmeprüfung an „Müller" und nicht „Müllen" adressiert war und irgendwo liegen blieb, ein Ärgernis, das mich später bis an die ETH in Zürich begleitete, wo ich bei meinem Fast-Namensvetter, Klaus Müller, übrigens einem begnadeten Chemiker, meine fehlgelaufene Post abholte. Mit bestandener Prüfung war der erste Schritt zur höheren Bildung getan, dem aber nach zwei Jahren der Wechsel an das naturwissenschaftlich ausgerichtete Albertus-Magnus-Gymnasium folgte.

Viele Lehrer dort haben mich beeindruckt und geprägt, sie waren engagiert, meinungsfreudig, fordernd, mit spürbarer Zuneigung zu ihrem Fach und zu uns. Ich kann mich kaum erinnern, dass einer von ihnen je gefehlt hätte, aber wir, Abiturjahrgang 1966, waren mitsamt der dazugehörigen Elternschaft wohl auch pflegeleichter als spätere Generationen. Wir waren am Ende nur 15 Schüler in der Klasse, und es wäre verwunderlich, wenn uns das nicht einander nahegebracht hätte. Die Erinnerung an diese Jahre ist auch deshalb nicht getrübt, weil ich, organisiert und zielstrebig, genügend Freiraum für Nichtschulisches hatte. Grüne Schülerkarten für das Opernhaus gab es für 3,40 D-Mark, allerdings nur für Plätze, die kurz vor Beginn der Vorstellung noch unbesetzt blieben. Diese Hürde erniedrigte sich jedoch, weil die Tante eines Mitschülers an der Opernkasse saß und uns manche Karte stillschweigend auf die Seite legte. Nachhilfeunterricht zu geben war nicht nur einträglich, sondern hat auch – darauf bin ich stolz – für viele Zöglinge Rückenwind gebracht. In einer Schnapsgroßhandlung füllte ich gegen Jahresende so viele Präsentfläschchen ab, dass ich wohl manchem Beschenkten in ein beschwingtes neues Jahr geholfen habe. Musikalisch wurden die Partys von den Beatles und Rolling Stones geprägt, vor allem aber verdanke ich dieser fröhlichen Zeit meine Jugendliebe Renate, mit der ich im Jahr 2021 goldene Hochzeit gefeiert habe (**Abb. 1.3.**). Vielleicht ist das ein Begriff, der eher einer vergangenen Zeit entstammt, aber sie war keine „Professorengattin", dafür waren ihr die Familie, der Aufbau ihrer psychotherapeutischen Praxis und ihr eigener Freundeskreis zu wichtig. Wahr ist aber auch, dass sie viele Aufgaben des alltäglichen Lebens ohne viel Aufhebens von mir ferngehalten hat und es noch heute tut. Ob es bei dieser Verteilung bliebe, wenn wir unser Leben noch einmal leben könnten, steht dahin, aber sie hier dankbar hervorzuheben, ist mir wichtig, weil ich später noch über „Leben und Arbeiten" reden will und über den Widerstreit, in dem beide stehen können.

Abb. 1.3.
Die Familie 2021.

π-KONJUGATION WIRD „MEIN“ THEMA

2

DOI.ORG/10.47261/1572-2

Seit der Oberstufe und der Chemie-AG war klar, dass ich Chemie studieren würde. Finanzielle Sorgen gab es nicht, denn Einnahmequellen hatte ich ja schon aus den Zeiten des Gymnasiums, und außerdem gab es Stipendien, so dass ich stets mein Scherflein zum elterlichen Haushalt beitragen konnte. Die früh auftauchende Frage, wann der Junge einmal Geld verdienen solle, trat somit in den Hintergrund. Zunächst wurde ich stolzer Stipendiat der Fritz-ter-Meer-Stiftung der Bayer AG. Vorher musste ich nach Uerdingen zu einem Interview mit Dr. Hermann Schnell, jedem Polymerchemiker als bedeutender Pionier bekannt.

Er empfing mich mit wohlwollender Jovialität, sprach voller Stolz über die Arbeiten seines Labors, mit großer Skepsis aber über die akademische Forschung. Mehrere seiner Abteilungsleiter, so unterstrich er, könnten sofort einen Lehrstuhl übernehmen, während die Hochschule eher dabei sei, die olympischen fünf Ringe zu synthetisieren. Das erschien ihm wohl als Inbegriff brotloser Kunst. Damals ahnte er nicht, dass Fraser Stoddart viele Jahre später Multicatenane, darunter auch ein „Olympiadan", herstellen würde. Ich enthalte mich hier eines jeden Versuchs, solche Kunstprodukte gegen Glasscheiben aus Polycarbonat aufzuwiegen. Dennoch, die Chemie, die in Uerdingen betrieben wurde, beeindruckte mich, nicht so sehr aber die dort herrschende strenge Hierarchie. Beim Warten im Vorzimmer bekam ich mit, wie ein Forschungschemiker von der Chefsekretärin telefonisch gemaßregelt wurde, weil er seinen Bericht nicht unterschrieben hatte. Zwar fragte mich Herr Schnell, ob ich nicht lieber Theologie studieren wolle, aber in die Stiftung kam ich dennoch. Sehr viel weiter ging die Geschichte aber nicht, weil ich fast gleichzeitig in die Studienstiftung, die ich schon erwähnte, aufgenommen wurde. An meine Vertrauensdozentin, Professor Hildegard Debuch, erinnere ich mit Achtung und Dankbarkeit, denn sie war klug, menschlich und authentisch zugleich.

Stoddart, J. F.: Olympiadane. *Angew. Chem., Int. Ed.* **1994**, *33*, 1286–1290.

Das Chemiestudium begann ich in Köln, wo Hans-Josef Altenbach, später Professor in Wuppertal, Gerhard Erker, später Professor in Münster, und ich manches Praktikum zusammen bestritten haben. Von damals ist zwischen uns eine große Vertrautheit geblieben. Die chemischen Institute der Universität zu Köln waren während unserer Studienzeit in dem alten Augustahospital untergebracht, in dem Krankenhaus übrigens, in dem mein Großvater gegen Ende des Ersten Weltkrieges nach dem Rücktransport aus Russland, Frau mit sieben Kindern hinterlassend, jung gestorben war. Treppenhaus und Konstruktion des großen Hörsaals waren aus Holz, aber wahrscheinlich hat kein Brandschutzexperte das Innere des roten Backsteinbaus je in Augenschein genommen. Chemikalien wurden im Ausguss entsorgt, weil sie, so hieß es beruhigend, bei der Ankunft im Rhein schon genug verdünnt seien. Ich erlebte später, wie viele Überlegungen, Erkundigungen und Besuche der Wahl des Studienortes vorausgehen; meine Wahl hatte nichts mit Forschungsschwerpunkten,

Abb. 2.1.
Marianne Baudler.

Lehrkonzepten und herausragenden Professoren zu tun, sondern allein damit, kostensparend zu Hause wohnen zu können. Meine anorganischen Kollegen mögen es mir verzeihen, aber die Anfänge im anorganischen Praktikum fand ich wenig motivierend. Zugegeben, Praktikum heißt ja auch Üben, aber wie viele Titrationen zum Lernerfolg nötig sind, möchte ich offenlassen; und zugegeben, sich wochenlang mit einer Glasscherbe abzuplagen, diente auch als eine Einübung in Frustration, schließlich habe ich ja das Wiederanfangen schon als eine wichtige Chemikertugend herausgestellt. Gerne füge ich hinzu, dass mit jedem weiteren Fortschreiten im Studium die Freude an den Themen und das Gefordertsein wuchsen, und ich hatte die glückliche Begabung, Durststrecken möglichst schnell bewältigen zu können. Was fällt mir noch zu meinen anorganischen Zeiten ein? Im Fortgeschrittenenpraktikum bei Dr. Peter Junkes im Arbeitskreis von Professor Franz Fehér arbeitete ich mit Sulfanen, die stanken zwar fürchterlich, stellten aber spannende bindungstheoretische Fragen, deren Bewältigung mich erstmals mit der Kernresonanzspektroskopie in Berührung brachten.

Mit großer Wertschätzung denke ich an Professorin Marianne Baudler zurück (**Abb. 2.1.**), eine Schülerin von Fehér. Ich hörte bei ihr Vorlesung und traf sie Jahre später als Kollegin. Weltanschaulich entdeckten wir viele Gemeinsamkeiten, und als angelernter Schweizer konnte ich mit ihr über ihre geliebten Ferien in der Schweiz erzählen. Ihre Phosphorstrukturen betrachte ich als Glanzstücke der molekularen anorganischen Chemie. Ich freue mich sehr, dass die Gesellschaft Deutscher Chemiker (GDCh) ihre bedeutende Auszeichnung in der anorganischen Chemie nach Marianne Baudler benannt hat.

Mein wertvollster Gewinn aus Studienzeiten ist mein Freund Hartmut Haeuseler, der später Professor für Anorganische Chemie in Siegen wurde. Er und seine Frau Gundula sind unsere ältesten Freunde. Besonders beeindruckt aus der anorganischen Zunft hat mich Professor Martin Jansen (**Abb. 2.2.**), mein langjähriger Kollege in der Max-Planck-Gesellschaft und Direktor am Max-Planck-Institut für Festkörperforschung in Stuttgart, denn er verbindet Kreativität und Weitblick. Als Abschluss möchte ich aber noch eine Geschichte aus einer Zeit erzählen, in der das anorganische Anfängerpraktikum noch mit Glasbläserarbeiten begann. Die Studierenden sollten Kölbchen blasen. Abends kam der erfahrene Professor, sah die entstandenen Gurken, fragte, ob er es einmal vormachen könne – und blies runde Kölbchen, eines schöner als das andere. Wenige Tage später war man zu pH-Werten und Indikatoren fortgeschritten, er machte wieder seinen Rundgang durch den Saal, musste aber erkennen, dass die begleitenden Kenntnisse mit der Entstehung von Indikatorfarben nicht Schritt hielten. Nachdem er alles schön erklärt hatte, überfielen die jungen Leute am anderen Morgen den Assistenten mit der bewundernden Feststellung: „Der alte Glasbläser versteht auch noch die Chemie."

Abb. 2.2.
Martin Jansen.

Abb. 2.3.
V. l. n. r.: KM, Harald Günther und Wolfram Grimme, 2020.

Meine Wahl der organischen Chemie in Köln als Schwerpunkt war sicherlich durch die Vertreter dieses Faches, die Professoren Wolfram Grimme, Harald Günther (**Abb. 2.3.**) und Emanuel Vogel geprägt. Alle drei haben mich durch ihre Persönlichkeit und ihren Forschergeist beeindruckt und geformt, aber ein sachlicher Grund kam hinzu. Das vorherrschende Thema waren π-konjugierte Moleküle. Wer sich mit den Elektronenstrukturen organischer Verbindungen befasst, kann der Faszination der π-Konjugation nicht entgehen. Ausgedehnte Bereiche polarisierbarer Elektronen befähigen einen Stoff, sichtbares Licht zu absorbieren und zu emittieren, man nennt diese Stoffe deshalb Chromophore, also Träger von Farbe, sie vermögen aber auch Elektronen aufzunehmen oder abzugeben. Sie können diese Elektronen weitertransportieren, dann entstehen elektrische Leiter, oder sie speichern, dann entstehen aktive Komponenten von Batterien. Es hat sich so ergeben, dass mich diese Themen über Jahrzehnte begleitet haben, ob später in Form unserer blau emittierenden Leiterpolyphenylene, der Rylenfarbstoffe mit ihrer Bedeutung für die BASF einerseits und für die Einzelmolekülspektroskopie andererseits, oder in Form der Graphennanostreifen, die letztlich als eine neue Generation von Halbleitern den Zugang zu exotischen Quantenzuständen eröffnet haben.

Die Frage wird sich noch oft stellen, aber solcherart Grundlagenforschung zielt unabdingbar auf die Funktion von Stoffen. Funktion kann natürlich auch zu Anwendungen führen, wodurch ein Gegensatzpaar zustande kommt, dem ich hier nicht ausweichen will. Ich greife auf

Ziegler, K.; Holzkamp, E.; Breil, H.; Martin, H.: Das Mülheimer Normaldruck-Polyäthylen-Verfahren. *Angew. Chem.* **1955**, *67*, 541–547.

das bekannte Wort von Max Planck zurück, „dem Anwenden müsse das Erkennen vorausgehen“, aber ich berufe mich auch auf Karl Ziegler, der später für mich eine persönliche Bedeutung gewonnen hat. Karl Ziegler, ebenfalls dezidierter Anwalt der Grundlagenforschung, ist zum Beispiel berühmt für die Ziegler-Hafner-Azulensynthese [A], aber auch für seine Katalysatoren, welche die Polyolefinsynthese revolutioniert haben und die Anwendung per se darstellen. Grundlagenforschung – in der DDR wurde sie rasch als Hobbyforschung abgetan, was der Chemie dort nicht gutgetan hat – ist ein Kernauftrag der Hochschule, sie stellt sich dem Unbekannten, Überraschenden, und wird durch Anwendung keineswegs besser. Andererseits wird die Anwendung von manchen Vertretern der reinen Lehre als Sündenfall der Grundlagenforschung abgetan. Das verstehe ich nicht, denn eine dem Menschen dienende Erfindung nicht auch auf ihren möglichen Nutzen hin zu prüfen, also anzuwenden, kann sogar unethisch sein, zumindest nicht „unrein“, wie es der Ausdruck „reine Mathematik“ suggerieren könnte. Ich werde erzählen, wie ich als Chemiker in ein faszinierendes Feld, nämlich die Materialforschung hineinwuchs, in ein Themenfeld also, bei dem man sich stets fragen muss, was unsere Stoffe als Bausteine eines komplexen Systems „können“. Vielleicht sollte man diese Diskussion niedriger hängen und besser, wie ich es einleitend getan habe, von der Funktion der Materialien reden, weil der Begriff Anwendung doch zu rasch mit kommerziellem Nutzen verbunden wird. So oder so, Sie mögen an dieser Stelle vorausblättern, weil Sie verfolgen wollen, wie aus einer chemischen Verbindung ein Material wird, oder Sie können in Gedanken mit mir im alten Augustahospital verweilen. Denn es gibt zwei weitere Faktoren, ohne welche unsere Forschung an π-konjugierten Molekülen nicht möglich gewesen wäre, die Spektroskopie und die Theorie.

Spektroskopische Messungen beruhen auf dem Vorkommen quantisierter, also diskreter Energiezustände in einem Molekül. Das können elektronische Zustände, Schwingungszustände oder auch die Zustände von Kern- und Elektronenspins in einem Magnetfeld sein. Als Folge dieser Quantisierung kann man durch Einstrahlen der geeigneten Anregungsenergien Übergänge von einem Zustand in den anderen bewirken. Die dabei durch Absorption oder Emission entstehenden Signale lassen sich, gestützt auf viel Empirie, zur instrumentalanalytischen Strukturaufklärung von Molekülen nutzen. Ich habe mich oft gefragt, welche Akribie und Präzision unseren Altvorderen abverlangt wurde, um die Strukturen von Naturstoffen wie Steranen ohne spektroskopische Methoden, wohl aber durch Abbau- und Umwandlungsreaktionen sowie Verbrennungsanalysen, aufklären zu können. Jedenfalls konnte man Annulene als höhere Homologe des Benzols und deren durch die Hückel-Regel beschriebene cyclische Konjugation nicht verstehen, ohne mit Protonenresonanzspektroskopie ihren magnetischen

Ringstromeffekten nachzugehen, und das zu einer Zeit, in der manche Professoren diese Methode als „angewandte Physik" in der physikalischen Chemie ansiedeln wollten. Mir war jedenfalls klar, dass ich mich den Professoren Vogel und Günther anschließen wollte.

Die Theorie erlebte ich damals durch das Buch von Edgar Heilbronner und Hans Bock „Das HMO-Modell und seine Anwendung". Viel später lernte ich durch die Berührung mit moleküldynamischen Simulationen oder Coarse-Graining-Verfahren, angeleitet durch meinen Freund und Kollegen Professor Kurt Kremer am Max-Planck-Institut für Polymerforschung (MPI-P), dass Theorie viel mehr ist als Quantenchemie. Aber dieses Buch war mir Ende der 1960er Jahre eine Erleuchtung. Ich werde noch berichten können, wie mich Molekülorbitalmodelle auf Ideen für Synthesen, etwa die reduktive Alkylierung, gebracht oder mir den Zugang zum Verständnis von Farbstoffen und konjugierten Polymeren erleichtert haben. Hier sind solche Fragen: Warum ist Azulen blau, aber das deutlich größere Anthracen farblos? Warum gibt es laut der Regel von Erich Hückel, sicherlich einer meiner frühen Helden, stabile elektronische Grundzustände in konjugierten Monocyclen nur für eine bestimmte Anzahl von Elektronen? Warum bewegen sich bei manchen elektrocyclischen Reaktionen Substituenten an den Enden trotz ihrer sterischen Hinderung aufeinander zu? Ich bin später nicht den Weg der Verfeinerung theoretischer Ansätze gegangen, aber elementare störungstheoretische Überlegungen und Symmetriebetrachtungen haben mir oft geholfen – auch beim Grenzübertritt in neue Gebiete.

Heilbronner, E.; Bock, H.: *Das HMO-Modell und seine Anwendung.* 3 Bände. VCH-Verlag, Weinheim, **1968 – 1970**.

Der „Heilbronner-Bock" beginnt damit, die Elektronenzustände von konjugierten Olefinen mit dem „electron in the box" zu beschreiben. Der Gedanke, die Kette länger zu machen, also vom Ethylen nicht nur zum Butadien und Hexatrien, sondern schließlich zum „unendlich langen" Polyen, synthetisch betrachtet dem Polyacetylen, weiterzugehen, liegt nahe. Das Su-Schrieffer-Heeger (SSH)-Modell zur Beschreibung des Polyacetylens und seines entarteten elektronischen Grundzustands kommt mit zwei einfachen Kopplungstermen aus, welche die elektronische Wechselwirkung einerseits über die Doppelbindung und andererseits über die Einfachbindung darstellen. Dieses Konzept und die Existenz von Solitonen blieben in der organischen Chemie weitgehend unbeachtet. Aber genau das wirft ein Schlaglicht auf ein wichtiges Problem. Denn die Durchlässigkeit der Grenzen von Teilgebieten hat sich später für mich zu einer Kernfrage meiner Forschung entwickelt, nicht zuletzt das oft von gegenseitigem Unverständnis getragene Verhältnis zwischen organischer und makromolekularer Chemie. Aber das Leben geht auch in der Wissenschaft manchmal seltsame Wege, wie ich anhand einer gemeinsamen Publikation mit Oliver Gröning und Roman Fasel von der Empa, dem Schweizerischen Forschungsinstitut für Materialwissenschaften und Technologie des ETH-Bereichs in Dübendorf nahe

Zürich, aus dem Jahr 2018 zeigen möchte. Dabei dreht es sich um topologische Isolatoren, die schon länger eines der heißesten Themen der modernen Festkörperphysik ausmachen. Solche Materialien sind in ihrem Innern isolierend, zeichnen sich aber durch leitfähige Grenzflächen aus. Ladungen können dort unter Vermeidung von Streuprozessen und damit von Abwärme transportiert werden, was für die Miniaturisierung elektrischer Schaltungen enorm wichtig ist. Gröning übertrug das SSH-Modell vom Polyacetylen auf unsere quasi-eindimensionalen Graphennanostreifen („graphene nanoribbons", GNRs) mit definierter Kantenstruktur und sagte topologische Zustände an den Enden voraus, die Roman Fasel und seine Gruppe durch Rastertunnelspektroskopie tatsächlich nachweisen konnten. Das ist keineswegs selbstverständlich, denn zumeist wurden solche Phasen für dreidimensionale anorganische Materialien mit hochkomplexen Strukturen gefunden. Die Kollaboration mit Roman Fasel wird noch zu einem wichtigen Thema werden, aber rundheraus gesagt, ohne die richtigen Stoffe, nämlich hochmolekulare GNRs mit atomarer Präzision, wäre diese Arbeit nicht gelungen.

Doch zurück zu Studium und Dissertation. Synthetische Arbeiten gingen mir einigermaßen von der Hand, ohne dass ich eine besondere experimentelle Begabung gehabt hätte, dazu fehlte mir oft die Geduld. Moleküle zu vermessen, erschien mir deshalb sicherer, als sie zu synthetisieren. So ging ich schon während der Diplomarbeit bei Emanuel Vogel für einige Dipolmomentmessungen an das Physikalisch-Chemische Institut der Universität Basel und begann in Köln meine Doktorarbeit mit kernresonanzspektroskopischen (NMR-)Untersuchungen bei Harald Günther, der später auf eine Professur an der Universität Siegen berufen wurde. Was mich an der Forschung von Harald Günther am meisten beeindruckt hat, ist die Verbindung von tiefer methodischer Kompetenz mit dem sicheren Blick für das chemische Strukturproblem, wie etwa die Cycloheptatrien-Norcaradien-Valenzisomerie. Wir in der Gruppe waren stolz, als er 1969 zu einer hochrangigen Tagung über „Electron and Nuclear Magnetic Resonance" an die Monash University in Australien eingeladen wurde und dort über Doppelbindungslokalisation versus -delokalisation in Annulenen vortrug – und das zu einer Zeit, da solche Reisen an das andere Ende der Welt noch keine Routine waren. Sein Lehrbuch über Kernresonanzspektroskopie ist ein Klassiker.

Günther, Harald: *NMR Spectroscopy*. 3. Ausgabe. Wiley-VCH, Weinheim, **2013**.

Die enge Verflechtung zwischen Köln und Basel blieb eine bestimmende Konstante meiner frühen Entwicklung, und für den zweiten Teil der Doktorarbeit wechselte ich wiederum dorthin, diesmal in die Arbeitsgruppe von Fabian Gerson, Professor für Physikalische Chemie. Nicht versäumen möchte ich an dieser Stelle, der Studienstiftung, die das alles durch ein Promotionsstipendium ermöglicht hat, einen herzlichen Dank zu sagen. Fabian Gerson, in Lodz geboren, entstammte einer polnisch-jüdischen Familie (**Abb. 2.4.**). Seine Eltern und seine

Schwester kamen im Vernichtungslager Treblinka um. Er selbst war als junger Mann nach Kriegsende mit einem Rotkreuztransport sterbenskrank in die Schweiz gekommen, hatte später an der ETH Zürich Karriere gemacht und war 1969 zusammen mit Edgar Heilbronner nach Basel an die Universität gewechselt. Dort wurde er 1997 als Ordinarius emeritiert. Er hätte allen Grund gehabt, Deutschland und den Deutschen reserviert gegenüberzustehen, aber nichts davon war zu spüren. Kritik, wenn es sie denn gab, war immer freundlich und aufbauend. Ich denke an ihn mit großer Zuneigung zurück. Nur in einem war er eigen, das war die Graphik für Publikationen. Damals schrieben und malten wir noch mit Tusche auf transparentem Papier, und Schablonen dienten als wichtiges Handwerkszeug. Aber kaum gerieten die in tagelangen Mühen erstellten Bilder in seine Hände, wurde geschnitten, überklebt („gechloibt") und von Hand ergänzt, so dass am Ende nichts anderes übrig blieb, als wieder von vorne zu beginnen.

Abb. 2.4.
Fabian Gerson.

Wir erzeugten durch Reduktion und Oxidation die Radikalanionen und -kationen von π-Systemen und ermittelten deren Spindichteverteilung durch Elektronenspinresonanz (ESR)-Spektroskopie [B]. Das ungepaarte Elektron, das im Magnetfeld zwei diskrete Zustände annimmt, geht mit den Protonenspins des Moleküls zusätzliche magnetische Wechselwirkungen ein, deren Größe durch sogenannte Hyperfeinkopplungskonstanten bestimmt werden kann. Diese Kopplungen sind in erster Näherung proportional zur lokalen Spindichte am benachbarten π-Zentrum, und die wiederum lässt sich mit den entsprechenden Atomorbitalkoeffizienten im einfach besetzten Molekülorbital korrelieren. Man kann also das niedrigste unbesetzte Molekülorbital (im Radikalanion) und das höchste besetzte Molekülorbital (im Radikalkation) eines Moleküls gleichsam ausmessen und Aussagen über die Bindungssituation, aber auch über die Geometrie gewinnen. Während man damit ein Bild der Wellenfunktion erhält, lassen sich durch cyclovoltammetrische Messungen auch die Redoxpotenziale ermitteln, die wiederum zu den Energien der neu besetzten Orbitale in Bezug stehen. Solche Betrachtungen sind Modelle, deren numerische Aussagekraft keinesfalls überschätzt werden sollte. Sie bewähren sich vor allem in der Beschreibung sogenannter homologer Reihen, die ein zentrales Konzept der organischen Chemie und Ausgangspunkt vieler Studien zu Struktur-Eigenschafts-Beziehungen bilden. Hier ist, was mich in meinem frühen Studium am meisten fasziniert hat: dass sich zwei Stoffe, die auch nur den geringsten Unterschied in ihren Eigenschaften zeigen, auch in ihren Strukturen unterscheiden müssen. Homologe Reihen kommen zustande, wenn man Moleküle gleichen Bauprinzips, seien es Ketten, Monocyclen oder Polycyclen, schrittweise durch Hinzufügen einer Wiederholungseinheit vergrößert. Die Kernfrage ist dann, wie sich charakteristische Moleküleigenschaften, das können etwa ein Redoxpotenzial, eine Absorptionsbande oder ein Ringstromeffekt sein, in dieser Reihe entwickeln und ob man in Richtung größer werdender Homologe und damit letztendlich auf die verwandten Polymere extrapolieren kann.

Welche Verbindungen bieten sich für eine solche Betrachtung an? Die Familie, die von Ethylen und Butadien über höhere Oligoene zum Polyacetylen reicht, habe ich schon vorgestellt. Ein weiteres Lehrbuchbeispiel sind Phenylenketten mit Biphenyl und *para*-Terphenyl als kleinsten Vertretern. Die Entwicklung solcher Molekülfamilien ist zu meiner ganz persönlichen Brücke in die Welt der Polymere geworden. Zu nennen sind aber auch die polycyclischen aromatischen Kohlenwasserstoffe (PAHs), die seit jeher Herausforderungen für die Synthesechemie, aber auch ideale Testfälle für Molekülorbitaltheorie und Spektroskopie sind [C]. Die bei der Kondensation hexagonaler Ringe zustande kommende Konnektivität des Kohlenstoffgerüsts lässt sich einfach mit Hilfe der Resonanzintegrale des Hückel-Modells abbilden. Die PAHs haben für die Entwicklung der modernen organischen Chemie eine bedeutende Rolle gespielt, aber irgendwann gegen das auslaufende 20. Jahrhundert nutzte sich diese Faszination ab, und angesichts der Entstehung von Verbindungen wie des Benzpyrens bei Verbrennungsprozessen blieben PAHs nur noch Studienobjekte der Toxikologie. Das änderte sich durch mehrere Entwicklungen:

1. Die PAHs konnten zunehmend größer gemacht werden, so dass sich die Bezeichnung Nanographene (NGs) einbürgerte.
2. Diese erwiesen sich, wie hätte ich sie sonst beforschen können, in Arbeiten von Professor Karl-Ludwig Platt an der Universität Mainz als toxikologisch unbedenklich.
3. Sie konnten durch Rastersondenmethoden im realen Raum mit atomarer Auflösung sichtbar gemacht und auf dem Weg zu einer beginnenden molekularen Elektronik durch ihre Strom-Spannungs-Kennlinie beschrieben werden.
4. Die Entdeckung des Graphens als zweidimensionaler Ausschnitt aus dem Graphitgitter durch André Geim und Konstantin Novoselov verlieh den NGs neue Bedeutung als molekular definierte Graphenuntereinheiten.

Novoselov, K. S.; Geim, A. K. et. al.: Electric field effect in atomically thin carbon films. *Science* **2004**, 306, 666–669.

Die Renaissance von PAHs und die Entwicklung von „Graphenmolekülen" als einer besonderen Form von Kohlenstoffnanostrukturen liegen mir besonders am Herzen, und in der Tat hat unsere Gruppe viel zu dieser Wiederbelebung beigetragen. Aber es gibt noch einen anderen Grund für meine Begeisterung. Neben Erich Hückel ist Erich Clar mein bewunderter Pionier. Er hat ganze Klassen von PAHs synthetisiert, diese spektroskopisch charakterisiert und sogar Konzepte zu ihrem theoretischen Verständnis, man denke an Clars Sextettregel, vorgelegt. In den

Tagen, da ich diese Zeilen schrieb, also im Zeitraum von 2023 bis 2024, kam ich Ende 2023 von der Verleihung des UNESCO-Russia Mendeleev International Prize aus Moskau nach Hause zurück. Das bewegt mich, in meinem Rückblick auf große Pioniere der Chemie noch viel weiter zurückzugehen und an Dmitri Mendeleev zu erinnern. Nichts kann die Schönheit und Systematik der Chemie besser widerspiegeln als das Periodensystem der Elemente, das Mendeleev und Lothar Meyer unabhängig voneinander entdeckten. Mendeleev hat die Muster, welche die chemischen Elemente bilden, erkannt, als er in St. Petersburg seinen Unterricht vorbereitete. Vorher hat er übrigens ein Jahr in Heidelberg gearbeitet. Deshalb drängen sich mehrere Folgerungen auf: Forschung und Lehre sind zwei Seiten einer Medaille, und Forschung sollte nie an Grenzen, auch nicht an Ländergrenzen, Halt machen. Schließlich, es mag als Vorgriff etwas weit hergeholt klingen, aber eines der Wesensmerkmale der Künstlichen Intelligenz, von der noch die Rede sein wird, ist die Mustererkennung innerhalb einer Vielzahl komplexer Beobachtungen.

Wenn ich also gleichzeitig zurück- und vorausblicke, dann werden die π-Konjugation und der Übergang von organischer Chemie in die Polymerchemie zwei der wiederkehrenden Motive meiner Entwicklung als Forscher sein. Man könnte aber noch einen anderen roten Faden nachzeichnen, und der bildet sich aus der einzigartigen Stellung des Benzolrings. Dessen Chemie gilt manchen als „flach“ und als wenig attraktiv, und das Schlagwort Aromatizität scheint ausdiskutiert. Nichts davon bleibt bei näherem Zusehen bestehen. Ich erinnere an theoretische Konzepte wie die „spherical aromaticity“ und an Synthesen der pharmazeutischen Chemie, die oft als wichtigen Einstieg die Funktionalisierung von Benzol enthalten – und ich füge hinzu, dass Helicene oder substituierte Biphenyle durchaus zu Chiralität, sogenannter planarer und axialer Chiralität, führen. Noch mehr aber möchte ich betonen, dass dieses Hexagon ein idealer Baustein – das Wort Modul trifft es vielleicht noch besser – für die rationale Erzeugung komplexer Strukturen ist. Zwei Designprinzipien können dabei ordnungsgebend sein. Das erste Prinzip umfasst die Größe, das ist klar, denn wir machen etwa eine Oligophenylenkette aus Benzolringen länger und länger, um eine bathochrome Verschiebung der optischen Absorption zu erzielen. Das zweite Prinzip umfasst die Dimensionalität. Dieser Begriff bedarf einer Erklärung, zumal er in unterschiedlichen Wissenschaftsfeldern, von der Mathematik bis zur analytischen Chemie und Psychologie, auch unterschiedlich gebraucht wird. Hier geht es um die Zahl der linear unabhängigen Richtungen, die ein Koordinatensystem zur Beschreibung eines geometrischen Objekts braucht. So wie wir von einer Geraden zu einem Quadrat und zu einem Kubus fortschreiten, ist **Abb. 2.5.** mit dem Übergang von 1D zu 2D und 3D eine Art Kurzbeschreibung unserer kohlenstoffreichen molekularen Strukturen. Es wird sich zeigen, dass die Dimensionalität

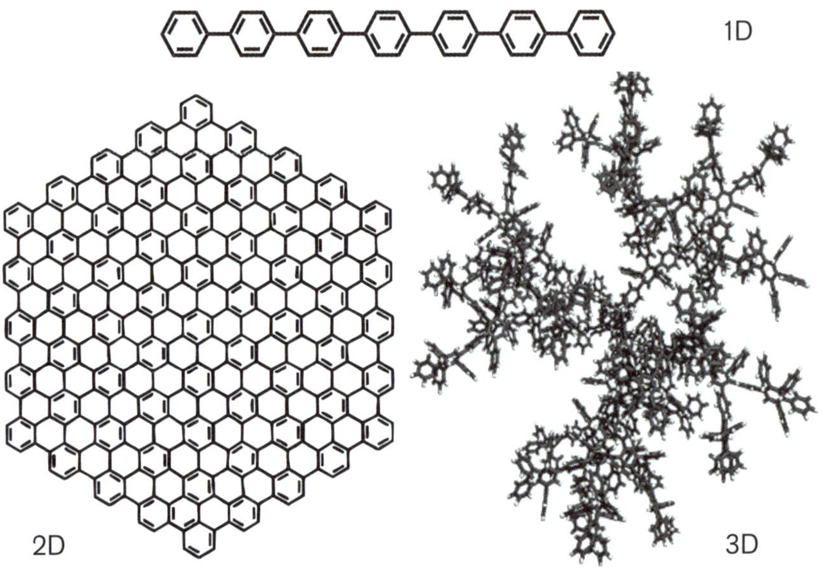

Abb. 2.5. Benzol als Baustein für kohlenstoffreiche Moleküle, ausgedehnt in verschiedene Raumrichtungen.

Die in eckigen Klammern angegebenen Ziffern verweisen auf das Publikationsverzeichnis im Supporting Material. ›Links [6].

die elektronische (Band-)Struktur, aber auch das Packungsverhalten solcher Moleküle im Festkörper entscheidend bestimmt [1747].

Benzol ist also ein unverzichtbares Element einer aktuellen mesoskopischen Chemie, die sich über weite Längenskalen und unterschiedliche Dimensionalitäten erstreckt. Die komplexe Strukturbildung über kovalente, aber auch über nichtkovalente Wechselwirkungen berührt aber ein Kernproblem unseres Selbstverständnisses. Die staunenswerten Synthesen, welche die organische Chemie hervorgebracht hat, nicht zuletzt in der Nachahmung der Natur [D], haben dazu geführt, dass sie sich zumeist auf Moleküleigenschaften in verdünnter Lösung kapriziert. Wichtige Materialeigenschaften beruhen hingegen auf der Aktivität der Moleküle in Festkörpern oder aber in begrenzenden Geometrien wie denen von Nanoteilchen. Was also Not tut, ist, dass die Teildisziplinen der Chemie ihre stoffliche Vielfalt – molekular und supramolekular, klein und groß, Lösung, Gasphase und Feststoff – besser zur Kenntnis nehmen und, noch mehr, ihre Kompetenzen in gemeinsame Vorhaben einbringen (Abb. 2.6. – 2.7.). Die Energietechnologie zum Beispiel böte dafür ein überaus reiches Forschungsfeld, und eine meiner Schlussfolgerungen wird auf gelebte Interdisziplinarität hinauslaufen, innerhalb und außerhalb der Chemie. Schließlich, was für mich Benzol ist, ist für meinen Freund Peter Bäuerle, Professor in Ulm (Abb. 2.8.) an der Grenze zum Ruhestand, das Thiophen, ob in Ketten oder in Dendrimeren, ob in der Grundlagenforschung oder im Start-up [E]. Wir haben in fröhlicher Loyalität darum gestritten, welches das wichtigere Modul sei, und die Frage ist noch ungeklärt. Inzwischen haben sich die experimentellen Vorschriften, die wir austauschen, geändert und umfassen etwa

Abb. 2.6.–2.7. Frühe Faszination für Kohlenstoffstrukturen.

Brotbacken ohne Hefe. Gemeinsam mit dem Ehepaar Peter Bäuerle und Elena Mena Osteritz haben meine Frau und ich viele Städte in Europa bereist, auch außerhalb des Dunstkreises der Chemie. In Rom hat mich Peter, der fröhliche Schwabe, zum Ehrenschwaben ernannt, weil mir in einem Anflug von Sparsamkeit das Eis viel zu teuer schien. Dafür hat er uns generös in die National Gallery in London eingeladen, deren Eintritt sich dann aber, was er nicht wusste, als kostenlos erwies.

Die für unsere ESR-Arbeiten im Physikalisch-Chemischen Institut der Universität Basel benötigten Verbindungen synthetisierten wir nicht selbst, das „Chemielabor“ sah aus wie eine Räuberhöhle, sie stammten vielmehr aus den Labors von Partnergruppen. Experimentell anspruchsvoll waren aber nicht nur die Messungen, zumeist bei tiefen Temperaturen, sondern auch die Techniken zur Erzeugung der kinetisch instabilen Radikale, die aufgrund ihrer Empfindlichkeit gegen Spuren von Luft und Feuchtigkeit nur im vielarmigen, abgeschmolzenen Glasgefäß gehandhabt werden konnten. Eine ähnliche Technik konnte ich später an der ETH Zürich für die Alkalimetallreduktion und NMR-spektroskopische Charakterisierung von höher geladenen diamagnetischen Anionen, also Dianionen und Tetraanionen, einsetzen. Das war experimentell insofern schwieriger, als das Probenröhrchen im NMR-Spektrometer noch rotieren musste und dabei keine Unwucht haben durfte. Lithium als Reduktionsmittel hatte Vorteile gegenüber anderen Alkalimetallen, weil sich durch das kleine Gegenion das Gleichgewicht von solvensseparierten und Kontaktionenpaaren beeinflussen und eine bessere Löslichkeit erzielen ließ. Ein Draht des Metalls wurde unter Vakuum in den oberen Teil des Röhrchens eingepresst und durch Verschieben des Röhrchens

Abb. 2.8.
Mit Peter Bäuerle während der Tagung F-π-5, 2002, Ulm.

innerhalb einer Teflon-Dichtung von der Presse abgeschnitten. Nach dem Abschmelzen konnte, wenn erforderlich, die Sublimation des Lithiums mit Hilfe einer Induktionsheizung erfolgen. Glasblasen konnte ich gut, und später in Köln und Mainz machte ich mich gerne nützlich, wenn ich durch die Labors der Gruppe spazierte und jemandem beim Abschmelzen helfen konnte. Aber die Zeiten vergingen, ich geriet mehr und mehr zum Schreibtischtäter, und bald wurde ein ähnliches Angebot im Labor dankend, aber bestimmt abgelehnt.

Damit hätte ich den Wechsel in die Postdoktorandenzeit bei Jean Oth (Abb. 2.9.) in der Organischen Chemie der ETH Zürich schon fast vorweggenommen. Meine Zürcher Schule war nicht immer einfach, aber ich schaue auf sie als herausfordernd und gewinnbringend zurück. Nach der Promotion Ende 1971 stand Anfang 1972 der Wechsel nach Zürich an, wobei mir die Wohnungsmieten schon damals den Atem verschlugen. Der für 1 Jahr geplante Aufenthalt zog sich hin, ein Projekt ging in das andere über, und es war viel Spannendes zu entdecken. Dabei war der Weg aus der großen Zahl von Postdoktoranden zum Habilitanden in einer kompetitiven Umgebung von mancherlei Anfechtungen und Selbstzweifeln begleitet, und mehr als einmal schien mir der Wechsel in die Industrie als lohnende, weil eher planbare Alternative. Im Grunde vermag ich nicht einmal zu begründen, was mir die genügende Ausdauer vermittelt hat, um zu bleiben. Der Umgang mit anderen Arbeitskreisen an der ETH war freundschaftlich, ich denke an Paul Pregosin

Abb. 2.9.
Jean F. M. Oth.

aus der anorganischen Chemie, an Bernhard Kräutler und Klaus Lindner aus der Eschenmoser-Gruppe sowie Hans Wolf und Bruno Frei aus der Jeger-Gruppe. Unsere Freundschaft mit Klaus und Christa Lindner besteht bis heute fort und schließt Patenschaften über die Kinder ein. Ein Teil des Miteinanders der Habilitanden bestand darin, sich gegenseitig die frischen Vorträge aufzusagen. Ich erinnere mich an die Mahnung von Paul, als ich wohl zu tief in Einzelheiten eingetaucht war: „Klaus, do you want to teach or do you want to impress people?" Umgekehrt, Hans Wolf und ich hatten in der Mittagshitze Tennis gespielt, Hans übte danach seinen Vortrag mit einer großen Zahl von Produkten aus der Bestrahlung von Epoxyenonchromophoren, der Raum war abgedunkelt, und ich nickte kurz ein, was ihn leider tief deprimierte: „Wer soll das dann überhaupt noch spannend finden?" Schließlich, die Oth-Gruppe hatte abends einen Ausflug auf den Ütliberg gemacht und dort oben reichlich dem Federweißen zugesprochen. Der entfaltete dann auf der Wanderung zurück seine Wirkung, der jedermann im Schutz der Dunkelheit auch ihren Lauf ließ.

Neben einer ziemlich langen Habilitationsschrift sah das Verfahren einen 45-minütigen Probevortrag vor. Von drei vorgeschlagenen Themen war durch die Abteilungskonferenz als Aufgabe „Moleküle mit fluktuierenden Bindungen" gewählt worden [F]. Hinter diesem bildhaften Titel verbergen sich rasche intramolekulare Prozesse, wie sie etwa in Gestalt von Ligandenwanderungen um ein Zentralatom oder von Valenzumlagerungen in einem Kohlenstoffgerüst vorkommen. Die besonders reizvolle Frage ist, ob solche Reaktionen „klassisch" über einen Aktivierungsberg ablaufen oder ob im Extremfall der hypothetische Übergangszustand zum Minimum im Energieprofil werden kann. Ohne dass ich das damals ahnen konnte, hat uns diese Thematik bei Experimenten in Köln weiterbeschäftigt, auf die ich noch zurückkomme. Bei dem Habilitationskolloquium führte sie nicht unerwartet zu lebhaften Diskussionen, denn sie berührt ja den Kern unserer chemischen Strukturbeschreibung, und die Professoren Duilio Arigoni, Albert Eschenmoser, Oskar Jeger, Dieter Seebach und Wilhelm Simon nahmen mich in die Mangel. Das ging aber gut aus, und die nachfolgende Erteilung der Venia Legendi war nicht strittig. Allerdings gab es unterschiedliche Meinungen darüber, ob sie für organische Chemie oder, quasi einengend, für physikalische organische Chemie gelten sollte. Damals fiel die Entscheidung für die weniger enge Definition. Diese Grundsatzdiskussion hat mich damals nicht wirklich berührt, aber in späteren Jahren habe ich immer wieder Auseinandersetzungen erlebt, die sich mit Abgrenzungen zwischen den Fächern und ihren „Kernkompetenzen" befassten. Ich empfinde es jedoch als Problem, wenn wir jungen Leuten die Chemie bevorzugt in Schubladen unterteilt beibringen, also weitgehend ohne den Reiz der Interdisziplinarität. Ebenso schwärmen wir

Georg Christoph Lichtenberg: Sudelbücher.

dem akademischen Nachwuchs über die Faszination von Grenzgebieten vor, wählen aber bei einer Berufung gerne Fachexperten gemäß der Frage aus: „Kann er oder sie denn eine Spezialvorlesung halten?“ Was für das Verständnis der Chemie aus dem Kanon der Wissenschaft gilt, bleibt auch für den Blick über den Tellerrand der Chemie gültig. Sie kennen das auf Georg Christoph Lichtenberg zurückgehende Zitat: „Wer nichts als Chemie versteht, versteht auch die nicht recht“, oder aber markige Sprüche wie „Lieber ein Fachidiot als sonst einer.“ Beide tragen ein Körnchen Wahrheit in sich und beleben jede Diskussion, können aber die Konflikte, die mit der Bildung einer Forscherpersönlichkeit verbunden sind, nicht wirklich einfangen.

Meine Frau hatte als klinische Psychologin in dem Schweizerischen Zentrum für Epilepsie (der Name wurde mit der Zeit mehrfach geändert) viel Nachtdienst, den ich parallel für meine eigene Nachtarbeit nutzte. Aber die Schweiz ist nicht nur ein wohlgeordnetes, sondern auch ein landschaftlich schönes Land, was wir für viele Ausflüge nutzten, auch zusammen mit der Familie oder Freunden, für die unsere Wohnung oft ein willkommener Zwischenhalt bei Reisen in den Süden war. Am 1. August, dem Nationalfeiertag, eine Bergkirmes mit Alphornblasen und Fahnenschwenken zu erleben, hat auch für den Nichtschweizer etwas Emotionales.

Wenn ich auf die Forschung zurückkomme, so habe ich ja über die cyclovoltammetrischen Experimente mit meinem Mentor, Jean Oth, schon berichtet. Er hatte sich während seiner Zeit in der Industrie vor allem einen Namen durch die kernresonanzspektroskopische Aufklärung dynamischer Prozesse wie Konformationsumwandlungen und Doppelbindungsverschiebungen von Sondheimerschen Annulenen gemacht, was ihm letztlich die viel beachtete Berufung an die ETH Zürich einbrachte. Die Kernresonanzspektroskopie kann zur kinetischen Beschreibung von monomolekularen Umwandlungsreaktionen in zweifacher Weise genutzt werden. Man verfolgt die zeitabhängige Veränderung der Konzentrationen von Reaktanden durch die Intensität von Edukt- oder Produktsignalen, vorausgesetzt, dass während dieser Messungen die thermische oder photochemische Reaktion langsam genug fortschreitet. Anders ist es bei deutlich schnelleren Reaktionen, deren Geschwindigkeitskonstanten den Frequenzdifferenzen der auftretenden Signale ähneln, denn dann können temperaturabhängige Linienverbreiterungen auftreten, wenn die Reaktion eine Veränderung der magnetischen Umgebung der Kerne einschließt. Die Messung „kommt nicht mehr mit“, wie jeder aus einem Western kennt, wenn die Kutsche mit Getöse und Geknall vorfährt, aber die Speichen der Räder stehenbleiben oder gar zurückdrehen. Wir wollten die dynamische Kernresonanzspektroskopie (D-NMR) auf zunehmend komplexere Reaktionen anwenden und vor allem an die Grenzen ihrer Zeitskala, entsprechend geringen Aktivierungsenergien von ungefähr 5 kcal / mol, vordringen. In diese Zeit

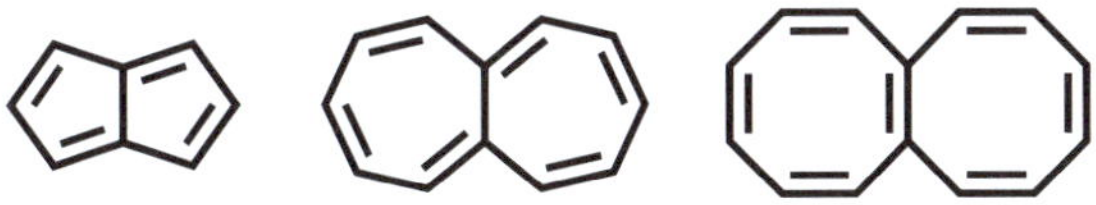

fiel das Aufkommen der Fourier-Transform-(FT)-NMR-Spektroskopie und damit die Möglichkeit, durch Spektrenakkumulation Kohlenstoffsignale organischer Verbindungen am natürlichen Vorkommen des ^{13}C-Isotops zu messen, das viel häufiger vorkommende ^{12}C-Isotop ist ja inaktiv. Kohlenstoffresonanz hat gegenüber Protonenresonanz große Vorteile, denn unter Entkopplung der magnetischen Wechselwirkung mit den Protonen erhält man Singulettsignale, die zudem einen deutlich größeren Frequenzabstand, entsprechend „schnellerer" D-NMR, aufweisen. Wir verfolgten die Doppelbindungsverschiebungen in dem Vogelschen Heptalen und Octalen (**Abb. 2.10.**) und wir wagten uns an den heiligen Gral der D-NMR, das instabile Pentalen, das in der Gruppe von Klaus Hafner durch Tri-*tert*-butyl-Substitution stabilisiert und damit einer Charakterisierung zugänglich gemacht werden konnte (**Abb. 2.11.**).

Abb. 2.10. Pentalen, Heptalen, Octalen.

Die entscheidende ^{13}C-NMR-Messung, die Lösung durfte ja nicht fest werden, führte ich in flüssigem Propan unter Verwendung von deuteriertem Tetramethylsilan als Substanz für das Locksignal durch. Diese Messungen bis hinunter zu knapp –185 °C brachten mich an die Grenzen der Methode, aber auch an meine eigenen Grenzen. Zur Kühlung waren Unmengen flüssigen Stickstoffs in zwei hintereinander geschalteten Wärmeaustauschern nötig, nicht zuletzt musste ich den Raum immer wieder lüften, weil mich sonst die Stickstoffatmosphäre umgebracht hätte. In der Tat gelang es, die schnelle Doppelbindungswanderung „einzufrieren". Dennoch ist dieses Resultat nur in einer Doktorarbeit aus dem Hafnerschen Arbeitskreis publiziert, und das hatte einen triftigen Grund. Wir fanden bei der Linienformanalyse durch Spektrensimulation nicht nur eine einmalig niedrige Aktivierungsenergie von unter 5 kcal / mol, sondern auch eine stark negative Aktivierungsentropie. Derartiges hätte man für einen intramolekularen Prozess eigentlich nicht erwartet, diesen Wert würde man vielmehr als nahe bei null voraussagen. Unsere Erklärung war ein Tunnelprozess der schweren Kohlenstoffe mit sehr kleiner Ortsveränderung, und für eine solche Hypothese

Abb. 2.11. Die entartete Doppelbindungsverschiebung in Pentalen. Die Substitution mit drei *tert*-Butylgruppen, der Hafner-Gruppe entstammend, bewirkt eine kinetische Stabilisierung des instabilen Pentalens.

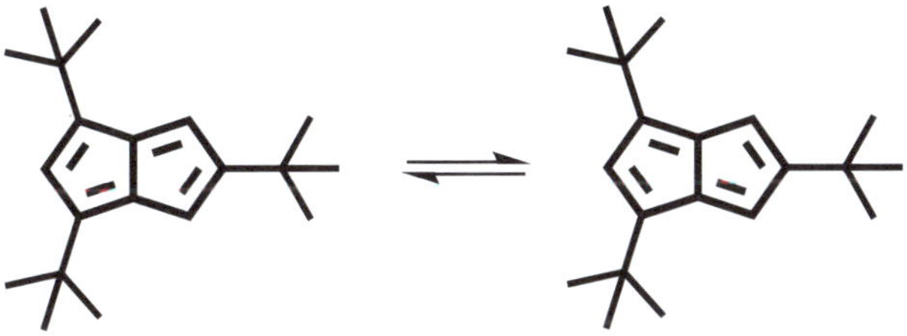

Abb. 2.12.
Oben: Divinylcyclopropan-Strukturen wie Bullvalen, Barbaralan, Semibullvalen. Unten: Die Cope-Umlagerung des Semibullvalens.

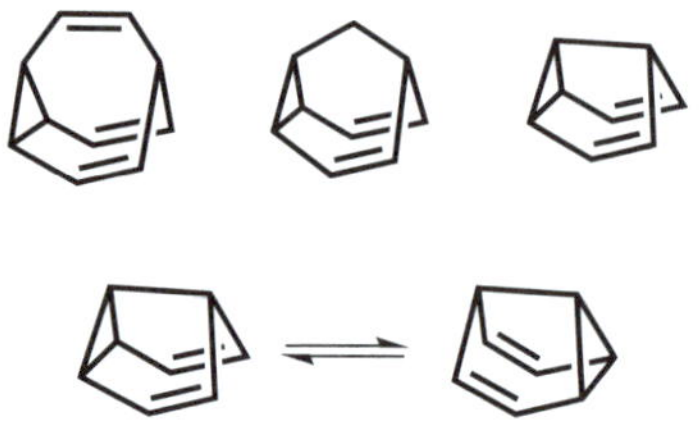

tauchte in der späteren Literatur auch die theoretische Unterstützung auf. Was wir aber nicht ausschließen konnten, war, dass dieser Befund durch einen systematischen Fehler bei der Temperaturmessung hätte vorgetäuscht werden können. Mit meinem Wechsel von Zürich nach Köln wurden diese Experimente nicht weiterverfolgt, so blieb uns diese Sache zu heiß und fand nicht den Weg an die breitere Öffentlichkeit.

Ein verwandtes Thema hat mindestens ebenso viel Ausdauer gekostet: das der entarteten Cope-Umlagerung im Bullvalen [11]. Ich zeige dessen spektakuläre Struktur zusammen mit denen der verwandten Kohlenwasserstoffe Barbaralan und Semibullvalen in Abb. 2.12., obwohl wir uns die letzteren erst in Köln angeschaut haben.

[11] Oth, J. F. M.; Müllen, K.; Gilles, J. M.; Schröder, G.: Comparison of ^{13}C- and ^{1}H-Magnetic Resonance Spectroscopy as Techniques for the Quantitative Investigation of Dynamic Processes. The cope rearrangement in bullvalene. *Helv. Chim. Acta* **1974**, *57*, 5, 1415–1433.

Es leuchtet ein, dass die Aktivierungsenergie der [3.3]-sigmatropen Verschiebung, der sogenannten Cope-Umlagerung, in Semibullvalen am geringsten ist, denn durch die einsetzende Öffnung des Dreirings wird Spannung abgebaut, und das am meisten in dem kleinsten, am stärksten gespannten Kohlenwasserstoff. Das Bullvalen, erstmals von William Doering und Wolfgang Roth konzipiert und von Gerhard Schröder – nicht dem Ex-Bundeskanzler – in einer eleganten Synthese dargestellt, ist ein Glanzstück der organischen Chemie, weil wegen der dreizähligen Symmetrieachse jede der Dreiringbindungen im Zuge einer Cope-Umlagerung geöffnet werden kann. Deshalb bilden sich gemäß Abb. 2.13. insgesamt 10!/3 energiegleiche Strukturen, durch deren Umwandlung jeder Kohlenstoff in jede der vier möglichen magnetischen

Abb. 2.13.
Die Cope-Umlagerung des Bullvalens. Die Buchstaben A (Allyl), O_1 und O_2 (Olefin) sowie C (Cyclopropan) symbolisieren die vier unterschiedlichen magnetischen Umgebungen.

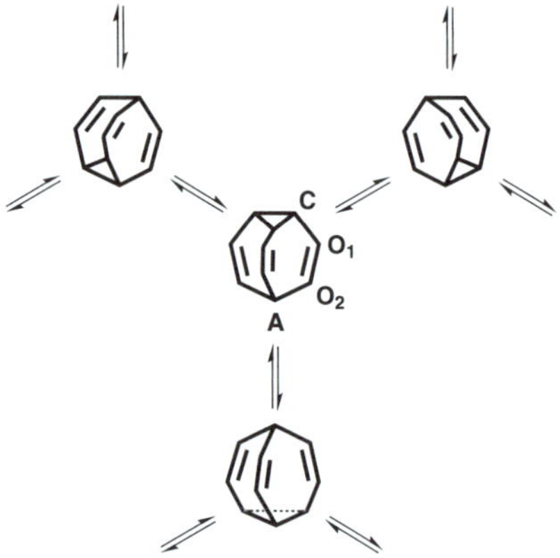

Umgebungen kommen kann [G]. Die Zahl 10! (zehn Fakultät) ergibt sich aus der Multiplikation der Zahlen 1, 2, 3, …, 10. Also wird man bei ausreichend hoher Temperatur (oberhalb von 100 °C), d. h. im Gebiet des schnellen Austausches der Positionen, für diesen C_{10}-Kohlenwasserstoff nur ein einziges Kohlenstoffsignal sehen. So war es denn auch, wir konnten die Koaleszenz wirklich beobachten. Aber seitdem steht mir deutlich vor Augen, was es heißt, das Signal-Rausch-Verhältnis eines NMR-Spektrums durch längere und längere Akkumulation erhöhen zu müssen.

Schröder, G.: Synthese und Eigenschaften von Tricyclo [3.3.2.0^{4,6}]deca-2.7.9-trien (Bullvalen). *Angew. Chem.* **1963**, *75*, 722–722.

Jean Oths Vielseitigkeit und Entdeckermut machte vor kaum etwas Halt, und das gilt auch für seine Erzeugung ionischer π-Systeme. Ein Meilenstein der Annulenchemie ist die von Thomas Katz an der Columbia University beschriebene Umwandlung des wannenförmigen 8π-Cyclooctatetraens (**Abb. 2.14.**) in das 10π-Cyclooctatetraendianion, das als planare, aromatische Struktur immerhin eine Aufweitung der C-C-C-Bindungswinkel auf 135 ° erfährt.

Abb. 2.14. Cyclooctatetraen und Bishomocyclooctatetraen (Grimme). Dessen Methylgruppen verhindern die Bildung eines überbrückten [10]Annulens.

Ab etwa 1974 konnten wir in Zürich eine Vielzahl von Anionen und Kationen mit ungewöhnlichen Strukturen erzeugen, ob durch Elektronentransfer oder durch Protonierung, ob durch chemische oder elektrochemische Redoxreaktionen [12]. Je exotischer die Produkte wurden, desto wichtiger war der überzeugende Strukturbeweis. Aber wie sollte man bei einer Alkalimetallreduktion innerhalb einer ausgedehnten Redoxsequenz, die vom Radikalanion zum Dianion, Trianion und sogar zu höher geladenen Ionen reichte, ein bestimmtes Produkt fassen und NMR-spektroskopisch charakterisieren können, wenn die Gegenwart von Spuren paramagnetischer Ionen die Signale diamagnetischer Ionen durch einen raschen intermolekularen Elektronenaustausch enorm verbreitern konnte und eine Messung unmöglich machte? Es brauchte dafür eine akribische spektroskopische Kontrolle der Alkalimetallreduktion, um die Phase der Dianionbildung ohne die Gegenwart von Radikalen fassen zu können. Eine Alternative war die elektrochemische Reduktion, weil man selektiv bei dem gewünschten Potenzial arbeiten konnte. Deshalb bauten wir eine Durchflussapparatur, bei der neben dem Elektrodenpotenzial die Flussgeschwindigkeit eingestellt und die Reaktion somit selektiv gestaltet werden konnte. Die Reaktionslösung floss anschließend durch ein Elektronenspinresonanz (ESR)- oder Elektronenabsorptionsspektrometer, was Spektren unter präzise eingestellten experimentellen Bedingungen lieferte.

[12] Oth, J. F. M.; Müllen, K.; Königshofen, H.; Mann, M.; Sakata, Y.; Vogel, E.: The Dianions of 1,7- and 1,6-Methano[12]annulenes—Novel Aromatic 14π Electron Systems. *Angew. Chem., Int. Ed. Engl.* **1974**, *13*, 4, 284–285

Sorgfalt, unbedingter Wille zum bestmöglichen Experiment, Entwicklung neuer Techniken und Apparaturen, so es die Zielsetzung erforderte, kritische Selbstprüfung des Neuigkeitswertes im Vergleich mit der Literatur, das alles macht die Erinnerungen an diese Zeit aus, die gerade deshalb einen bestimmenden Abschnitt für mich bildete und für die ich Jean Oth großen Dank schulde. Wir haben mit ihm gelitten, als sein Forscherleben durch schwere Erkrankungen innerhalb seiner Familie überschattet wurde.

Aus dieser Zeit stammt auch die Nähe zu Wolfgang Lüttke, Professor in Göttingen. Er hatte mich in Zürich angerufen, weil seine Familie von einem ähnlichen medizinischen Unheil betroffen war wie die Familie Oth. Später hat uns dann die Freude an Dreiringen und an Farbstoffen immer wieder zusammengebracht. Irgendwann, ich war mittlerweile als junger Professor wieder in Köln gelandet, rief er an und begann ohne Vorrede: „Sie haben's geschafft." Auf meine etwas verwirrte Nachfrage, was er meine, gestand er, mit einem Kollegen telefoniert zu haben – dessen Name soll hier ungenannt bleiben, er galt aber als einer der Meinungsmacher in der deutschen Chemielandschaft – und als beiläufig die Rede auf den Nachwuchs in Deutschland gekommen sei, habe der kurz geknurrt: „Müllen? Guter Mann, guter Mann." Ich habe nie erfahren, was den berühmten Kollegen zu diesem, vielleicht vorschnellen Urteil gebracht hatte, aber sich als junger Forscher ein, wenn auch bescheidenes, eigenes Profil zu erwerben, habe ich als schwierigen Schritt auf der Karriereleiter erlebt. Wolfgang Lüttke hatte sich zum Ziel gesetzt, 100 Jahre alt zu werden, was er nur knapp verfehlte. Einen letzten Besuch bei ihm machten Henning Hopf und ich gemeinsam.

Die Habilitation in Zürich wurde im Kreis der Freunde und Nachbarn ausdauernd gefeiert, aber auch Magnumflaschen werden einmal leer. Unsere Familie war gewachsen, denn zwei unserer vier Kinder, Stefan und Florian, sind in Zürich geboren. Dennoch endete diese schöne Zeit in einer kleinen Krise. Meine Eltern meinten, jetzt hätte ich so viel geschafft und gäbe sogar Vorlesungen an einer Universität, was denn jetzt käme? Die Antwort konnte nur lauten, ich wisse es nicht, und ein jährlich zu erneuernder Vertrag als wissenschaftlicher Mitarbeiter bildete nicht gerade eine solide Basis für die Lebensplanung einer vierköpfigen Familie. Vielen anderen ist es ähnlich ergangen. Ich habe mich seither oft gefragt, ob wir es uns leisten können, manche Begabungen an der Hochschule zu verlieren, weil diese das existenzielle Risiko einer Hochschullaufbahn als zu hoch einschätzen. Wie soll man unter dem Befristungsfallbeil ruhig forschen können? Ich gestehe, dass ich bis jetzt darauf keine rechte Antwort gefunden habe, denn Pläne, Hochschullehrernachwuchs mit dem frühen Angebot von Dauerstellen bei der Stange zu halten, stehen bei begrenztem Stellenangebot der gebotenen Leistungsorientierung entgegen und haben andernorts nicht gerade zur Steigerung der Qualität geführt. Trotz Juniorprofessuren mit Tenure-Track-Optionen gibt es keinen Grund, die Dinge zu lassen, wie sie sind. Ich zitiere deshalb aus einem Impulspapier des Jungen Kollegs der Nordrhein-Westfälischen Akademie der Wissenschaften und Künste: „Während Nachwuchswissenschaftlerinnen und Nachwuchswissenschaftler im Ausland vielfach eine klar definierte Position haben, etwa als „assistant professor", die mit definierten Rechten und Pflichten verbunden ist, fehlen deutschlandweit einheitliche Standards und häufig eine strukturell passende Einbindung in die wissenschaftlichen Einrichtungen." Hinzufügen möchte ich, dass mir die Wertschätzung unserer Gesellschaft für den Hochschullehrernachwuchs, auch gemessen an den Gehältern, als sehr limitiert erscheint. In der Schweiz zum Beispiel wird anders gedacht: „Wir wollen doch die Besten an der Hochschule halten." Ich muss bei manchen Gelegenheiten Fürsprecher gehabt haben. Was aber aus der Phase der Unsicherheit geblieben ist, ist die enge Vertrautheit mit vielen, die ähnliche Erfahrungen gemacht haben und die während mehrerer Chemiedozententagungen wie ich zum „Vorsingen" auf die Bühne mussten. Manche sind in die Industrie abgebogen, oder sagen wir es deutlicher, es blieb ihnen unter dem Druck der Befristung nichts anderes übrig, aber ich könnte nicht sagen, dass sie wissenschaftlich weniger qualifiziert gewesen wären als ich.

Es ist klar, dass die Förderung des akademischen Nachwuchses auch mit der Frage nach der Gendergerechtigkeit verknüpft ist. Ich möchte mich hüten nachzubeten, was viele Gremien dazu schon an Gültigem gesagt haben. Das zentrale Dilemma, wenn von Frauen in der Wissenschaft die Rede ist, stellt die „leaky pipeline" dar, die Tatsache nämlich, dass wir uns zwar bei Promotionen in der Chemie der numerischen Gleichheit nähern, nicht aber in den weiterführenden Phasen und erst recht nicht in Führungspositionen. Jetzt kann man viel über verfestigte Strukturen – in den Organisationen ebenso wie in unseren Köpfen – reden, die naheliegende Aufgabe für einen Hochschullehrer ist deshalb, Frauen in ihren Überlegungen zu bestärken, ihre Motivation zu fördern und nicht zuletzt in der Community für sie einzutreten.

Arbeiten und leben? Diese Frage stellt sich für jedermann und hat kürzlich in unserer gesellschaftlichen Diskussion große Bedeutung gewonnen. Beeindruckt hat mich das Buch von Otfried Höffe „Die hohe Kunst des Verzichts", das der Autor auch in der Tageszeitung „Die Welt" vorgestellt hat. Er hält dem altbekannten „Recht auf Arbeit" das „Recht auf Faulheit" entgegen, ein Ausdruck übrigens, der keineswegs aus diesen Tagen stammt, sondern von Paul Lafargue Ende des 19. Jahrhunderts geprägt wurde. Ich möchte andererseits aus unserer Gegenwart Wolfgang Reitzle, einen bekannten Wirtschaftsmanager, zu Wort kommen lassen, der warnt, „einen anstrengungslosen Wohlstand" könne es für unsere Gesellschaft nicht geben. Sollten wir also mehr oder weniger arbeiten?

Höffe, Otfried: *Die hohe Kunst des Verzichts. Kleine Philosophie der Selbstbeschränkung.* C. H. Beck, München, **2023**.

Ich habe gefunden, dass Freizeit nicht nur in Stunden und Tagen, sondern in ihrer Werthaltigkeit zu messen ist. Aber jetzt rücke ich diesen Widerstreit, wiewohl spannend und für unsere Zukunft vielleicht mitentscheidend, beiseite und schaue allein die Arbeit des Forschers an. Vor vielen Jahren wurde in den *Nachrichten aus der Chemie* der Gesellschaft Deutscher Chemiker (GDCh) eine Diskussion mehrerer bekannter Chemiker abgedruckt, in der von akademischen Karrieren die Rede war und in der eine Wochenarbeitszeit von mindestens 70 Stunden als unabdingbare Voraussetzung genannt wurde, um „an die Spitze zu kommen." Ich fand das damals irritierend, weil ja jeder Einzelne für sich die Bedingungen seines Lebens und Arbeitens selbst herausfinden muss. Ich sehe vor mir den respektvollen Gesichtsausdruck mancher Gesprächspartner in Asien verknüpft mit den Worten: „You are very busy." „Busy" schien dabei ein Synonym für „wichtig" zu sein. „Busy" zu sein, bedeutet nach meiner Einsicht aber keineswegs, produktiv oder gar kreativ zu sein, dafür muss man auch loslassen können. Und doch gibt es eine andere Seite dieser Diskussion. Ich las gerade einen großen Forschungsantrag, in dem am Ende eingehend zum Recht auf Homeoffice und auf Work-Life-Balance argumentiert wurde. Ich musste erstaunt einsehen, dass dies angesagte Themen sind und von Forschungsorganisationen in Anträgen auch hinterfragt werden. Wahr ist aber, dass eine anspruchsvolle Synthese weder von zu Hause gelingen kann noch pünktlich um 17 Uhr fertig ist. Ich verstehe, dass auch Forschungsorganisationen mit dem Mainstream schwimmen müssen. Dennoch werden wir ein Übereinkommen brauchen, was Leben, im Besonderen das Leben eines Forschers, ausmacht. Forschen ist schwer, braucht große Hingabe und passt in keine Arbeitszeitregelung. Ich habe diesen Einsatz gebracht. Nur sage ich noch einmal, dass ein solches Engagement immer auf einer persönlichen Definition der Prioritäten beruht.

[A] Ziegler, K.; Hafner, K.: Eine rationelle Synthese des Azulens. *Angew. Chem.* **1955**, *67*, 301.

[B] Gerson, F.; Huber, W.: *Electron Spin Resonance of Organic Radicals.* Wiley-VCH, Weinheim, **2003**.

[C] Clar, E.: *The Aromatic Sextet.* Wiley, London, New York, **1972**.

[D] Nicolaou, K. C.: *Classics in Total Synthesis.* 4 Bände (mit wechselnden Co-Autoren). Wiley-VCH, Weinheim, **1996 – 2024**.

[E] Bäuerle, P.: End-capped oligothiophenes – new model compounds for polythiophenes. *Adv. Mater.* **1992**, *4*, 102 – 107.

[F] Schröder, G.; Oth, J. F. M.; Merényi, R.: Molecules Undergoing Fast, Reversible Valence-Bond Isomerization. *Angew. Chem., Int. Ed.* **1965**, *4*, 752 – 761.

[G] Doering, W. von E.; Roth, W. R.: A rapidly reversible degenerate Cope-rearrangement. *Tetrahedron* **1963**, *19*, 715 – 737.

ORGANISCHE CHEMIE IN KÖLN UND MAINZ

3

 DOI.ORG/10.47261/1572-3

3.1 Die Gruppe und ihre Themen wachsen

Anfang 1979 trat ich eine C3-Professur in Köln an. Ich habe mehrfach Emanuel Vogel erwähnt (Abb. 3.1. – 3.2.), er war mein Lehrer und Mentor bis zu seinem Tod im Jahr 2011, der unsere gewachsene Freundschaft leider zu früh beendete. Sie besteht aber mit seiner Frau Christiane Vogel und mit ihrem Bruder Peter Gläser weiter. Emanuel Vogels Leben galt der Chemie und der Kunst, seine Forschung war von Strenge und Systematik geprägt. Dabei korrespondierte sein Wagemut als Forscher nicht mit seiner Vorsicht als Autofahrer. Im Umgang mit seiner Gruppe war er korrekt, aber eher zurückhaltend. Wen er jedoch einmal in sein Herz geschlossen hatte, dem blieb er fest verbunden. An die Trauerfeier in Ettlingen erinnere ich mich gut, Rolf Huisgen beschrieb seine Freundschaft

Abb. 3.1.
Emanuel Vogel.

Abb. 3.2.
Renate und Klaus Müllen mit Emanuel Vogel in Ettlingen.

Altenbach, H. J.; Brinker, U. H.; Klärner, F. G.; Müllen, K.: Emanuel Vogel (1927–2011), Nachruf. *Nachr. Chem.* **2011**, *59*, 655.

mit Emanuel Vogel, viele ehemalige Kölner waren dabei. Hans-Josef Altenbach, Udo Brinker, Frank-Gerrit Klärner, als Professoren in der Welt verstreut, und ich hatten uns schon zum Mittagessen getroffen. Aus den vielen schönen Erinnerungen, die wir dabei austauschten, erwuchs dann unser gemeinsamer, von Respekt und Zuneigung getragener Nachruf.

Vogels Arbeiten zu Valenzumlagerungen am Divinylcyclopropan, die letztlich auch der Ausgangspunkt der Norcaradien- und damit der Annulenchemie waren, gehören heute zum Standardwissen der organischen Chemie. Sie waren es, die ihm schon in jungen Jahren die Berufung nach Köln als Nachfolger von Kurt Alder einbrachten. Dabei haben Annulene, also monocyclische höhere Homologe des Benzols, unser Verständnis der π-Konjugation maßgeblich geprägt. Aufbauend auf der Hückel-Regel, die stabile elektronische Zustände nur für Ringe mit (4n+2), nicht aber mit 4n π-Elektronen voraussagt, waren die Synthesen des überbrückten [10]- und [12]Annulens (Abb. 3.3.) Musterbeispiele einer physikalischen organischen Chemie, die sich an grundlegenden bindungstheoretischen Fragestellungen orientiert.

Wenn ich die überbrückten Annulene betrachte, dann darf ich natürlich einen anderen Großen der Annulenforschung, nämlich Franz Sondheimer, nicht vergessen, den ich hier durch die Erwähnung seines [16]- und [18]Annulens in demselben Schema ehren möchte. In diesen Makrocyclen gibt es ringinnere und ringäußere Protonen, die als ideale Sonden für das Ausmessen von Ringstromeffekten durch Kernresonanzspektroskopie dienen können. Aus der Gegenüberstellung beider

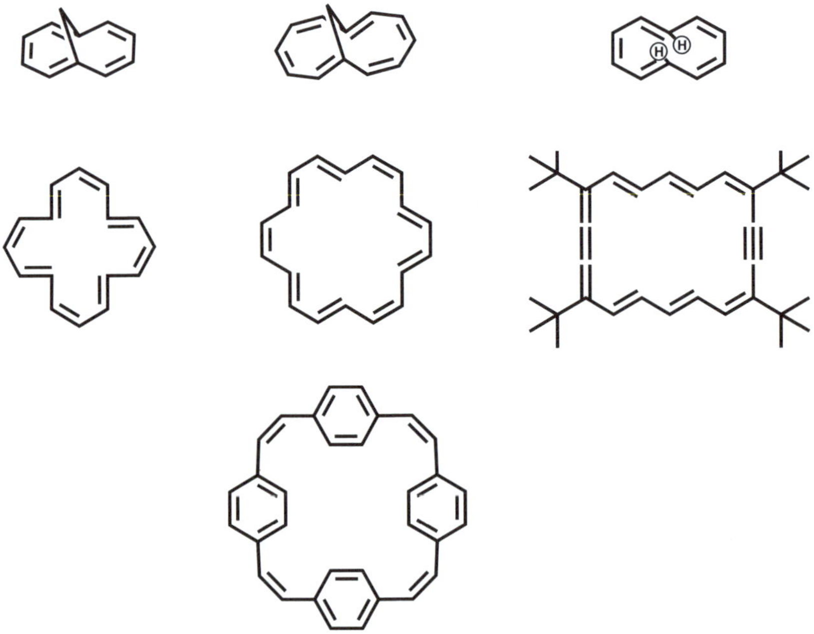

Abb. 3.3. Cyclische π-Konjugation in Annulenen. Obere Reihe: 1,6-Methano[10]annulen (Vogel), 1,7-Methano[12]annulen (Vogel), hypothetisches [10]Annulen; Mittlere Reihe; [16]Annulen (Sondheimer), [18]Annulen (Sondheimer), Dehydro[18]annulen (Nakagawa); Unten: *para*-Cyclophantetraen (Wennerström).

Substanzklassen erklärt sich auch, warum man etwa das [10]Annulen überbücken, also mit einem „Henkel" versehen muss, denn die monocyclische Struktur mit *trans*-konfigurierten Doppelbindungen könnte wegen der räumlichen Nähe der beiden inneren Protonen nicht planar sein.

Dass bindungstheoretische Fragen in der Kölner Chemie einen anerkannten Schwerpunkt bildeten, lag auch an der Forschung von Georg Hohlneicher (**Abb. 3.4.**), der mit seiner Gruppe sowohl die Theorie als auch die Spektroskopie, insbesondere die Photoelektronenspektroskopie, auf anspruchsvolle Weise vertrat. Wenn ich nun einmal das Institut beiseitelasse, so erinnere ich mich gerne an viele gemeinsame Geburtstagsfeiern, an die Ingwercreme von Hildegard Hohlneicher und daran, dass ich sogar mit Georgs Modelleisenbahn spielen durfte. Die Reihe von Hohlneichers berühmten Schülern ist eine Legion; besonders freundschaftlich ist meine Beziehung zu Hajo Freund, der lange Jahre Direktor am Fritz-Haber-Institut in Berlin war. Georg Hohlneicher ist im Frühjahr 2020, kurz vor seinem Geburtstag, verstorben. Zum letzten Mal habe ich ihn bei der „Emanuel-Vogel-Vorlesung" im Dezember 2019 in Köln getroffen. Ich fuhr ihn abends in sein Quartier, unser letztes Gespräch dabei werde ich nicht vergessen, aber es gehört nur uns. Um diese Seiten meines Rückblicks komme ich nicht umhin, sie sind, um es mit Wilhelm von Kügelgen zu sagen, Teil der „Lebenserinnerungen des alten Mannes" [A].

Abb. 3.4. Georg Hohlneicher.

Mit meiner Erinnerung an Emanuel Vogel ist auch gesagt, dass ich ohne ihn kaum in Köln gelandet wäre. Diese Berufung war der Startpunkt für alles, was später kam, aber er war holprig. Ein C3-Professor stand im Range vielleicht knapp neben dem des Leiters der feinmechanischen Werkstatt, das soll heißen, er hatte nichts zu sagen, hatte keinen eigenen Etat, musste aber dafür Vorlesung halten, bis seine Stimme heiser war.

Eine Vorlesung ist mir dabei in besonderer Erinnerung, die „Chemie für Mediziner" im großen Kurt-Alder-Hörsaal. So wie in der Werkstatt der Lehrling für die Gesellen Bier holen musste, schien diese Vorlesung jeweils dem Jüngstberufenen zuzufallen: 500 Studierende mit einem randvollen Stundenplan an Veranstaltungen, von denen die Chemie nicht gerade das beste Image hatte. Aber die Aufmerksamkeit dieser heterogenen, vom Stress um den Numerus clausus erschöpften Schar zu gewinnen und die Erkenntnis wachsen zu lassen, dass Chemie für alles, was im Studium noch kommt, bedeutsam ist, das hat mir Spaß gemacht, auch wenn ich in einer Pause, trotz allerhand Verrichtungen, das Mikrofon um meinen Hals einmal nicht ausgeschaltet hatte.

Das Wichtigste: Diese Anfangszeit brachte mir die ersehnte Freiheit, die Möglichkeit, mich zu beweisen, Drittmittelanträge zu schreiben, Mitarbeiter zu gewinnen und die Konturen der eigenen Forschung zu schärfen. Dabei muss ich vorausschicken, dass ich eigentlich nicht als Synthetiker, sondern als Spektroskopiker geholt worden war, die angestrebte Modernisierung des Geräteparks aber auf sich warten ließ.

Warum ich die Rolle der NMR-Spektroskopie besonders erwähne, hängt mit zwei Personen zusammen, die meine Freunde wurden. Zuerst erfuhr ich vielfältige Unterstützung durch Dr. Hans Schmickler, den NMR-Experten der Vogel-Gruppe, der sich vor keinem Messproblem, aber auch keiner Gerätereparatur fürchtete. Ebenso wichtig waren der gute Rat und die praktische Hilfe durch Professor Ulrich Hauser, den Direktor eines der Physikalischen Institute der Universität, der übrigens ebenso wie Hans Schmickler meinen Kaffee schätzte. Ich habe Sequenzen von Elektronenübertragungen beschrieben, die in Köln für uns zu einem zentralen Thema wurden. Die entstehenden diamagnetischen Produkte, nämlich die Alkalimetallsalze von Dianionen, Tetraanionen oder gar Hexaanionen, erforderten als zentrale Methode den Einsatz der ^{13}C-NMR-Spektroskopie, weil sich auf diese Weise der Strukturbeweis am besten führen und zudem die Art der Ladungsverteilung verlässlich ermitteln ließen. Angesichts der miserablen Signal-Rausch-Verhältnisse der Spektren musste tagelang akkumuliert werden, und das bei tiefen Temperaturen an nicht gerade gut löslichen Spezies. Ohne den flüssigen Stickstoff aus der Verflüssigungsanlage der Physik wären solche Messungen nicht möglich gewesen, und mit einem Wägelchen von Dewar-Gefäßen in die Physik zu fahren, wurde zu meinem morgendlichen Frühsport. Die Bedingungen waren also keineswegs rosig. Laborplatz und Geld waren knapp, aber dennoch, ich freute mich am Morgen auf die Diskussionen mit den neu hinzugekommenen Mitarbeitern, und im Grunde ging ich ins Labor wie der Spieler in das Spielkasino: voller Spannung, ob sich denn heute ein Treffer böte. Und es geschah wirklich Unerwartetes, wie ich nun an einigen Beispielen zeigen möchte.

Zunächst komme ich noch einmal auf die Möglichkeit zurück, durch Dianionbildung von Annulenen (4n+2)π-Systeme in ihre 4n-Abkömmlinge umzuwandeln und umgekehrt. Neben Franz Sondheimer und Emanuel Vogel muss ich angesichts dieses Themas Masazumi Nakagawa, Professor an der Osaka University, nennen, einen wirklichen „Herrn“, voll ruhiger Urteilskraft, gebildet und heiter zugleich. Er ist der Erfinder eines weiteren Annulentyps, nämlich desjenigen der Dehydroannulene, von denen in **Abb. 3.3.** nur das [18]Annulen aufgeführt sei. Wir hatten uns bei seinem Zürich-Besuch in den 1970er Jahren kennengelernt, eine Begegnung, aus der eine Wechselwirkung voll Vertrauen und Respekt erwuchs. Weil er uns durch die Hilfe seines Schülers Masahiko Iyoda eine Reihe von [4n+2]Annulenen zur Verfügung stellte, konnten wir deren Dianionen und Tetraanionen sowie die mit ihnen einhergehenden dramatischen Veränderungen der magnetischen Eigenschaften gemeinsam publizieren [43].

[43] Müllen, K.; Huber, W.; Meul, T.; Nakagawa, M.; Iyoda, M. Highly Reduced Annulenes. Novel Probes for Spectroscopy and Theory. *J. Am. Chem. Soc.* **1982**, *104*, 20, 5403–5411.

Mit konkreten Daten belegen möchte ich aber jetzt einen anderen, wenn auch eng verwandten Fall. Die Gruppe von Olof Wennerström in Göteborg hatte durch Wittig-Olefinierungen konjugierte Makrocyclen wie das abgebildete *para*-Cyclophantetraen synthetisiert. Diese Verbindung war, wenig überraschend, als Multistilbensystem zu beschreiben, mit anderen Worten, sie zeigte keinerlei annulenähnliche Konjugation, die den ganzen hypothetischen Perimeter umfasst hätte. Irgendwie schwante mir, dass das beim Übergang vom neutralen Kohlenwasserstoff zum Dianion und weiter zum Tetraanion, also bei der eintretenden Delokalisation der Ladungen über das ganze Gerüst, völlig anders sein könnte. Die simple Addition, siehe die magischen Zahlen von π-Elektronen aus der Hückel-Regel, sah so aus: Jeder Benzolring trägt vier, jede Doppelbindung der Olefinbrücken zwei Elektronen zu einem Perimeter bei. Wenn die zusätzlichen Elektronenladungen eine durchgehende makrocyclische Konjugation erzeugen, besitzen das Dianion insgesamt 24+2 = 26 und das Tetraanion 24+4 = 28 π-Elektronen, Ersteres müsste deshalb einen diatropen und Letzteres einen paratropen Ringstrom ausbilden. Das wiederum würde zu einer magnetischen Abschirmung bzw. Entschirmung der in das Innere des Macrocyclus weisenden Benzolprotonen führen. Und so war es auch, denn die entsprechenden Signale tauchten bei sage und schreibe −7,1 ppm im Dianion bzw. +12,8 ppm im Tetraanion auf. Mit anderen Worten, diese aromatischen Protonen erfuhren durch den Übergang vom Dianion zum Tetraanion eine Verschiebung ihres Protonenresonanzsignals von ca. 20 ppm! Das Experiment, das ich zusammen mit meinem ersten Postdoktoranden Walter Huber durchgeführt habe, war eine Freude. Ich erinnere mich an diesen Samstagmorgen, weil deshalb sogar das Fußballspielen ausfiel. Bei Kontakt der Tetrahydrofuranlösung mit einem Lithiumdraht wurden die Protonen-NMR-Signale der Neutralverbindung dank des schnellen Elektronenaustausches mit dem Radikalanion bis in das Rauschen verbreitert. Eine fortdauernde Reduktion ließ bei sorgfältiger spektroskopischer Kontrolle die scharfen Signale des Dianionsalzes erscheinen, die bei Weiterreduktion wieder verschwanden und schließlich dem Spektrum des Tetraanionsalzes Raum gaben. Es war erstaunlich, denn in gewisser Weise separierten sich die Benzolringe in eine Dieneinheit, die an der Perimeterkonjugation beteiligt blieb, und eine Doppelbindung, die an ihr nicht teilnahm. Eine Verwandtschaft sehe ich im Eisentricarbonylkomplex des Styrols, bei dem das Metall an ein Butadienelement, bestehend aus der Vinylgruppe und einer Doppelbindung des Benzols, bindet. Walter Huber, aus Emmen in der Schweiz stammend und vorher Doktorand von Fabian Gerson, sprach stolz von „Schweizer Wertarbeit“ [32].

Das makrocyclische Cyclophan als „Multistilben“ hatte aber noch eine andere Bedeutung, denn es führte uns letztendlich zu linearen Oligophenylenvinylenen (Abb. 3.5.), die wir während meiner nachfolgenden Zeit an der Universität Mainz synthetisierten und die sich als ideale Modellverbindungen für das analoge Polyphenylenvinylen (PPV) erwiesen.

[32] Huber, W.; Müllen, K.; Wennerström, O.: Dianion and Tetraanion of [2_4] Paracyclophanetetraene—New Unusual Perimeter Systems. *Angew. Chem., Int. Ed. Engl.* **1980**, *19*, 8, 624–625.

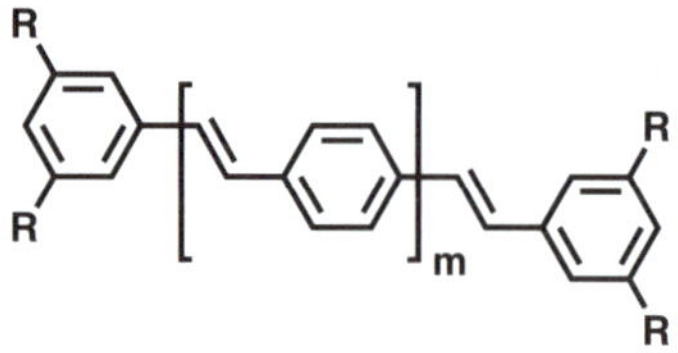

Abb. 3.5.
Homologe Reihe von Oligophenylenvinylenen; R = H, *tert*-Butyl; m = 1, 2, 3, …

Hier mag ein kleiner Vorgriff auf die Welt der Polymere angezeigt sein, der aber verdeutlicht, wie Themen einer Gruppe immer wieder in veränderter Form aufleben können. Das Verständnis der ausgedehnten Elektronendelokalisation in konjugierten Polymeren (CPs) anhand einer homologen Reihe von strukturverwandten Oligomeren anzustreben – dieses Konzept habe ich bereits vorgestellt. Viele Jahre später hat es dann zu dem Buch „Electronic Materials: The Oligomer Approach" geführt, das ich 1998 zusammen mit meinem Freund und Kollegen Gerhard Wegner bei Wiley-VCH veröffentlichte [B]. Phenylenvinylenstrukturen lenkten uns aber noch in eine andere Richtung, denn sie brachten uns schon zu DDR-Zeiten in engen Kontakt mit Professor Hans-Heinrich Hörhold in Jena, dem Experten dieser Polymere und Doktorvater von Ullrich Scherf, von dem ich noch viel zu erzählen habe.

Der Elektronentransfer, um auch diesen Faden wieder aufzunehmen, liefert also einen idealen Testfall der Bindungstheorie: Man besetzt bei der Reduktion ein neues Grenzorbital, dessen Atomorbitalkoeffizienten die Art der Verteilung der Überschussladung erklären können. Es bilden sich dabei neue Konjugationsformen aus, was besonders deutlich durch das Zustandekommen eines bishomokonjugierten Analogons des Cyclooctatetraendianions ausgehend von dem Bisdien in **Abb. 2.14.** belegt wird [40]. Die Bildung eines derartigen cyclischen 10π-Systems „über den Raum hinweg" war nicht unbedingt vorauszusagen. Man hätte auch annehmen können, dass sich die beiden Überschussladungen dank ihrer Coulomb-Abstoßung auf den separaten Butadieneinheiten lokalisieren, dass also keine cyclische Konjugation entsteht. Die Neutralverbindung stammte aus dem benachbarten Arbeitskreis von Wolfram Grimme in Köln. Es war eine Freude, mit ihm zu arbeiten, sein Mut, auch schwierige Themen aufzugreifen und dabei oft gegen vorherrschende Lehrmeinungen, sein kritisches Denken und seine Experimentierkunst haben mich angespornt. Seine Mitarbeiter nannten ihn „Vatter", und dieser Anrede muss ich nichts hinzufügen.

Im Grunde ging es damals um die Frage, wieweit die unausweichliche Coulomb-Abstoßung der Elektronen in hochgeladenen π-Systemen durch eine konjugative Stabilisierung und durch die Wechselwirkung mit den Gegenionen kompensiert werden kann. Diese Konkurrenz der Energiebeiträge entscheidet letztlich darüber, wieviele Überschussladungen ein konjugierter Kohlenwasserstoff maximal aufzunehmen vermag. Um ein Extrembeispiel zu schildern, muss ich Professor Jürgen

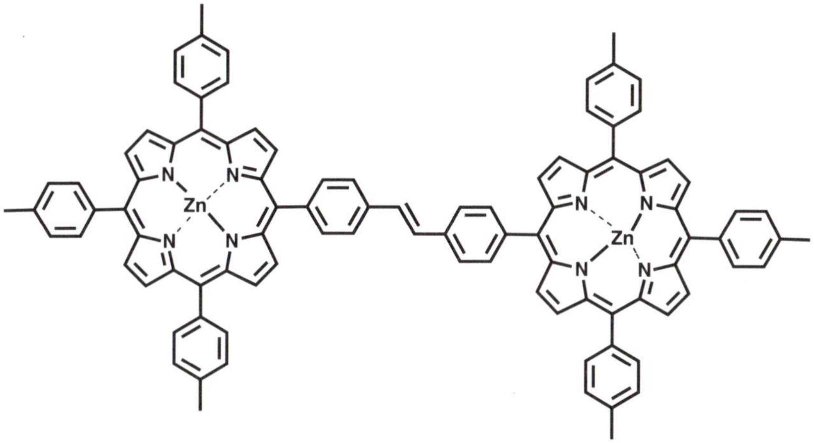

Abb. 3.6. Ein „Stilben"-verbrücktes Bisporphyrinyl (Zn-Komplex), das bei der elektrochemischen Reduktion reversibel 13 Elektronen aufnimmt.

Heinze aus Freiburg erwähnen, den hoch angesehenen Pionier der Cyclovoltammetrie organischer Verbindungen. Seine Gruppe konnte an einem Bisporphyrinyl (**Abb. 3.6.**), das wir synthetisiert hatten, 13 separate elektrochemische Elektronentransferschritte nachweisen [100].

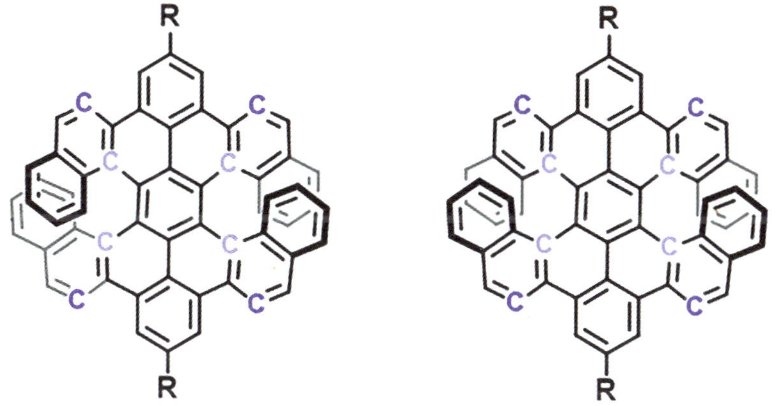

Abb. 3.7. Ein Doppel[7]-helicen. Links: chirales Diastereomer; rechts: achirales Diastereomer mit Spiegelebene (*meso*-Form); R = *tert*-Butyl.

Überraschende Ergebnisse von Elektronentransferreaktionen erfreuen mich bis auf den heutigen Tag. Lassen Sie mich deshalb anhand des Doppel[7]helicens in **Abb. 3.7.** einen Vorgriff auf unsere Nanographenchemie machen. Wir haben im Jahr 2020 in einem Projekt mit dem Arbeitskreis von Marina Petrukhina aus Albany die *meso*-Form dieses Doppel[7]helicens durch die Reduktion mit Kalium bzw. Rubidium sukzessive mit Elektronen beladen. Unter Kontrolle durch die UV/Vis-Absorptionsspektroskopie, aber sehr schön bereits an den Farbumschlägen erkennbar, entstand eine komplette Redoxsequenz, die vom Mono- bis zum Tetraanion reichte. Die Kristallstrukturen belegten, dass damit, entgegen jeder Erwartung, eine Kompression statt einer Dehnung der „Helicenfeder" einherging. Die **Abb. 3.8.** gibt als Beispiel die Strukturen des Tri- und Tetraanions wieder, welche in 1:1-Anteilen cokristallisieren [2057].

Abb. 3.8. Kristallstrukturen des Trianions und Tetraanions eines Doppel[7]helicens. a) 1:1-Cokristall; b, c) Metallkoordination durch eng gebundene Rb-Ionen (weitere Metallionen sind außer durch Kronenether durch mehrere Solvensmoleküle umhüllt). *Angew. Chem., Int. Ed.* **2020**, *59*, 15923; Fig. 5.

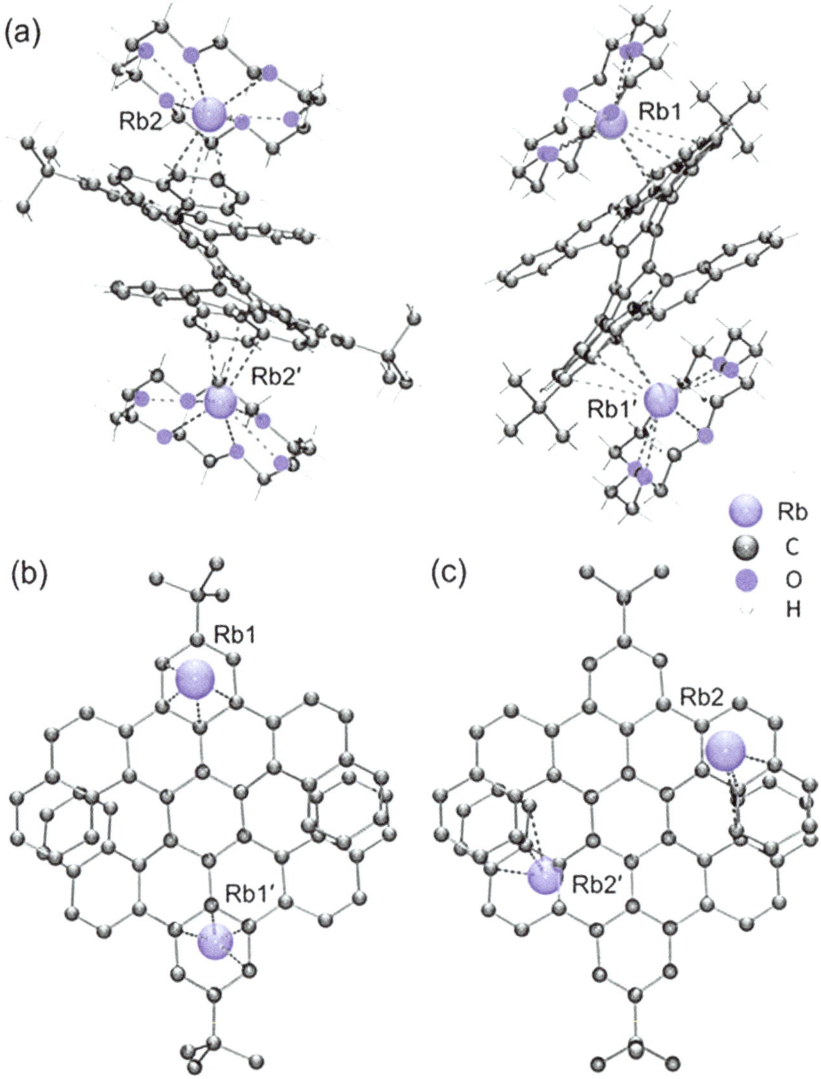

Es war Zijie Qiu, Stipendiat der Alexander von Humboldt-Stiftung (AvH), einer meiner letzten Postdoktoranden und jetzt Professor an der Chinese University of Hongkong in Shenzhen, der diese Zusammenarbeit, ebenso wie viele andere Kollaborationen auch, maßgeblich vorangetrieben hat. Unser „Perspectives"-Artikel in *J. Am. Chem. Soc.* aus dem Jahr 2022 ist wesentlich von ihm mitgetragen worden [2098]. Der AvH, das füge ich gerne an dieser Stelle hinzu, verdanke ich wertvolle Unterstützung. Ich betrachte sie als ein Kernelement unserer Wissenschaftslandschaft, ja, sie ist ein Kulturgut für unser Land. Gerne habe ich mich auch bei Begutachtungen in ihren Dienst gestellt.

Abb. 3.9. Pyren (P) und darunter ein Dicycloheptapentalen (PP) sowie weiter unten ein Dicyclopentaheptalen (IP) als „Isopyrene". Links sind schematisch die HOMOs (höchste besetzte MOs) und daneben die LUMOs (niedrigste unbesetzte MOs) der Isomere P, PP und IP gezeigt. Die Klassifizierung als S (symmetrisch) und A (antisymmetrisch) erfolgt in Bezug auf die beiden senkrecht zur Molekülebene stehenden Spiegelebenen, eine durch die Brücke und eine wiederum senkrecht dazu. Die Radien der Kreise sind direkt proportional zu den lokalen Atomorbital (AO)-Koeffizienten. Leere und gefüllte Kreise bezeichnen unterschiedliche Vorzeichen dieser AO-Koeffizienten. Die Zahlenwerte geben die experimentell bestimmten Absolutwerte der ESR-Hyperfeinkopplungskonstanten für die Radikalanionen an. Rechts außen ist ein weiteres „Isopyren" geringerer Symmetrie, das sogenannte Acepleiadylen (AC) abgebildet. *Helv. Chim. Acta* **1978**, *61*, 2307; Fig. 4.

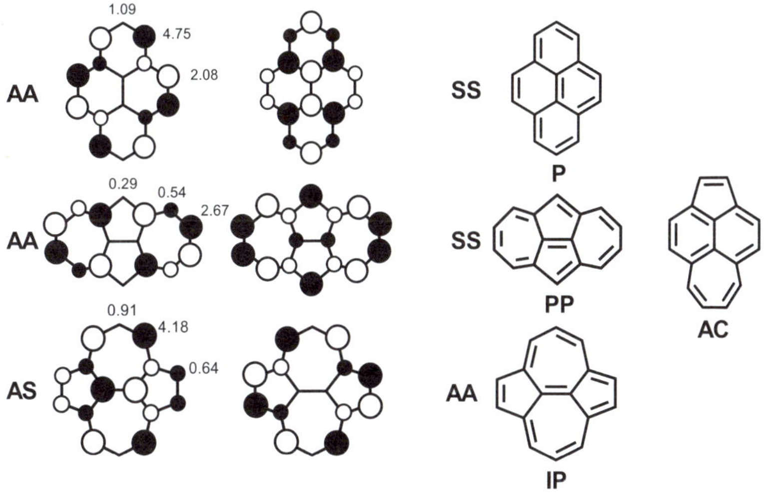

Nachdem einmal unser Werkzeugkasten der Reduktions- und Charakterisierungsmethoden eingerichtet war, ergaben sich immer wieder neue Aha-Erlebnisse. Nur einen Fall, den des Pyrens (P) und seiner Isomere in Abb. 3.9. möchte ich aus dieser Zeit noch schildern.

Pyren, aus vier kondensierten Sechsringen bestehend, ist ja ein alternierendes π-System mit einer homogenen Elektronendichteverteilung im Neutralzustand. Seine Isomere, die nicht nur Sechs-, sondern auch Fünf- und Siebenringe enthalten, sind sogenannte nichtalternierende Polycyclen, deren Eigenschaften sich in mehrfacher Hinsicht von denen des Pyrens [24] unterscheiden. Während Pyren farblos ist, zeigt das Isomer Acepleiadylen (AC), das ich als Beispiel herausgreife, eine blutrote Farbe und weist im Neutralzustand eine inhomogene Ladungsverteilung auf. Dieses Pyrenisomer wurde erstmals in der Gruppe von Virgil Boekelheide synthetisiert, und erst im Jahre 2021 beschrieben wir mit Xiao-Ye Wang, Postdoktorand bei uns und jetzt Professor an der Nankai University in Tianjin, eine deutlich verbesserte Synthese [2098]. Nachdem wir 1980 durch eine Reihe von Experimenten beweisen konnten, dass der Kohlenwasserstoff AC ein stabiles Tetraanionsalz ausbildet, schrieb ein Gutachter des *Journal of the American Chemical Society*: „It is hard to believe, but the proof is convincing."

Durch solche Arbeiten fiel mir in der Literatur die Gruppe von Mordecai Rabinovitz (**Abb. 3.10.**) an der Hebrew University in Jerusalem auf. Ich war deshalb besonders gespannt, als er Anfang der 1980er Jahre Köln zu einer Tagung besuchte. Wir haben viel diskutiert, mussten aber zuerst im Baumarkt einen „Einhandmischer" für sein Badezimmer zu Hause in Jerusalem finden, der dann in der Tat das harte Wasser von Jerusalem für Jahrzehnte ausgehalten hat. Er und seine Frau Zohar konnten spannend von ihren Erlebnissen während des israelischen Unabhängigkeitskriegs berichten. Unsere gegenseitigen Besuche sind kaum zu zählen; nicht zuletzt deshalb, weil beide Familien auch gerne gemeinsam gereist sind, ob in das Allgäu oder nach Jordanien. Mordecai, ein lieber Freund, ist 2019 seinem Herzleiden erlegen.

Es gibt einen weiteren Grund, an dieser Stelle die Pyrenverbindungen einzuführen. Sie markieren nämlich eine Wegscheide, die den Übergang unserer Gruppe von der Kölner (1979 – 1984) zur Mainzer (1984 – 1989) Universität entscheidend beeinflusst hat. Dieser Wechsel hängt nicht mit der bindungstheoretischen, sondern nunmehr mit der synthetischen Nutzung von Elektronentransferprozessen zusammen. Und das kam so: Bei einer reduktiv erfolgten Anionbildung entsteht ein Nucleophil, das mit Elektrophilen, zum Beispiel Alkylierungsmitteln, abgefangen werden kann. Dieses „Quenching" dient zunächst einmal zum chemischen Strukturbeweis für das Anion, denn aus der Zahl der zum Beispiel mit Dimethylsulfat aufgenommenen Methylgruppen

Abb. 3.10. Mit Mordecai und Zohar Rabinovitz in Petra, Jordanien.

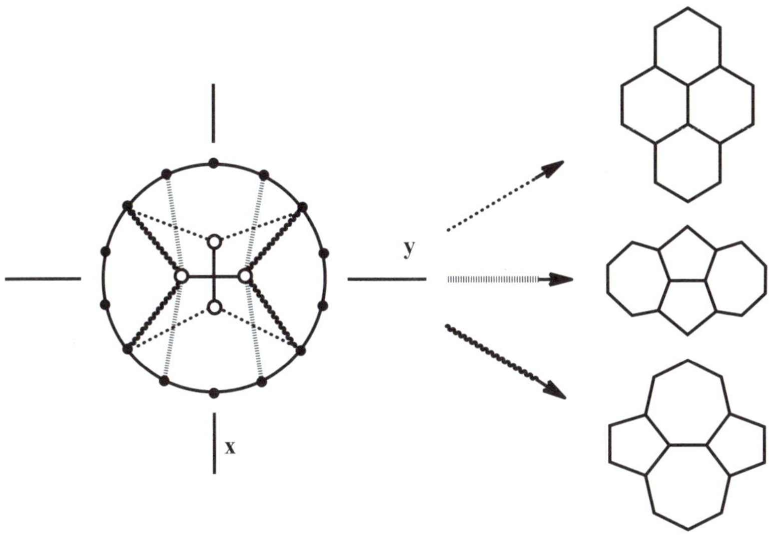

lässt sich auf seinen Ladungszustand schließen. Viel wichtiger ist aber der konkrete synthetische Nutzen. Dazu stelle ich gemäß Abb. 3.11. das Pyren noch einmal seinem Isomer IP gegenüber. Man kann sich die Isomere als aus einem peripheren [14]Annulen und einer inneren C-C-Doppelbindung zusammengesetzt denken, wobei sich die Topologien von P und IP in den Verknüpfungsstellen und in der Orientierung der Brücke unterscheiden. Ein einfaches Korrelationsdiagramm betrachtet nun die symmetrieerlaubten Wechselwirkungen zwischen Annulenorbitalen und dem π-Orbital sowie π*-Orbital der inneren Olefineinheit. Dabei zeigt sich rasch, dass das LUMO des Pyrens und seines Isomers PP, ebenso wie AC, eine Knotenebene durch die Brücke aufweist, nicht aber dasjenige des Dicyclopentaheptalens (IP). Dessen LUMO zeichnet sich vielmehr durch die höchsten AO-Koeffizienten an den Brückenzentren C-15 und C-16 aus. Und hier kommt der entscheidende Punkt. Wenn deshalb das Dianion von IP dort die höchste lokale Ladungsdichte ausbildet, sollte seine Methylierung in einem kinetisch kontrollierten Prozess unmittelbar das ethandiylidenüberbrückte [14]Annulen (Abb. 3.12. – 3.13.) liefern [35]. Ein ähnliches Annulen hatte die Gruppe von Virgil Boekelheide herstellen können, allerdings in einer vielstufigen Synthese. Unsere Erwartung erfüllte sich, wobei selektiv nur die *trans*-Konfiguration der Methylgruppen ausgebildet wurde. Das war der erste Schritt zur Entwicklung unserer reduktiven Alkylierung.

Abb. 3.11. Schematische Darstellung der „Isopyrene" P, PP und IP, entstanden durch Überbrückung eines [14]Annulens mit einer Doppelbindung. *Helv. Chim. Acta* **1978**, *61*, 2307; Fig. 1.

[35] Huber, W.; Lex, J.; Meul, T.; Müllen, K.: *trans*-15,16-Dimethyl-1,4:8,11-ethanediylidene [14]annulene. *Angew. Chem., Int. Ed. Engl.* **1981**, *20*, 4, 391–393.

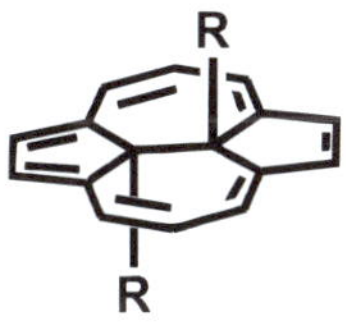

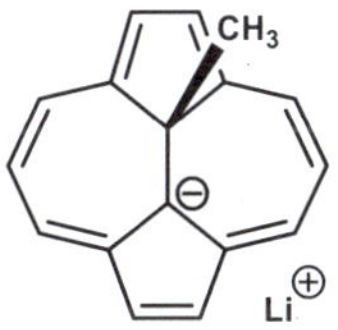

Abb. 3.12. (l.) Ein *trans*-Dialkyl-ethandiyliden-[14]annulen (R = Alkyl).

Abb. 3.13. (r.) Das Monanion, das durch einfache Methylierung eines Isopyren (IP)-Dianions entsteht.

Von diesem Tag an schaute jeder in der Gruppe konjugierte Moleküle mit anderen Augen an: Würde das MO-Schema eine Ladungsverteilung in einem Dianion oder Dikation erwarten lassen, die nach Abfangen mit einem Elektrophil bzw. Nucleophil eine überraschende, vielleicht auf anderem Wege nur schwer zugängliche Produktstruktur erwarten ließ? Ein Beispiel, das mir besonders am Herzen liegt, war das aus dem Vogelschen Arbeitskreis stammende Octalen (**Abb. 2.10.**). Nicht überraschend konnten wir dessen Tetraanion in die Hand bekommen, denn die Coulomb-Abstoßung der Elektronen wird wirksam durch eine konjugative Stabilisierung, gleichsam in zwei Cyclooctatetraendianioneinheiten, kompensiert [29]. Was wir aber voraussagten, war, dass das intermediär auftretende Dianion die höchste Ladungsdichte an den beiden Brückenkopfzentren zustande kommen lässt und eine Methylierung deshalb an diesen Stellen erfolgen würde (**Abb. 3.14.**). Und das geschah tatsächlich. Die Sache bekam aber noch einen weiteren Kick dadurch, dass sich der dimethylierte Bicyclus durch Ringöffnung spontan zum isomeren [14]Annulen umlagerte. Wir haben diese Arbeit dem Andenken an Franz Sondheimer gewidmet [46].

Abb. 3.14. Produkt der Dimethylierung eines Octalendianions und nachfolgende Valenzumlagerung zum [14]Annulen.

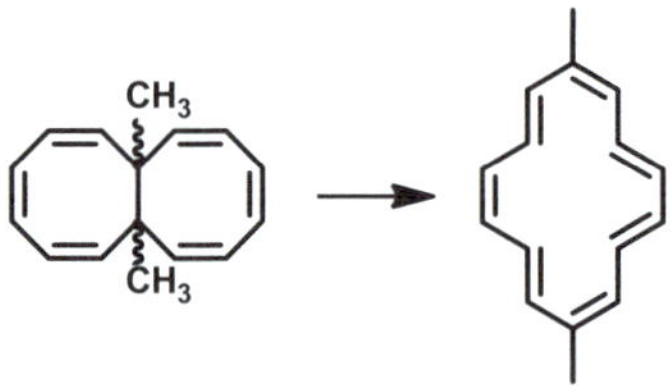

Ehe ich nun auf die Weiterentwicklung der reduktiven Funktionalisierung in Mainz zu sprechen komme, muss ich auf zwei andere Arbeitsrichtungen eingehen, die nicht nur Elektronenübertragungen unter Beibehaltung des Kohlenstoffgerüsts, sondern auch die Knüpfung und Spaltung von C-C-Bindungen einschließen. Dazu gehören 1. die Bildung und Charakterisierung von Organolithiumverbindungen mit ausgeprägt kovalentem Charakter der C-Li-Bindung und, eng damit verknüpft, 2. die Synthesen von Bicyclo[3.3.0]octadienverbindungen (**Abb. 3.15. – 3.16.**) sowie ihre Metallierungen und Umlagerungen. Beide Themen gehören eng zusammen.

Abb. 3.15. Dilithiierung eines Tetraphenylallens.

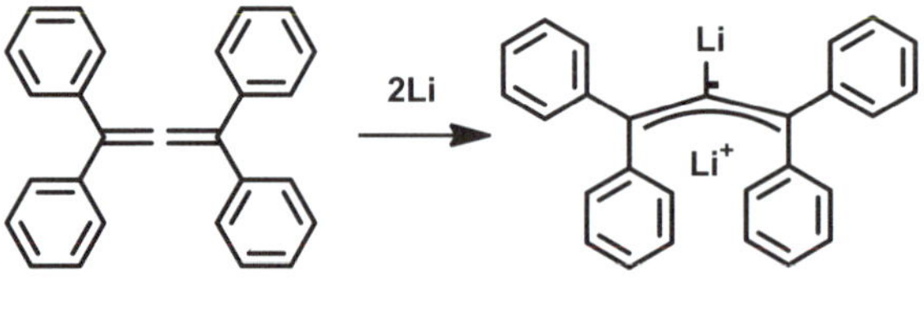

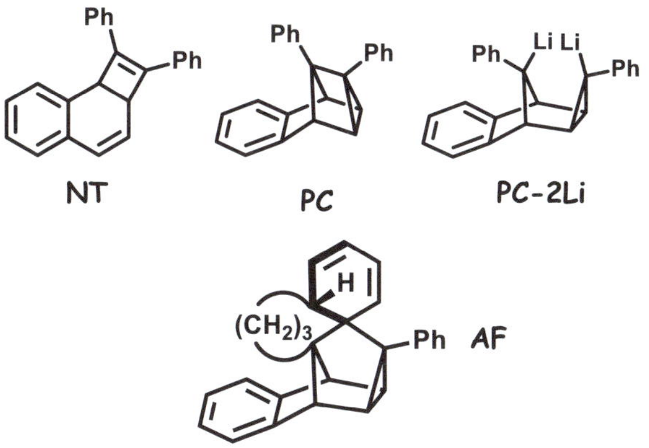

Abb. 3.16. Photochemische Cycloaddition von Naphthalin und Tolan zum Produkt NT sowie dessen weitere Cyclisierung zum Polycyclus PC. Lithiierung von PC zum Dilithioderivat (PC-2Li) sowie dessen Abfangreaktion mit Dibrompropan zum Produkt AF.

Für das erste Thema komme ich noch einmal auf die Wechselwirkung zwischen einem organischen Anion und seinem Alkalimetallgegenion zurück. Das kleinste Gegenion, das Lithiumkation, nimmt dabei eine Sonderstellung ein, weil es auf der einen Seite zu der am stärksten ausgeprägten Ion-Dipol-Wechselwirkung mit dem Solvens führt und das Gleichgewicht unterschiedlicher Ionenpaare massiv beeinflusst und auf der anderen Seite – im Falle einer besonders hohen Ladungsdichte an einem individuellen Kohlenstoff – einen kovalenten Anteil der C-Li-Bindung ausbildet. Struktur und Reaktivität von Organolithiumverbindungen gehörten in den 1980er Jahren zu den heißen Themen der Chemie, und ich erinnere mich gerne an Diskussionen mit den Professoren Paul von Rague Schleyer und Gernot Boche, die führende Protagonisten dieser Forschung waren. Wir erhielten bei der Lithiierung des Tetraphenylallens mit Lithiummetall ein ungewöhnliches Dilithioprodukt, bei dem ein Lithium das Gegenion eines Allylanions war, während dessen zentrales Kohlenstoffzentrum ein weitgehend kovalent gebundenes Lithiumatom trug. Mit diesen und vergleichbaren Arbeiten gerieten wir in Konkurrenz zu einer Gruppe am Georgia Institute of Technology in Atlanta, nämlich der von Professor Laren Tolbert (Abb. 3.17.), mit dem mich bis heute eine Freundschaft verbindet. Tobias, unser jüngster Sohn, hat ein halbes Jahr in der Tolbert-Familie gelebt, die ihm mit vereinten Kräften, die drei Töchter eingeschlossen, zu einem besseren Englisch und außerdem zu mehr Körpergewicht verhelfen konnte.

Abb. 3.17. Laren Tolbert.

Einen anderen Verlauf nahm die Lithiierung des Polycyclus PC aus Abb. 3.16. Dieser Kohlenwasserstoff entstand nach Sasse unter Bestrahlung von Naphthalin und Tolan, bei der das initiale Cyclobutenderivat NT eine weitere, nun intramolekulare 2+2-Cycloaddition einging. Die Behandlung des entstehenden Polycyclus PC mit Lithium ergab unter reduktiver Spaltung der diphenylsubstituierten C-C-Bindung quantitativ das Produkt PC-2Li, das zwei unterschiedliche Benzyllithiumuntereinheiten enthielt. Neben eingehenden spektroskopischen Untersuchungen beruhte dessen Strukturbeweis auf der Abfangreaktion mit Dibrompropan, die laut Kristallstrukturanalyse das ungewöhnliche Alkylierungsprodukt AF lieferte. Den kuriosen Mechanismus dieser Abfangreaktion aufzuschreiben, möchte ich Ihnen als Denksportaufgabe überlassen. Aber bleiben Sie entspannt, denn uns wurde er erst klar, nachdem uns Johann Lex in Köln die Kristallstruktur des Produkts AF vorgelegt hatte [72].

Die Arbeiten zur reduktiven C-C-Bindungsspaltung sowie zur oxidativen C-C-Bindungsbildung und damit letztlich zur Entstehung und Umwandlung von neuen, kovalent gebundenen Organolithiumverbindungen hatten gleich mehrere Vorläufer. Einer entstand aus einer Zusammenarbeit mit Dieter Seebach an der ETH Zürich zur Art der Hybridisierung in Brom-Lithium-Carbenoiden des Cyclopropans. Es lag deshalb nahe, in die Untersuchung unserer verschiedenen Benzyllithiumstrukturen das 1-Phenylcyclopropyllithium einzubeziehen. Die Frage nach der sp^2-Hybridisierung des carbanionischen Kohlenstoffs gewann ihren Reiz aus der Tatsache, dass der Dreiring einem ausgeprägten π-Charakter entgegenwirken würde. Ein anderes Vorläuferthema erwuchs aus der reduktiven Bindungsspaltung in substituierten Cyclopropanen, was uns wiederum auf die Cope-Umlagerung in Divinylcyclopropanen mit dem Bullvalen als berühmtestem Beispiel (**Abb. 2.12.**) zurückführte. So lässt sich aus dem Bisallylanionderivat eines Bicyclo[3.3.0]octangerüsts (**Abb. 3.18.**) durch Reoxidation und C-C-Bindungsknüpfung des entstehenden Diradikals ein Semibullvalen gewinnen, und das wiederum ließ mir keine Ruhe.

In der Diskussion über „Moleküle mit fluktuierenden Bindungen" bei meinem Habilitationskolloquium war ja die Frage aufgetaucht, ob der Übergangszustand einer entarteten Valenzumlagerung energetisch unterhalb der Ausgangsstrukturen liegen könnte, also aus einer

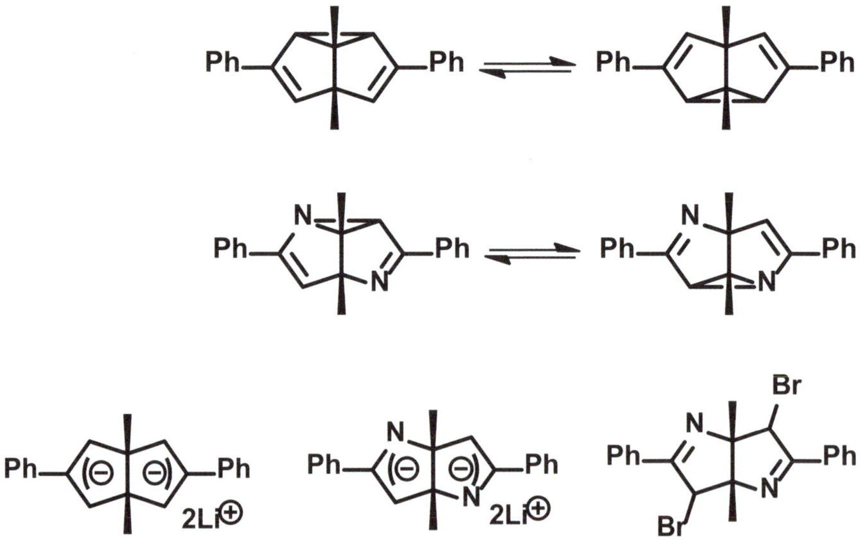

Abb. 3.18. Oben: Die Cope-Umlagerung des diphenylsubstituierten Semibullvalens und des analogen Diazaderivats. Unten: Die beiden Bisallylvorstufen, deren oxidative Kupplung zum Semibullvalen bzw. Diazasemibullvalen führt, sowie der Dibromvorläufer der Diazasemibullvalensynthese.

Abb. 3.19. Mit Hans-Josef Altenbach.

Reaktion mit klassischem Energieprofil eine Art Resonanz zweier Grenzstrukturen entstehen könnte. Am ehesten sollte eine solche bishomokonjugierte Struktur, so war es vorausgesagt, in einem Diazasemibullvalen möglich sein. Aber wie sollte man das synthetisieren? Hans-Josef Altenbach (**Abb. 3.19.**), der damals in Köln habilitierte, zeigte mir eine Literaturarbeit, in der ein verwandtes, leicht zugängliches Dien vorkam (**Abb. 3.20.**), und das gab nach unseren Vorarbeiten der Hoffnung auf ein Diazasemibullvalen Auftrieb. Tatsächlich konnte Christoph Schnieders dieses Dien zweifach bromieren und dann durch Alkalimetallbehandlung in die Wunschverbindung, das Diazasemibullvalen, umwandeln. Dieses entpuppte sich aber in der NMR-spektroskopischen Charakterisierung als weiterer Vertreter einer normalen, wenn auch sehr raschen Cope-Umlagerung [45].

Eine leicht zugängliche Verbindung, welche in dieser Zeit für uns große Bedeutung gewann, war der Weiss'sche Tetraester in **Abb. 3.20.** Was ich hier nicht zeige, ist die Abspaltung der Carboxylgruppen, die Bicyclo[3.3.0]octadiene lieferte. Diese wurden dann zu Vorläufern einer ganzen Reihe von Semibullvalenen. Die genannte Abbildung weist aber noch in eine andere, wichtigere Entwicklungsrichtung. Wir chlorierten die zentrale Position und reduzierten die Alkoxycarbonyl- zu Bromomethylgruppen. Beabsichtigt war dann der doppelte Ringschluss mit

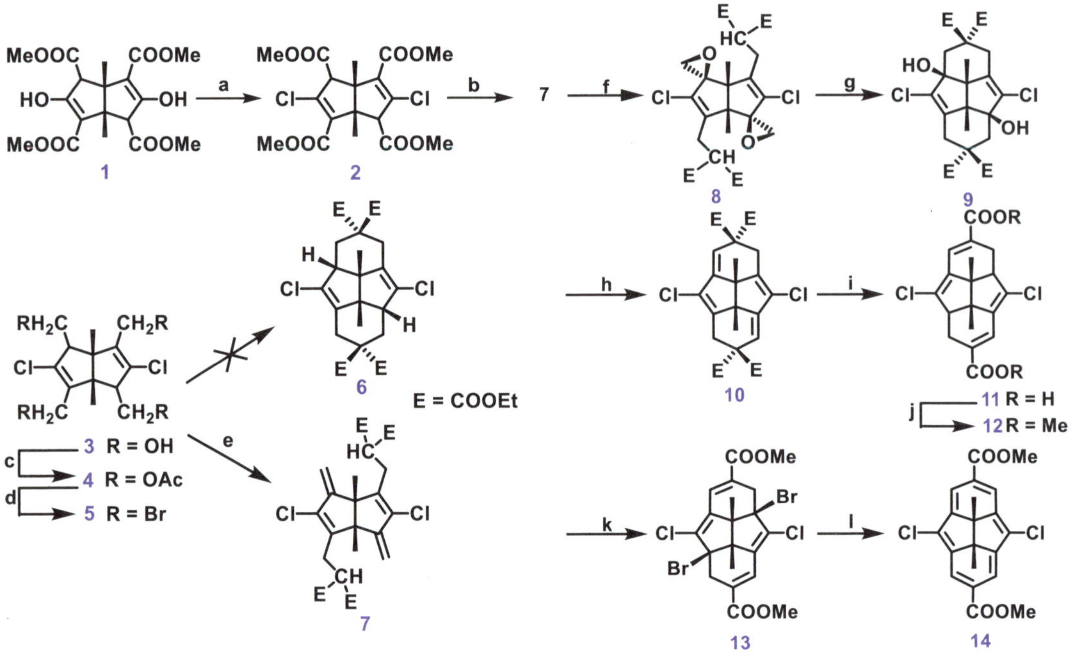

Abb. 3.20. Die Umwandlung des Weiss'schen Tetraesters 1 in das dimethylethandiylidenüberbrückte [12]Annulen 14. Für die experimentellen Details sehen Sie bitte die Originalliteratur. *Angew. Chem., Int. Ed.* **1989**, *28*, 1343, Scheme 1.

Malonat als C-1-Funktion, der aber aus sterischen Gründen nicht funktionierte, sondern nur die Verbindung mit olefinischen Methylengruppen lieferte. Um das zu verstehen, muss man sich verdeutlichen, dass der Bicylo[3.3.0]octankern ein Dach aufspannt, so dass Substituenten in einer *exo*- oder *endo*-Position stehen können. Aus der tatsächlich vorliegenden, weil sterisch bevorzugten *exo*-Stellung konnte kein Ringschluss erfolgen, die betreffenden Kohlenstoffe lagen zu weit auseinander. Aber eine *exo*-Epoxidierung, also eine von „oben" erfolgende Epoxidierung der entstandenen Doppelbindungen half, die Konfiguration zu invertieren. Aus dieser Geometrie erfolgte dann glatt der Ringschluss mit Malonaten unter gleichzeitiger Öffnung des Epoxids zu einem [12]Annulengerüst. Harald Kohnz, Bernhard Düll und ich haben darauf ein schönes Bier getrunken. Wem das Ganze zu kompliziert erscheint, für den sind die Möglichkeiten der Überbrückung in Abb. 3.21. noch einmal veranschaulicht [102].

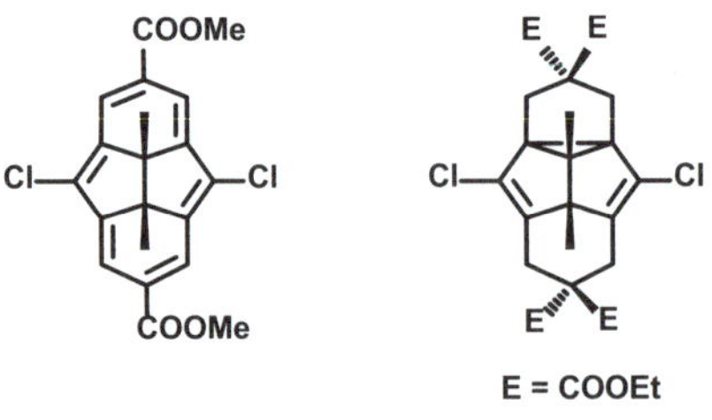

Abb. 3.21. Die Produkte der Umwandlung des Weiss'schen Tetraesters: ein überbrücktes [12]Annulen sowie ein zweifach überbrücktes Semibullvalen; E = COOEt.

Ich möchte an dieser Stelle einen Haltepunkt setzen, denn der Wechsel von Köln nach Mainz im Jahr 1984 hat beruflich, aber auch familiär viel für mein Leben verändert. Was zunächst die Chemie angeht, so mag mein Weg nach der Promotion in einem physikalisch-chemischen Institut (Basel), der Habilitation in einem Arbeitskreis der physikalischen organischen Chemie (Zürich), dem Aufbau von Arbeitsgruppen in organischer Chemie (Köln und Mainz) und schließlich der Wechsel an das Max-Planck-Institut für Polymerforschung auf den ersten Blick als unstet erscheinen. Aber es gab eine Reihe von fortdauernden wissenschaftlichen Erfahrungen, aus denen ich in unterschiedlichen Zusammenhängen schöpfen konnte. Dazu gehören Elemente, die ich sämtlich schon erwähnt habe, einfache MO-Modelle, spektroskopische Methoden, aber auch zunehmend der Mut, eigene synthetische Pläne selbst zu realisieren. Dazu gehört aber auch die Überzeugung, dass es keine naturgegebene Grenze zwischen der organischen Chemie „kleiner" Moleküle – zugegeben, ein vager Begriff – und der Polymerchemie „großer" Moleküle gibt. Und wo es keine Grenzen gibt, braucht es auch kein Grenzgängertum. Mit dem Anspruch, die Chemie muss stimmen, verbindet sich aber in beiden Fällen die Forderung nach Präzision in der Synthese und dem Strukturbeweis. Das mag dem Organiker als Banalität erscheinen, wird aber zunehmend problematischer bei Makromolekülen oder gar ihren Netzwerken. Ich hege großen Respekt, wenn etwa komplexe Naturstoffmoleküle nicht nur chromatographisch rein, sondern auch anhand detailliert analysierter NMR-Spektren dokumentiert werden. Meine immer wieder auftauchenden Diskussionen von Strukturdefekten, schließlich ist den „Defekten" ein eigener Abschnitt gewidmet, werden aber zeigen, dass wir bei möglichen Abweichungen von einer kovalenten oder supramolekularen Idealstruktur stets genauer hinschauen und die Strenge des Strukturbeweises an der Art der Verbindungsklasse und der verfügbaren analytischen Methoden orientieren müssen.

Als Klammer sämtlicher Syntheseziele standen für uns leicht erkennbar die komplexen elektronischen Funktionen konjugierter Verbindungen im Vordergrund. Diese erschlossen sich aber nicht bereits durch die Aufnahme von Spektren, sondern, wie ich erzählen werde, durch die Fertigung von Bauelementen. Doch wenn ich nun den Weg von der organischen Chemie zur Polymerchemie als folgerichtig nachzeichne, muss ich vorsichtig sein. War er wirklich so konsequent? Manche Strategen in der Industrie vermitteln ja den Eindruck und viele Politiker glauben ihnen, dass Forschung planbar sei. Nicht nur die „Serendipities", also die glücklichen Zufälle, sondern auch die vielen zusätzlichen Rahmenbedingungen können Forschung jedoch in völlig unverhoffte Richtungen lenken. Das gilt erst recht für das Leben eines Forschers an der Hochschule. Ich kannte keinen der Mainzer Professoren persönlich, ja, ich war noch nie in Mainz gewesen, obwohl ja Mainz und Köln als Römerstädte vieles an Geschichte und Kultur, aber auch nach der Wesensart der Rheinländer, gemeinsam haben. In Mainz war Professor Egon Fahr, der nicht nur für seine Chemie, sondern auch für seinen großen Einfluss auf die Entwicklung der Instrumentalanalyse in Deutschland bekannt war, verstorben, und ich hatte mich ohne große Erwartungen auf seine Nachfolge beworben.

Ehe ich diesen Faden meines beruflichen Lebens weiterspinne, lade ich Sie zu einem Blick auf unsere Familie ein. Als ich im Sommer 1983 einen Brief des Ministers über die Berufung auf eine, wie es damals hieß, C4-Stelle in Mainz erhielt, war ich begeistert, während meine Frau in Tränen war. Unsere Zwillinge Julia und Tobias waren gerade einige Monate alt, die beiden in Zürich geborenen Älteren waren 7 und 5 Jahre alt, und der Gedanke an einen Umzug unserer Familie machte ihr und ihnen Angst. Jedenfalls hieß es, als mein Wechsel im Frühjahr 1984 anstand, jetzt gehst Du einmal und dann sehen wir weiter. Um es kurz zu machen, ich bin bis zu meinem Ruhestand im Jahr 2016 am Max-Planck-Institut für Polymerforschung zwischen Köln und Mainz gependelt. Ich füge hinzu, dass ich darüber nicht zum Di-Mi-Do-Professor mutiert bin. Anfangs wohnte ich in einem großen Häuserkomplex, der stark von Angehörigen der U.S. Army für Kurzaufenthalte genutzt wurde, einige sprachen von einem „Wohnklo". Später hatten meine Frau und ich eine kleine Eigentumswohnung in Mainz, was das Leben die Woche über viel angenehmer machte. Von Montag bis Freitag gab es die Arbeit, die oft mit einem Feierabendbier in der Gruppe beendet wurde. Die Wochenenden, alle Feiertage und Brückentage und natürlich die Ferien galten dem sozialen Leben und der Familie. Ich bin glücklich, sagen zu dürfen, dass wir durch diese Teilung der Lebenssphären keinen Schaden erlitten haben. Man muss aber in Kauf nehmen, dass nicht immer alle Rahmenbedingungen im Leben zusammenpassen, zumal dann, wenn beide Partner beruflich engagiert sowie ortsgebunden sind und wenn sie ein liebgewordenes Domizil nicht aufgeben möchten. Ich freue mich, dass heute bei geplanten Berufungen die berufliche Situation des Partners oder der Partnerin ernsthaft mitberücksichtigt wird. Als ich ins Mainzer Wissenschaftsministerium zu „Verhandlungen" eingeladen wurde, hat sich noch kein Mensch für meine Familie interessiert.

Umso mehr kann ich, wir leben in einem alten Bauernhof am Rande Kölns, meine Tage jetzt genießen. Die Chemie lässt mich nicht los und fordert ihre Zeit, aber der Kleingärtner in mir hat immer zu tun, auch wenn er, wie Sie wissen, oft Kummer mit dem Wetter hat. Zu meinem stillen Glück als Ruheständler gehört auch, dass unsere vier Kinder in Köln wohnen, so dass meine Frau und ich das Heranwachsen unserer elf Enkelkinder eng begleiten können. Ende August 2024 stehen wieder zwei Einschulungen mitsamt gebührender Feier bevor. Alle unsere Kinder haben bei der Wahl ihrer Studienfächer einen großen Bogen um die Naturwissenschaften gemacht, mir bleibt aber die Hoffnung auf die Enkelgeneration.

Keiner wird behaupten, dass der Wechsel den Rhein südwärts, ich hatte ja schon in Basel doktoriert, vom Lebensgefühl her einen großen Schritt ausgemacht hätte. Wahr ist aber, dass mir die Autobiographie von Carl Zuckmayer „Als wär's ein Stück von mir" eine wichtige Einführung war [C]. Das hat gleich mehrere Gründe: Zuckmayer beschreibt überaus einfühlsam die Wesensart der Menschen, und in seinem Stück „Des Teufels General" schildert er mit den Worten von General Harras anschaulich das Rheintal als Durchzugsort vieler fremder Völkerscharen, die auch ihre genetischen Spuren hinterlassen und zu einem, wie er sagt, recht aufgeweckten Menschenschlag geführt haben. Vor allem aber ist seine Biographie ein Tribut an die Freundschaft. Autoren sind Individualisten, was mich an die Episode erinnert, bei welcher der bekannte Schriftsteller in lebhaftem Gespräch mit dem jungen Eleven auf einen Spaziergang geht und plötzlich bemerkt: „Jetzt haben wir die ganze Zeit von mir geredet. Jetzt zu Ihnen .... Wie fanden Sie mein jüngstes Buch?" Forscher sind ebenso Individualisten wie Autoren, und sie brauchen Selbstbewusstsein, denn sie werden immer mit jemandem verglichen. Über die Konkurrenz in meinem Beruf werde ich noch reden. Und doch denke ich wie Zuckmayer an viele Freundschaften zurück, und es ist mir eine Freude, diese in meinen Erinnerungen, wenn auch ohne Anspruch auf Vollständigkeit, zu beschreiben. Ich rede von Freundschaft, gestehe aber, dass ich bei diesem hohen Wort stutze, denn mir scheint, dass es oft zu salopp, um nicht zu sagen inflationär im Munde geführt wird. Freundschaft mit Leben zu füllen, ist eine urpersönliche Aufgabe, aber ein gedeihlicher, kollegialer, um nicht zu sagen professioneller Umgang unter Kollegen greift als Definition noch zu kurz.

Abb. 3.22.
Horst Kunz.

Organisatorisch betrachtet, gab es seit dem Wechsel viel zu tun. Das Büro in Mainz musste noch renoviert werden, ich richtete deshalb meinen Schreibtisch in einem kleinen Labor ein, und der Gerätepark bedurfte der Erneuerung. Die Labors zu betreten, war zudem etwas heikel, weil in vielen Glasgefäßen Substanzen – oft ohne Beschriftung – abgefüllt waren, die im Verdacht standen, Psoriasis-Erreger zu sein. Aber der Empfang durch die Kollegen und ihre Hilfsbereitschaft waren grandios. Ich denke an Horst Kunz (Abb. 3.22.), Herbert Meier (Abb. 3.23.), Helmut Ringsdorf und Rolf-Christian Schulz. Die Besonderheit des Instituts für Organische Chemie war, dass zwei seiner Lehrstühle der organischen Chemie und zwei der Polymerchemie zugeordnet waren. Generell ist die Polymerforschung außer in der Organik auch in vielen anderen Bereichen der Chemie, vor allem der physikalischen Chemie und der technischen Chemie, verankert.

Abb. 3.23.
Herbert Meier.

Jedenfalls führten die Charakteristika der Mainzer Chemie zu einer Profilbildung, die später zu einem wesentlichen Standortvorteil bei der Ansiedlung des 1984 neu gegründeten Max-Planck-Instituts für Polymerforschung auf dem Campus der Universität wurde. Professor Horst Kunz, aus Frankenhausen bei Crimmitschau in Sachsen stammend, zwar kein Hüne an Gestalt, aber in der Jugend ein sehr guter Eishockeyspieler, hatte schon als Privatdozent in Mainz nach der Emeritierung seines Mentors Leopold Horner die Lehre in organischer Chemie abgedeckt. Er fürchtete sich vor nichts, auch nicht vor der schwierigsten Peptid- und Zuckerchemie. Auf seine politischen Überzeugungen einzugehen, würde zu weit führen, aber er war, vorsichtig gesagt, meinungsfreudig. Ich erinnere mich an eine Nachsitzung in der Gonsbachmühle, bei der sich die Diskussion daran entzündete, ob es nach den wunderbaren Ereignissen des Novembers 1989 eine Wiedervereinigung geben sollte oder nicht. Es war eine Debatte, die laut und kontrovers wurde und bei der es dem Vortragsgast zufiel, die Wogen zu glätten. Professor Herbert Meier, von ruhigerer Wesensart, war ein Jahr vor mir aus Tübingen nach Mainz gekommen. Der schwülheiße Sommer 1983 im Rheintal machte ihm, an die Tübinger Höhenluft „Auf der Morgenstelle" gewöhnt, zu schaffen, dafür residierte er anfangs, ehe sich die Familie am Fuße der Weinberge niederließ, wohlbehütet in Mainz im Schwesternwohnheim. Mehrere Jahre lagen unsere Büros Tür an Tür, nie ist ein ärgerliches Wort gefallen, seine Umsicht hat das Institut an manchen Fährnissen vorbeigesteuert. In vielen gemeinsamen Doktorprüfungen habe ich seine Phantasie und sein profundes Wissen schätzen gelernt.

Die Professoren Helmut Ringsdorf und Rolf-Christian Schulz waren ein ideales Gespann. Der eine, ein wahrer Menschenfreund und voll sprühender Phantasie, verband die supramolekulare Chemie und Polymerchemie in idealer Form. Der andere, bedächtiger, aber nichtsdestoweniger hoch innovativ, entwickelte beeindruckende Beispiele der Präzisionspolymersynthese. An die Nachsitzungen im Hause Ringsdorf und die edlen Tropfen erinnere ich mich gerne, oft wurde es spät, bis dann irgendwann der Hausherr im Schlafanzug erschien und das Ende einläutete. Vor allem aber herrschte in der Mainzer Organischen Chemie – Rolf-Christian Schulz trug lange die Last der Geschäftsführung – ein kollegialer, auf Respekt fußender Umgang, bei dem eine individuelle Meinung während der Kollegiumssitzung nicht vorab durch die Gehaltsstufe des Kollegen gewichtet wurde. In meinem Rückblick „stimmte also die Chemie" in Mainz, im wissenschaftlichen ebenso wie im menschlichen Bereich.

Ich denke gerne daran, dass bei allem Forscherehrgeiz die Lehre stets ernstgenommen wurde und keineswegs eine lästige Pflichtaufgabe war. Ich habe mich in Vorlesungen und Praktika quer durch die organische Chemie geackert, aber eine Vorlesung verknüpfe ich noch heute mit besonderen Erinnerungen, nämlich die der OC I, die ich ja schon erwähnte. Sie orientierte sich am „Organikum", das bedeutete 11 Kapitel in ebenso vielen Wochen, mit fünf Vorlesungsstunden pro Woche, dazu Übungen, Klausuren und natürlich Praktika. Es ist nicht übertrieben, wenn ich ein solches Semester als Parforceritt in Erinnerung habe, sowohl für die Studierenden und die Assistenten als auch für den Professor. Am Ende war die Aufnahmefähigkeit der jungen Leute für die organische Chemie ziemlich erschöpft und jegliche Begeisterung ziemlich eingetrübt, aber viele haben mir erzählt, dass später auf diesem Nährboden wirkliche Freude an der organischen Chemie gewachsen ist.

Ich werde über das Miteinander der Forscher im letzten Abschnitt noch viel zu sagen haben. Es klingt hier vielleicht banal, aber Forschung hängt von Menschen und ihren Eigenheiten ab, entfaltet sich also mit vielen Unwägbarkeiten. Wenn ich von dem Umgang mit Kollegen rede, kommen mir natürlich auch meine Mitarbeiter in den Sinn. Ich habe mich um ihr Leben auch außerhalb des Labors gekümmert. Und ich habe mich bemüht, diejenigen mit einer Erfolgssträhne und die, die „durchhingen", weil das Thema widerspenstig war, gleichzubehandeln. Und nicht alle meine Ideen waren gleich gut durchdacht. Kurz, ich habe versucht, Erfolg ebenso wie Misserfolg mit denen, die tatsächlich die Arbeit machten, zu teilen. Ich rede bewusst von „ich habe mich bemüht", denn manch einer wird sagen können, das sei mir nicht immer gelungen. Dem Doktorvater ergeht es mit seinen Doktoranden im Grunde wie mit den eigenen Kindern: Er macht im Umgang mit ihnen Fehler, und es gibt auch Ärger, aber er freut sich über jeden Erfolg der ihm Anvertrauten, sei es beruflich, sei es auch das Familiäre betreffend. Als später bei irgendeinem Sommerfest ein ungeheures Gewusel von Kindern herrschte, meinte meine Frau beeindruckt: „Sie vermehren sich." Wissenschaftlich betrachtet hat sich mittlerweile die Freude an den Karrieren auf die übernächste Generation, also die akademischen Enkel erweitert.

Oft habe ich erlebt, dass eine Idee erst durch einen Gedankenaustausch im größeren Kreis Gestalt annahm und deshalb in einer Diskussion bestehen musste. Habe ich jedoch als Mentor auch einen erzieherischen Auftrag gehabt? Ich möchte das für mich selbst bejahen. Zudem haben wir manche Diskussionen der Übung halber wie ein Einstellungsinterview geführt, oder wir haben einen Seminarvortrag aufgenommen und analysiert. Ich habe auch nicht verhehlt, wenn ich mit persönlichem Einsatz oder der Qualität eines Experiments nicht zufrieden war. Das muss in persönlichem Respekt möglich sein, Mobbing wäre etwas ganz anderes.

Aber wer nur um sich selbst kreist, hört nicht die persönlichen Töne, und im Umgang mit jungen Leuten gibt es eben nicht nur helle Tage. Gerade habe ich an einem beeindruckenden Onlineseminar der Royal Society of Chemistry mit dem Titel „Addressing Anxiety" teilnehmen können, das sich „a better chemistry culture" zum Ziel setzte. Aber was tun, wenn die inneren Barrieren, die reichlichen Resultate der Doktorarbeit auch niederzuschreiben, zu hoch werden, und wo werden Hilfe oder gar Einflussnahme im Rahmen einer Betreuung ihre Grenzen finden? Um das Dilemma, das ich verspürte, zu belegen, möchte ich an dieser Stelle eine Frage von Romano Guardini, dem großen Theologen und Religionsphilosophen, weitergeben: „Kann ich einem anderen sagen, wie er werden soll?" [D]. Eine durchgehende Antwort auf diese Frage habe ich noch nicht gefunden, vielleicht kann es sie auch nicht geben.

Ich sehe mit großer Freude, dass die vielen Ehemaligen, die jetzt zum Beispiel bei der BASF tätig sind, einen lebhaften Austausch pflegen, was sich für die Nutzung beruflicherChancen als förderlich erwiesen hat, ebenso, dass die nach China zurückgekehrten Mitglieder der Gruppe über „WeChat" in ständigem Kontakt stehen und auch das jährliche „Müllen-Family-Meeting" organisieren, das sich inzwischen sogar zu einer anerkannten internationalen Tagung entwickelt hat. Das letzte Treffen hat im Juli 2024, organisiert durch Professor Junzhi Liu, in Hongkong stattgefunden. Mit großer Freude habe ich kurz vorher am Sommerfest des Max-Planck-Instituts für Polymerforschung teilgenommen, das aus Anlass des 40. Jahrestags der Institutsgründung stattfand. Es war einfach schön, so viele bekannte Gesichter aus früheren Doktorandengenerationen wiederzusehen und in gemeinsame Erinnerungen einzutauchen. Übrigens war in den 1990er und frühen 2000er Jahren die Umgangssprache in der Gruppe Deutsch, was sich später im Zuge der Internationalisierung, nicht zuletzt aufgrund vieler chinesischer Forscher, änderte. Gerne habe ich mich an Freizeitaktivitäten der Gruppe beteiligt, ich habe mich aber nicht als Stimmungsmacher verstanden, und in der Tat konnte die Gruppe entstehende Konflikte zumeist selbst lösen. Eine Forschungsgruppe kann aber ohne einen Gemeinschaftssinn, der sich auf praktische Hilfsbereitschaft, einen offenen Gedankenaustausch und Spaß gründet, nicht funktionieren.

Während es mir nicht möglich war, den Kontakt zu einem jeden aus dem Kreis der Ehemaligen weiter zu pflegen, ist nicht überraschend die Beziehung zu denen besonders eng, die im akademischen Bereich geblieben sind. Das sind, wie der „Chemistree" am Ende zeigt, nicht wenige, ob weiblich oder männlich, und ich darf noch einmal sagen, dass ihr Fortkommen für mich ein Grund zur Freude und zum Stolz ist. Die Erinnerungen an die erste kleine Gruppe von ca. sieben Leuten in Köln sind wohl emotional am stärksten geprägt. Weihnachten und Karneval, die beiden höchsten Feste, konnten in meinem Büro gefeiert werden, nicht immer leise. Zwar gucke ich gerne Fußball im Fernsehen, aber am gemeinsamen „Viewing", dem sogenannten Rudelgucken, wie es die Gruppe so gerne organisierte, konnte ich keinen Spaß finden.

Wenn ich, wie hier geschehen, die Zeiten an den Universitäten von Köln und Mainz als eine Einheit sehe, als einen kontinuierlichen Wachstumsprozess, dann kann ich an dieser Stelle, ehe ich auf die Chemie zurückkomme, gleich noch von einem Gruppenausflug erzählen. Wir fuhren mit den Fahrrädern den Rhein aufwärts, dort besaß die Familie eines Doktoranden, Bardo Becker, ein Weingut. Alles an unserem Camp, auch Trinken und Essen, war prima, außer den Mücken in der Rheinebene. Die Kölner und Mainzer, die sich ja noch nicht so lange kannten, harmonierten. Am Schluss ging es heimwärts, und ich weiß nicht, wie es geschah, plötzlich trat einer in die Pedale, und dann entspann sich inklusive Bergetappe aus dem Rheintal hinaus ein Rennen zurück zum Institut, das mich an den Rand der Erschöpfung brachte.

Zwar hatte ich an der Universität in Mainz die Verantwortung für die instrumentalanalytische Abteilung, aber in der Forschung wurde die Spektroskopie immer weniger wichtig, weil sich das weite Gebiet der Elektronenübertragungen, genauer, ihrer strukturellen und vor allem synthetischen Bedeutung, in den Vordergrund schob. Um die reduktive Alkylierung besser zu erklären, muss ich auf einen Aspekt besser eingehen, den ich vorher übergangen habe. Wenn man, wie geschildert, das Dianion des Isopyrens (IP) durch zweifache Methylierung abfängt, entsteht ja zuerst ein Monomethyladdukt, also ein Monoanion (**Abb. 3.13.**). Dessen Zweitalkylierung erfolgt an der Nachbarstelle in der Brücke, weil sich dort auch die höchste Ladungsdichte ausbildet. Verwendet man nun ein bifunktionelles Alkylierungsmittel, fällt unter Cyclisierung das stärker abgebeugte Annulen an, also mit einer *cis*-Konfiguration der Brücke [39]. Einen ähnlichen Ablauf beobachten wir, wie **Abb. 3.24.** zeigt, für den Fall des Anthracens. Die höchste Ladungsdichte in dessen Monoaddukt entwickelt sich an Position C-10, der Zweitangriff des Elektrophils führt deshalb zum 1,4-Addukt in C-9 und C-10, dies ergibt also eine Überbrückung des Anthracengerüsts. Was uns aber nun in eine ganz neue Richtung lenkte, war, dass das monoalkylierte Anion zu einem sogenannten AB-System wird, wenn der Alkylrest noch eine Abgangsgruppe, etwa ein Halogenid, trägt. Das Intermediat enthält somit zwei chemische

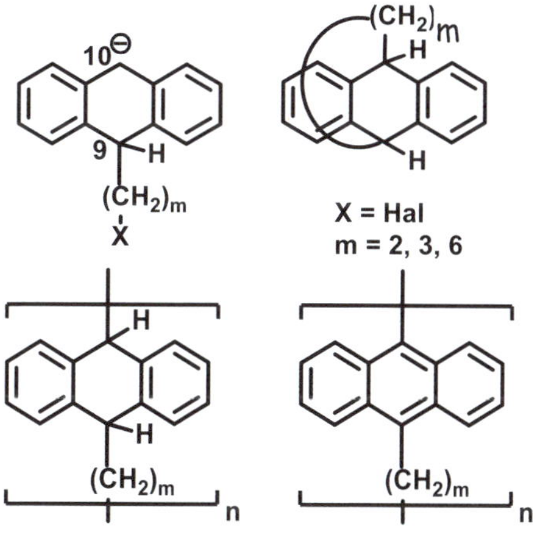

Abb. 3.24. Die Abfangreaktion eines Anthracendianions mit einem 1,m-Dihaloalkan. Obere Reihe: das einfach geladene Intermediat aus der Reaktion des Dianons mit dem Dihaloalkan und die Cyclisierung dieser Nucleophil-Elektrophil-Kombination. Untere Reihe: die Polymerisation des Intermediats vom AB-Typ und die Dehydrierung des primär entstehenden Poly-9,10-dihydroanthrylens; X = Hal, m = 2, 3, 6; n ≥ 10.

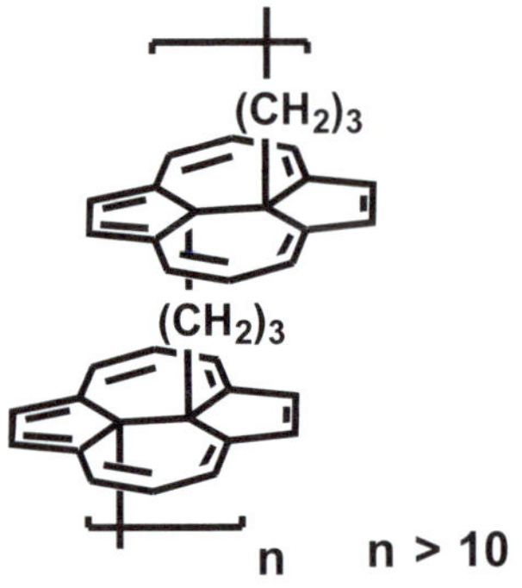

Abb. 3.25. Der Annulenstapel aus der Umsetzung des Isopyren-(IP)-Dianions mit 1,3-Dihalopropan; n ≥ 10.

Funktionen, denn es ist Nucleophil und Elektrophil zugleich und deshalb zur Polymerisation durch wiederholte Alkylierung befähigt. AB-Systeme werden später noch öfter vorkommen, etwa solche, die gleichzeitig eine Dien- und Dienophileinheit für repetitive Diels-Alder-Cycloadditionen oder eine Boronat- und Halogenidfunktion für Suzuki-Miyaura-Kupplungen enthalten. Klar ist, dass im Falle der Elektrophil-Nucleophil-Kombination die Konkurrenz von intramolekularer Cyclisierung und Polymerisation nicht nur von experimentellen Bedingungen wie der Konzentration, sondern auch von der Länge und Steifigkeit des Alkandiylspacers abhängt. Jedenfalls gelang Dietmar Bender aus Mainz und Heinz Unterberg aus Köln die Bildung eines Polydihydroanthrylens und durch anschließende polymeranaloge Dehydrierung der Untereinheiten auch die Bildung eines Polyanthrylens [68]. Damit leuchtet auch ein, dass sich durch diese neue Polyreaktion unkonventionelle Strukturen wie die eines innenverbrückten [14]Annulenstapels erschließen lassen (Abb. 3.25.) [84]. Wir haben die vielfältigen Möglichkeiten solcher Nucleophil-Elektrophil-Kombinationen auf breiter Basis bearbeitet und in Gestalt eines Übersichtsartikels in der *Angewandten Chemie* beschrieben, so dass weitere Beispiele hier nicht unbedingt nötig sind.

Einige Gedanken seien jedoch hinzugefügt, weil sie Bedeutung für die späteren Entwicklungen haben. Modellverbindungen für die verbrückten Polyanthrylene sind die Di(9-anthryl)alkane oder ihre nur durch eine Einfachbindung direkt verknüpften Anthracenanaloga (Abb. 3.26.). Die Redoxprodukte der Ersteren hatten wir bereits in Köln untersucht. Eine Kernfrage war dabei, ob es in deren Radikalanionen zu einem schnellen intramolekularen Elektronenhüpfprozess zwischen den „elektrophoren" Untereinheiten kommen würde oder ob etwa ein Zustand mit einer Delokalisation der Ladung entstehen würde. Im Übrigen sind Diarylverbindungen unterschiedlicher Strukturtypen in der Literatur nicht nur im Hinblick auf Ladungs-, sondern auch auf Exzitonenübertragung, also den Transfer von optischer Anregungsenergie, intensiv erforscht worden.

Synthetisch rückte aber für uns immer mehr in den Vordergrund, ein solches Diaryl- auf ein analoges Triarylsystem hin fortzusetzen und

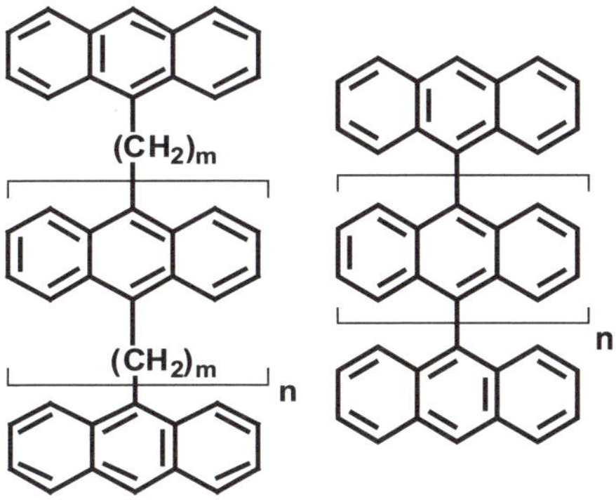

Abb. 3.26. Polyanthrylene. Links: Anthracene mit Alkandiylspacer, m = 2, 3, 6; Rechts: Anthracene direkt verknüpft.

dann eben auch das analoge Polymer anzustreben. Und wenn ich an dieser Stelle wieder meinem Hang zum Erzählen statt strenger Chronologie nachgebe, dann darf ich bereits jetzt das abgebildete Polyanthrylen vorstellen, das wir 2010 als Vorstufe für die Synthese eines Graphennanostreifens durch Cyclodehydrierung, also die Entfernung der Periwasserstoffe, genutzt haben [1217]. Und auch hier schloss sich ein Kreis, denn mit den analogen Oligomeren, den direkt verknüpften Di- und Trianthrylenen, hatten wir uns schon zwei Jahrzehnte früher beschäftigt.

[1217] Cai, J.; Ruffieux, P.; Jaafar, R.; Bieri, M.; Braun, T.; Blankenburg, S.; Muoth, M.; Seitsonen, A. P.; Saleh, M.; Feng, X.; Müllen, K.; Fasel, R.: Atomically precise bottom-up fabrication of graphene nanoribbons. *Nature* **2010**, *466*, 7305, 470–473.

Um diesen für uns wichtigen Zugang zu Polymeren, also den der homologen Reihen, noch weiter zu erklären, muss ich am Beispiel eines anderen Konjugationstyps etwas weiter ausholen. Stilben (ST) ist einer der meistuntersuchten Chromophore der organischen Photochemie, und das verwandte Distyrylbenzol (DSTB) (**Abb. 3.27.**) wird ebenso wie verwandte distyrylsubstituierte Aromaten wegen seiner Fluoreszenzeigenschaften als optischer Aufheller (Weißmacher) eingesetzt. Die Gruppe von Heinz Oelkrug in Tübingen hat grundlegende Arbeiten zur Rolle von Oligophenylenvinylenen [E] und, wie Frank Würthner in seinem Artikel in der *Angewandten Chemie* hervorgehoben hat, zur Bedeutung von aggregatinduzierter Emission vorgelegt. Der Arbeitskreis von Herbert Meier hat den Bereich dieser oligomeren Reihe aus monodispersen Spezies signifikant erweitert. Andererseits gilt das Polyphenylenvinylen (PPV) als Klassiker konjugierter Polymere und besitzt eine große Bedeutung für die Entwicklung elektrolumineszenter Polymere durch Sir Richard Friend vom Cavendish Laboratory in Cambridge. Diese optischen Arbeiten aber wären ohne die PPV-Synthesen durch Andrew Holmes, damals Chef des Melville-Laboratoriums in Cambridge, nicht möglich gewesen. Mit ihm verbindet mich sehr viel, wir beide entstammten Annulenarbeitskreisen, Sondheimer und Vogel, wir trafen uns als Postdoktoranden in Gruppen der Organischen Chemie der ETH Zürich, Eschenmoser und Oth, und dann wieder als Polymerforscher bei vielen Tagungen. Außerdem haben die Holmes' und die Müllens 2021 an exakt demselben Tag Goldene Hochzeit gefeiert.

Würthner, F.: Aggregation-Induced Emission (AIE): A Historical Perspective. *Angew. Chem., Int. Ed.* **2020**, *59*, 14192–14196.

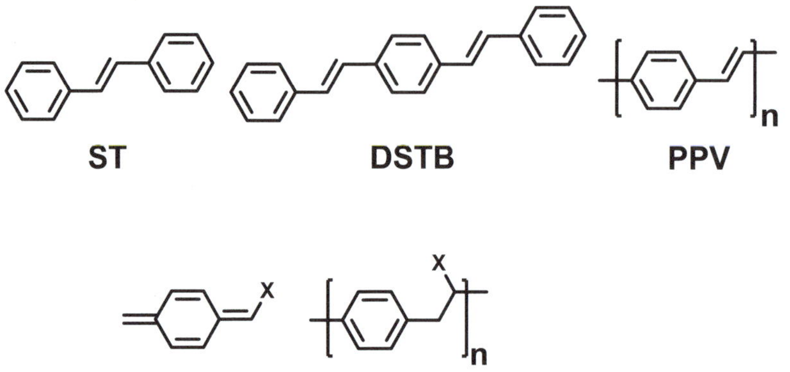

Abb. 3.27. Obere Reihe: Stilben (ST), Distyrylbenzol (DSTB), Polyphenylenvinylen (PPV); Untere Reihe: Die Vorläufersynthese des Polyphenylenvinylens über ein Chinodimethanintermediat; $X = SR_2^+$, R = Alkyl.

Der Ansatz von Andrew Holmes und Arno Kraft zur PPV-Synthese beruht auf der sogenannten Wessling-Zimmermann-Route, welche die 1,6-Polymerisation eines *para*-Chinodimethanintermediats und nachfolgende 1,2-Eliminierungen des so gebildeten, löslichen Vorläuferpolymers einschließt (**Abb. 3.27.**) [F]. Diese kurze Beschreibung beleuchtet aber auch das grundlegende Problem der Synthese konjugierter Polymere, denn eventuell gebildete Produkte mit einem Strukturfehler können keineswegs durch Chromatographie entfernt werden. Man stelle sich zum Beispiel vor, es käme im wässrigen Medium statt zur Eliminierung zu einer Substitution der Schwefelfunktion durch Wasser. Der gebildete Alkohol könnte dann zu einem Keton oxidiert werden, und dieses wiederum fungierte im Bauelement als Falle für die Lichtenergie, die aus der Rekombination der Ladungsträger entstünde. Ein solcher Strukturfehler, und sei es nur ein einziger, birgt die Gefahr, PPV als Emittermaterial unbrauchbar machen. Angesichts solcher „Abweichungen" von der idealen Struktur gibt es aber ein Definitionsproblem zwischen Chemie und Physik, denn manche sprechen hier von „Defekten", und das sogenannte „defect engineering" spielt in der Materialwissenschaft deshalb eine so große Rolle, weil bestimmte Eigenschaften wie der Transport von Ladungen oder von Exzitonen letztlich defektkontrolliert sind. Eine Abweichung von der regulären Packung im Kristallgitter ist aber etwas anderes als das Produkt einer unerwünschten Nebenreaktion.

Tatsächlich bedurfte es auf dem Weg zum PPV einer deutlich verbesserten Synthesemethode, dank der viele Jahre später die Firma Covion (später Merck) das „Superyellow", ein Copolymerderivat von PPV, vorstellen konnte. Zugegeben bedeutet das wiederum, der Entwicklung vorzugreifen, aber in unseren späteren Synthesen von konjugierten Polymeren standen zwei Ziele im Vordergrund: Das erste umfasst wirklich neue Strukturtypen jenseits der klassischen Beispiele, ich nenne schon hier die Leiterpolyphenylene, die Hybride von Polyanilin und Polyphenylensulfid sowie vor allem die Graphennanostreifen als Bindeglieder zwischen konjugierten Polymeren und Graphen.

Das zweite Ziel lässt sich anhand des Vorworts zu dem Buch „Solution-Processable Components for Organic Devices“ der Professoren Beata Luszczynska, Krzysztof Matyjaszewski und Jacek Ulanski (Wiley-VCH) zusammenfassen, zu dem wir das einleitende Kapitel beisteuerten und in dem wir schrieben „Do not commence processing and device fabrication before having optimized and ensured the integrity of the macromolecular structure as well as reliable and reproducible synthesis“ [G].

Nicht nur wollten wir die Phenylenvinylenoligomere und -polymere perfekt gewinnen, sondern wir wollten auch neue Strukturtypen finden. So hat Gerrit Klärner während seiner Doktorarbeit erfolgreich ein Konzept von Rudolf Gompper an der Ludwig-Maximilians-Universität München aufgegriffen, bei dem die Bindungsordnung der C-C-Doppelbindung durch Donor- und Akzeptorsubstitution deutlich geschwächt wird. Vor allem aber haben wir uns auch andere homologe Reihen angeschaut. Ein Strukturtyp, der sich später sowohl in unseren Farbstoffen als auch in den Graphennanostreifen wiederfand und immer wieder neue Bedeutung gewann, umfasste die sogenannten Rylene (Abb. 3.28.). Das sind PAHs, die durch Periverknüpfung von Naphthalinen entstehen. Auch hier war Clar der Vorreiter, denn er hatte Perylen (P), das erste Glied der Reihe, durch oxidative Kupplung und nachfolgende Dehydrierung in das blaue Quaterrylen (Q) umwandeln können. Eine Reindarstellung und weitergehende Charakterisierung waren wegen dessen Unlöslichkeit schwierig, und so war klar, dass alle unsere weiteren Synthesen nur nach vorhergehender Solubilisierung sinnvoll sein würden, ein Gedanke, der uns zu den Tetra-*tert*-butylrylenen führte. Deren Besonderheit wird deutlich, wenn man sich die Farben anschaut, denn die HOMO-LUMO-Energielücke wird schon für wenige Wiederholungseinheiten rasch kleiner, einhergehend mit der ausgeprägten bathochromen Verschiebung der Absorptionsbanden. Das wiederum wirft zwei für spätere Abschnitte wichtige Fragen auf: Welchen Betrag nähme diese Energiedifferenz in einem verwandten Polyrylen an? Was wäre andererseits die Folge, wenn man auf dem Weg zu stabilen Chromophoren dem Kohlenwasserstoffkern auxochrome Gruppen anfügen könnte? [107]

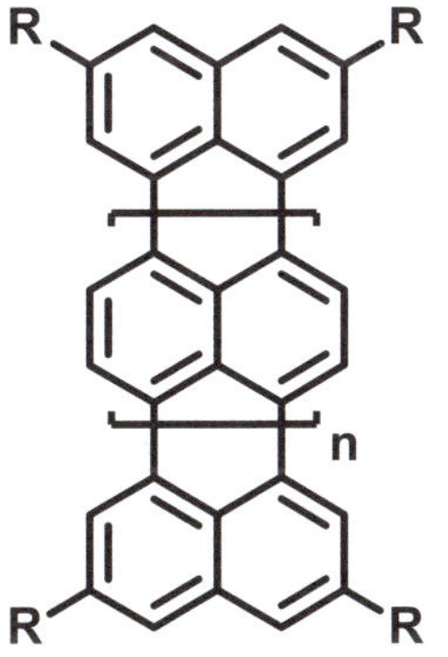

Abb. 3.28. Die ersten Glieder der homologen Reihe von „Rylenen“: Perylen (P) (n = 0), Terrylen (T) (n = 1), Quaterrylen (Q) (n = 2); R = H.

Abschließend möchte ich aber der Erörterung homologer Reihen als Weg zu den verwandten Polymeren noch einen Gedanken hinzufügen, der mit der Kommunikation zwischen Chemie und Physik, aber vor allem mit deren unterschiedlichen Nomenklaturen zusammenhängt. Physiker schreiben das Zustandekommen elektrischer Leitfähigkeit in konjugierten Polymeren einer Dotierung zu. Dieser Begriff entstammt der Halbleiterforschung. Er bezeichnet dort zum Beispiel den Ersatz eines Siliciumatoms durch Elemente der Hauptgruppen III und V wie Bor bzw. Phosphor. Bei der Dotierung konjugierter Polymere ist, nicht wirklich korrekt, die Herstellung geladener Derivate durch Elektronenübertragung gemeint, die zu neuen elektronischen Zuständen in der Energielücke zwischen Valenzband und Leitfähigkeitsband führt, bewegliche Ladungsträger erzeugt und damit elektrische Leitfähigkeit hervorruft. Die Professoren Alan Heeger, Alan MacDiarmid und Hideki Shirakawa haben für die dramatische Steigerung der elektrischen Leitfähigkeit eines konjugierten Polymers bei einer solchen Dotierung im Jahr 2000 den Nobelpreis für Chemie erhalten. Ein einfach geladenes Ion, also ein Radikalanion oder Radikalkation, bildet in der Sprache der Physik ein negatives bzw. positives Polaron. Dieser Begriff bezeichnet eine Überschussladung im System mitsamt der dazugehörigen, durch die Ladung bewirkten Gitterverzerrung, wobei natürlich die stabilisierende und zugleich π-Ladung-lokalisierende Wirkung des Gegenions zusätzlich zu berücksichtigen ist. Die Physik befasst sich mit dem Festkörper, die Chemie mit dem einzelnen Molekül in Lösung. Dennoch: Manchmal genügt schon eine Klärung der Begriffe, um Disziplinen füreinander zu öffnen, aber oft werfen Redner stattdessen mit Ausdrücken um sich, die den nicht eingeweihten Zuhörer nur abschrecken. Das Feld der konjugierten Polymere jedenfalls hat Chemie und Physik erfolgreich zusammengeführt, wobei Theoretiker wie Jean-Luc Brédas, Professor an der University of Arizona in Tucson, wichtige Brückenbauer gewesen sind [H].

3.2 Chemie im Wandel

Jetzt ist es an der Zeit, die Entwicklung einer Gruppe einmal aus einem anderen Blickwinkel anzuschauen. Ich habe bisher schon an mehreren Stellen, scheinbar sachverständig, über Polymere geredet und dabei Erfahrungen aus meinen Jahren am Max-Planck-Institut für Polymerforschung vorweggenommen. Ehe ich aber nun diesen Übergang anhand konkreter chemischer Fragestellungen zu entwickeln versuche, möchte ich nachzeichnen, wie massiv sich Denk- und Arbeitsmethoden der Chemie allgemein, und damit auch unserer Gruppe, innerhalb relativ kurzer Zeit gewandelt haben. Zunächst, was jeder Leser, der in weniger vorgerücktem Alter steht als ich, dem Lehrbuchwissen zurechnen wird, ist die Anwendung der Orbitalsymmetrie auf pericyclische Reaktionen, die durch Robert B. Woodward und Roald Hoffmann in einer beeindruckenden Kombination von Naturstoffchemie und physikalischer organischer Chemie erklärt und durch den Nobelpreis belohnt wurde. Diese Prozesse galten zum Ende meiner Studienzeit noch als „no mechanism reactions". Was den Alltag im Labor anging, wurden Massenspektren in Ermangelung einer digitalisierten Auswertung analog auf Photopapier ausgeschrieben und mussten deshalb zum Schutz vor weiterer Schwärzung tunlichst in der Schublade aufbewahrt werden. Über das Aufkommen der Kernresonanzspektroskopie habe ich schon geredet, und die Strukturanalyse eines Einkristalls galt als seltene Besonderheit. Im Übrigen zielte dieses Experiment zumeist auf den Strukturbeweis des betreffenden Moleküls, keineswegs auf die Form der Packung im Festkörper, die später für Festkörperreaktionen, aber auch für Ladungs- oder Exzitonentransportprozesse zunehmend wichtiger wurde. Noch in Zürich habe ich Stunden und Tage damit verbracht, Spektren von Hand zu digitalisieren, die erhaltenen x-y-Paare auf Lochkarten zu tippen, um sie dann einer computergestützten Spektrenauswertung, vor allem einer Linienformanalyse von dynamischen Prozessen, zuzuführen. Eines meiner Hauptprobleme als Professor in Köln war die Finanzierung eines neuen Kernresonanzspektrometers, das bezüglich der Feldstärke und Empfindlichkeit den aktuellen Stand der Technik widerspiegeln sollte. Allerdings erforderte die Beantragung noch einen Freibrief des Rechenzentrums. Das kam daher, dass inzwischen die Fourier-Transform (FT)-NMR-Methode eine rasche Spektrenakkumulation und eben die Fouriertransformation des Magnetisierungszerfalls möglich machte. Wie unschwer zu folgern ist, brauchte diese Methode einen „dedicated computer", aber es bestand bei Administratoren der ziemlich abwegige Verdacht, dass dieser Rechner zusätzlich Spielraum für viele andere Aufgaben und für andere Nutzer bieten würde.

Bei dem Stichwort Kernresonanzspektroskopie fällt mir auch mein Kölner Ausflug in die medizinische Fakultät ein, nicht als Patient, sondern als „Experte". Damals plante die Deutsche Forschungsgemeinschaft, zwei Kernspintomographen für deutsche Universitäten zu finanzieren. Die Idee, die NMR-Methode durch Anlegen von Feldgradienten ortauflösend zu machen und dann zur Bildgebung sowie medizinischen Diagnostik zu nutzen, stammt aus den USA und Großbritannien, also daher, wo stärker als hier über Fachgrenzen hinweg gedacht und geforscht wurde. Einer der Klinikdirektoren an der Kölner Universität kam auf die Idee, im Vorlesungsverzeichnis das Wort Kernresonanzspektroskopie nachzuschlagen, und unversehens fand ich mich an der Seite der Antragsteller wieder, die in Planungstreffen immer von Scharen weißbekittelter Oberärzte begleitet wurden. Meine Idee war, Gadolinium als Relaxationsbeschleuniger und damit Kontrastmittel einzusetzen, natürlich wegen seiner Giftigkeit durch Liganden komplexiert. Viel Expertenwissen war in unserer Gruppe noch nicht vorhanden, und wer das Wort longitudinale Relaxation fehlerfrei aussprechen konnte, galt rasch als NMR-Spezialist. Aber nach unserem Auftritt vor der Auswahlkommission erhielt Köln den Zuschlag. Übrigens ist es nicht gerade einfach, sich als Naturwissenschaftler neben den Klinikdirektoren zu behaupten, die ihre Bedeutung gerne angemessen zelebriert sehen. Heute ist die Kernspintomographie als bildgebendes Verfahren kaum aus der Diagnostik wegzudenken, und komplexiertes Gadolinium wird tatsächlich als Kontrastmittel verwendet. Ich habe dazu nichts mehr beitragen können, weil ich zu derselben Zeit nach Mainz wechselte. Aber meine Rückschau auf Methoden, die mir zur Verfügung standen, geht noch weiter.

Als ich in der Mainzer Chemie für die Instrumentalanalyse geradestehen musste, fiel mir die Verantwortung für einen großen, raumerfüllenden Rechner zu. In diesen sollten die peripheren Spektrometer ihre Daten einfüttern, aus denen er dann einen Vorschlag für die Molekülstruktur gewinnen würde. Problem war nur, dass es weder die geeigneten Interfaces für die Analog-Digital-Umwandlung noch die Software für die Manipulation der Daten gab. Mein Glück war nicht nur das Aufkommen der FT-NMR-Spektroskopie, sondern auch die Tatsache, dass Pioniere in kleinen Firmen die geeignete Software auf Basis von Personal Computern etwa für die Analyse von Massenspektren lieferten. Schon anhand dieser wenigen Andeutungen wird plausibel, dass der große Rechner in Mainz nie in Betrieb gegangen ist.

Ich könnte solche Entwicklungslinien, die die Methoden der Chemie tiefgreifend gewandelt haben, an vielen anderen Stellen nachzeichnen, möchte allerdings einen kurzen Blick auf drei „Hilfsmittel" wissenschaftlichen Arbeitens einschieben. Ich nenne als Erstes die Textverarbeitung; meine Dissertation war durch Übermalen dicker und dicker, aber nicht unbedingt besser geworden. Zweitens ist da auf der Seite des wissenschaftlichen Vortrags die PowerPoint-Präsentation. Ich erinnere mich noch an die gläsernen Dias, die manchmal zu Dramen führten, weil sie durcheinandergerieten oder nicht in den Projektor passten. Auch ich bin der Versuchung erlegen, die Graphik per PowerPoint bis hin zu animierten Darstellungen immer weiter zu verfeinern, und es haben sich, wohlgenutzt, auch neue didaktische Möglichkeiten erschlossen. Dennoch denke ich mit Respekt an einen „Kreide-und-Tafel"-Vortrag von Professor Günther Maier in Köln zurück. Er begann oben links und schloss mit Glockenschlag nach 45 Minuten unten rechts ab, zeigte natürlich keine bewegten Bildchen, aber man konnte jederzeit auf die Formel eines Zwischenprodukts zurückgreifen. Zu guter Letzt, drittens, erinnere ich mich daran, dass ich bei einem längeren, durch die Japan Society for the Promotion of Science (JSPS) geförderten Aufenthalt in Japan Mitte der 1980er Jahre noch per Luftpostbrief mit meiner Gruppe korrespondierte;

Faxsendungen galten kurz darauf schon als Durchbruch. Als ich Anfang der 2000er Jahre zu den Butler Lectures einen Monat an der University of Florida in Gainesville verbrachte, waren E-Mails schon lange täglich Brot, und selten habe ich mit meiner Gruppe so ausdauernd, weil frei von allen administrativen Ablenkungen, diskutieren können.

Hier ist wiederum die Gelegenheit für einen persönlich motivierten Zwischenhalt. Eingeladen zu den Butler Lectures hatte mich der Direktor des George and Josephine Butler Polymer Laboratory, Kenneth Wagener (Abb. 3.29.). Dieses Institut ging auf eine Stiftung des Ehepaars Butler zurück. Ken, aus der chemischen Industrie an die Universität zurückgekehrt und Vollblutpolymerchemiker, verlangte dem Gastprofessor viel ab, zehn thematisch sehr breit gestreute Vorträge waren ein anstrengendes Pensum, aber es war dank der vielen Begegnungen mit Doktoranden und Professoren eine spannende Zeit.

Abb. 3.29. Kenneth B. Wagener.

Alle erwähnten Veränderungen von Methoden und Arbeitsweisen vollzogen sich innerhalb meiner aktiven Zeit, eine erstaunliche Dynamik, an die sich zwei weitere wichtige Fragen anschließen können. Die erste betrifft meinen eigenen Weg als Forscher und Leiter einer Gruppe. In unseren Universitätsjahren publizierten wir etwa zehn Arbeiten pro Jahr in, das darf ich immerhin sagen, anerkannten Zeitschriften. In den Zeiten am Max-Planck-Institut stieg diese Zahl kontinuierlich an. War es ein Zeichen zunehmender Produktivität oder wachsender Kritikunfähigkeit? Ich möchte keine vorschnelle Antwort anbieten, allerdings anmerken, dass die Gruppe größer wurde, ihr mehr und mehr technische Hilfsmittel und apparative Ausstattung zur Verfügung standen, sie sich neue Themen erschloss und vor allem in viele Kooperationen, akademisch wie industriell, hineinwuchs, die ich später gesondert beschreiben werde.

Die zweite, allgemeinere und viel wichtigere Frage zielt auf den Werkzeugkasten der chemischen Forschung. Es liegt nahe, mit der organischen Synthese zu beginnen. Die Katalyse, ob organisch oder durch Übergangsmetalle bewirkt, ob ionische oder radikalische Mechanismen einschließend, feiert enorme Erfolge. Es gibt neue Konzepte wie etwa die sogenannte „late-stage“-Diversifizierung von komplexen Molekülen. Über die C-H-Funktionalisierung hinaus gewinnt dabei die Gerüstmodifikation durch Einschieben oder Entfernen einzelner Atome wachsende Bedeutung. Aber elementare Techniken entwickeln sich ebenfalls weiter. So ist zum Beispiel die Mechanochemie zu einer auch anspruchsvollen Zielen gewachsenen Methode gereift, die Lösungsmittel überflüssig machen und Chemie nachhaltiger gestalten kann. Selbst zur Synthese von Nanographenen ist sie erfolgreich eingesetzt worden, und warum mir das wichtig ist, wird später klar werden. Besonders reizvoll erscheint mir auch die Verknüpfung von Mechano- und Photochemie. Inzwischen wird Mechanochemie auch im Polymerrecycling genutzt, indem man Standardpolymere für radikalisch verlaufende Abbaureaktionen aktiviert. Die Elektrochemie, die im Zusammenhang der Energietechnologien immer wichtiger wird, ist eine der ältesten Methoden der Chemie, analytisch wie auch synthetisch, erreicht aber als Synthesemethode neue Schlagkraft. Von übergreifender Bedeutung für die Zukunft der Chemie ist die Automatisierung. Proteinsynthese und DNA- (bzw. RNA-)Sequenzierung gehören zum Standardrepertoire, inzwischen wird die Automatisierung auch für die Glycansynthese nutzbar, und ein Schweizer Forschungsprojekt entwickelt ein voll automatisiertes Labor für die Katalysatorsynthese. Weiterhin zu nennen wären hier die Parallelsynthesen und die kombinatorische Chemie.

Mit Sicherheit werden die Grenzen zwischen naturwissenschaftlichen Disziplinen weiter verschwimmen. Ich denke an die Verknüpfung von Biologie und Polymerwissenschaften, wie sie schon Hermann Staudinger und auch Helmut Ringsdorf vorgeschwebt hat. Hier erlaube ich mir auch, als Pionierin dieser Entwicklung Tanja Weil zu benennen, die meine Nachfolgerin am Max-Planck-Institut für Polymerforschung ist. Sie nutzt zelluläre Hohlräume und evolutionär entstehende Umgebungsbedingungen für komplexe chemische Reaktionen mit dem Ziel, Zelltherapien anhand synthetischer Polymere durchzuführen. Nichts kann die Wechselwirkung von Biologie und Chemie besser dokumentieren als die bioorthogonalen Reaktionen, deren Entwicklung mit dem Nobelpreis ausgezeichnet wurde. Sie umfassen Synthesen, die unter physiologischen Bedingungen durchgeführt werden können, also in Gegenwart nicht nur von Wasser, Sauerstoff und Salzen, sondern auch zum Beispiel von Serumproteinen. Schliesslich kann Synthese auch die Katalysatoren der Natur, die Enzyme nutzen, indem sie diese durch „protein engineering" fähig macht, Aufbau- oder Abbaureaktionen der organischen Chemie zu realisieren.

Das verstärkte Zusammenspiel von Synthese einerseits und physikalischen sowie biologischen Konzepten andererseits lässt sich an vielen anderen Forschungsthemen nachverfolgen. Als weiteres Beispiel möchte ich Reaktionen in Durchflussreaktoren anführen, die Mischprozesse in mehrphasigen Systemen viel leichter kontrollierbar machen als in „batch"-Reaktoren. Ein tieferes Verständnis dieser Abläufe wiederum beruht auf der Mikrofluidik, welche das Verhalten von Flüssigkeiten in Kapillaren, also jenseits der klassischen Strömungsdynamik, beschreibt. Es mag ein großer Sprung sein, aber man könnte gleichfalls an die membranlosen Kompartimente bzw. die „biomolecular condensates" in Zellen denken, denn für deren Entstehung wird ein Mechanismus diskutiert, der an die wohlbekannte Flüssig-Flüssig-Phasentrennung synthetischer Polymere angelehnt ist. Schließlich gibt es Disziplinen, welchen eine besondere Brückenfunktion zukommt. Unter ihnen haben die Nanowissenschaften für uns eine besondere Bedeutung gewonnen, so dass ich hier kurz innehalte. Nicht nur die Materialforschung, sondern auch die Zellbiologie bieten ihnen überreiche Betätigungsfelder. Der Begriff „nano" zielt zunächst einmal auf die Längenskala der untersuchten Objekte. Wenn man auch an nanometergroße „Cluster" von Molekülen wie Pigmente oder Polymerlatizes denkt, dann wird klar, dass „nano" keineswegs „neu" ist. Die berühmten „quantum dots" belegen anschaulich, wie empfindlich Eigenschaften von der Teilchengröße abhängen. Die stärkste Faszination geht sicherlich davon aus, einzelne Moleküle mit atomarer Auflösung im realen Raum sichtbar machen oder gar manipulieren zu können. Moleküle als elementare Funktionseinheiten, zum Beispiel als elektronische Bauelemente, zu nutzen, wäre eine extreme Form der Miniaturisierung. Aber Fortschritte der Nanowissenschaften werden, wenn man zum Beispiel an exotische Quantenzustände und auf ihnen beruhende Technologien denkt, immer eng verknüpft mit der Synthese neuer geeigneter Moleküle sein.

Jegliches Nachdenken über naturwissenschaftliche Methoden kommt nicht an der digitalen Revolution vorbei. Mit der Künstlichen Intelligenz (KI) will die Informatik intelligentes menschliches Denken und Verhalten nachbilden. Dazu nutzt sie die Automatisierung und die Algorithmen, welche ihr das maschinelle Lernen (ML) zur Verfügung stellt. Es liegt auf der Hand, dass KI damit bahnbrechende Möglichkeiten in der naturwissenschaftlichen Forschung eröffnet. Diese beginnen schon mit der Handhabung großer Informationsmengen, bei der sie auch dem erfahrensten Experten überlegen sein wird. Dann aber soll sie Muster erkennen und auf dieser Basis eigene Voraussagen treffen können. Wenn man zunächst an die Planung der Synthese komplexer Naturstoffe denkt, wird die Chemie bei aller hochfliegenden Begeisterung mit KI noch viele Erfahrungen sammeln müssen, besonders deshalb, weil Synthesedatenbanken die Tendenz haben könnten, positive gegenüber negativen Befunden stärker zu gewichten. Digitale Lösungsansätze werden immer dann besondere Bedeutung erlangen, wenn wir es mit komplexen Problemstellungen zu tun haben, die enorm große und über „trial and error" kaum zu bearbeitende Parametersätze aufspannen. Hier könnte ich als Beispiele das „protein engineering" nennen, aber auch den Bau von organischen Solarzellen und die Verwendung organischer Nanoteilchen als Vehikel für den Wirkstofftransport, beides Themen, die sämtlich noch zur Sprache kommen werden. In Bezug auf den ersten Fall stellen sich Fragen, wie das Licht absorbiert wird, welcher Chromophor als Donor bzw. welcher als Akzeptor bei der Dissoziation der Exzitonen in positive und negative Ladungsträger dient und welche Morphologie sich im Festkörper ausbildet, damit sowohl die angeregten Elektronenzustände als auch die aus ihnen entstehenden Ladungen „wandern" können – dies alles natürlich mit dem Ziel einer hohen Effizienz bei der Energieumwandlung. Als Beispiel aus der Literatur nenne ich die Optimierung von Perowskitsolarzellen und deren Weiterentwicklung mit KI.

Für das zweite Thema, nicht weniger vielgestaltig, wird zu fragen sein, welcher und wie viel Wirkstoff im „Carrier“ eingekapselt werden soll und welcher und wie viel Emulgator gebraucht wird, damit stabile Teilchen mit definierter Größe und Oberflächenladung sowie mit der therapeutisch erwünschten Transporteigenschaft und Biodistribution gebildet werden. Angesichts solch verwirrender Vielfalt wird es im konkreten Fall immer schwerfallen, die anfallenden Optimierungsmöglichkeiten als genügend erforscht zu halten. Umso drängender stellt sich dann die Frage, ob eine solche Aufgabe nur für einen speziellen Fall isoliert zu betrachten oder aber verallgemeinerbar ist und ob wir schon vorhandenes Wissen genügend nutzen.

Zukünftige Verfahren werden also primär auf die Datengewinnung und -auswertung zielen, aber dann auch aktive Lernverfahren einschließen. Schauen wir noch einmal auf zwei Beispiele: die Materialforschung und die chemische Synthese. Claudia Draxl von der Humboldt-Universität hat zusammen mit ausgewiesenen Materialforschern zur Behandlung von Forschungsdaten das FAIR-Konzept vorgestellt, das sich bezeichnenderweise von „findable, accessible, interoperable and reusable“ herleitet [I]. Andererseits spricht Leroy Cronin, University of Glasgow, der auch beim GDCh-Wissenschaftsforum 2023 im Rahmen des Symposiums Rethinking Chemistry aufgetreten ist, von „Chemputation“. Sein Ansatz umfasst eine Hardware – mitsamt der sich entwickelnden Algorithmen – welche die bekannten Automatisierungsstrategien der Chemie vereinheitlicht und einen chemischen Code definiert, der Reproduzierbarkeit und Interoperabilität befördern soll.

Ein anderes, aber nicht minder beeindruckendes Beispiel einer digitalisierten Chemie liefert Google DeepMind mit AlphaFold, das die komplexen Konformationen von Proteinen und damit ihre Form im dreidimensionalen Raum voraussagen kann. Die neuere Version AlphaFold 3 verspricht eine hohe Präzision auch bei der Strukturvorhersage von Polymer-Polymer-Wechselwirkungen, so etwa in Protein-DNA-Komplexen. Sehen Sie mir nach, wenn ich dem Manuskript nachträglich etwas hinzugefügt habe: Diese Würdigung hatte ich niedergeschrieben, ehe die Anwendung von KI in der Chemie durch den Nobelpreis ausgezeichnet wurde.

Neuerdings werden mit DeepMind auch Materialsynthesen, zum Beispiel für Lithiumionenbatterien, vorgeschlagen. Die Prognose umfasst die Zusammensetzung eines Pulvers aus organischen und anorganischen Edukten für die Pyrolyse und die zu erwartende Kristallstruktur des Produkts. Künstliche Intelligenz leistet dabei zweierlei: Sie durchsucht die Literatur nach relevanten Informationen und legt eine Datenbank über prinzipiell erzeugbare stabile Strukturen an.

Läuft dann am Ende alles nur auf die Handhabung solcher Algorithmen hinaus? Es ist offensichtlich, dass diese Frage die Kreativität des Forschers und vielleicht sogar unser Selbstverständnis als Wissenschaftler berührt. Was immer KI uns als Ergebnisse liefern mag, wird aber nicht das Ende, sondern der Anfang weiteren Forschens sein! Die KI selbst kann nicht beurteilen, wie zuverlässig ihre Aussagen sind, vor allem kann sie uns nicht erklären, warum ein bestimmtes Material so und nicht anders funktioniert. Aber jeder, der einmal einen Text bei ChatGPT angefragt hat, spürt deutlich und nicht ohne ein Stück Beklemmung, dass sich unsere Wege der Erkenntnis sowie der Meinungsbildung und -äußerung tiefgreifend verändern werden. Dabei sollten wir uns bewusst machen, dass KI nicht nur in der naturwissenschaftlichen Forschung, sondern auch in viele andere Bereiche wie die medizinische Diagnostik oder die Steuerung von industriellen Produktions- und Montageprozessen Einzug hält. Aber egal, ob es gilt, Sprachmodelle zu trainieren oder Berechnungen über extrem große Datenmengen anzustellen, die Grundvoraussetzung sind Chips für graphische Anwendungen und für die Bedürfnisse der KI. Ich kann nicht umhin, hier auf die kalifornische Firma Nvidia Bezug zu nehmen. Dies tue ich nicht, um über deren weltbeherrschende Rolle oder das Auf und Ab des Aktienkurses nachzusinnen, sondern weil ich im letzten Abschnitt dieses Buches noch einen Blick auf Entwicklungen in der chemischen Industrie werfen möchte. Bei Nvidia haben die Ingenieure und nicht die Businessleute das Sagen, insbesondere da, wo es um die Auswahl des Nachwuchses geht, die keineswegs den Human-Resources-Managern überlassen wird.

Mir ist klar, dass die letzten Seiten ziemlich spekulativen Charakter haben, und mir ist auch bewusst, dass Ihnen bei der Lektüre wichtigere Themenstellungen für den Blick in die Zukunft einfallen mögen. Ich kann aber nur erzählen, was ich weiß, oder zumindest, wovon ich schon einmal gehört habe.

[A] W. von Kügelgen: *Lebenserinnerungen des alten Mannes*. K. F.Koehler, Leipzig, **1923**.

[B] Müllen, K.; Wegner, G. (Eds.): *Electronic Materials: The Oligomer Approach*. Wiley-VCH, Weinheim, **1998**.

[C] Carl Zuckmayer: *Als wär's ein Stück von mir. Horen der Freundschaft*. S. Fischer, Frankfurt / M., **1966**.

[D] *Glaube und Bildung beim Religionsphilosophen Romano Guardini*. Deutschlandfunk, 8.9.**2021**. https://www.deutschlandfunk.de/glaube-und-bildung-beim-religionsphilosophen-romano-guardini-dlf-37c1b435-100.html (Letzter Zugriff: 16.6.2025).

[E] Gierschner, J.; Egelhaaf, H.-J.; Oelkrug D.: Absorption, fluorescence, and light scattering of oligothiophene and oligophenylenevinylene nanoaggregates. *Synth. Met.* **1997**, *84*, 529 – 530.

[F] Kraft, A.; Grimsdale, A. C.; Holmes, A. B.: Electroluminescent Polymers – Seeing Polymers in a New Light. *Angew. Chem., Int. Ed.* **1998**, *37*, 402 – 428.

[G] Prechtl, T.; Müllen, K.: Precision and Purity of Conjugated Polymers – To be Ensured Before Processing. In *Solution Processable Components for Organic Electronic Devices* (eds.: Luszczynska, B.; Matyjaszewski, K.; Ulanski, J.). Wiley-VCH, Weinheim, **2019**.

[H] *Conjugated Oligomers, Polymers, and Dendrimers: From Polyacetylene to DNA. Proceedings of the Franqui Colloquium, 21. – 23. October 1998, Brussels* (ed.: Brédas, J.-L.). De Boeck université, Paris, Bruxelles, **1999**.

[I] Draxl, C.; Scheffler, M.: NOMAD: The Fair Concept for Big-Data-Driven Materials Science. *MRS Bulletin* **2018**, *43*, 676 – 682.

NUR RÄUMLICH EIN KLEINER SCHRITT: ZUM MPI FÜR POLYMER-FORSCHUNG

4

DOI.ORG/10.47261/1572-4

Im Jahr 1988 erhielt ich einen Ruf an die Universität Göttingen in der Nachfolge von Wolfgang Lüttke, von dem ich ja schon erzählt habe. Der Stand der dortigen Organischen Chemie war beeindruckend, die Gespräche mit dem Präsidenten, aber vor allem mit den Kollegen Lutz Tietze und Ulrich Schöllkopf, der leider wenig später schwer erkrankte, aber auch mit Jürgen Troe und Michael Buback waren produktiv und warmherzig zugleich. Allen Überlegungen überlagerte sich dann aber die Möglichkeit, eine Direktorenstelle am Max-Planck-Institut für Polymerforschung (MPI-P) anzunehmen. Wenn ich in der Überschrift sage „Nur räumlich ein kleiner Schritt", dann ist das berechtigt, denn das Institut liegt auf dem Campus der Johannes Gutenberg-Universität in Blickweite zum ZDF und zum Stadion von Mainz 05. Es klingt damit aber auch an, dass dieser Schritt inhaltlich gar nicht so klein war. Ehe ich dazu etwas weiter aushole und von meinem Wechsel erzähle, muss ich über eine Weggabelung berichten, die mich in einen noch größeren Konflikt gestürzt hat. 1992 erreichte mich, schon einige Jahre am MPI-P, ein Ruf an die Universität zu Köln auf die Nachfolge meines Lehrers Emanuel Vogel. Es war nicht nur die weithin sichtbare und für mich mit vielen Emotionen behaftete Stelle, von der Bindung an meine einstige Alma Mater einmal abgesehen, sondern es hätte auch eine zehnminütige Fahrradfahrt zur Arbeit statt einer zweistündigen Bahnfahrt bedeutet. Ich kann nun nicht auf alle persönlichen und beruflichen Überlegungen eingehen, aber ich hätte gerne wieder Wolfram Grimme und Georg Hohlneicher als Kollegen gehabt. Zudem war mir auch klar, dass ich in jedem Fall auf einer der beiden Seiten Enttäuschungen hinterlassen würde, und daran habe ich gelitten. Das Ende vom Lied war, dass mir der Schritt in die Polymerforschung wissenschaftlich als das größere Wagnis und als die spannendere Herausforderung erschien, und ich habe meine Meinung nicht ändern müssen.

Mein Bild von Direktoren der Max-Planck-Institute war, dass sie mit Dienstwagen und Fahrer angereist kamen, wissenschaftlich sehr gut, sich aber auch ihrer Wichtigkeit bewusst waren. Ich bewunderte das Max-Planck-Institut für Kohlenforschung unter seinem Direktor Günther Wilke. Die Max-Planck-Gesellschaft (MPG) – als Nachfolgerin der Kaiser-Wilhelm-Gesellschaft – sieht sich, so lernte ich es, wissenschaftlicher Exzellenz in der Grundlagenforschung verpflichtet, besonders aber solchen Themen, die wegen ihrer Komplexität und Interdisziplinarität und manchmal auch wegen der hohen anfallenden Kosten nicht in gleicher Weise an Lehrstühlen oder Instituten von Universitäten verfolgt werden können. Die Polymerforschung gilt als ein solches Querschnittsthema, denn sie ist nur in der vollen Breite ihrer Teildisziplinen zu begreifen und zu bearbeiten. Diese umfasst – was auch sonst – die Synthese, denn auch Polymerforschung spielt sich in einer stofflichen Welt ab, und reicht über die Theorie und die Physik bis hin zur Verfahrenstechnik. Physikalische Methoden der Polymercharakterisierung wiederum müssen neben der Spektroskopie und Mikroskopie auch Techniken der Diffraktometrie und Lichtstreuung einschließen, weil es stets um die volle Längenskala der Strukturbildung von weicher Materie geht. Die Objekte der Forschung sind nicht nur Moleküle, sondern auch Partikel, und nicht nur die Lösung, sondern auch der Festkörper, seien es Gläser oder Kristalle. Zusammengefasst heißt das, es geht um die Komplexität der Strukturbildung jenseits der kovalenten Bindung, und das wird später ein oft wiederkehrendes Motiv sein.

Und dann kommt noch ein anderes Merkmal hinzu: Der Schritt von der organischen Chemie zur Polymerforschung am MPI-P war für mich auch der Eintritt in die Materialforschung, so dass ein kleiner Exkurs dorthin angemessen ist. Er beginnt mit der einfachen Frage, was denn aus einer chemischen Verbindung ein Material macht. Meine Antwort weist auf zwei Kriterien hin. Das eine Merkmal ist, einen definierten makroskopischen Zustand von Stoffen herstellen zu können. Das mögen makroskopische Formteile, aber auch Fasern oder dünne Filme sein, wobei immer Grenzflächen mit zu betrachten sind. Synthese und Verarbeitung, das englische Wort „Processing" ist vielleicht anschaulicher, sind somit eng aufeinander bezogen, ja, sie bilden eine Einheit, wenn man etwa an eine Emulsionspolymerisation in der begrenzenden Geometrie eines Tröpfchens, die Koaleszenz der entstandenen Latizes bei der Verfilmung oder an Reaktionen von Polymeren in einem Extruder denkt. Das andere Merkmal besteht darin, die aktive Funktion des Materials in einem komplexen Gesamtsystem anzustreben. Ein optoelektronisches Bauelement könnte dafür ein Beispiel sein, aber selbst damit wäre die mögliche Fertigungskette nicht voll abgedeckt, ich erwähne als Beispiel wachsender Komplexität integrierte Schaltungen aus vielen Feldeffekttransistoren (FETs). Zusammengefasst kann ich dieses Gesamtszenario am besten mit dem Begriff „funktionelle Materialien" beschreiben.

Materialwissenschaft, aus Forschungsfeldern wie der Metallurgie erwachsen, zeichnete sich zu Beginn vor allem durch die berühmten „Dislokationen" in Kristallgittern als Dauerthemen und durch den Einsatz der Elektronenmikroskopie als Standardmethode aus. Sie lässt sich irgendwo zwischen Physik und Chemie ansiedeln. Eine wichtige Besonderheit in der Etablierung der Materialwissenschaft als anerkannte Teildisziplin ist die Zusammenschau unterschiedlicher Materialien, wenn etwa die mechanischen Eigenschaften von „Plastik" mit denen von Metallen und Legierungen verglichen werden. Ein weiteres Charakteristikum ist sicherlich die enge Verbindung mit den Ingenieurwissenschaften, in diesem Zusammenhang besser „chemical engineering" genannt, das neben der erwähnten Verarbeitung etwa die Modellierung oder das Hochskalieren chemischer Reaktionen betrachtet.

Ihnen mag jetzt noch einmal das Wort Anwendung in den Sinn kommen, und Sie könnten etwas verstört fragen, ob es denn bei der

Polymerwissenschaft nicht mehr um Grundlagenforschung gehe. Sicher, Polymerforschung ist für eine größere Anwendungsnähe bekannt, und ihre Kriterien für den Neuigkeitswert einer Erfindung mögen sich von denen anderer Teildisziplinen unterscheiden. Wenn ich aber von funktionellen Materialien rede, dann geht es nicht darum, Ihren Gartenzaun anzustreichen, sondern es geht, nochmals sei es gesagt, zunächst um Grundlagenforschung.

Was ich, zu meinem Blick auf das MPI-P zurückkehrend, so locker an Methoden und Aufgabenstellungen der Polymerforschung aufzähle und was mir mit den Jahren auch vertrauter wurde, baute sich anfangs als schier unüberwindliche Wand vor mir auf. Schließlich hatte ich noch nie freiwillig ein Polymer synthetisiert, ein Polymer war vielmehr das, was als unlöslicher Rückstand oben auf der Säule liegen blieb. Die beiden Gründungsdirektoren des Instituts, Erhard Fischer und Gerhard Wegner (Abb. 4.1. – 4.2.), waren von Hause aus Physiker und Physikochemiker, aber nicht nur Spitzenforscher, sondern auch mit weit offenem Herzen für die notwendige Interdisziplinarität. Sie hatten als Dritten im Bunde Hans Wolfgang Spiess (Abb. 4.3.) berufen – berühmt für seine Festkörper-Kernresonanzspektroskopie – und hielten nach einem Synthetiker Ausschau. Tatsächlich hatten sie ursprünglich jemanden anderen im Sinn als mich, und dass sie schließlich auf einen Organiker kamen, mag wohl manchen „Hardcore"-Polymerforscher heftig irritiert haben. Umgekehrt muss zugestanden sein, dass einige Organiker meinen Weg zu – nicht nur kristallinen – Proben mit Molekulargewichtsverteilungen und breiten NMR-Signalen, es fiel auch das Wort Schmierenchemie, kaum mit Beifall begleiteten.

Ich habe diesen Wechsel aber nie bereut. Er hat mir neue wissenschaftliche Ziele erschlossen, die irgendwann auch Themen wie die Polyolefinsynthese und den medizinischen Wirkstofftransport umfassten, und er hat mir den Weg in die weltweite Polymercommunity geebnet. Deren Akteure habe ich, national wie international, als überaus kollegial und aufgeschlossen kennengelernt. Zudem hat mir dieser Wechsel neue Formen europäischer Zusammenarbeit, akademisch wie industriell, ermöglicht. Vor allem habe ich mich in unserem Kollegium, ich nenne außer den drei Gründervätern Fischer, Wegner und Spiess noch Kurt Kremer (Abb. 4.4.), Wolfgang Knoll (Abb. 4.5.), Hans-Jürgen Butt (Abb. 4.6.) als Fischer-Nachfolger und Katharina Landfester (Abb. 4.7.) als Wegner-Nachfolgerin, stets gut aufgehoben gefühlt. Auf Paul Blom, den Nachfolger von Hans Wolfgang Spiess, und Mischa Bonn, den Nachfolger von Wolfgang Knoll, komme ich noch zurück. Diese ungetrübte Stimmung heißt nicht, dass bei Diskussionen kein Salz in der Suppe gewesen wäre, aber ich schaue auf eine loyale, kollegiale und freundschaftliche Atmosphäre zurück. Und wir haben uns dem Auftrag, nicht nur Einzelkämpfer, sondern auch Teamplayer zu

Abb. 4.1.
Erhard Fischer.

Abb. 4.2.
Gerhard Wegner.

Abb. 4.3.
Hans Wolfgang Spiess.

Abb. 4.4.
Kurt Kremer.

Abb. 4.5.
Wolfgang Knoll.

Abb. 4.6.
Hans-Jürgen Butt.

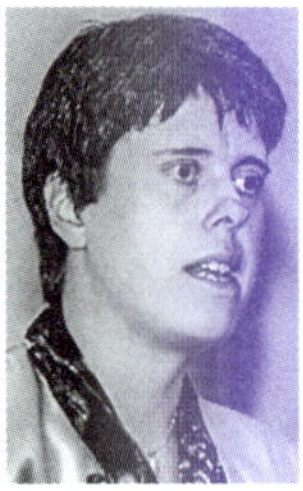

Abb. 4.7.
Katharina Landfester.

sein, verpflichtet gefühlt und diese Vernetzung zu einem Merkmal unseres Instituts gemacht. Gemeinsam eingeworbene Projekte und viele gemeinsame Publikationen geben davon ein beredtes Zeugnis.

Gerhard Wegner hat die Polymerforschung in großer Breite abgedeckt, was ihm gelang, weil seine Methodenkompetenz von der Physik bis zur Synthese und von der Elektronenmikroskopie bis zur Lichtstreuung reichte. Hans Wolfgang Spiess hat durch die Festkörper-NMR-Spektroskopie eine neue Welt der Polymercharakterisierung erschlossen, die sowohl Struktur als auch Dynamik umfasste. Beiden verdanke ich viel, sie waren mir Türöffner und Forschungspartner zugleich. Meinem Büro gegenüber lag dasjenige von Kurt Kremer, theoretischer Physiker und damit in anderen Sphären denkend als ich. Aber sein Espresso war besser als unserer, und in seiner ruhigen, aber bestimmten Art war er mir Lehrer in Sachen Polymerphysik, Ratgeber in vielen persönlichen Fragen und Autorität in rheinhessischen Weinen. Zur Kultur des Instituts gehörten schöne Feste zu runden Geburtstagen der Direktoren und die gemeinsamen Weihnachtsfeiern, die reihum von einer Abteilung ausgerichtet wurden, eingeschlossen das Showprogramm mit einem heiteren und manchmal kritischen Rückblick auf das vergangene Jahr, bei dem die Institutsleitung nicht unbedingt geschont wurde (Abb. 4.8.).

Eine Standortbestimmung, vielleicht könnte man auch sagen Selbstvergewisserung, war die jährliche Tagung, zu der sich das Institut im Sommer nach Naurod am Taunusfuß zurückzog. Es wurde über Gegenwart und Zukunft unserer Forschung diskutiert, auch mit ausgewählten Gästen als Bezugspunkten, aber es wurde auch gegrillt oder gekegelt. Beim Skat habe ich gegen Erhard Fischer zumeist verloren. Das nächtliche Durchhaltevermögen in der Bar mancher, hier ungenannt bleibender Akteure ist in

Abb. 4.8.
Mit Hans Wolfgang Spiess – das Märchenspiel bei der Weihnachtsfeier am MPI-P.

unserem Institut legendär. Nur die Fußballspiele zwischen den Abteilungen wurden irgendwann nicht fortgesetzt, weil sie, an meinen Schienbeinen ablesbar, zu sehr Wettbewerbscharakter angenommen hatten.

Wenn ich Ihnen die Direktoren des MPI-P vorstelle, ist jedoch das wissenschaftliche Umfeld des Instituts nur unvollkommen beschrieben. Zu nennen sind auch die Projektleiter, die eine hohe Unabhängigkeit genießen und sich durch ihr eigenes Forschungsprofil auszeichnen. Nicht überraschend ist das MPI-P für viele das Sprungbrett zu einer akademischen Karriere geworden. Auf die Projektleiter, die in unserer Abteilung angesiedelt waren, werde ich noch zu sprechen kommen, aber die Kooperationen machten natürlich nicht an den Abteilungsgrenzen Halt. So wurde Wojtek Pisula, der bei mir mit einer Arbeit über diskotische Flüssigkristalle promovierte, von Professor Tadeusz Pakula (**Abb. 4.9.**) im Bereich der Polymerphysik mitbetreut. Ebenfalls der Polymerphysik angehörend war Professor Bernd Ewen, Experte in Neutronenstreuung, der sich zudem große Verdienste um den Zusammenhalt des Instituts erworben hat und ihm auch in seinem Ruhestand eng verbunden geblieben ist.

Abb. 4.9.
Tadeusz Pakula.

Es wäre aber vermessen und unklug zugleich, wenn sich ein Institut als wissenschaftlich autark definieren wollte. Im Gegenteil, es ist der weite Kreis der Gastwissenschaftler, deren Kompetenzen für ein sinnvolles Gesamtkonzept unverzichtbar sind. Ken Wagener habe ich schon erwähnt, der das MPI-P „his second home" nennt. Ich kann an dieser Stelle nicht allen gerecht werden, möchte aber George Floudas (**Abb. 4.10.**), Universität Ioannina, Georg Fytas, Forth Heraklion und Frans De Schryver, Universität Leuven nennen, einfach deshalb, weil wir besonders viel gemeinsam geforscht und publiziert haben. Die beiden Letzteren werden in späteren Zusammenhängen noch eine wichtige Rolle übernehmen. George Floudas ist ein Meister der dielektrischen Spektroskopie. Dabei werden Materialien einem elektrischen Wechselfeld ausgesetzt, und dann wird in einer Impedanzmessung ermittelt, wie permanente Dipole dem Feld „folgen", so dass sich charakteristische Relaxationsprozesse des Materials beschreiben lassen. Diese Moleküldynamik spielt für das Verständnis von Makromolekülen eine große Rolle.

Abb. 4.10.
George Floudas.

Es heißt oft, und ich will das nicht bestreiten, dass Max-Planck-Forscher privilegiert seien, ohne Vorlesungsverpflichtungen und mit sehr guter finanzieller Ausstattung. Ich darf behutsam dagegenhalten, dass ich für lange Zeit meinen Vorlesungsverpflichtungen an der Universität Mainz weiter nachgekommen bin und dass ich auch sehr gut ausgestattete Universitätslehrstühle kenne. Aber ein MPI muss auch liefern. Teil dessen ist, dass ein wissenschaftlicher Fachbeirat alle zwei bis drei Jahre die Leistungen des Instituts beurteilt, und dabei werden keineswegs nur Freundlichkeiten ausgetauscht. Ein Mitglied des Fachbeirats in meinen ersten Jahren war Professor Giuseppe Zerbi vom Politechnico di Milano (**Abb. 4.11.**). Er ist mir in besonderer Erinnerung,

Abb. 4.11. (nächste Seite) Mit Giuseppe Zerbi.

weil er das Institut kritisch, aber gleichwohl mit gutem Rat begleitete. Später sind wir dann Partner in gemeinsamen EU-Projekten und Freunde geworden. Er versprüht Humor und Lebensfreude, vor allem, wenn italienisch gegessen, getrunken und gesungen wird. Er ist nicht mehr jung, gerade zarte 90 Jahre alt geworden, forscht aber unermüdlich zur Schwingungsspektroskopie der Polymere.

Heute sind Gerhard Wegner, Hans Wolfgang Spiess und ich im Ruhestand, geblieben sind gemeinsame Wanderungen und Familienabendessen oder der Besuch des Rheingau-Musikfestivals und die Verbundenheit mit unserem Institut. Verbundenheit ja, doch sind wir nicht die Alten aus der Muppet Show, die vom oberen Rang aus das gebotene Programm kritisch kommentieren. Gerne füge ich hinzu, dass dieses Institut kein reiner Männerclub mehr ist, sondern dass es mit Katharina Landfester und Tanja Weil zwei überaus sichtbare Direktorinnen hat und dass gerade Frauke Gräter zur Nachfolgerin von Kurt Kremer berufen worden ist. „Die Chemie muss stimmen", ja, es sind schöne Erinnerungen. Wissenschaftlich gesehen war ich stark von dem physikalischen Denken meiner Umgebung geprägt, aber ich glaube, wir haben auch für die stoffliche Seite des Instituts den Mehrwert geliefert, den man von unserer Interdisziplinarität erwarten konnte.

Die Ansiedlung des MPI-P in Mainz auf dem Campus der Universität hatte viele Gründe, zu denen neben der weltbekannten Polymerforschung an der Universität auch die räumliche Nähe zur Industrie gehörte. Zu den Standortaspekten zählte aber vor allem der Wille der Professoren und der Leitung der Johannes Gutenberg-Universität einschließlich des rheinland-pfälzischen Wissenschaftsministeriums zu einer echten Partnerschaft. Es wäre naiv zu glauben, dass da nicht auch Konfliktstoff angelegt gewesen wäre, man denke nur an die Konkurrenz um Mitarbeiter. In Erinnerung an viele gemeinsame Projekte und vor allem an kollaborative Forschungszentren mit unterschiedlichen Zuwendungsgebern darf ich nicht ohne Stolz sagen, dass Mainz seinen eigenen Weg gegangen ist, den der gedeihlichen Kooperation. Dieses Erbe wird von unseren Nachfolgern weitergeführt.

Schon in den ersten Jahren wurde mir bewundernd klar, dass das MPI-P dank seiner Konzeption und der Leistungen der Kollegen einen anerkannt hohen Rang einnahm, dass es aber auch Gegenstand dauernder Aufmerksamkeit war. Manche namhaften Kollegen haben sich in Stellung gebracht, wenn eine Nachfolgeregelung anstand. Eine kritische Frage war, ob es überhaupt noch ein Polymerinstitut sei. Klar, es war und ist ein Polymerinstitut, wobei sich in den letzten Jahren die biologischen und biomedizinischen Materialfunktionen zusammen mit der Installation der Zelllabors in den Vordergrund geschoben haben. Aber es war nie „nur" ein Polymer-, sondern im umfassenden Sinn ein „Soft-Matter-Institut", wie sich zum Beispiel an den glasbildenden

urself

Abb. 4.12.
Uwe Bunz.

Triarylbenzolen von Erhard Fischer, den flüssigkristallinen Diskoten von Hans Wolfgang Spiess oder den blau emittierenden Fluorenoligomeren von Gerhard Wegner ablesen lässt.

Ich traue mich, es zu sagen: Unser Institut hat sich eine hohe Anerkennung erworben, dies kann durch viele Kriterien belegt werden. Von einer unverdienten und zugleich unerwarteten Anerkennung möchte ich aber auch noch erzählen. Unsere Pforte wurde in den späten Nachmittags- und Abendstunden von Hans-Josef Beauvisage besetzt, der diese Zeiten auch zur Vollendung seiner Doktorarbeit in Mathematik nutzte. Er hatte zwei Besucher aus der Industrie zu mir ins Büro geschickt, die aber sichtlich beeindruckt durch die Tür traten: „Jetzt verstehen wir, warum dieses Institut so berühmt ist, wenn schon der Pförtner Dreifachintegrale löst."

Natürlich, für unsere Gruppe traten am MPI-P Themen wie Semibullvalene oder Annulene in den Hintergrund. Aber wie sollte unsere Gruppe den Einstieg in eine neue Welt der Chemie finden? Nach allem, was ich bisher erzählt habe, konnte der nur über die konjugierten Polymere (CPs) gelingen.

Es ist wohl so, dass ich jetzt einzelne Stoffklassen abhandele, denn das sind einfach die Kategorien, in denen die Chemie denkt und nach denen auch die meisten Lehrbücher aufgebaut sind. Es gäbe jedoch auch eine andere Gliederung, die zugegeben für Sie kaum nachvollziehbar, für mich aber als Erinnerung umso plausibler wäre. Diese Anordnung würde fragen, welche Namen von Mitarbeitern ich in der Rückschau am stärksten mit einzelnen Themen verbinde und ob konjugierte Polymere, Graphene, Polyolefine, Polyetherketone, Tetrathiafulvalene, Farbstoffe, Dendrimere oder Kern-Schale-Nanopartikel dabei hervorstechen. Klar ist, dass unsere Forschungsinhalte der letzten 15 Jahre durch die Kohlenstoffnanostrukturen dominiert wurden. Weil sich aber der nun folgende, ziemlich dominante Abschnitt zunächst mit konjugierten Polymeren beschäftigt, nenne ich zuerst Ulli Scherf, von dem noch zu erzählen sein wird. Sein Pendant auf der Seite der organischen Chemie war Uwe Bunz (**Abb. 4.12.**), der plante, Cyclobutadiene als Metallkomplexe zu zähmen und sie dann in Oligomer- und Polymerstrukturen einzuführen, und der sich erst viel später der Synthese von Polyarylenethinylenen und dann wiederum Polyacenen zuwandte. Die Arbeit im Labor unterbrach er durch Gewichte stemmen im Fitnessstudio, zum Kaloriennachschub trank er, wenn wir zum Essen gingen, ein Töpfchen zerlassener Butter, und zur Stärkung der Oberschenkelmuskulatur hatte er den Sattel vom Fahrrad abgeschraubt. Er ist nach ehrenvollen Stationen in den USA jetzt Professor in Heidelberg und hat sich altersbedingt sanfteren Sportarten zugewandt.

SYNTHESE UND FUNKTION ORGANISCHER MATERIALIEN

5

 DOI.ORG/10.47261/1572-5

5.1 Konjugierte Polymere (CPs) und elektronische Bauelemente

Zunächst, dieser Abschnitt muss länger als andere geraten, weil konjugierte Polymere mich bis auf den heutigen Tag eng begleitet haben. Andererseits bot eine verwandte Stofffamilie, die unserer neuen Graphennanostreifen (GNRs), die mich in den letzten Jahren am meisten fasziniert haben, die ideale Möglichkeit, zwei klassische Gebiete der organischen Materialforschung zu kombinieren: das der eindimensionalen CPs und das des zweidimensionalen Graphens. Graphen kann man sich als ausgedehnten Verwandten der PAH-Honigwabe aus **Abb. 2.5.** vorstellen und hat für uns große Bedeutung gewonnen.

Die meisten synthetischen Polymere, man spricht ja auch von Kunststoffen, sind Kettenmoleküle mit Einfachbindungen (σ-Bindungen) [A]. Sie bilden deshalb elektrische Isolatoren, deren mechanische, rheologische und thermische Eigenschaften im Vordergrund der Aufmerksamkeit und auch der technischen Anwendungen stehen. Baut man jedoch ein Makromolekül nur aus ungesättigten Wiederholungseinheiten wie Doppel- und Dreifachbindungen oder aromatischen Ringen auf, so entstehen konjugierte, sogenannte leitfähige Polymere, deren weitreichende Konjugation sie zu Chromophoren und Elektrophoren macht. Sie können also mit Licht oder mit zusätzlichen Elektronen in Wechselwirkung treten. Das wiederum qualifiziert sie auch als aktive Komponenten (opto) elektronischer Bauelemente, also Leuchtdioden (OLEDs), Solarzellen in der organischen Photovoltaik (OPV) und Feldeffekttransistoren (FETs).

OLEDs finden Verwendung in Displays, werden aber auch zur Beleuchtung eingesetzt, weil man dann keine hocherhitzten Edelmetalldrähte mehr braucht. In einer Leuchtdiode werden aus zwei Elektroden positive und negative Ladungen (Löcher und Elektronen) durch Anlegen einer Spannung in einen Film des aktiven Materials injiziert, und die bei deren Rekombination entstehende Überschussenergie wird als Licht emittiert [B]. Diese Elektrolumineszenz ist also das Gegenstück zur Photolumineszenz oder Fluoreszenz, bei der die Anregungszustände (Exzitonen) jedoch durch Lichtanregung zustande kommen. Wenn man die Funktion von Leuchtdioden vereinfacht als „Ladung hinein, Licht heraus“ beschreibt, dann ist eine Solarzelle das genaue Gegenteil, also „Licht hinein, Ladung heraus“. Der PCE-Wert einer Solarzelle, das ist seine „power conversion efficiency“, beschreibt die Effizienz bzw. den Wirkungsgrad der Energieumwandlung. Ein Lichtquant erzeugt dabei einen angeregten Zustand, ein Exziton, das zu einer Phasengrenze wandern muss, an der es in eine positive und negative Ladung dissoziieren kann. Es gibt aber viele Gelegenheiten, die aufgenommene Anregungsenergie wieder zu verlieren, etwa dann, wenn die beiden Ladungen, was keineswegs überraschend erscheint, wieder rekombinieren, ehe sie ihre jeweiligen Elektroden erreichen. Wie ich schon beschrieben habe, ist eine Vielzahl elektronischer und morphologischer Faktoren für die Leistungsfähigkeit einer Solarzelle verantwortlich [C].

Auch in einem OLED-Element gibt es viele Phänomene, die die Stärke des ausgekoppelten Lichts und damit die Effizienz des Bauelements begrenzen, und ebenso klar ist, dass die lichtemittierenden und Ladungen transportierenden Eigenschaften der beteiligten Materialien große Spielräume für die Synthese bieten. Diese Gelegenheiten haben wir genutzt, beginnend mit den blau emittierenden Polymeren von Ulli Scherf in den 1990er Jahren bis heute, da ich in Teilzeit für die Firma Brilliant Optoelectronics in Taizhou (Zhejiang Provinz, China) im Bereich organischer Leuchtdioden arbeite. Wir suchen dabei auch durch Kooperationen und Tagungen den Kontakt zur Wissenschaft. Dass die Veranstaltung, aus der das Bild stammt (**Abb. 5.1.**), „Müllen Academy" heißt, konnte ich nicht verhindern. Der Gründer und CEO dieser Firma ist Dr. Junyou Pan (**Abb. 5.2.**), der vorher lange in Deutschland gearbeitet hat. Weil ich im letzten Abschnitt „Vorsichtiger Blick nach vorn" auch über Start-ups als Innovationstreiber berichten werde, möchte ich aus eigenem Erleben kurz schildern, welche vielfältigen Lasten auf den Schultern eines Gründers liegen. Ich nenne natürlich die im Patentportfolio ablesbare technische Entwicklung und die „Go-to-Market"-Strategie, die Gewinnung des geeigneten Personals, die Wechselwirkung mit Partnern jeder Art, die außer Neuigkeitswert und Preis vor allem Verlässlichkeit erwarten, aber nicht zuletzt die Aufgabe, die Investoren bei Laune zu halten.

Abb. 5.1.
Bei der Eröffnung einer OLED-Tagung in Taizhou, 2023.

Abb. 5.2. Mit Thomas Basché und Junyou Pan in Qingdao, 2023.

In einem FET schließlich überbrückt ein Halbleiter, in diesem Falle ein konjugiertes Polymer, als Film auf einem Isolator den Kanal zwischen zwei Elektroden (Quelle = Source und Senke = Drain) [D]. Der zwischen beiden fließende Strom wird durch das Feld einer dritten Elektrode (Gatter = Gate) gesteuert. Er kann dabei verstärkt, aber auch unterbrochen werden. Einfach gesagt ist also ein FET ein Schalter, für dessen Funktion zwei Kriterien ausschlaggebend sind: die Ladungsträgerbeweglichkeit im Halbleiter, je höher diese ist, desto schneller kann geschaltet werden, und das An-aus-Verhältnis des Stroms, das möglichst mehrere Zehnerpotenzen betragen soll.

Aus stofflicher Sicht bedarf mein kleiner Exkurs in die organische Elektronik, der dem Eingeweihten wohl als ziemlich trivial erscheinen mag, einer wichtigen Ergänzung. In allen drei Fällen können statt CPs auch anorganische Materialien und als weitere Alternative niedermolekulare organische π-Systeme herangezogen werden. In der Tat werden FETs in riesigen Stückzahlen gefertigt, da sie wichtige Bestandteile integrierter Schaltungen sind, allerdings unter Nutzung von Metalloxidhalbleitern. Die Frage nach den „besseren" Materialien, manchmal aber auch nach den Hybriden organischen und anorganischen Ursprungs, ist komplex, weil sie neben den typischen Kenndaten auch Herstellungs- und Verarbeitungskosten einschließt.

Wenn man ungesättigte Bausteine zu Makromolekülen zusammenfügt, so können gemäß Abb. 5.3. auch sogenannte Redoxpolymere (RPs) gebildet werden, in denen die Untereinheiten nicht wie bei CPs in konjugativer Wechselwirkung miteinander stehen, sondern entkoppelt sind. Dazu gehören Poly(vinylarene) wie Polystyrol, aber auch Analoga des bereits

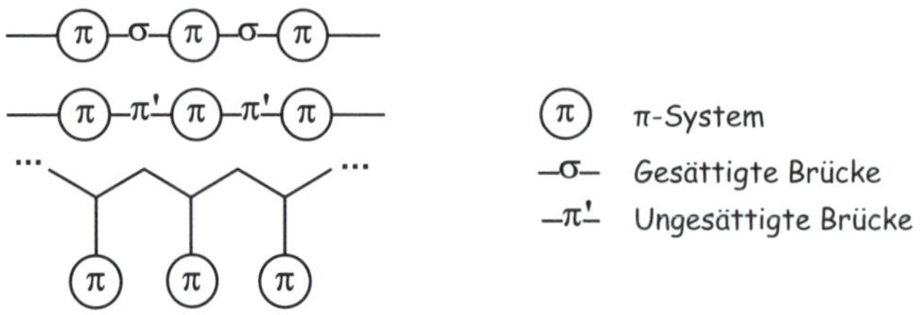

Abb. 5.3. Drei elektronisch unterschiedliche Formen, ein monomeres π-System zu einem Polymer zu verknüpfen. Oben: Die π-Einheiten sind durch gesättigte Spacer verbunden, es entsteht ein Redoxpolymer. Mitte: Die π-Einheiten sind durch konjugierte Spacer verbunden, es entsteht ein konjugiertes Polymer. Unten: Die π-Einheiten sind Seitengruppen einer gesättigten Hauptkette, es entsteht ein weiteres Redoxpolymer.

in **Abb. 3.26.** beschriebenen Polyanthrylens. Ebenso wichtig und ideal in diesen Zusammenhang passend ist die Tatsache, dass der Unterschied zwischen CPs und RPs am besten anhand von Redoxprozessen und deren cyclovoltammetrischer Kontrolle zu ermitteln ist. Darauf aber waren wir, und dieser Zusammenhang ist mir wichtig, durch die Synthesen verschiedener homologer Reihen und durch unsere eigene Cyclovoltammetrie gut vorbereitet. In diesem Zusammenhang nenne ich Joachim Räder, Angelika Bohnen-Schulz und Ronald Reuter. Hier ist der Kerngedanke: Die elektrochemische Beladung eines RP erfolgt im Prinzip bei ein- und demselben Potenzial, weil die Untereinheiten voneinander unabhängig sind. Eine Aufspaltung cyclovoltammetrischer Wellen wird sich erst dann ergeben, wenn es durch den Raum erfolgende elektrostatische Abstoßungen zwischen den beladenen Redoxzentren gibt, wenn sich diese also „spüren". Ganz anders sieht es bei der ausgedehnten konjugierten Kette eines CP aus. Einerseits wird eine Überschussladung leichter zu übertragen sein, wenn die Kette länger wird, das Redoxpotenzial wird sich also zu weniger negativen Werten (bei Reduktion) bzw. weniger positiven Werten (bei Oxidation) verschieben. Andererseits wird sich die Ladung im Polymer nicht beliebig weit verteilen, sondern innerhalb einer so experimentell bestimmbaren, effektiven Konjugationslänge lokalisiert bleiben [80]. Eine ähnliche Überlegung gilt für die zweifache Elektronenübertragung, also die Dianionbildung, denn es gibt eine Kettenlänge, jenseits deren die zwei Überschussladungen nichts mehr voneinander merken. Die Cyclovoltammetrie einer homologen Serie der Oligophenylenvinylene (**Abb. 3.5.**) beschreibt also die für einen Konjugationstyp spezifische Kettenlängenabhängigkeit elektronischer Eigenschaften [134]. Diese Extrapolation, analog auch für spektroskopische Messgrößen durchführbar, ist ein Forschungsansatz, den wir mit Jürgen Heinze zusammen entwickelten. Im Frühjahr 2020 trafen wir uns zu einem Kolloquium aus Anlass seines 80. Geburtstages in Freiburg, zu einem Fest, das von Professor Klaus Meerholz organisiert wurde und an dem ich gerne teilgenommen habe. Es fand gerade noch statt, ehe uns Covid-19 viele Beschränkungen auferlegte.

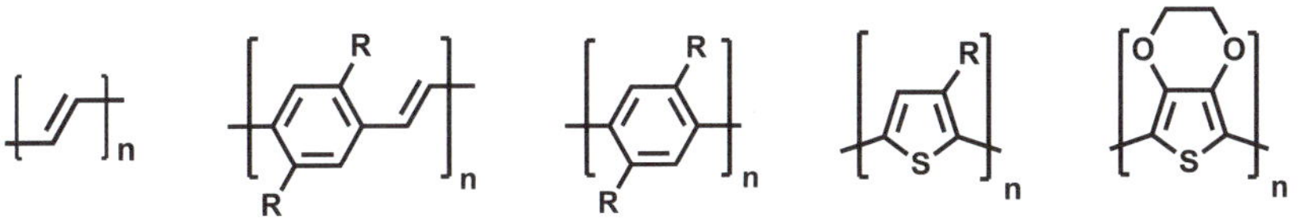

Abb. 5.4. Klassische konjugierte Polymere. Polyacetylen (PA), Polyphenylenvinylen (PPV), Poly-*para*-phenylen (PPP), Poly-3-alkylthiophen (P3AT), Poly(3,4-ethylendioxo)thiophen (PEDOT); R = Alkyl.

Es gibt eine Reihe klassischer CPs (Abb. 5.4.), von denen PPV bereits Erwähnung fand. Zu diesen CPs gehören sicherlich auch Polyacetylen (PA), Poly-*para*-phenylen (PPP), Polythiophen (PT), aber auch Polyanilin (PANI) als historisch ältester Vertreter. Dies sind gebräuchliche Bezeichnungen, neben Polythiophen spricht man etwa auch von Polyfluoren. Korrekt sind sie nicht. Anders bei Poly-*para*-phenylen, eine Nomenklatur, welche die richtige Wiederholungseinheit benennt.

Zu allen Synthesen haben wir beigetragen [161]. Polyacetylen und PPP würde man gleichsam als die Prototypen von CPs ansehen können, weil sie nur aus Vinylen- bzw. Phenylenwiederholungseinheiten bestehen. Poly-*para*-phenylen war durch unterschiedliche Verfahren zugänglich gemacht worden, fiel aber als kurzkettiges und unlösliches, deshalb auch als nicht aus Lösung verfilmbares, oft bräunlich gefärbtes „Material" an. Die Anführungszeichen sind mit Bedacht gewählt, denn Forschung an PPPs erschien uns ohne neue synthetische Zugänge kaum denkbar. Von Gerhard Wegner, Matthias Ballauf und Mitarbeitern stammte das bahnbrechende Konzept der „hairy rods", bei dem die Alkylsubstitution eines steifen Polymerstäbchens eine deutliche Verbesserung der Löslichkeit bewirkte und zusätzlich dessen Fähigkeit zur Selbstorganisation beförderte [E].

Hier muss ich Sie auf eine kleine Exkursion mitnehmen, die noch einmal belegt, wie empfindlich der Zugang zu Polymeren und den aus ihnen entstehenden Materialien von den synthetischen Methoden abhängt. Zwei Aryleinheiten lassen sich bekanntlich nach Ullmann ausgehend von Haloarenen mit Kupferpulver unter Ausbildung einer C-C-Bindung zwischen den Ringen verknüpfen. Eine neuere, auf Yamamoto zurückgehende Variante zur Biarylsynthese verwendet Nickel(0) in stöchiometrischen Mengen, wobei das Metall durch geeignete Liganden in Lösung gehalten werden muss. Suzuki und Miyaura gelang die palladiumkatalysierte Biarylsynthese ausgehend von einem Haloaren und dem Boronsäurederivat (bzw. dem analogen Ester) eines zweiten Arens. Wichtig ist, dass Boronate als stabile Zwischenverbindungen gefasst und gereinigt werden können und dass auf diesem Wege auch eine Heterokupplung, also die Verbindung unterschiedlicher Arene, möglich wird. Diese Aspekte sind von unschätzbarem Wert für eine Biaryl-, aber auch für die PPP-Synthese. In der Tat führte Dieter Schlüter zusammen mit Jim Feast, Matthias Rehahn und Gerhard Wegner auf dem Weg zu PPPs die Suzuki-Miyaura-Kupplung repetitiv durch. Diese Polykondensation eines Arendiboronats und eines Dihaloarens bezeichnet man in der Polymerchemie als eine AABB-Reaktion. Die Stabilität eines Boronats erlaubt nun aber auch, wie schon erwähnt, die Kupplung ausgehend von einem halosubstituierten Arenboronat als AB-Reaktion ablaufen zu lassen.

Schlüter, A. D.: The tenth anniversary of Suzuki polycondensation. *J. Polym. Sci., Part A:Polym. Chem.* **2002**, 39, 1533–1537.

Im Zuge der PPP-Synthese führten allerdings die Alkylsubstituenten am Benzolkörper auch zu einer starken Verdrillung zwischen den Phenylenringen, was die Konjugation entlang des ausgedehnten π-Systems weitgehend unterbrach [1250]. Ähnliche Beobachtungen hatte Professor Walter Heitz in Marburg für die verwandten Oligophenylene (oft wird auch noch von Biphenyl, Terphenyl etc., also einem Oligophenyl, geredet) beschrieben. Diese Konjugationsbehinderung hatte Emissionen bei Wellenlängen unterhalb von 400 nm zur Folge, was unerwünscht war, weil das Aufkommen elektrolumineszenter, gelb emittierender PPVs den Wunsch nach Blau und damit bei einer Wellenlänge von ungefähr 440 nm emittierenden Polymeren verstärkte. Rot, Grün und Blau (RGB) sind die Farben, durch deren Mischung man in Displays alle anderen Farben erzeugen kann. Blau emittierende Materialien stellen aber wegen ihrer notorischen Instabilität bzw. der hohen Energie der Exzitonen nach wie vor das technologisch größte Problem dar.

Unsere Idee war, ein sogenanntes Leiterpolyphenylen (LPPP) zu synthetisieren. Dabei sollten benachbarte Phenylenringe zusätzlich zur direkten Interringbindung noch durch eine Methylenbrücke verknüpft sein. Das brächte gleich zwei Vorteile: Zum einen würden die Ringe in eine Ebene gezwungen und damit ihre elektronische Wechselwirkung optimiert, und zum anderen könnten die Brücken zusätzliche, die Löslichkeit fördernde Substituenten tragen, ohne aber zu einer sterischen Behinderung der Konjugation zu führen [162]. Die **Abb. 5.5.** zeigt das Leiterpolymer mitsamt seiner Synthese. An eine Hetero-Suzuki-Kupplung schloss sich die Umwandlung des Polyketons in den Polyalkohol an, die zum Beispiel durch Addition von Methyllithium gelang. Dann folgte die polymeranaloge Friedel-Crafts-Cyclisierung. Dieses Konzept bot gleich mehrere Vorteile: Die Friedel-Crafts-Alkylierung zur Ringbildung war effizienter als die direkte Acylierung, der aromatische Partner war dank der Substitution elektronenreich und deshalb für den Angriff des Elektrophils aktiviert, und regioisomere Produkte waren als Folge der Ringsubstitution ausgeschlossen. Verschiedene physikalische Methoden beschrieben unser LPPP als „weitgehend" defektfrei. Man wird zuerst fragen, ob die multiplen Cyclisierungsreaktionen am

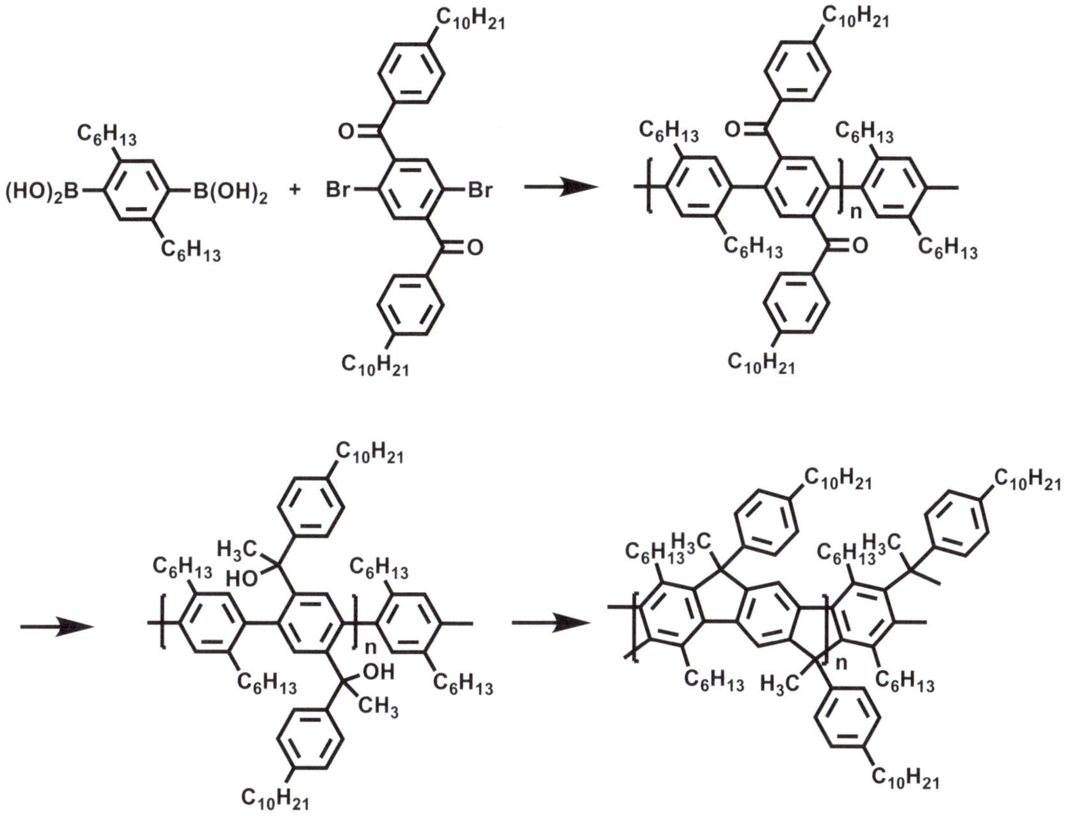

Polymer wirklich quantitativ verlaufen, und tatsächlich ist später in der Literatur der Ringschluss über eine Metathesereaktion statt über den Friedel-Crafts-Schritt versucht worden [F]. Es gibt aber auch Hinweise, dass bei der Methyllithiumaddition an das Polyketon die Verknüpfung zweier Polymerketten nicht völlig ausgeschlossen werden kann. Aber, das muss ebenfalls gesagt sein, eine solche Aussage zu Nebenreaktionen beruht immer auf der Nachweisgrenze der gewählten Methode. Erneut sei hier an die Bedeutung von Strukturfehlern erinnert. Es hat sich, vor allem im Bereich anorganischer Halbleiter, eine eigene Methode herausgebildet, die sogenannte Defektspektroskopie, die darauf abzielt, selbst geringste Konzentrationen an Defekten über Photolumineszenzmessungen nachzuweisen.

Abb. 5.5. Synthese des Leiterpolyphenylens (LPPP) durch Hetero-Suzuki-Kupplung, polymeranaloge Umwandlung der Keto- in die Alkoholfunktionen und polymeranaloge Friedel-Crafts-Cyclisierung. *Macromol. Chem. Phys., Rapid Commun.* **1991**, *12*, 489.

LPPPs haben bis heute ihre Anziehungskraft auf die Physik und Materialwissenschaften nicht verloren, was auch auf die vielfältigen Kooperationen zurückgeht, die Ulli Scherf, Professor in Wuppertal, in den letzten Jahren gepflegt hat. Aber die Geschichte der LPPPs ging noch weiter. Die Brückenzentren planarisieren das System und dienen zugleich als Ankerpunkte für solubilisierende Reste. Zum letzteren Zweck muss man aber nicht wie dort zwischen jedem Paar von Benzoleinheiten eine Brücke einbauen.

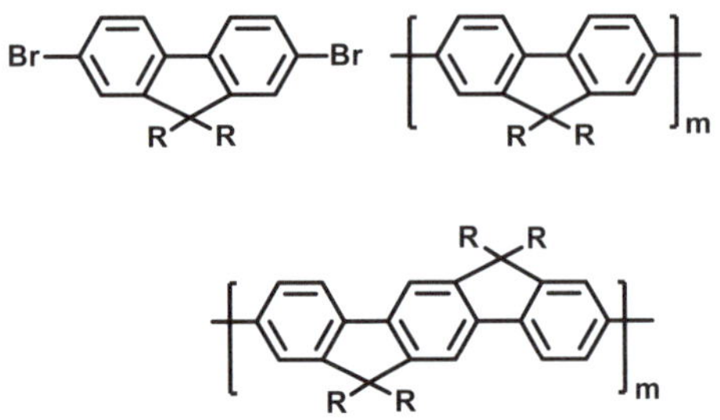

Abb. 5.6.
Oben:
2,7-Dibrom-9,9'-dialkylfluoren und das aus ihm gebildete Polyfluoren.
Unten:
Polyindenofluoren;
R = Alkyl.

Warum also nicht einfach gemäß Abb. 5.6. Fluoren an Position C-9 dialkylieren und dann polymerisieren, zumal das nötige Dibromderivat leicht zugänglich ist? In der Tat hatte die Gruppe von Katsumi Yoshino schon 1989 über Polyfluorene berichtet [G]. Damit hatten diese Verbindungen für mich aber viel von ihrem Reiz verloren, weil ich auf neue Strukturtypen von PPPs und einen möglichst perfekten synthetischen Zugang abzielte. Die Materialfunktion, hier die blaue Emission, hat mich zu Beginn dieser Arbeiten weniger beschäftigt, doch das war eine krasse Fehleinschätzung. Später sind hochmolekulare Polydialkylfluorene in der Industrie synthetisiert worden und haben eine große Rolle, nicht zuletzt in Form von Copolymeren, für die Materialforschung und die Entwicklung organischer Leuchtdioden gespielt. Makromoleküle wie das Polyfluoren nennt man Stufenleiterpolymere, weil überbrückte und nichtüberbrückte Phenylene abwechseln. Wie sehr ich mit meiner Geringschätzung der Polyfluorene danebenlag, mag man auch daraus ersehen, dass ich mir die Polymere des Tetrahydropyrens in Abb. 5.7. als weiteren Stufenleiterfall in den Kopf gesetzt hatte [256]. Martin Kreyenschmidt und Frank Uckert konnten diese auch synthetisieren und als blaue Emitter beschreiben, allerdings war die Synthese viel zu kompliziert, zumindest im Vergleich zum Polyfluoren, um die Physiker hinter dem Ofen ihrer Bauelemente hervorzulocken.

Es wird Sie nicht überraschen, dass wir, um die Absorption und Emission konjugierter Polyarylene zu variieren, auch höhere Aromaten als Bausteine einbezogen haben. Pyren erwies sich als besonders reizvoll, weil es einerseits, wegen seiner optischen Eigenschaften verständlich, einen Lieblingschromophor der organischen Photochemie darstellte, aber andererseits die Herstellung seiner Halogenderivate als Startverbindungen für die Polymerisation keineswegs trivial war. Die Bromierung des Pyrens durch elektrophile Substitution erfolgt bekanntlich in den Positionen 1, 3, 6 und 8. Ein definiertes Dibromregioisomer für eine Polykondensation ist also keineswegs leicht zugänglich. Um andererseits unter Beibehaltung der Spiegelebene durch die Brücke die Positionen 2 und 7 anzugreifen, mussten wir in den frühen 1990er Jahren noch über die Bromierung eines Tetrahydropyrens gehen. Heute können wir nach Todd Marder, Professor an der Universität Würzburg,

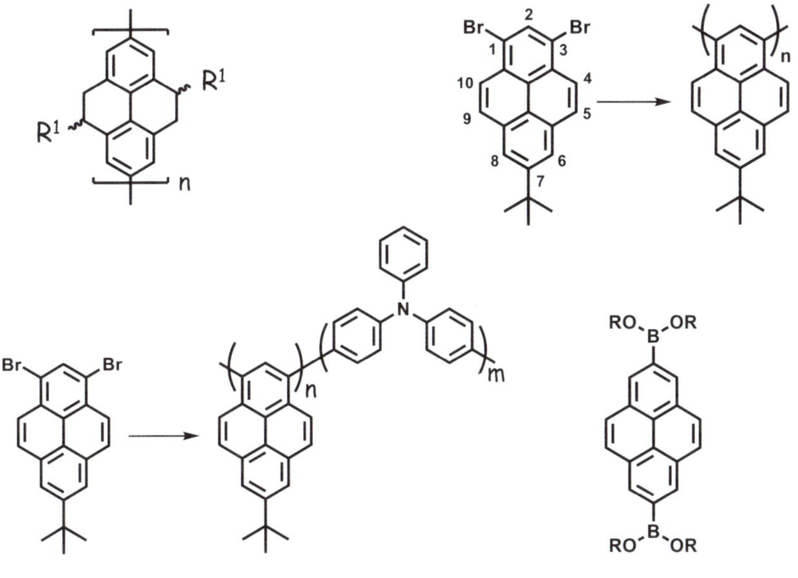

Abb. 5.7.
Funktionalisierte Pyrene und Synthese von Polypyrenen; R^1 = Alkyl; R = H, Alkyl.

das 2,7-Diboronat des Pyrens direkt aus dem Kohlenwasserstoff in einer iridiumkatalysierten Reaktion gewinnen und daraus natürlich auch Dihalogenderivate erzeugen [H]. Einen weiteren Weg zum Polymer des Pyrens, der zugleich die Löslichkeit des Polymers deutlich verbesserte, war unsere einfach verlaufende Synthese eines 2-*tert*-Butylpyrens, dessen Bromierung dann zu dem in Abb. 5.7. gezeigten dibromierten Derivat führte. Dieses Monomer war durch Aryl-Aryl-Kupplung leicht polymerisierbar, sei es zum blau emittierenden Homopolymer oder zu statistischen Copolymeren mit Triphenylamin, in denen positive Ladungen noch besser stabilisiert werden konnten. Teresa Duarte, Postdoktorandin in der Gruppe, und ich haben die zentrale Rolle des Pyrens für die organische Optoelektronik in *Chemical Reviews* eingehend beschrieben [1324]. Neuerdings wird versucht, die Verknüpfung von Areneinheiten durch übergangsmetallkatalysierte C-H-Aktivierung, also ohne den Umweg über die manchmal heikle Funktionalisierung, zu realisieren. Das klingt plausibel, allerdings erzeugt dieses Verfahren neue Probleme, etwa solche der Regioselektivität.

Schließlich noch ein Wort zum Fluoren als Ausgangsstoff. Der Name Fluoren ist im Grunde irreführend, denn dieser Kohlenwasserstoff selbst zeigt keine Fluoreszenz. Was bei der frühen Steinkohlenteerdestillation zur Fluorengewinnung anfiel, waren mit Anthracen verunreinigte Proben, und dieses ist Urheber der blauen Emission. Steinkohlenteer und seine Destillation werden nicht ohne Grund der Chemie des vorletzten Jahrhunderts zugerechnet. Dazu drei Informationen, welche dieses Bild etwas zurechtrücken und für den Blick auf die Aromatenchemie bedeutsam sein können:

1. Ohne das bei der Destillation ebenfalls anfallende „Carbolöl“, das die hölzernen Bahnschwellen vor dem Verfaulen bewahrte, wäre der rasante Eisenbahnbau im 19. Jahrhundert kaum möglich gewesen.
2. Die ebenfalls erhaltenen Aromaten wie Kresol, Naphthalin, Carbazol, Anthracen oder Acenaphthen sind nach wie vor unverzichtbare Syntheserohstoffe.
3. Die Destillationsrückstände geben wichtige Elektroden für die Aluminiumgewinnung sowie Bindemittel für die Feuerfestindustrie.

Angesichts meiner Freude an Aromaten lag es nahe, mit der damaligen Rütgers AG zusammenzuarbeiten, die die Steinkohlenteerdestillation technisch durchführte. Das menschenfreundliche Gesicht dieser Firma war für mich Dr. Jörg Talbiersky, den bei allen unternehmerischen Aufgaben die chemische Phantasie nie verlassen hat. Mit ihm und seiner Frau Annemarie sind wir noch heute befreundet.

Anders als Fluoren selbst fluoreszieren Oligomere und, wie schon gesagt, Polymere von Fluoren stark. Bei aller praktischen Bedeutung der Polyfluorene stellen sich aber ihrer Chemie zwei Nachteile entgegen: Der eine Nachteil besteht darin, dass bei der angestrebten Alkylierung am Brückenkohlenstoff neben dem Di- auch ein Monoalkylprodukt entsteht. Dieses wandelt sich unter der Einwirkung von Basen und Sauerstoff leicht in Fluorenon um, das eine breite, bathochrom verschobene Emissionsbande hervorruft und damit die Farbreinheit der Emission eines Bauelements verringert. Der andere Nachteil hat mit der angestrebten blauen Farbe der

Abb. 5.8. Mit den Projektleitern der Gruppe Mitte der 2000er Jahre. Von links: Markus Klapper, Andreas Herrmann, Martin Baumgarten, Manfred Wagner, Andrew Grimsdale, Joachim Räder.

Emission in einer OLED zu tun. Polyfluoren emittiert in einem Bereich, der mit einer Wellenlänge von 430 nm für die Empfindlichkeit des Auges etwas zu kurzwellig ist. Demgegenüber ist die Emission des LPPP bei 450 nm ein wenig zu grün. Unsere auch von der Industrie aufgegriffene Lösung zur Optimierung der Emissionswellenlänge waren Stufenleiterpolymere mit Indenofluoren als Baustein oder sogar Polymere mit längeren planaren Leiterstücken (Abb. 5.6.). Dieser Schritt wird plausibel, wenn man bedenkt, dass die Einebnung durch Überbrückung der Phenylene einerseits und die Verdrillung um die formale Einfachbindung andererseits in ihrer Wirkung auf die Konjugation austariert werden müssen [517].

Diese Arbeiten wurde wesentlich durch meinen Postdoktoranden Andrew Grimsdale (Abb. 5.8.) als Projektleiter vorangetrieben, der jetzt Professor an der Nanyang Technological University, NTU Singapore ist. Andrew Grimsdale war aus der Gruppe von Andrew Holmes zu uns gestoßen, er ist ein wirklicher Experte in Grundlagen und Anwendungen der organischen Leuchtdioden. Ich habe viel von ihm gelernt, auch für mein Englisch, denn er ist ein begnadeter „science writer“. Zudem habe ich viel Freude an seinem britisch-neuseeländischen, manchmal skurrilen Humor gehabt, nicht aber, wenn er im Büro mit der großen Papierschere seiner Haarpracht zu Leibe rückte. Die Bedeutung der konjugierten Polymere (CP) in unserer Gruppe ist auch daran zu ermessen, dass Andrew erfolgreiche Nachfolger in Gestalt von Josemon Jacob, jetzt Professor am IIT in Delhi, und Frank Dierschke gefunden hat. Letzterer übernahm diese Aufgabe kurz nach seiner Doktorarbeit, er konnte es einfach. Alle Genannten zeichnet ebenso wie meinen Postdoktoranden Gang Zhou (Abb.5.9. – 5.10.) aus, dass sie neben der CP-Gewinnung immer auch die Synthese monomerer Bausteine, ob Fluorene, Indenofluorene oder Carbazole, lösen und immer die Kontrolle optoelektronischer Eigenschaften im Auge halten mussten.

Abb. 5.9.–5.10. Rollentausch beim Abschied von Gang Zhou (jetzt Professor an der Fudan Universität in Shanghai).

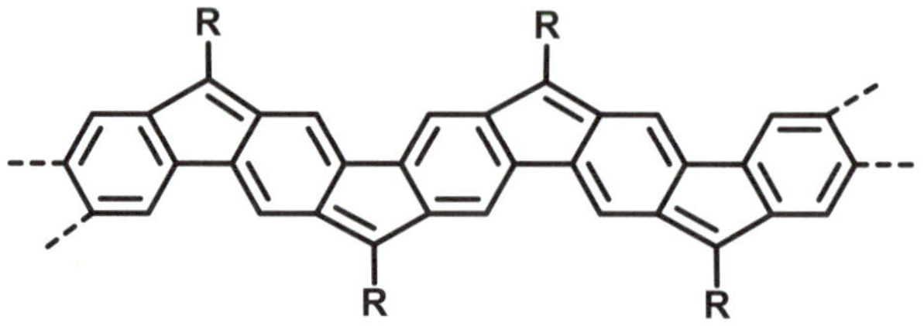

Abb. 5.11. Variante des LPPPs mit sp^2-hybridisiertem Brückenkohlenstoff unter Entstehung eines konjugierten Polymers mit entartetem elektronischen Grundzustand; R = Alkyl.

Aus der Zeit der LPPP-Synthese am Anfang der 1990er Jahre sollen zwei zusätzliche Erfahrungen zur Sprache kommen, eine chemische und eine persönliche. Zunächst hatten wir nicht das LPPP und damit Methylenbrücken, sondern das konjugierte Polymer (**Abb. 5.11.**) mit Methinbrücken ins Auge gefasst. Dieses Polymer besteht ja abwechselnd aus Benzol- und Chinodimethansegmenten und hat ähnlich wie Polyacetylen einen entarteten elektronischen Grundzustand. Die Verbindung erwies sich aber als nicht stabil, was durch die leicht erfolgende Rearomatisierung unter dem Angriff von Reagenzien an der Brücke erklärt werden kann. Zur selben Zeit war die Suche nach Polymeren mit niedrigen Bandlücken („low bandgap polymers") ein beliebtes Thema der Literatur, weil solche Systeme nicht nur eine elektrische Leitfähigkeit, sondern auch eine deutlich bathochrom verschobene Lichtabsorption versprachen. Dass derartige Materialien jedoch zu unerwünschten Zersetzungsreaktionen führten, wurde oft übersehen.

Die zweite, nun aber eher persönliche Erfahrung bezieht sich auf den Postdoktoranden Ullrich Scherf (**Abb. 5.12.**), der die LPPP-Synthese in Angriff nahm und mich gleichsam nebenher über manche Fallstricke der Polymersynthese aufklärte. Nach seiner Promotion 1988 in Jena hatte er die dortige Universität verlassen müssen und verdingte sich im Kunsthandel. Im Zuge der Wiedervereinigung schrieb der Fonds der Chemischen Industrie, dem ich nicht nur aus diesem Grund zu großem Dank verpflichtet bin, Stipendien für „Wiedereinsteiger" aus. Damit waren aber noch nicht alle Hürden für den Neuanfang überwunden, denn wir brauchten einen Kindergartenplatz für seinen kleinen Sohn Ulli. Mein Anruf beim Kanzler der Universität öffnete die Türen, aber bald stand das Problem der Ganztagesschule an. Heute glaubt man es kaum, aber damals wurde im katholischen Mainz in einer solchen Schule nur eine begrenzte Zahl evangelischer Kinder aufgenommen. Wieder half ein Telefonat, jetzt mit der Rektorin, die uns sehr freundlich die Anforderungen an eine Aufnahme des Schülers erklärte, zu denen die Taufe gehörte, und die musste dann rasch nachgeholt werden. Um auf das Leben im Institut zurückzukommen, ein von Ulli Scherf mitbetreuter Doktorand hatte eine Destillation angestellt, aber die Apparatur nicht geöffnet. Als die beiden vom Squash-Spielen zurückkamen, standen zwei Feuerwehren mit kreisendem Blaulicht im Innenhof. Mit Squash konnte ich mich

Abb. 5.12. Ullrich Scherf.

übrigens nie anfreunden, denn ein anderer Doktorand bekam einen Ball auf ein Auge, was zu einer heiklen Netzhautverletzung führte. Ulli Scherf tritt gerade von seinem Lehrstuhl in Wuppertal in den Ruhestand.

Aus Anlass des 80. Geburtstags der Zeitschrift *Macromolecular Chemistry and Physics* erhielten wir die Einladung, einen Beitrag zum geplanten Jubiläumsband zu schreiben. Wir haben einen Übersichtsartikel über – was denn schon – CPs beigesteuert und dabei Vergangenheit, Gegenwart und Zukunft dieses Gebiets beleuchtet. Das Manuskript, im Jahr 2023 erschienen und zu „editors choice“ erkoren, schließt also einen weiteren Kreis [2137].

[2137] Müllen, K.; Scherf, U.: Conjugated Polymers: Where We Come From, Where We Stand, and Where We Might Go. *Macromol. Chem. Phys.* **2023**, *224*, 3.

Somit blieben in unserer synthetischen „Annäherung“ an CPs noch zwei Klassiker, das Polyacetylen und das Polyanilin. Im ersten Fall tasteten wir uns über definierte Oligomere an das Thema heran, im zweiten führten wir einen verwandten, aber neuen Polymertyp ein. So synthetisierten wir die Oligoene in Abb. 5.13., die aber aus Löslichkeits- und gleichermaßen aus Stabilitätsgründen endständige *tert*-Butylgruppen tragen mussten. Die Packung im Einkristall bot eine Überraschung, denn die Ketten benachbarter Schichten stehen senkrecht zueinander, wobei jedes Molekül von sechs Nachbarmolekülen umgeben ist. Diese Beobachtung war uns deshalb besonders wichtig, weil wir ein passgenaues Modell für die Packung eines Polyacetylens mit *trans*-konfigurierten Doppelbindungen anstrebten und weil, wie immer wieder zur Sprache kommen wird, der intermolekulare Ladungstransport empfindlich von dem Abstand und der relativen Anordnung der Moleküle

Müllen, K.; Reynolds, J. R.; Masuda, T.: *Conjugated Polymers: A Practical Guide to Synthesis*. Royal Society of Chemistry, London, **2013**.

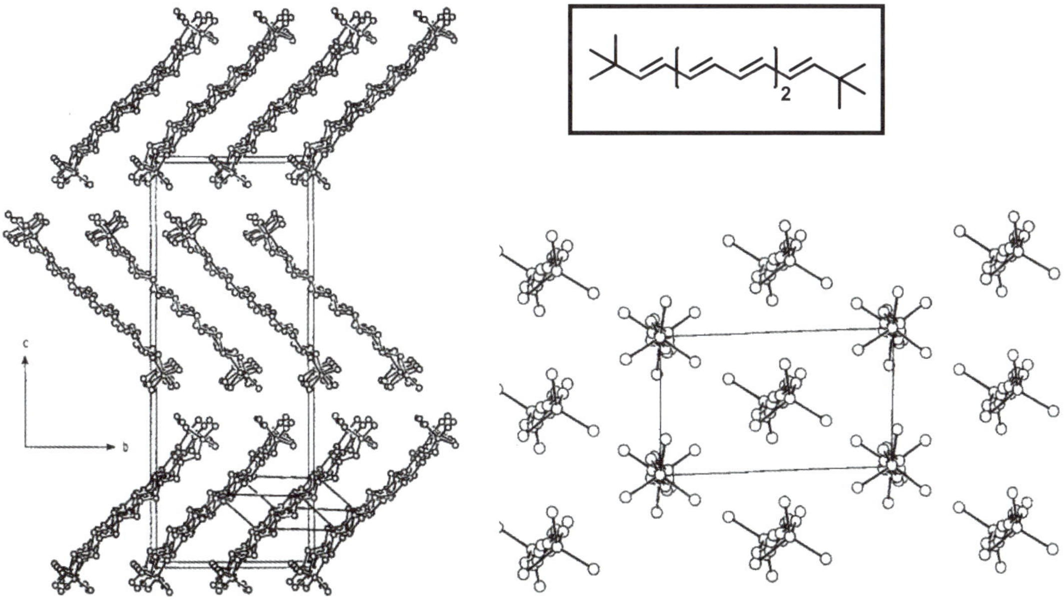

Abb. 5.13. Ein endständig *tert*-butyliertes Oligoen und die Packung der Ketten im Kristall. *Angew. Chem., Int. Ed.* **1992**, *31*, 1558; Fig. 1.

abhängt. Aber da taucht noch ein anderer Gesichtspunkt auf, den Sie für den Unterschied zwischen vergleichsweise kleinen Molekülen und ihren verwandten Polymeren bedenken müssen. Oligoene sind, vor allem in Lösung, sehr instabil. Hingegen fällt das Polyacetylen, durch katalysierte Polymerisation aus Acetylen gebildet, unmittelbar als Feststoff an und gewinnt dabei dessen Gitterenergie. Ich habe in der BASF zusehen dürfen, wie Dr. Herbert Naarmann, ein Pionier der leitfähigen Polymere, Acetylen über einen Siliconfilm blies, der den Polymerisationskatalysator enthielt. Es entstand ein wunderschön silbrig glänzender Film, dessen weitere Charakterisierung eine elektrische Leitfähigkeit lieferte, die fast die Hälfte derjenigen von Kupfer betrug. Der Katalysator ist dabei gleichzeitig das Dotierungsmittel für das Polymer. Solcherlei Experimente nährten Anfang der 1990er Jahre die Hoffnung auf „synthetische Metalle", und von dem Nobelpreis für das Trio Heeger, MacDiarmid und Shirakawa im Jahre 2000 habe ich ja schon erzählt. Der tiefgreifende Unterschied von Polyacetylen zu klassischen Polymeren aus gesättigten Ketten, die als elektrische Isolatoren bekannt sind, ist wirklich bemerkenswert, jedoch hat sich die Hoffnung auf einen technologischen Durchbruch von Materialien wie Polyacetylen nicht erfüllt, denn sie sind unter Umweltbedingungen einfach nicht persistent genug.

Das Polyanilin schließlich bildet je nach Protonierung und Redoxzustand unterschiedliche Strukturen aus, teilweise mit chinoiden Untereinheiten. Wir strebten demgegenüber eine zwar hochmolekulare, aber definierte und lösliche Polymerstruktur an, die ebenfalls zur Stabilisierung positiver Ladungen, auch Löcher genannt, befähigt sein sollte. Diese Variante fanden Jörg Leuninger und Thomas Soczka-Guth in Form des Polymers aus Abb. 5.14. [384] Seine Struktur lässt sich als eine Art Hybrid aus dem Polyphenylensulfid und dem Polyanilin beschreiben, sie verbindet also die Eigenschaften zweier elektronenreicher Polymere. Die Verbindung ist trotz hoher Molekulargewichte von über 100.000 Da, wahrscheinlich wegen der ungleichen Bindungswinkel an den Heteroatomen und der sich daraus ergebenden schlechten Kettenpackung, gut aus der Lösung

Abb. 5.14. Synthese eines elektronenreichen konjugierten Polymers, gleichsam einer Kombination aus Polyphenylensulfid- und Polyanilinstruktur. a) H^+; b) Polymerisation des AB-Bausteins; c) Entmethylierung mit Pyridin.

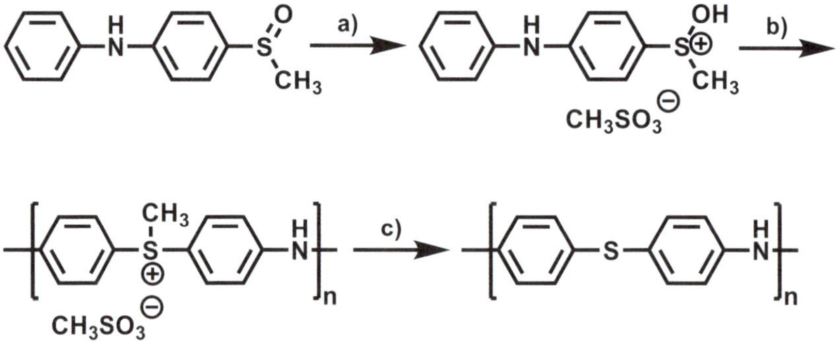

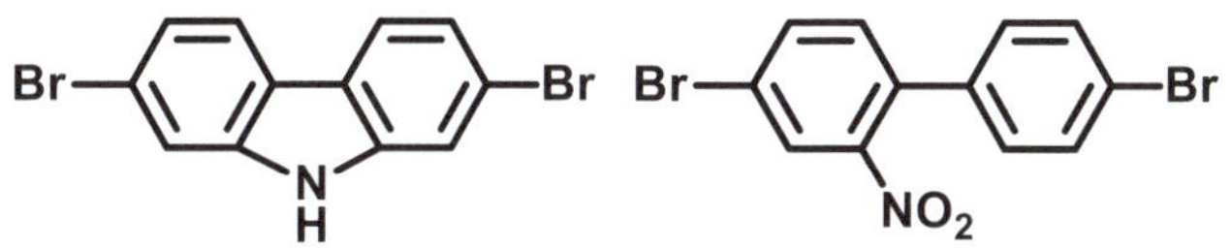

Abb. 5.15.
Ein Dibromocarbazol zur Synthese eines konjugierten Polycarbazols (nach N-Alkylierung) und der Vorläufer der Carbazolsynthese durch Cadogan-Cyclisierung der Nitroverbindung.

verfilmbar. Zur Synthese nutzten wir eine Reaktion von Tsuchida, bei der die Protonierung eines aromatischen Sulfoxids dessen elektrophilen Angriff auf einen zweiten Aromaten unter C-S-Bindungsbildung ermöglicht. Wendet man diese Aktivierung gemäß Abb. 5.14. auf ein Sulfoxid an, das zugleich eine Aminfunktion enthält, so entsteht wiederum ein AB-System mit einer elektrophilen Funktion am Sulfoniumkation und einer nucleophilen Funktion an der *para*-Stellung zum Amin. Dessen Polymerisation liefert ein Polysulfoniumsalz, das bequem isoliert und dann mit Pyridin quantitativ zum gewünschten Neutralprodukt entmethyliert werden kann.

Die Suche nach elektronenreichen, den Transport von positiven Ladungen begünstigenden Polymeren legte es nahe, als Analogon des Fluorens das Carbazol (Abb. 5.15.) in unsere Pläne einzubeziehen. Gestützt wurde diese Erwartung durch die große technische Bedeutung des bekannten Polyvinylcarbazols. Aus synthetischer Sicht bestand ein kleiner Nachteil des Carbazols darin, dass das zur Entstehung eines Polymers mit durchgehender Konjugation notwendige Dibromderivat nach Cadogan erst durch eine Ringschlussreaktion aus einem Nitrobiphenylvorläufer hergestellt werden musste, denn die direkte Bromierung des Carbazols würde ein Regioisomer liefern.

Statt aber der Polycarbazolchemie hier weiter nachzugehen, möchte ich einen neuen Gedanken einbringen. Es ist wahr, dass sich die Synthese von CPs an spektroskopischen Eigenschaften und damit auch an ihrer Rolle als aktive Komponenten von Bauelementen orientiert. Das heißt aber keineswegs, dass die Suche nach ungewöhnlichen konjugierten Molekülen nur „nützlich" sein müsse und dass Strukturphantasie und die Schönheit von Makromolekülen nicht auch als Triebfedern dienen könnten. Ein Beispiel ist der Carbazolmakrocyclus aus Abb. 5.16. Dessen Synthese nach Abb. 5.17. bietet eine zusätzliche Besonderheit, denn nach Funktionalisierung der N-Alkylgruppe konnten wir einen Templateffekt für die Cyclisierung nutzen, bei dem die einzelnen Bausteine um ein Porphyrinmolekül als Zentrum vororganisiert wurden. Nicht ohne Stolz erwähne ich an dieser Stelle, dass wir den Cyclus durch eigene rastertunnelmikroskopische Messungen von Joachim Räder auch visualisieren konnten [903].

Und wenn ich schon diese Abzweigung zur Ästhetik großer konjugierter Moleküle gewählt habe, dann sei noch eine Kuriosität angefügt, deren Erklärung aber zunächst einer kleinen Einleitung in Form von Abb. 5.18. bedarf. Tetrathiafulvalen (TTF) und das mit ihm verwandte

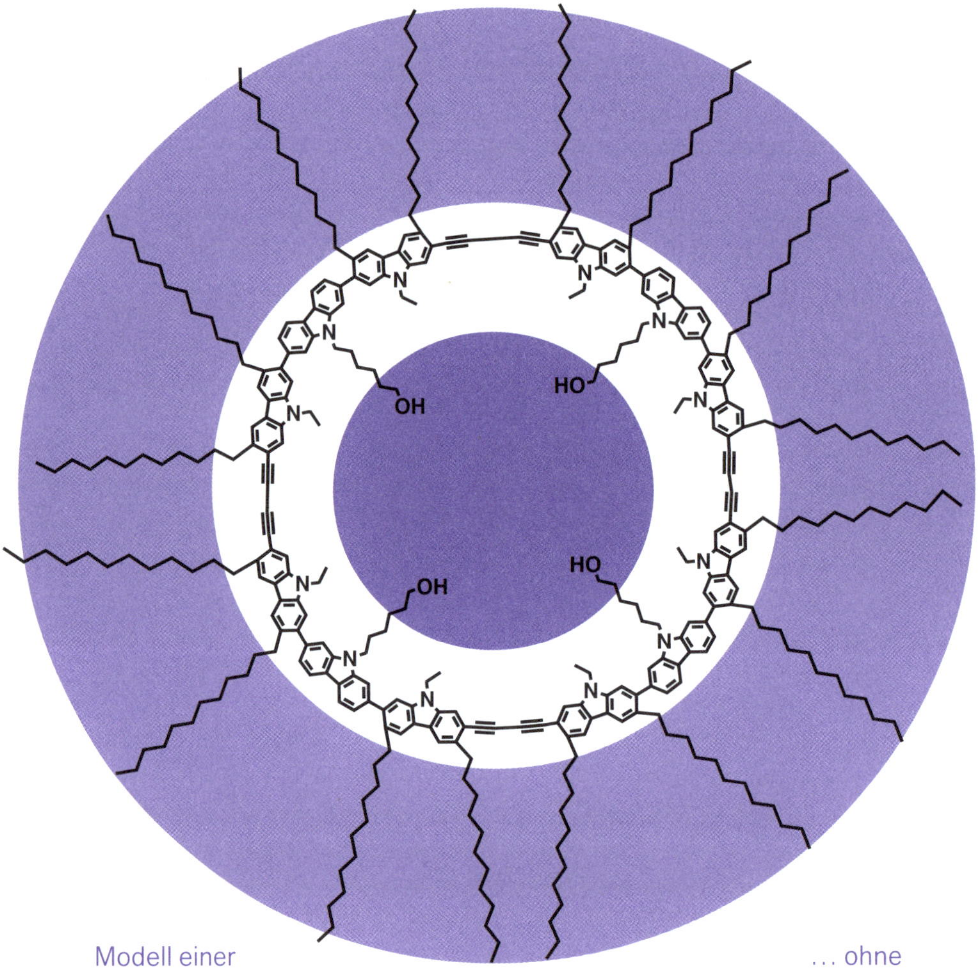

Modell einer
unendlich langen
π-konjugierten Kette …

… ohne
störenden
Endgruppeneffekte

Abb. 5.16.
Ein löslicher Makrocyclus bestehend aus 12 Carbazoleinheiten.

Bis(ethylendithia)tetrathiafulvalen (BEDT-TTF) sind Elektronendonatoren, die mit vielen Elektronenakzeptoren kristalline Ladungsübertragungskomplexe ausbilden, für welche hohe elektrische Leitfähigkeiten gemessen worden sind. Unsere Idee war, oligomere und polymere TTFs (**Abb. 5.19. – 5.20.**) zu synthetisieren, wobei wir wiederum die Art der Verknüpfung der Tetrathiafulvalene variieren wollten [115]. Wir hatten vor, auf diesem Wege größere Donorbereiche erzeugen, die mehr und engere intermolekulare Wechselwirkungen, insbesondere

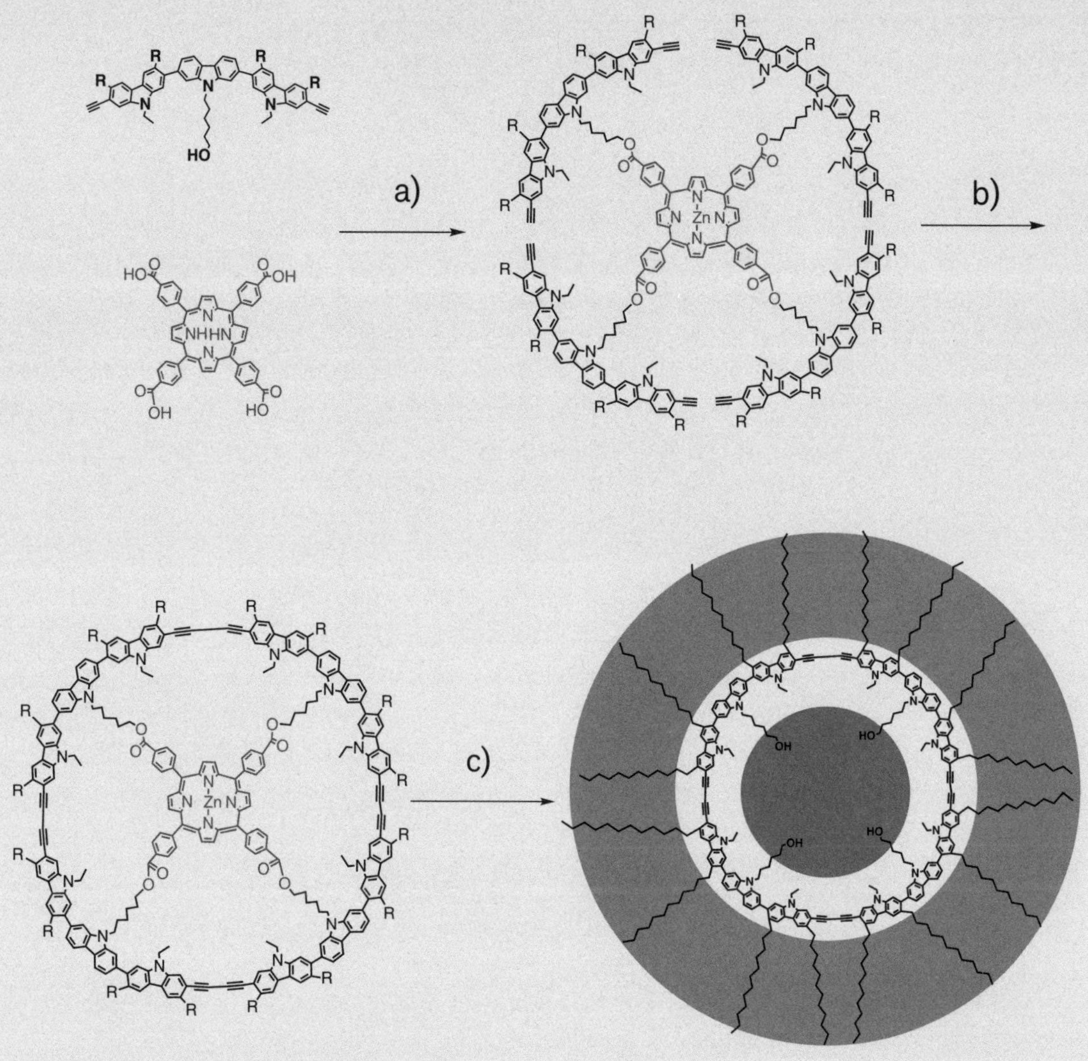

Abb. 5.17.
Synthese des Makrocyclus aus Abb. 5.16. unter Verwendung eines Porphyrintemplats. a) Zinkkomplexierung des Porphyrins und Verknüpfung von Triscarbazolbausteinen mit dem Porphyrintemplat. b) intramolekulare Aryl-Aryl-Kupplungen. c) hydrolytische Abspaltung des Templats; Rechts unten: Massenspektrum; R = Alkyl.

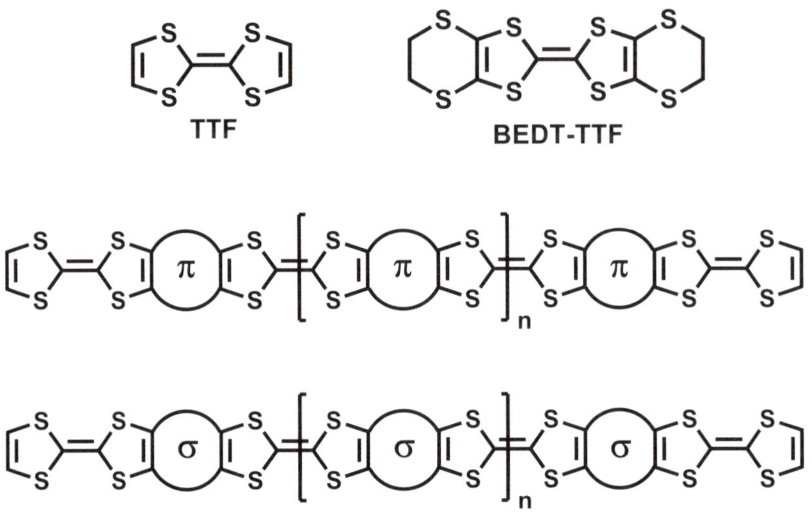

Abb. 5.18. Oben: Tetrathiafulvalen (TTF) und Bis(ethylendithia)tetrathiafulvalen (BEDT-TTF). Mitte: Polymer mit ungesättigter Verknüpfung. Unten: Polymer mit gesättigter Verknüpfung.

Abb. 5.19. Oligomere mit TTF-Einheiten, aber unterschiedlichen Endgruppen.

Schwefel-Schwefel-Kontakte, für den Ladungstransport der elektrischen Leitfähigkeit bereithielten. Unsere Ziele waren vor allem metallische Leiter und letztlich auch Supraleiter. Was wir in Form der TTF-Komplexe mit Akzeptoren nur erreichten, war eine große Zahl weiterer elektrischer Halbleiter. Dieses Dilemma hatte zwei Ursachen: Die elektrische Charakteristik war vor allem durch das Packungsverhalten im Festkörper bestimmt, für das wir allerdings keine gültigen Designprinzipien fanden. Weiterhin: Angesichts der Möglichkeit, einen Übergang in den metallischen Zustand erst bei tiefen Temperaturen erzielen zu können, hätten wir außerdem Leitfähigkeiten temperaturabhängig messen müssen, was uns experimentell nicht möglich war [200].

Insgesamt reichte das Projekt für einen Übersichtsartikel mit meinem Doktoranden Martin Adam als Co-Autor, hat aber wohl keine nachhaltige Wirkung gehabt. Nur an einem Befund kann ich mich immer noch

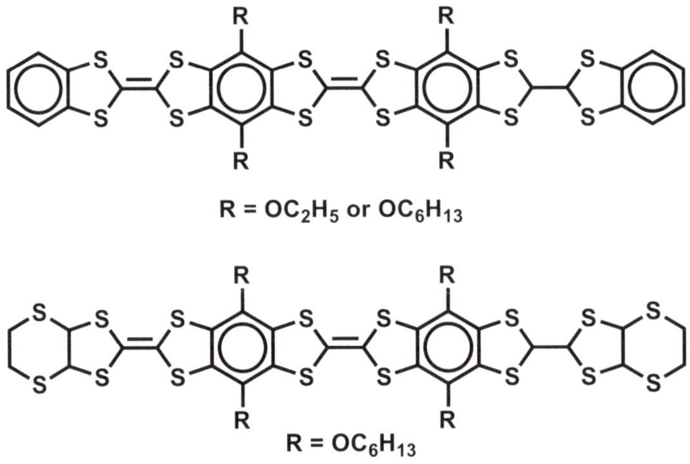

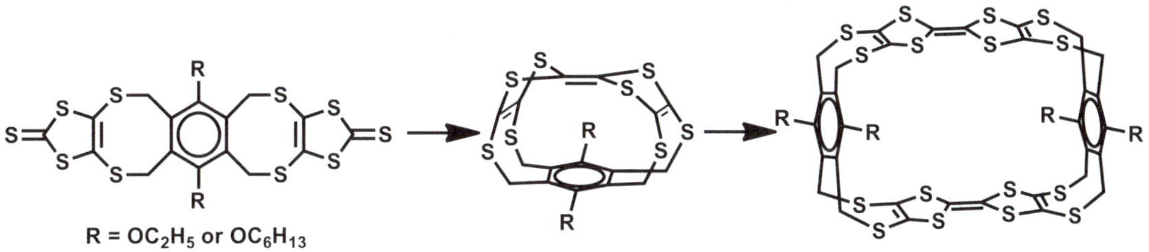

freuen. Das in Abb. 5.20. vorgestellte Bis-Thioketon bildet bei der Doppelbindungsbildung kein Polymer, sondern schlägt gleichsam die Hände über dem Kopf zusammen und cyclisiert zu einem kristallinen, stark abgebeugten TTF. Noch bizarrer ist, dass dieser gespannte Mono-TTF-Cyclus bei Oxidation und nachfolgender Reduktion einen größeren, viel weniger gespannten Makrocyclus liefert, der nun aus zwei TTF-Einheiten besteht. Beide Käfigverbindungen erweisen sich keinesfalls als nützliche Donoren für Ladungsübertragungskomplexe, sind aber einfach schön [140].

Abb. 5.20. Synthese eines gespannten TTF-Cyclus durch intramolekulare Thioketon-Thioketon-Kupplung und dessen dimerisierende Ringöffnung; R = OEthyl, OHexyl.

Schwefelreiche Elektronendonoren brachten uns schon in den frühen 1990er Jahren in engen Kontakt mit Egon Fanghänel. Er war stolz, erster frei gewählter Rektor der TH Merseburg zu sein, und er hat sich sehr um die Entstehung des Technologiezentrums in Bitterfeld verdient gemacht. Wir haben viel über politische Fragen, die aus unserer jüngeren Geschichte und der Wiedervereinigung erwuchsen, gestritten, aber ich habe ihn wegen seiner Glaubwürdigkeit und Geradlinigkeit geschätzt. Unsere Treffen bei der Sächsischen Akademie der Wissenschaften zu Leipzig habe ich in dankbarer Erinnerung. Egon Fanghänel ist im November 2023 in Halle verstorben [199].

Es braucht nicht viel Phantasie, um sich auszumalen, welch ungeheure Strukturvielfalt die Chemie von CPs bietet [1091]. Den Einbau von Pyren habe ich schon geschildert, die Monomere können aber nicht nur Kohlenwasserstoffe, sondern auch elektronenreiche oder elektronenarme Bausteine enthalten, was dann zu Donor-Akzeptor (D-A)-Polymeren führt. Die Wiederholungseinheiten können durch ungesättigte oder gesättigte Linkergruppen verknüpft sein, was im letzteren Fall gemäß Abb. 5.3. zu Redoxpolymeren statt CPs führt. Natürlich werden auch konjugierte Substituenten die Bindungssituation im Polymer verändern, und schließlich werden Alkylsubstituenten nicht nur die Löslichkeit, sondern auch die Packung im Festkörper beeinflussen. In all diesen unterschiedlichen Bereichen haben wir uns munter bewegt und der Strukturphantasie Raum gelassen. Ich möchte jetzt aber auf drei besondere Typen von CPs eingehen, nämlich extrem kettensteife PPPs, Cyclo-*para*-phenylene und die gerade erwähnten D-A-Polymere.

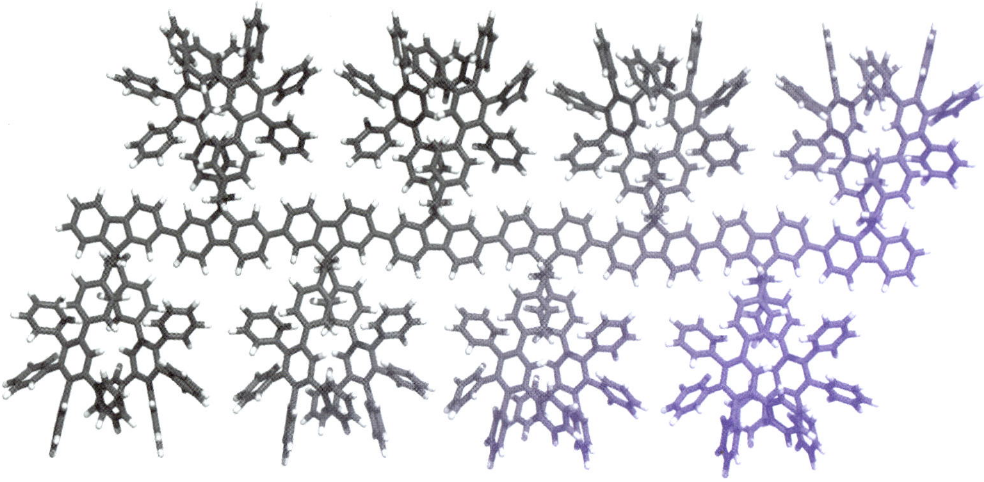

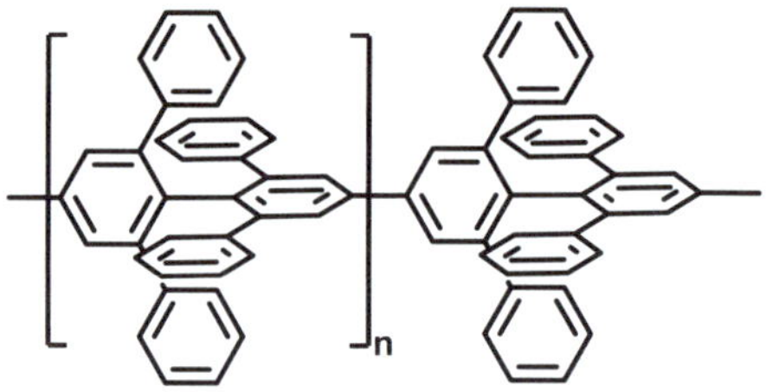

Abb. 5.21. Ungewöhnliche Polyphenylene. Oben: ein Polyfluoren, das durch Polyphenylendendronen eingekapselt ist. Unten: ein Polyphenylen, das durch Tetraphenylsubstitution einer Biphenyleinheit „versteift“ ist.

[378] Kallinger, C.; Hilmer, M.; Haugeneder, A.; Perner, M.; Spirkl, W.; Lemmer, U.; Feldmann, J.; Scherf, U.; Muellen, K.; Gombert, A.; Wittwer, V.: Flexible conjugated polymer laser. *Adv. Mater.* **1998**, *10*, 12, 920–923.

Die Abb. 5.21. zeigt im oberen Teil eine Polyfluorenkette, deren Methylenbrücken voluminöse Substituenten tragen, die aus gegeneinander verdrillten Phenyleinheiten bestehen. Von solchen sogenannten Dendronen wird noch die Rede sein, hier sei nur festgehalten, dass ein blau emittierendes, konjugiertes Polyfluorenrückgrat nun von einer elektronisch inaktiven Hülle umgeben ist [586]. Diese Einkapselung verhindert auch die elektronische Wechselwirkung zwischen den Polymeren, was zur kinetischen Stabilisierung beiträgt, aber auch von Bedeutung sein kann, wenn man eine Nutzung dieser organischen Emitter in Lasern anstrebt. In einem solchen Fall möchte man ja möglichst viele Exzitonen auf einer Kette versammeln. Deren Transfer zwischen den Ketten käme jedoch einem Relaxationsmechanismus gleich und sollte deshalb unterbunden werden. Die Laserfunktion eines LPPP konnten wir tatsächlich in einer Zusammenarbeit mit den Professoren Jochen Feldmann und Uli Lemmer Ende der 1990er Jahre erreichen. Dabei war aber der entscheidende Schritt die Konstruktion des Resonators [378].

Im unteren Teil von Abb. 5.21. ist noch eine weitere Modifikation von PPPs zu sehen. Steife Polymerstäbchen zeichnen sich generell durch eine hohe Formstabilität aus. Sie unterscheiden sich deshalb von den gesättigten Polymeren, die ja vielerlei Konformationsänderungen unter Bildung von Knäueln eingehen können. Das Bild von ungekochten und gekochten Spaghetti bietet hier einen anschaulichen Vergleich.

Lange PPP-Ketten können aber trotzdem von der koplanaren Anordnung abweichen. Dabei wird die Persistenzlänge, ein Maß für die Kettensteifigkeit, die man durch Lichtstreuungsmessungen ermittelt, vermindert. Eine solche Deformation ist von der Verdrillung um die formale Einfachbindung zu unterscheiden. Florian Schlütter synthetisierte ein PPP, das in jeder zweiten Biphenyleinheit vier *ortho*-ständige Phenylgruppen trug [1524]. Dadurch verdrillte sich natürlich die Interringbindung entlang der Kette, zugleich aber wurde diese durch die Verhakung der Substituenten deutlich rigider. Professor Georg Fytas aus Heraklion, zugleich externes wissenschaftliches Mitglied am MPI-P, stellte Messungen der dynamischen Lichtstreuung an und fand in der Tat eine enorme Kettensteifigkeit. Seine erstaunlichen Resultate haben eine lebhafte Diskussion über die Gültigkeit von Diffusionsmodellen in der Polymerphysik angeregt, von der ich mich mangels Kompetenz aber besser fernhalte.

Während **Abb. 2.5.** die von Benzol als Wiederholungsbaustein abgeleiteten Polyphenylene nach Größe und Dimensionalität einordnet, fügt **Abb. 5.22.** dem durch die Cyclisierung der Ketten einen neuen Aspekt hinzu. Diese Cyclo-*para*-phenylene werden, wenn man sie entlang ihrer Achse wachsen lassen kann, auch zu Torusstrukturen führen, welche wiederum als Ausschnitte aus einer Kohlenstoffnanoröhre gelten können. Wie aber ließen sich flache *para*-Phenylengruppen derart in einen Ring einspannen? Es war die originelle Idee von Carolyn R. Bertozzi und Ramesh Jasti, *para*-Benzochinon einer Addition mit Organolithiumverbindungen, zum Beispiel mit Phenyllithium, zu unterwerfen und dadurch ein verkapptes Terphenylsystem mit einem Knick des

Abb. 5.22. Ungewöhnliche Polyphenylene: lineares Poly-*para*-phenylen, Cyclo-*para*-phenylen, eine Kohlenstoffnanoröhre und ein Torus als dessen Substruktur.

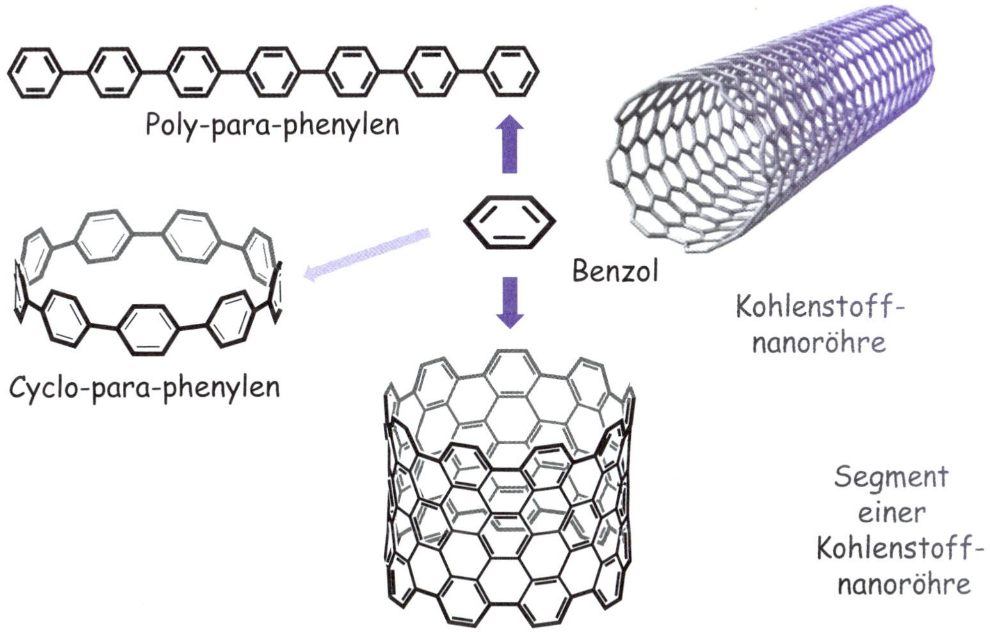

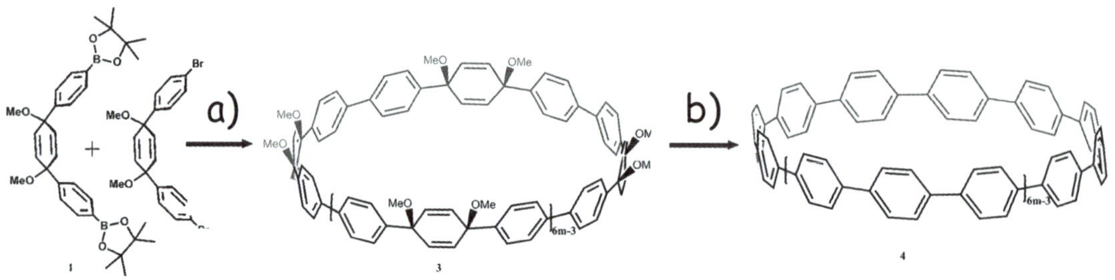

Abb. 5.23. Synthese eines Cyclo-*para*-phenylens durch Cyclisierung „geknickter“ Vorläufer. a) Suzuki-Kupplung; b) reduktive Eliminierung mit Natrium-naphthalenid.

mittleren 1,4-Dialkoxycyclohexadiens zu erzeugen (**Abb. 5.23.**) [I]. Ohne dass ich hier auf Einzelheiten eingehen kann, ist diese Modifikation, wenn man das *cis*-Addukt verwendet, der entscheidende Schritt zur Cyclisierung, also zu Vorläufern von Cyclo-*para*-phenylenen. Die Benzolringe werden am Ende durch eine reduktive Eliminierung der Cyclohexadienvorläufer wiederhergestellt. Uns hat diese Pioniertat gleich in mehrfacher Hinsicht weitergeholfen. Als Wen Zhang und Joachim Räder in unserer Gruppe das unlösliche Produktgemisch der Cyclisierung und Eliminierung, wie in **Abb. 5.23.** beschrieben, durch MALDI-Massenspektrometrie (MS) nach solvensfreier Probenpräparation analysierten, fanden sie zunächst eine homologe Reihe von Makrocyclen mit 12 – 84 Phenyleneinheiten, also Vielfachen von sechs Phenylenen. Eine anschließend durchgeführte Ionenmobilitäts-MS [1806], die Spezies gleichen Molekulargewichts anhand von Unterschieden in ihrer Form auftrennen kann, bescherte uns ein völlig unerwartetes Resultat. Wir erhielten nicht nur sehr große Monocyclen, sondern zusätzlich unterschiedliche Catenane und wahrscheinlich sogar Kleeblattknoten (**Abb. 5.24.**) [1867]. Übrigens finde ich es wichtig, in diesem Zusammenhang an Gottfried Schill aus Freiburg zu erinnern, der lange vor der templatgestützten Synthese von Jean-Pierre Sauvage bereits in den 1960er Jahren zusammen mit Arthur Lüttringhaus die ersten Catenane synthetisiert hat und schon 1971 (!) ein Buch über „Catenanes, Rotaxanes, and Knots“ (Academic Press) geschrieben hat.

Florian Golling und Martin Quernheim, Doktoranden in der Gruppe, gingen einen anderen Weg als Zhang und Räder. Angeregt durch die Planarisierung eines Hexaphenylbenzol (HPB)-„Propellers“ zu einer flachen Hexabenzocoronen (HBC)-Scheibe, erweiterten sie die Cyclohexadiene durch lateral angebrachte Phenylsubstituenten, was ihnen dann Vorläufer einer Torusstruktur nach **Abb. 5.25.** einbrachte [1694]. Wiederum in eine andere Richtung gingen wir, als wir nicht die *cis*-, sondern die *trans*-Dialkoxyaddukte, polymerisierten. Dabei entstanden erwartungsgemäß keine Cyclen, sondern gemäß **Abb. 5.26.** lineare Polyphenylenvorläufer. Das letztendliche Ziel, hochmolekulares Polyphenylen, bildete sich dann wiederum unter Eliminierung der Cyclohexadiene, die aber diesmal thermisch statt reduktiv erzwungen wurde. Ich möchte diesen für die Polymersynthese typischen Doppelschritt

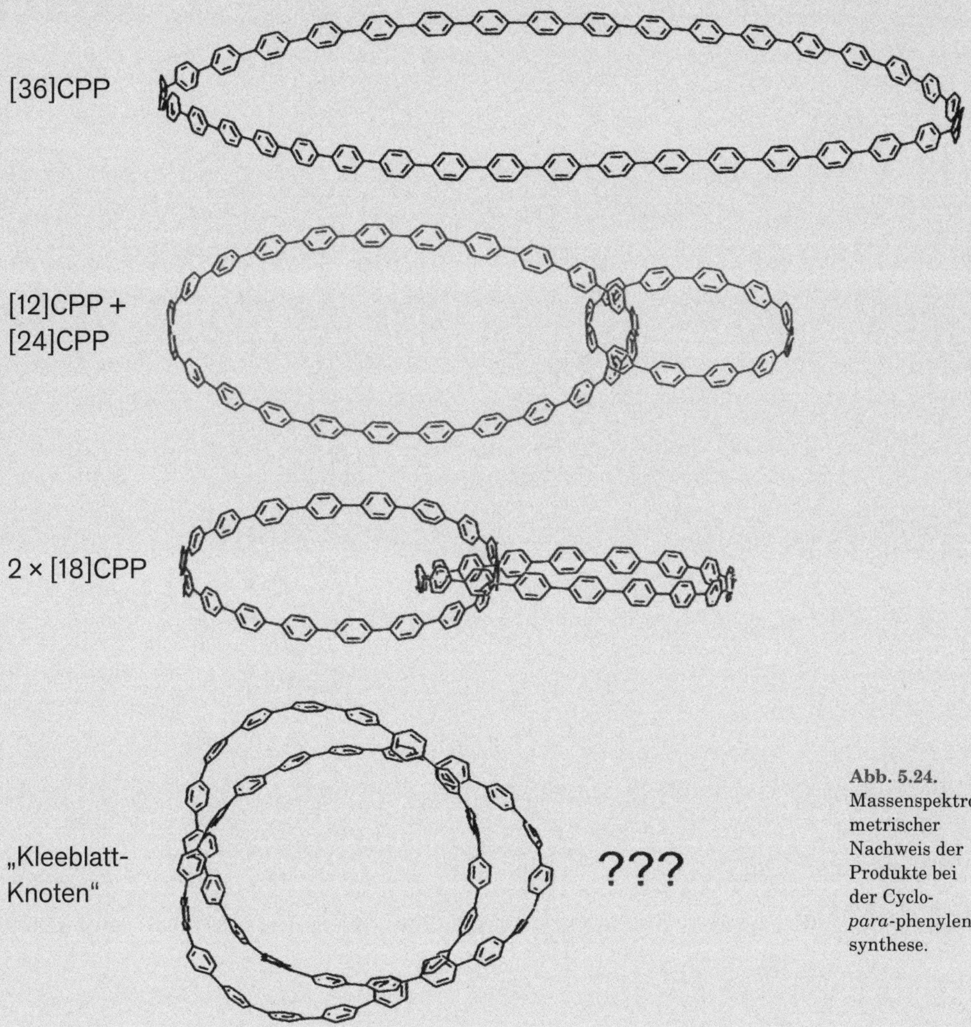

Abb. 5.24. Massenspektrometrischer Nachweis der Produkte bei der Cyclo-*para*-phenylensynthese.

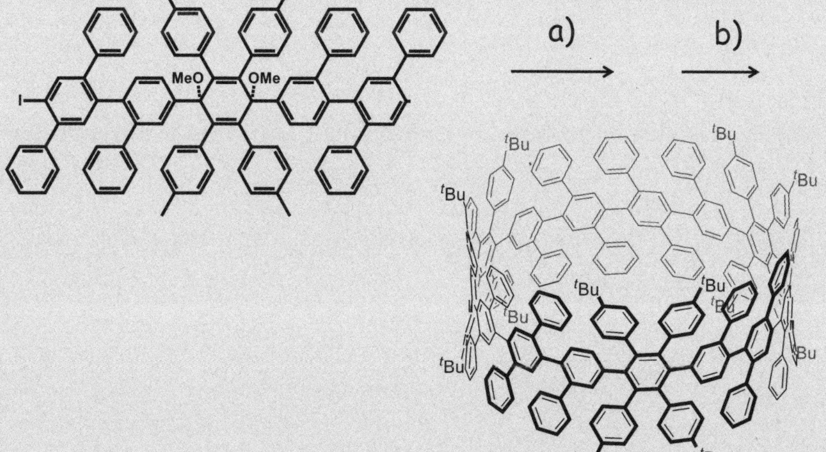

Abb. 5.25. Auf dem Weg zu einer Torusstruktur. a) Yamamoto-Kupplung mit stöchiometrischen Mengen an Ni(0). b) reduktive Eliminierung mit Natriumnaphthalenid.

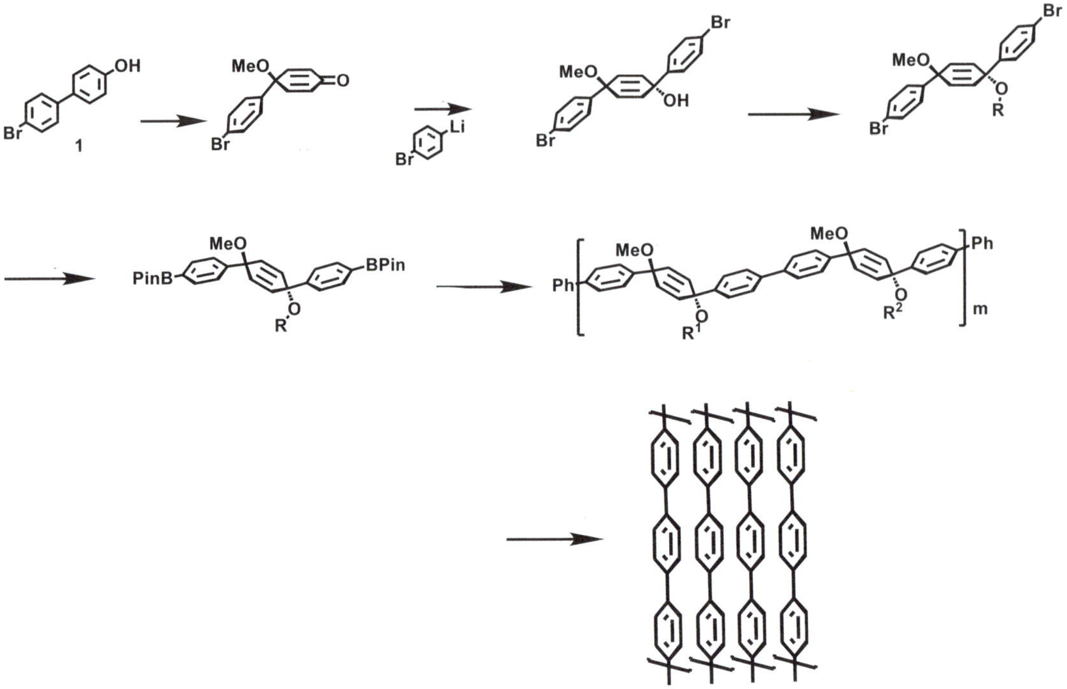

Abb. 5.26. PPP-Synthese über einen lösliches Vorläuferpolymer, entstanden durch Suzuki-Polymerisation eines *trans*-Dialkoxy-cyclohexadienvorläufers; R = Methyl, *n*-Butyl.

noch einmal verdeutlichen: Das Vorläuferpolymer hat dank seiner Knicke eine stärker irreguläre Struktur als das völlig unlösliche, gestreckte Ziel-PPP, es ist deshalb besser löslich, kann aus der Lösung verfilmt und dann der Thermolyse unterworfen werden. Das genau führt mich auf den Anfang dieses Abschnitts zurück. Wenn man bedenkt, wie viele wenig erfolgreiche Experimente in früheren Jahren der Synthese von PPP gewidmet waren, dann ist eine solche Vorläuferroute sicher ein Erfolg. Ein zusätzlicher Gewinn bestand für uns darin, dass die steifen Ketten im Film nach der Thermolyse parallel zueinander angeordnet waren. Diese Packungsform ist ja für den intermolekularen Transport von Ladungen zwischen den Ketten besonders vorteilhaft [1731].

Die D-A-Polymere, mein dritter Sondertyp von CPs, besitzen eine alternierende Anordnung von elektronenreichen und elektronenarmen Bausteinen. Diese Polymere erschlossen uns neue Möglichkeiten. Sie zeichnen sich durch eine „Push-pull-Wechselwirkung" zwischen den D- und A-Einheiten entlang der Kette aus, was die Bandlücke erniedrigt und eine Verschiebung der optischen Absorption zu höheren Wellenlängen bewirkt. Deshalb steht vor allem die Nutzung von D-A-Polymeren als Lichtabsorber in organischen Solarzellen im Vordergrund der Literatur, weil man Lichtenergie in einem größeren Wellenlängenbereich einsammeln konnte. Wir fragten uns, es war etwa im Jahr 2006, ob wir solche Polymere nicht auch als Halbleiter für den Ladungstransport in organischen FETs nutzen sollten.

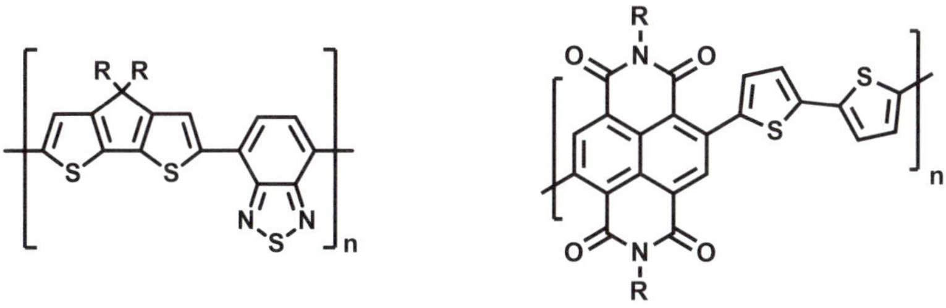

Abb. 5.27. Beispiele von Donor-Akzeptor-Polymeren. Links: P(CDT-BTA) (p-Typ-Halbleiter) besteht aus alternierenden Cyclopentadithiophen- und Benzothiadiazoleinheiten. Rechts: P(NDI-T_2) (n-Typ-Halbleiter) aus alternierenden Naphthalintetracarboxdiimid- und Dithiopheneinheiten. R = Alkyl.

Zu dem Zeitpunkt, da unser Blick auf D-A-Polymere als potenzielle Halbleiter von FETs fiel, gab es dazu ein einschlägiges Patent, eine wissenschaftliche Veröffentlichung fand sich zu dieser Idee nicht. Ich sage das nicht ohne Hintergedanken, denn nach unserer ersten Publikation des Polymers aus einem Cyclopentadithiophendonor und einem Benzothiadiazolakzeptor (Abb. 5.27.) im *Journal of the American Chemical Society* (2007) setzte ein wahrer Run auf die Nutzung organischer D-A-Polymere als Halbleiter von organischen FETs ein [1083]. Ich muss hinzufügen, dass wir diese Idee zwar schon länger diskutiert hatten, dass ich aber, als Nok Tsao im Rahmen seiner Doktorarbeit das erste Bauelement fertigte, verreist war und nicht weiter durch schlaue Bemerkungen stören konnte. Das war aber nur der Beginn dieser Geschichte, denn unter Nok Tsaos Nachfolger, Wojtek Pisula, haben wir unsere eigene Bauelementkompetenz stetig weiterentwickelt. Wojtek ist heute ein angesehener Experte der organischen Elektronik, sowohl akademisch als auch industriell. Tatsächlich ist es mir ein Rätsel, wie Wojtek seine Industrietätigkeit mit der aktiven Forschung am MPI-P und zusätzlich an der Technischen Universität Lodz zeitlich in Einklang bringt. Aber dazu müsste man eher seine Familie befragen [1683].

Im Rückblick auf unseren Einstieg in die FET-Fertigung erscheint mir die methodische Verbreiterung in Richtung auf elektronische Bauelemente keineswegs selbstverständlich, aber gelohnt hat es sich allemal. Ich bin, wie ich nicht müde werde zu betonen, ein begeisterter Verfechter wissenschaftlicher Kooperation, denn sie ist es, die angesichts der zunehmenden Komplexität materialwissenschaftlicher, am System und nicht einfach am Molekül orientierter Fragestellungen erst den angestrebten Mehrwert erzeugt. Dabei steht andererseits fest, dass man seine Kernkompetenzen kennen und bewahren muss, und das sind bei uns, um es auf den Punkt zu bringen, die Synthese von organischen und polymeren Materialien sowie ihre Verarbeitung unter Nutzung supramolekularer Konzepte. Sollten wir uns gleichzeitig als „Amateurphysiker" aufstellen und dabei riskieren, Strukturphantasie und Methodenkenntnis der Synthese aufs Spiel zu setzen? Dieses Buch handelt von wunderbaren Formen der Zusammenarbeit und die aus ihnen erwachsenen Freundschaften. Aber wir waren es auch leid, Proben an Partner zu verschicken, bei denen eine übersandte Probe im Kühlschrank vergammelte.

Mein Bericht über unsere FET-Forschung ist damit noch nicht ganz abgeschlossen, denn hier ergibt sich die günstige Gelegenheit, grundsätzlicher über die Einbettung physikalischer Methoden in eine Synthesegruppe nachzudenken. Unsere Abteilung hatte am MPI-P die Verantwortung für den kernresonanzspektroskopischen und massenspektrometrischen Service, der unter der Projektleitung von Manfred Wagner bzw. Joachim Räder stand. Deren zentrale Rolle im wissenschaftlichen Aufbau des Instituts habe ich ja schon beschrieben. Diese Labors brachten mir zusätzliche organisatorische Aufgaben ein, aber auch die Chance, den lebendigen Kontakt mit neuen methodischen Entwicklungen zu halten. Besondere Bedeutung hatte für uns die matrixunterstützte, laserinduzierte Flugzeit-Massenspektrometrie (MALDI-TOF-MS), zu deren Entwicklung Joachim Räder wesentlich beigetragen hat. Dass er ein Polystyrolmolekül mit einem massenmittleren Molekulargewicht von 1 Million Da, wenn auch mit sehr enger Molmassenverteilung, massenspektroskopisch nachweisen konnte, hätten viele damals nicht für möglich gehalten [1610]. Eine Frage, die in der polymerchemischen Community schon viele Jahre für kontroverse Diskussionen gesorgt hatte, war die mögliche Makrocylenbildung bei der Bildung von langen Ketten durch Polykondensation [J]. Es war klar, dass MALDI-TOF-MS die Methode der Wahl für eine Produktanalyse und die Klärung dieser Frage bildete, und in der Tat konnten wir zu diesem Thema wesentlich beitragen. Heute ist das Verfahren aus der Polymeranalytik nicht mehr wegzudenken, aber auch die Identifizierung größer und größer werdender Graphenmoleküle, sogenannter Nanographene (NGs), wäre ohne unsere Massenspektrometrie nicht möglich gewesen. Zusätzlich haben wir die laserinduzierte Desorption auch zur Erzeugung dünner Filme von NGs genutzt, also solcher Moleküle, die selbst im Ultrahochvakuum nicht ohne Zersetzung sublimierbar gewesen wären. Am Ende sprachen wir von „subliming the unsublimable". Wer an dieser Stelle stutzt und einwendet, dass die im Spektrometer beschleunigten Moleküle beim Auftreffen auf eine Oberfläche fragmentieren werden, hat völlig recht. Teil unserer Methode war aber, die großen Molekülscheiben nach dem Durchtritt durch das Flugrohr mittels eines Magnetfelds abzubremsen, so dass wir mit einigem Stolz von „soft landing" sprechen konnten (Abb. 5.28.) [931]. Das Ganze war nicht ohne Risiko, so musste ich ins Labor kommen und grünes Licht zum Aufsägen des Spektrometers geben, damit das Zusatzfeld eingebaut werden konnte. Keineswegs darf ich versäumen, als einen der Hauptakteure dieses Projekts unseren Kooperationspartner Paolo Samorì (Abb. 5.29.) aus dem berühmten ISIS in Straßburg zu erwähnen, der aber im Zusammenhang mit der Rastertunnelmikroskopie noch eine große Rolle spielen wird. Übrigens bezeichnet ISIS hier weder die ägyptische Göttin noch die Terrororganisation, sondern das Institut de Science et d'Ingénierie Supramoleculaires, das von Professor Jean-Marie Lehn gegründet worden war.

[931] Räder, H. J.; Rouhanipour, A.; Talarico, A. M.; Palermo, V.; Samorì, P.; Müllen, K.: Processing of giant graphene molecules by soft-landing mass spectrometry. *Nat. Mater.* **2006**, *5*, 4, 276–280.

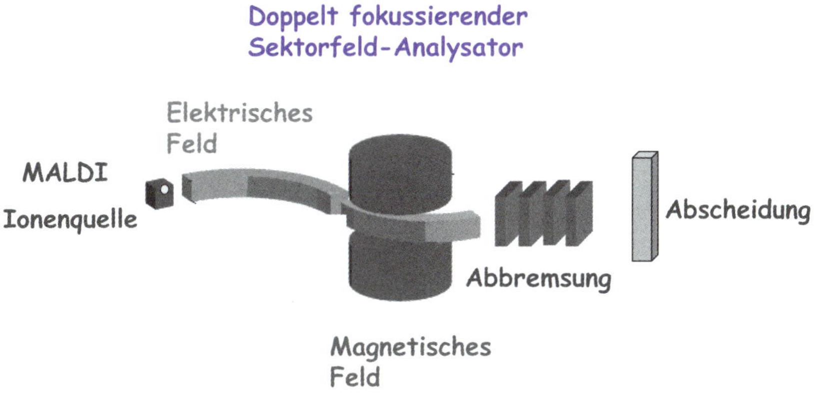

Abb. 5.28. „Soft landing“ großer Scheibenmoleküle durch deren Verdampfung in einem Massenspektrometer und Abscheidung auf einem Substrat nach Abbremsung in einem Magnetfeld.

Ich halte als großen Glücksfall unserer Forschung fest, dass „NMR und Masse“ mit den neuen Erfordernissen, die sich aus verändernden synthetischen Zielen ergaben, stets wachsen konnten. Bei der NMR-Spektroskopie unter Manfred Wagner waren es die mehrdimensionalen Methoden, aber auch Diffusionsmessungen, Aufnahmen von Spektren in viskosen Lösungen oder die Kopplung mit In-situ-Gelpermeationschromatographie. Joachim Räder und Manfred Wagner hatten in unserer Gruppe, jedoch in ganz anderen Bereichen, promoviert. Dabei fällt mir ein, dass Manfred Wagner mich auf etwas unkonventionelle

Abb. 5.29. Mit Paolo Samorì, feierlich.

Weise gefragt hatte, ob er bei uns die Diplomarbeit schreiben könne, da standen wir beide nämlich nebeneinander an einem Ort, an dem nur Männer nebeneinanderstehen (Abb. 5.30.–5.31.). Manfred ist seit jeher der Organisator unserer fußballerischen Aktivitäten, und Joachim ist ein großer Autobastler vor dem Herrn, was angesichts des Alters seiner Vehikel auch nötig ist. Einen anderen Hintergrund hatte Martin Baumgarten (Abb. 5.32.), der nach seiner Promotion bei Harry Kurreck in Berlin und seiner Postdoktorandenzeit als Projektleiter am MPI-P die ESR-Spektroskopie etablierte, die es, wenn auch mehr an Festkörperthemen orientiert, ebenfalls in der Abteilung von Hans Wolfgang Spiess gab. Spindichteverteilungen in konjugierten Molekülen zu ermitteln, hat bis auf den heutigen Tag für uns nichts an Bedeutung verloren, zumal Multispinsysteme in Graphenmolekülen immer wichtiger geworden sind. Martin Baumgarten hat nach seiner Habilitation [150] eine eigene Gruppe am MPI-P aufgebaut, zudem hat er unsere Kontakte mit der Theoriegruppe von Professor Nikolai Tyutyulkov an der Universität Sofia besonders gepflegt. Wenn Nikolai unser Institut besuchte, war er kaum vom Computer wegzubewegen. Als wir ihn einmal zu einem Konzert mitnehmen wollten, fragte er: „Was wird gespielt?", und auf die Antwort „Beethovens 6. Sinfonie" meinte er nur, „die kenne ich schon."

Die Partnerschaft mit Bulgarien hatte für uns menschlich und wissenschaftlich stets einen hohen Stellenwert, so auch mit den Professoren Ivan Schopov und Christo Tvsetanov am Polymerinstitut der Bulgarischen Akademie der Wissenschaften. Meinen ersten Ehrendoktor erhielt ich an der Universität Sofia in der schönen alten Aula. Und besonders gerne denke ich an den rührenden Moment zurück, als am Schluss der Verleihung 300 Gäste für mich „Mnogaia Leta" mit

Abb. 5.30.–5.31. Manfred Wagner beim Fußballturnier, wer bestimmt die Taktik?

Abb. 5.32.
Mit den Projektleiterinnen und Projektleitern der Gruppe im Jahre 2011 (jeweils von links) vorne: Kalina Peneva, Yenny Hernandez; hinten: Markus Klapper, Joachim Räder, Manfred Wagner, Herrmann Sachdev, Martin Baumgarten, Xinliang Feng, Chen Li (dahinter).

Glück- und Segenswünschen anstimmten, ein getragenes Lied, das in der Geschichte Bulgariens und der langen Zeit der Fremdherrschaft eine große Bedeutung gehabt hat.

Wie weit also, um es noch einmal zu fragen, soll eine Synthesegruppe mit ihren Mitteln gehen, um die Funktion ihrer Materialien überzeugend dokumentieren zu können, ohne sich zu verzetteln? In den 2000er Jahren wurden Kohlenstoffnanostrukturen zu unserem wichtigsten Forschungsfeld. In Bezug auf diese Richtung möchte ein wenig vorgreifen, aber dennoch eine Verknüpfung zu den elektronischen Bauelementen im vorliegenden Abschnitt herstellen. Dazu erzähle ich von Linjie Zhi (Abb. 5.33.), Postdoktorand in der Gruppe und jetzt Professor an der China University of Petroleum in Qingdao. Er erzeugte durch Pyrolyse von alkylsubstituierten PAHs dünne Filme mit Graphenstruktur, die sowohl elektrisch leitfähig als auch im Sichtbaren transparent waren und deshalb das klassische Indiumzinnoxid

Abb. 5.33.
Linjie Zhi.

Abb. 5.34. Xinliang Feng.

(ITO) der organischen Elektronik ersetzen könnten. Die Wirkungsweise von Solarzellen und OLEDs macht klar, dass beide Bauelemente solche „Fensterelektroden" brauchen [1109].

Die Welt sieht sich einem drängenden Mangel an Indium gegenüber, so dass inzwischen elektronische Bauelemente zum Zweck der Rückgewinnung dieses Metalls wieder zerlegt werden. Für die Fabrikation der Elektroden aus Kohlenstoff hat sich später, nicht zuletzt durch Arbeiten von Samsung, die chemische Dampfabscheidung (CVD) von Graphenfilmen als besser geeignet erwiesen, eine Methode, die wir erst in den 2010er Jahren ebenfalls einsetzen konnten. Aber Linjie hat den Anfang gemacht, und seine Arbeit in *Nano Letters* ist bis jetzt mehr als 5.500-mal zitiert. Ich muss so weit ausholen, um zu erklären, dass wir dann auch organische Solarzellen bauen mussten, um die Eignung unserer transparenten, leitfähigen Elektroden unter Beweis zu stellen.

Mit diesem kleinen Ausflug ist aber der physikalische Unterbau unserer Synthesen von Kohlenstoffmaterialien noch nicht hinreichend beschrieben, denn neben vielen elektronischen Funktionen spielt deren Nutzung in Energietechnologien eine große Rolle. Es war deshalb folgerichtig, dass Xinliang Feng (**Abb. 5.34.**) – zuerst Doktorand, bis 2016 Projektleiter unseres Kohlenstoffprojekts, ab 2016 Professor an der TU Dresden und ab 2020 auch Direktor am MPI für Mikrostrukturphysik in Halle – zusammen mit mehreren Mitarbeitern, die ich leider nicht alle aufführen kann, unsere eigenen Anlagen zur Energiespeicherung und Energieumwandlung baute und nutzte. Energie ist zu einer zentralen gesellschaftlichen Problemstellung und Aufgabe für unsere eigene Forschung geworden, und die D-A-Polymere zum Beispiel spielen im Hinblick auf die photokatalytische Wasserspaltung, wie Sie sehen werden, eine bedeutende Rolle. Deshalb wird Energie noch zu einem gesonderten Thema in meinem Buch werden. Ein Wort aber noch zu Xinliang, einem der Pioniere unserer Kohlenstoffchemie. Als er mir erstmals eröffnete, er strebe eine akademische Karriere in Deutschland an, war ich zuerst besorgt, denn so viele Vorbilder gab es für diesen Plan nicht. Er hingegen begann damit, den begehrten „start-up grant" des European Research Councils (ERC) einzuwerben, und als er den Ruf an die TU Dresden erhielt, konnte er bereits zwischen mehreren Rufen im In- und Ausland wählen. Nur seine Deutschkenntnisse blieben noch weit hinter denen seiner Kinder und seiner Frau Xiaoping zurück.

R. A. Marcus: Electron Transfer Reactions in Chemistry: Theory and Experiment (Nobel Lecture). *Angew. Chem., Int. Ed.* **1993**, *32*, 1111–1121.

Die Fragen nach der Ladungsträgermobilität eines Halbleiters in einem FET-Bauelement sowie nach dessen Funktionsweise habe ich bereits kurz skizziert. Sie berühren zunächst das urchemische Thema des Elektronentransfers zwischen zwei Molekülen. Es ist deshalb völlig angemessen, die Reorganisationsenergie der Marcus-Theorie beizuziehen. Übrigens ist der Nobelpreisträger Rudolph A. Marcus im Jahr 2023 100 Jahre alt geworden. Was also kostet der Umbau zweier Moleküle beim Übergang eines Elektrons von einem auf das andere? Ebenso relevant ist die Packung der Moleküle im dünnen Film, wobei ergänzend hinzuzufügen ist, dass der Ladungstransport in einem FET nur in unmittelbarer Nähe zum Substrat, im Extremfall nur in der ersten Schicht, erfolgt. Dabei sollte das Polymer mit seiner Kante auf der Oberfläche stehen, damit seine π-Wolken überlappen können, und es sollte außerdem eine ausgeprägte Parallelanordnung der Ketten zustande kommen.

Ohne Zweifel kann man das als supramolekulare Fragestellung betrachten, und Jean-Marie Lehn, Nobelpreisträger und Pionier der supramolekularen Chemie, wird sich wahrscheinlich freuen, wenn ich die FET-Fertigung als angewandte supramolekulare Wissenschaft bezeichne. Die konkrete Form der Abscheidung von Halbleitermolekülen auf einem Substrat schließt eine Fülle von Einflussfaktoren ein, zu denen auch eine mögliche Präorganisation der Moleküle in Lösung oder ein Templateffekt der Oberfläche gehören können. Einsichtig erscheint der Versuch, die entstehende Packungsform zu der molekularen Struktur in Beziehung zu setzen, und in der Tat war es unsere ursprüngliche Idee gewesen, die Ordnung der Polymerketten durch die intermolekulare D-A-Wechselwirkung zu begünstigen. Die Röntgendiffraktometrie, eigentlich die Festkörpermethode der Wahl, konnte uns aber die Frage nach der exakten Interkettenwechselwirkung nicht beantworten. Hier half uns die Festkörper-Kernresonanzspektroskopie, die in unserem Institut von Hans Wolfgang Spiess verantwortet und, das darf ich sicher sagen, zu Weltgeltung gebracht wurde. Ich habe bei einschlägigen Doktorarbeiten als Co-Referent auftreten müssen. Bei Hamilton-Operatoren, die sich über eine ganze Seite erstreckten, blieb mir nur ein respektvolles Staunen. Aber egal, Michael Hansen aus der Spiess-Abteilung, jetzt Professor in Münster, fand heraus, dass die Donoren und Akzeptoren benachbarter Ketten jeweils in getrennten Stapeln übereinander liegen [1383]. Hinterher ist man schlauer, aber es gibt in der Tat einen Präzedenzfall für diese supramolekulare Struktur, und dieser stammt aus unseren Arbeiten zur Bildung kristalliner D-A-Komplexe mit Tetrathiafulvalenen als Donoren, die ich ja schon erwähnt habe. Dort können Kristalle mit alternierenden oder getrennten Donor- und Akzeptorstapeln entstehen. Im Allgemeinen sind es die getrennten Stapel, die zu elektrischer Leitfähigkeit führen.

Die Freude, mit dem D-A-Polymer eine deutliche Steigerung der Ladungsträgerbeweglichkeit gefunden zu haben, führte zu einem typischen Synthetikerreflex. Wir begannen nämlich, neue D-A-Polymere zu synthetisieren, indem wir unserer Phantasie zur Wahl von Donoren und Akzeptoren freien Lauf ließen. Die spätere Literatur, etwa von Guy Bazan oder Ian McCulloch, lieferte dafür auch viele schöne Beispiele, aber in unseren Händen war das nicht gut überlegt. Da wir die Ladungsträgermobilität und das An-aus-Verhältnis des Stroms im FET

Abb. 5.35.
Mischa Bonn.

als maßgebliche Kriterien heranziehen wollten, spielten ja nicht nur die chemische Konstitution der Polymere eine Rolle, sondern auch Faktoren wie das Molekulargewicht, die Molekulargewichtsverteilung oder die Art der Endgruppen. Hinzu kam, dass auch kinetische Faktoren wie die Abscheidungsgeschwindigkeit des Adsorbats und damit die Wahl des Lösungsmittels die Verfilmung beeinflussten, von der Frage nach Verunreinigungen oder Strukturdefekten im Polymer ganz zu schweigen. Eine Verunreinigung kann aber sehr wohl zur Falle für Ladungsträger werden, oder die (Suzuki-)Kupplung zwischen dem Donor- und Akzeptorbaustein kann statt zur erwünschten Hetero- zu einer Homokupplung, etwa zwischen zwei Donoren, führen, was wiederum die Packung im Festkörper stört. Um es auf den Punkt zu bringen, die wilde Suche nach neuen D-A-Kombinationen, ohne die notwendigen Folgeschritte nicht auch zu optimieren, war ein Irrweg, ein Stochern im Dunklen. Ich erwähne aber die Komplexität materialwissenschaftlicher Fragestellungen nicht, um den Respekt des Lesers oder der Leserin herauszufordern, sondern eher, um daraus mehrere Erfahrungen herzuleiten.

Zunächst muss erwähnt werden, dass Materialforschung Partnerschaften braucht. Da gerade von Ladungsträgertransport die Rede ist: Wir hatten das Glück, dass die Gruppe von Mischa Bonn (Abb. 5.35.) an unserem Institut neben einer Vielzahl faszinierender physikalischer Methoden auch die Terahertzspektroskopie eingeführt hatte, die uns die rasche Messung dieser Mobilität erlaubte. [1886, 1887] Eine solche Messung ist kontaktlos, vermeidet also zum Beispiel Kontaktwiderstände zwischen Elektrode und Halbleiter wie bei FETs, erfasst aber nur den Transport über wenige Moleküle. Die Wahrheit liegt, zwar nicht auf dem Platz, wohl aber im Bauelement. Dessen Fertigung jedoch, ich habe es beschrieben, ist weit über die Synthese hinaus ein Forschungsthema für sich. Zudem, wir können Probleme lösen, indem wir neue Experimente, ob zur Synthese, zur physikalischen Charakterisierung oder zur Bauelementfabrikation, anstellen und diese dank fortschreitender Automatisierung vielleicht auch schneller und schneller machen. Weiterhin können wir die Theorie bemühen, wenn diese denn zu einer Prognose befähigt ist. Angesichts des riesigen Parameterraums müssen wir aber auch lernen, das vorhandene Wissen besser auszuschöpfen und damit, noch wichtiger, vorhandene Wissenslücken auszufüllen. Ich habe schon geschildert, wie Künstliche Intelligenz unser Denken und Handeln verändern wird, und die organische Elektronik kann in besonderer Weise von den neuen Methoden profitieren.

Zu meinem Rückblick auf die Forschung an konjugierten Polymeren gehört wiederum die Wechselbeziehung zwischen Chemie und Physik. So führten unsere Studien der D-A-Polymere zu zwei wichtigen Konsequenzen, die wir der Kooperation mit zwei hochrangigen Physikern verdankten, nämlich Jun Takeya aus Tokyo und Paul Blom

(Abb. 5.36.), der an unserem Institut der Nachfolger von Hans Wolfgang Spiess geworden war. Ich habe den Ladungsträgertransport als Hüpfprozess zwischen separaten Polymermolekülen beschrieben. Takeya konnte über die Temperaturabhängigkeit der Mobilität aber zeigen, dass es auch einen Bandtransport gibt, der seine Entstehung einer ausgeprägten Überlappung zwischen den π-Elektronenwolken der Polymere verdankt. Dass wirklich ein Bändermodell Anwendung finden kann, bestätigte er in überzeugender Weise durch die Messung der Hall-Mobilität. Paul Blom schließlich konnte zusammen mit Wojtek Pisula an einem anderen D-A-Polymer demonstrieren, dass sich FETs bereits auf Basis einer monomolekular dicken, ich sollte besser sagen dünnen Schicht fertigen lassen, was ja auch eine extrem effiziente Nutzung von Material bedeutet. Zudem ließen sich diese FETs zu Hunderten in integrierte Schaltungen einbauen. [1905, 1906] Fest steht angesichts dieser Beispiele: Die umfassende Entwicklung von Synthese, Verfilmung und Bauelementerzeugung bis hin zum komplexen System braucht Kooperationen. Das ist die wissenschaftliche Grundlage, aber irgendwann wird in diesem Prozess natürlich auch nach Kosten, Langzeitstabilität, Reproduzierbarkeit oder Art und Giftigkeit des Lösungsmittels gefragt werden.

Abb. 5.36.
Mit Paul Blom.

In der Tat hat unsere Forschung an D-A-Polymeren in viele Richtungen ausgestrahlt. Das schon erwähnte Beispiel ist aufgrund des dominanten Cyclopentadithiophenelements ein Lochtransporter, also ein Halbleiter vom p-Typ. Viele Jahre später stellten zwei unserer Doktoranden, Florian Dötz und Marcel Kastler, beide inzwischen bei

Abb. 5.37. Spätes Ende eines Seminars.

der BASF gelandet, in einer viel beachteten Arbeit das D-A-Polymer P(NDI-T_2) vor (**Abb. 5.27.**); T_2 weist auf die zwei Thiopheneinheiten hin, NDI bezeichnet den Naphthalindiimidakzeptor, der das Polymer zu einem n-Typ-Halbleiter macht [K].

Ich möchte nun versuchen, das Forschungsfeld der konjugierten Polymere in seiner Gesamtheit sowie mit all seinen Höhen und Tiefen umfassender zu beleuchten. Um es anknüpfend an frühere Überlegungen, aber ohne allzu große Schärfe zu sagen, ältere Beispiele von CPs hielten strengeren Ansprüchen an Strukturtreue und Reinheit nicht stand. Ein weiteres Problem aus heutiger Sicht ist sicherlich, dass sich die technologischen Erwartungen, die mit den erwähnten synthetischen Metallen, aber teilweise auch den polymeren Lichtemittern für organische Leuchtdioden (OLEDs) verknüpft waren, nicht erfüllt haben.

Gerade die OLED-Fertigung und die Wahl ihrer Emitterkomponenten geben mir aber Anlass, noch einmal auf einen anderen wichtigen Aspekt der Materialforschung einzugehen. Materialien stehen immer in Konkurrenz zueinander. Salopp gesagt: Die Konkurrenz schläft nicht während einer Materialentwicklung. Ein Beispiel sind Displays, die sich statt mit OLEDs auch auf Basis von Flüssigkristallen bauen lassen. Darüber hinaus kann in OLEDs eine Lichtemission von hoher Farbreinheit mit kleinen organischen Chromophoren mindestens ebenso gut erreicht werden wie mit Polymeren. Wiederum gilt dabei, dass Synthese und Verarbeitung als Einheit zu betrachten sind. Die Deposition organischer Emitter in Form dünner Filme gelingt durch Sublimation, aber auch aus einer Lösung. Im letzteren Fall werden Pixel zum Beispiel mit einem Tintenstrahldrucker erzeugt, und dieses Verfahren hat gegenüber der Vakuumabscheidung angesichts der größeren Öffnungsweite, auch

Apertur genannt, tatsächlich Vorteile. Damit bezeichnet man den Anteil am Pixeldurchmesser, aus dem Licht wirklich ausgesendet wird. Polymere können natürlich nur aus Lösung verarbeitet werden. Ursprünglich galt die Deposition aus einer Lösung als erstrebenswert, weil kostensparender, aber die Sublimation wurde durch verbesserte Techniken in riesigen Kammern enorm weiterentwickelt. Sie liefert zudem reinere Proben, vermag die unerwünschte Bildung lichtstreuender, weil teilkristalliner Filme zu vermeiden und erlaubt vor allem den Aufbau von Multischichten. Diese sind nötig, weil es in einem OLED-Element neben dem Emitterfilm in vielen Fällen noch weitere Schichten von Materialien braucht, die den Transport oder umgekehrt die Blockade der Ladungsträger, also von Löchern und Elektronen, kontrollieren. Dabei sind scharfe Grenzflächen der Schichten nötig. Der Multischichtaufbau setzt aber voraus, dass bei der Lösungsverfilmung das Material der vorhergehenden Schicht nicht wieder angelöst wird. Alternativ kann man vor dem Auftragen des nächsten Polymers den ersten Film durch Vernetzen unlöslich machen. Die Vernetzung wiederum kann zu unerwünschten Verunreinigungen führen und wird deshalb für die Emitterschicht tunlichst vermieden. Auch wenn es ein wenig überraschend klingt, aber die Vorteile der Polymere liegen weniger in ihren elektronischen und optoelektronischen Eigenschaften, sondern in ihrer Fähigkeit, definierte Morphologien von Festkörpern, zum Beispiel in Polymerlegierungen, ausbilden zu können. Wie ich schon erzählt habe, bietet die Verfilmung von D-A-Polymeren schöne Beispiele für die zentrale Rolle der Selbstorganisation von CPs. Auch der Einfluss der Alkylsubstitution gehört in dieses Umfeld, ebenso aber die Synthese von Blockcopolymeren aus starren CP-Stäbchen und flexiblen Segmenten, etwa Polyethylenoxiden. Auch diese wurden Teil unseres Repertoires, mit Dirk Marsitzky als Vorreiter [388]. Er war für die Doktorarbeit aus Kaiserslautern kommend zu uns gestoßen, ist aber seinem 1. FC Kaiserslautern in allen Fußballligen treu geblieben.

Obwohl seit Jahren intensiv betrieben, stellen sich der OLED-Forschung noch viele ungelöste Materialprobleme. All diese Probleme aufzuzeigen, würde den Rahmen dieses Buches sprengen. Auf eine technologische Herausforderung möchte ich aber noch hinweisen, und das ist die Darstellung einer digital erzeugten künstlichen Wirklichkeit („virtual reality“, VR). Essenziell dabei sind, wenn man an die VR-Brillen denkt, die Displays. Diese werden mittels sogenannter Mikro-OLEDs angestrebt, die hinsichtlich Auflösung und Helligkeit den Rahmen des bisher Möglichen noch deutlich übersteigen. Als Laie könnte man versucht sein, die Dynamik solcher Entwicklungen zu unterschätzen, aber da mag das Schicksal großer Firmen, die den Übergang vom Mobiltelefon zum Smartphone verpasst haben, als Menetekel gelten.

Zurück auf die CPs, so eröffnen sich in jüngster Zeit neue, spannende Forschungsthemen und Technologien. Dazu gehören unter anderem die schon erwähnten Druckverfahren und die dabei erzielbare Auflösung, die Kombination von elektronischen und mechanischen Eigenschaften, die Selbstheilung von Defekten, aber vor allem die sogenannte Bioelektronik mit Anwendungen auf diagnostische, sensorische und therapeutische Fragestellungen. Besonders spannend sind in diesem Zusammenhang konjugierte Polyelektrolyte, die Ionen und Elektronen zugleich leiten können. Die „In-operando-Elektropolymerisation" von ladungsreichen Thiophenen kann eine Art künstlicher Synapsen erzeugen, die unter Umständen sogar druckbar sind. Zukünftig möchte man damit Bauelemente entwickeln, die sich der strukturellen Plastizität des menschlichen Gehirns annähern und nicht nur Information speichern, sondern auch lernen können. Damit sind aber die Möglichkeiten einer synthesegestützten Materialforschung, also einer molekularen und supramolekularen Struktur- und Funktionskontrolle, noch lange nicht erschöpft. Als ein weiteres Beispiel seien Legierungen aus elektronenreichen und elektronenarmen CPs genannt, die unterschiedlich geladene Polyelektrolyte tragen (sogenannte Coacervate). Die Hoffnung ist, sie in Ladungs- und Energietransportprozessen einzusetzen.

Und wenn ich schon von Visionen rede, dann kommt mir als vielleicht noch spannendere Option in den Sinn, dass durch starke Licht-Materie-Wechselwirkung in Halbleitern neuartige „Quasiteilchen", sogenannte Exziton-Polaritonen, auftreten. Eine derartige Erscheinung, auch „flüssiges Licht" genannt, entsteht in den engen Hohlräumen zwischen parallelen Spiegeln und führt zu Effekten, die dann in neuartigen, rein optischen Bauelementen genutzt werden können. Zumeist verwendet man auf dem Weg zu solchen hybriden Licht-Materie-Zuständen anorganische Halbleiter als Materialien, was allerdings kryoskopisches Arbeiten erfordert, da die exzitonischen Anregungszustände bei Raumtemperatur nicht stabil sind. Die LPPPs von Ulli Scherf bilden demgegenüber Exzitonen, die auch bei Raumtemperatur existieren. Wie Rainer Mahrt, IBM Research-Zürich, als Pionier dieser Forschung darlegen konnte, erlaubt die starke Licht-Materie-Kopplung nun Arbeiten bei Raumtemperatur, und das hat vielversprechenden Folgen zum Beispiel für den Bau von optischen Transistoren oder Polaritonenlasern [L].

Nun aber zu einer ganz anderen, über die klassische organische Elektronik hinausreichenden Erfahrung. Eines der wichtigsten Aha-Erlebnisse meines Forscherlebens war die Fähigkeit der Nanowissenschaften, einzelne Moleküle, wie ich schon erwähnt habe, nicht nur zu „sehen", sondern sie dann auch als elementare Funktionseinheiten nutzen zu können. Wenn ich aber jetzt von der Miniaturisierung elektronischer Bauelemente absehe, so führt diese Vereinzelung auch zu Quantenexperimenten. Exotische Quantenzustände finden sich unter anderem in Kohlenstoffnanostrukturen wie GNRs. Die große Bedeutung, die solche GNRs im letzten Jahrzehnt erlangt haben, rührt daher,

dass sie eine besondere Form konjugierter Polymere einerseits und Ausschnitte aus dem Graphen andererseits darstellen. Ehe sie hier zum Thema werden können, muss ich jedoch einen Umweg über zwei andere Familien von π-Systemen machen, das sind größer und größer werdende PAHs und sich von ihnen ableitende Farbstoffe.

Damit das aber nicht alles zu bierernst daherkommt, sollten Sie in **Abb. 5.37. – Abb. 5.39.** einen etwas anderen Blick auf das Leben der Gruppe werfen.

Abb. 5.38. Gruppenausflug zur Ebernburg im Nahetal.

Abb. 5.39. Fastnacht in der Gruppe. Man beachte: der „Elferrat" versammelte 11 Nationen.

5.2 Farbstoffe – schön und gut

Das Wort „Farbstoffe" spricht für sich; am ehesten begegnen uns Farbstoffe im Alltag als Textilfärbemittel. Jedoch hat sich in den letzten Jahrzehnten, zusätzlich zu der jedermann geläufigen „Colorantien"-Wirkung, der Begriff funktionelle Farbstoffe („functional dyes") eingebürgert, mit dem auch ihre Rolle als elektronische Materialien in den Blick genommen wird. Deshalb beanspruchen Farbstoffe in diesem Buch auch zu Recht einen Platz an der Seite der konjugierten Polymere. Mein erstes Anliegen muss es sein, die strukturellen Grundlagen der Farbentstehung in organischen Molekülen, also Chromophoren, vorzustellen. Aber gleich vorweg: Unabhängig von der Größe der Moleküle ist es wiederum der Struktur- und Methodenreichtum der molekularen und supramolekularen Chemie weicher Materie, der es ermöglicht, Funktionen für ganz unterschiedliche Lebens- und Arbeitsbereiche zu „synthetisieren" [M].

Ich möchte zuerst daran erinnern, dass wir die Elektronenzustände eines organischen Moleküls durch ein Molekülorbital (MO)-Modell und die eines Polymers durch ein Bändermodell beschreiben können, wobei die Bänder wiederum durch eine Kombination der MOs zustande kommen. Die Lücke zwischen besetzten und unbesetzten Energieniveaus der Elektronen ΔE ist für viele Eigenschaften ausschlaggebend. Dazu gehören eine langwellig verschobene optische Bande, was wiederum die Absorption von Lichtenergie in der Photovoltaik oder die Beweglichkeit von Ladungsträgern begünstigt, wie sie ja in schnell schaltenden FETs angestrebt wird. Anwendungstechnisch besonders begehrt sind Farbstoffe, deren Absorption oberhalb einer Wellenlänge von 700 nm (im nahen Infrarot, NIR-I) oder sogar oberhalb von 1.000 nm (NIR-II) liegt. Das besondere Merkmal der polycyclischen aromatischen Kohlenwasserstoffe (PAHs) liegt nun darin, dass ΔE durch die Art der Verknüpfung der ungesättigten Sechsringe präzise eingestellt werden kann. Eine große Energielücke und daher eine relativ kurzwellige optische Absorption haben solche PAH-Vertreter, deren Elektronen nach Erich Clar separaten Sextetts in einzelnen Ringen zugeordnet werden können. Je nach der Topologie der Polycyclen kommen auch unterschiedliche Kantenstrukturen zustande, wobei Armlehnen- und Zickzackkanten die häufigsten Vertreter sind.

Wir finden unterschiedliche Kanten zum Beispiel in den Rylenen (R) und [n]Acenen (A) (**Abb. 5.40.**), die unter den PAHs eine Sonderstellung einnehmen, weil sie innerhalb ihrer homologen Reihen besonders rasch eine Erniedrigung ihrer HOMO-LUMO-Lücken sowie damit eine bathochrome Verschiebung ihrer Absorptionsbanden erfahren [N]. Schon niedrige Homologe sind deshalb tief gefärbte Chromophore. Das erklärt auch, warum uns schon früh die Ausdehnung dieser Rylen- und Acenleiterstrukturen in Richtung auf die strukturverwandten

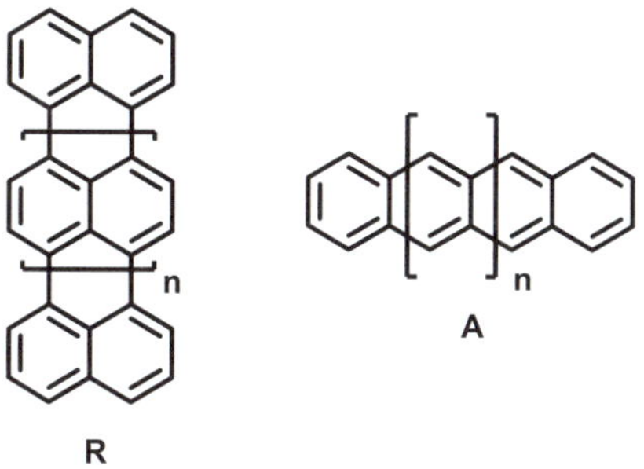

Abb. 5.40. Homologe Reihen polycyclischer aromatischer Kohlenwasserstoffe (PAHs) mit besonders niedriger HOMO-LUMO-Lücke: Rylene (R) und [n]Acene (A).

Polymere reizte. Bedenken Sie bitte jetzt schon, dass wir aus Rylenen schmale GNRs herleiten und dadurch gezielt deren elektronische Bandlücken einstellen werden.

PAHs, die wie Rylene sowohl Armlehnen- als auch Zickzackkanten enthalten, sind das Anthanthren (AA) und sein größeres Analogon, das Dibenzoovalen (DBOV) (**Abb. 5.41.**), wobei Letzteres eine bathochrome Verschiebung von 160 nm zeigt und im NIR mit hoher Fluoreszenzquantenausbeute emittiert. Das ist keineswegs selbstverständlich, weil eine bathochrom verschobene Absorption im Allgemeinen auch zu abnehmender Fluoreszenz führt. Der Grund dafür ist die interne Konversion, welche eine Schwingungsrelaxation der elektronisch angeregten Zustände einschließt. Warum wir dieses DBOV synthetisiert haben, hat aber noch einen weiteren Grund: Nach einem Anregungspuls bei 625 nm kommt es sowohl in Lösung als auch in einer Polystyrolmatrix zu einer stimulierten Emission bei 695 nm, was Erwartungen für die Entstehung eines organischen Lasers nährt [1815].

Es gibt aber bei Kohlenwasserstoffen wie Rylenen und Acenen ein heikles Problem, denn ebenso wie bei konjugierten Polymeren mit niedriger Bandlücke führen solche Elektronenstrukturen zu einer hohen Reaktivität. Will man etwa aus der Reihe der Rylene das Terrylen (n = 1) oder aus der Reihe der [n]Acene das Pentacen (n = 2) (**Abb. 5.23.**) als Halbleiter nutzen, muss man mit Zersetzungsreaktionen bei der Verfilmung oder beim Betrieb des Bauelements rechnen. Besonders kritisch ist die Reaktion mit Sauerstoff in Gegenwart von Licht, die zu *endo*-Peroxiden und dann weiter zu Ketoderivaten führen kann. Man tut Generationen von Forschern, die an der Verwendung von Pentacen als

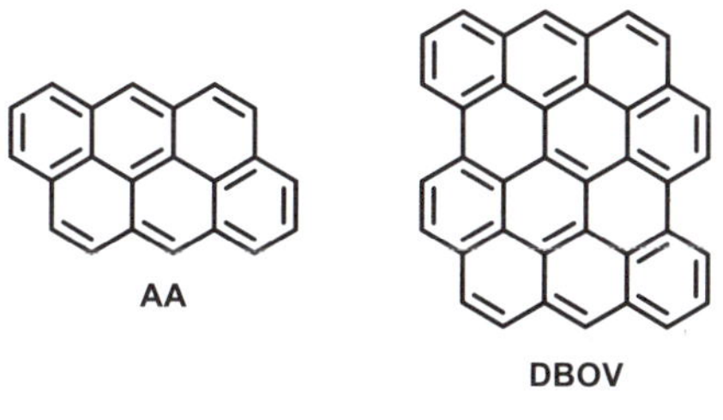

Abb. 5.41. Anthanthren und Dibenzoovalen als besondere Beispiele von PAHs.

Halbleiter gearbeitet haben, nicht Unrecht, wenn man feststellt, dass oft und nicht immer bemerkt Verunreinigungen wie Dihydro- oder Diketoderivate auftraten. Es war deshalb dringend notwendig, solche Moleküle chemisch zu stabilisieren und zersetzungsfrei handhabbar zu machen. Unsere in diese Richtung zielenden Versuche beruhten bei Rylenen und Acenen auf unterschiedlichen Konzepten.

Ein gebräuchliches Strukturprinzip der Farbstoffchemie ist die Verknüpfung eines (PAH-)Kohlenwasserstoffkerns mit aus Heteroatomen gebildeten Untereinheiten, man spricht auch von auxochromen Gruppen. Die Rylenchemie fand ihren entscheidenden Impuls in Form des Perylentetracarboxdianhydrids (Abb. 5.42.), also der Kombination des Perylens mit Carboxanhydrid- oder Carboximidauxochromen, wie sie bereits 1913 von Kardos in einem Patent vorgestellt worden war [O]. Daraus resultierten eine deutliche Stabilisierung der Verbindung und eine langwellige Verschiebung der Absorption gegenüber dem Kohlenwasserstoff. Es leuchtet ein, dass die Abwandlung des Kohlenwasserstoffs durch Substitution mit elektronenziehenden Gruppen eine Erniedrigung der HOMO-Energie bewirkt. Das Dianhydrid ebenso wie das analoge Diimid (PDI) sind farbige Pigmente, die über Jahrzehnte von der BASF beforscht und kommerzialisiert worden sind. Ersetzt man die Imidwasserstoffe durch Aryl- oder etwa Phenylethylreste, so lassen sich die Farben in weitem Maße variieren, weil die Packung im Festkörper verändert wird. Schließlich konnten aber aus den Pigmenten auch lösliche Farbstoffe gewonnen werden, indem man die vier „Bucht" („Bay")-Positionen phenoxylierte oder die Anhydridstellen mit 2,6-Diisopropylanilin imidisierte. Beide Modifikationen verhinderten durch die raumerfüllenden Substituenten eine dichtere Packung der Rylenkerne. Wichtig war, dass die löslichen Farbstoffe stark fluoreszierten, was das Spektrum nützlicher Funktionen natürlich enorm erweiterte. Nicht überraschend sind die käuflichen PDI-Chromophore zu Lieblingsobjekten optischer Forschung geworden. Als entscheidenden Schritt darüber hinaus haben wir die Reihe der zum Perylentetracarboxdiimid homologen, löslichen

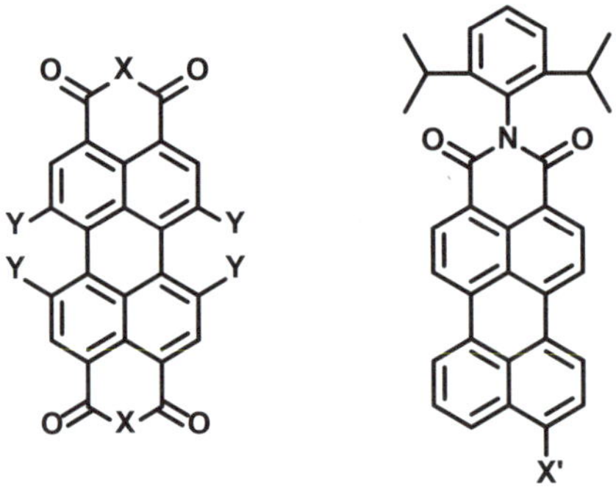

Abb. 5.42. Perylentetracarboxdianhydride und -diimide mit unterschiedlicher Substitution (X = O, NR; R = H, Alkyl, Aryl) sowie Perylendicarboxmonoimid (X = H, Br, CN, OR; R = Alkyl, Aryl) mit funktionellen Gruppen.

Diimide synthetisieren können. Das Terrylen (TDI)- und Quaterrylen (QDI)- bis hin zum Octarylen (ODI)-Analogon sind Chromophore, die ich in **Abb. 5.43.** mit ziemlichem Stolz vorstelle. Es ist die Größe der strukturverwandten Moleküle, die den optischen Unterschied macht und einen wahren Regenbogen an Farben liefert. Außerdem bilden kovalent gebundene Dyaden aus PDI und TDI wegen der Überlappung ihrer Emissions- und Absorptionsspektren ideale Objekte zur Untersuchung des Förster-Energietransfers. Trotz des synthetischen Aufwands finden unsere TDI- und QDI-Moleküle mehr und mehr Aufmerksamkeit im Rahmen der Farbstoffforschung [263, 1560]. In der **Abb. 5.42.**, die einen Überblick über Rylenchromophore und ihre Farben geben soll, kommen neben Diimiden auch Monoimide wie etwa ein Perylendicarboxmonoimid (PMI) vor. Diese Monoimide schließen optische Lücken im Spektrum, sind aber auch wichtige Synthesebausteine. So dient ein bromsubstituiertes PMI in den Synthesen gleichsam als Endbaustein der Kohlenwasserstoffnanostreifen zur Einführung der auxochromen Carboxdiimidgruppe und ein Cyanoderivat des PMI, von Peter Schlichting in seiner Doktorarbeit synthetisiert, wird als leuchtend gelber Signalfarbstoff kommerzialisiert.

Abb. 5.43. Strukturformeln, UV-Vis-NIR-Spektren und Fotos einiger Lösungen von Rylentetracarboxdiimiden und Rylendicarboxmonoimiden; Strukturformel des höchsten Homologen, des Octarylentetracarboxdiimids, mit der zur Solubilisierung nötigen Alkylsubstitution.

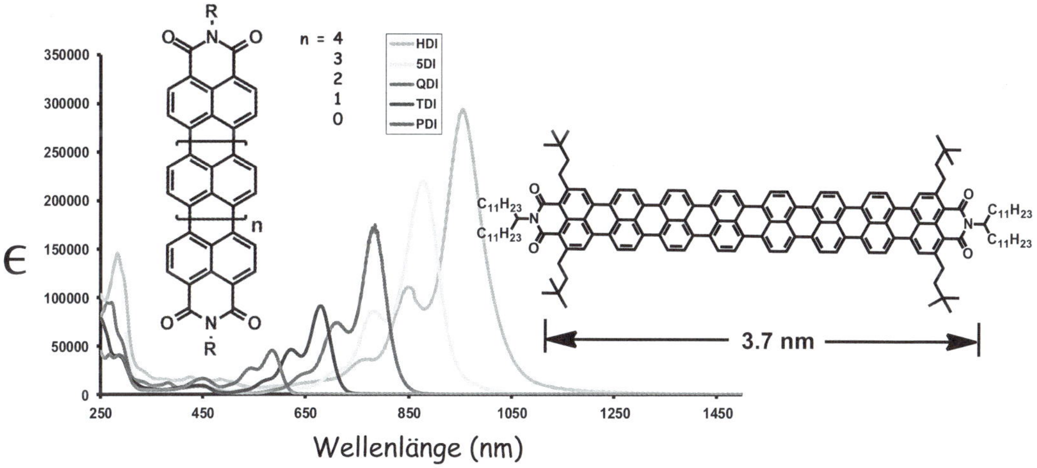

Abb. 5.44.
Kalina Peneva.

Abb. 5.45.
Chen Li.

Abb. 5.46.
Andreas Herrmann.

Abb. 5.47.
Yves Geerts.

Unsere Forschung an Rylenfarbstoffen hat in der Gruppe eine große Bedeutung als Querschnittsthema entwickelt, ich nenne als Beispiele die elektronische Modifizierung von GNRs, die Rolle von Farbstoffen als Reportermoleküle bei der Olefinpolymerisation und in zellulären Prozessen oder die Synthese von Lichtsammelkomplexen durch Einbau der Farbstoffe in Polyphenylendendrimere. Zugleich hat sie viele wirkliche Pioniere in die Gruppe gelockt. Heribert Quante war gedanklich und experimentell der Begründer unserer Rylen- und insbesondere QDI-Chemie, die in der Folge akademisch und industriell vielfach nachgeahmt worden ist. Christine Göltner hat Perylenchromophore phasenbildend gemacht, Kalina Peneva (Abb. 5.44.), jetzt Professorin in Jena, hat die Rylene für ihre Peptidchemie genutzt, und Chen Li (Abb. 5.45.) hat mit seinem Know-how frischen Wind in die industrielle Anwendung von Textilfarbstoffen, ein scheinbar ziemlich ausgekochtes Thema, gebracht. Einen anderen Weg ist Andreas Herrmann (Abb. 5.46.) gegangen, heute Direktor am Leibniz-Institut für Interaktive Materialien in Aachen. Er verband Ideenreichtum mit Realisierungsvermögen, und er chromatographierte schwierige Gemische mit demselben Kampfgeist wie beim Fußballspielen. Er ging nach der Promotion über Rylene in eine Consultingfirma, kam nach einem schweren Sportunfall zurück und begann seine akademische Karriere mit der Hinwendung zu Hybriden von DNA und synthetischen Polymeren. Zum Habilitieren hatte er keine Zeit mehr, denn da war er schon an die Universität Groningen berufen. Brückenbauer zwischen synthetischen Polymeren und Polymeren biologischen Ursprungs war auch Harm-Anton Klok, der Blockcopolymere aus synthetischen Polymeren und Polypeptiden synthetisierte. Dabei stellten sich vielfältige Herausforderungen an das „De-novo-Design" der Peptide ebenso wie an die Charakterisierung der Produkte, was aber mit einer großen funktionellen Vielfalt belohnt wurde. Heute ist „HAK", wie er genannt wird, Professor an der Eidgenössischen Technischen Hochschule in Lausanne. Ein weiterer Erfinder aus der Farbstoffgruppe war Yves Geerts (Abb. 5.47.), jetzt Professor an der Freien Universität Brüssel, auf den unsere Dendronisierung der Farbstoffe zurückgeht und der quasi nebenher die Polycatenanchemie in die Gruppe einführte. In jüngster Zeit hat er sich, unermüdlich auf der Suche nach neuen Herausforderungen, der Chemie und Physik organischer Festkörper zugewandt. Eine Erinnerung an Yves muss ich noch einfügen. Wir waren zusammen bei einer Tagung in Seoul. Zu dem Willkommensempfang erschien man damals noch in Anzug und Krawatte – außer Yves Geerts und Fraser Stoddart (Abb. 5.48.), beide locker in Turnhose und T-Shirt. Die Kollegen verschwanden aber schnell und kamen im Einheitsdunkelblau wieder.

Wenn ich an unsere Farbstoffe denke, dann liegen mir drei Dinge besonders am Herzen. Die erste Botschaft handelt von der Schönheit der Farben, und die Synthese eines Azofarbstoffs als Gymnasiast klingt noch heute in mir nach. Dabei denke ich jetzt weniger daran, dass die

Abb. 5.48. Mit Gerhard Wegner und Familie Stoddart in Kyoto als Gäste von Familie Shimizu.

industrielle Farbstoffsynthese Teil der industriellen Revolution im 19. Jahrhundert war und dass die BASF enorme Mittel in die Entwicklung der Indigosynthese gesteckt hat, sondern daran, dass mit erschwinglichen Farben das Leben der Menschen, und nicht nur der Oberschichten, bunter und reicher geworden ist. Farbstoffe sind aber, wie schon angeklungen ist, nicht nur Colorantien zum Färben, sondern haben im besten Sinne des Wortes eine Funktion, ob als Signalgeber, als Reportermolekül in der Materialforschung und Bioanalytik, als aktive Komponente in optoelektronischen Bauelementen oder als Lichtabsorber in der photodynamischen sowie photothermalen Tumortherapie. Es ist schade, davon nicht mehr erzählen zu können. Nach all den MO-Modellen und der Photochemie möchte ich aber gerne erwähnen, dass Farben nicht nur einen ästhetischen, sondern auch einen tiefen emotionalen Wert haben können. Am deutlichsten erscheint mir das in der blauen Blume der Romantik als Symbol ferner, unendlicher Welten, an Farben in der Politik denke ich dabei weniger.

Die Farbe Blau bringt mich zu meinem zweiten Punkt. Ich hatte die Ehre, beim Kolloquium aus Anlass des 90. Geburtstags von Professor Klaus Hafner (**Abb. 5.49.**) den Festvortrag in Darmstadt halten zu dürfen, und wenn von seinem Azulen die Rede war, kam natürlich auch die ungeheure Wirkung der Farbe Blau in der Kunst zur Sprache.

Abb. 5.49. Klaus Hafner.

TDI ist ebenfalls blau, und natürlich könnte man fragen, warum man ein so großes Molekül herstellt, wenn man Blau auch mit dem C10-Kohlenwasserstoff Azulen erhalten kann. Das TDI aber zeigt zudem eine hohe Fluoreszenzquantenausbeute von 70 % und ist enorm photostabil. Hinzu kommt, dass es deutlich höhere Konzentrationen an Azulen bräuchte, um einen vergleichbaren Farbeindruck zu erhalten. Diese Eigenschaften lassen das TDI-Molekül, wenn es erst einmal durch Substitution wasserlöslich gemacht ist, auch als bedeutsam für die Visualisierung zellulärer Prozesse erscheinen, denn man kann nun jenseits der zellulären Eigenfluoreszenz von Zellen arbeiten. Es ist die Summe dieser Vorteile, die außerdem unseren Rylenfarbstoffen zu einer zentralen Rolle in der Entstehung einer neuen Disziplin der Photophysik, nämlich der Einzelmolekülspektroskopie, verholfen haben. Natürlich kommt den Photophysikern die führende Rolle in der Umsetzung dieser anspruchsvollen Methode zu, aber auch hier gilt, wir leben in einer stofflichen Welt, und die besten Chromophore zu haben, spielt eine entscheidende Rolle. Für Farbstoffe sind von Anbietern Vermarktungsschlagworte wie „die hellsten und die besten" eingeführt worden, die Rylene gehören sicherlich dazu. In unserer Farbstoffgruppe gab es einen italienischen Doktoranden, Glauco Battagliarin. „Glauco" bedeutet auf Italienisch Blau, und es war klar, dass sich seine Doktorarbeit um TDIs drehen musste und dass ich ihm bei Vorträgen in Italien besonders gerne gedankt habe.

Die dritte Botschaft betrifft die Anwendungen der Farbstoffe, die ich ja schon kurz gestreift habe, und es wäre seltsam, dieses Thema zu beschreiben, ohne die wichtigste Partnerfirma zu erwähnen. Das war in unserem Fall die BASF. An dieser positiven Bilanz ändert auch die Tatsache nichts, dass sie inzwischen große Teile ihres Farbstoffgeschäfts verkauft hat. Das zu kommentieren steht mir nicht zu, denn Investieren und Deinvestieren ist ja ein wichtiges Element industriellen Handelns – es ist manchmal mehr, manchmal weniger erfolgreich. Neben unseren BASF-Projekten zu Polymeren und Kohlenstoffmaterialien haben die Farbstoffe als drittes Thema die größte Rolle gespielt. Diese Wechselwirkung hatte fast 30 Jahre Bestand. Ja, die BASF hat uns Geld gegeben, und nein, wir haben uns nicht „verkauft", vielmehr passten diese Vorhaben in den Rahmen unserer wissenschaftlichen Konzepte. Es waren professionell abgewickelte Projekte, angefangen von einer präzisen Konzeption über das Ablegen von Rechenschaft bis hin zur Koordination von Patent- und Publikationsplänen. Wir haben aber auch viele Anregungen erhalten, haben gelernt, dass mit der Synthese einer Substanz, und erschiene sie noch so attraktiv, die Entwicklung zu einem Produkt gerade erst in Gang kommt. Ehe ich auf einen konkreten Fall eingehe, möchte ich, da ich oft über die persönlichen Beziehungen im akademischen Bereich gesprochen habe, auch hier das Menschliche aus meinen Erinnerungen hervorheben. Aus dem Farbstoffbereich nenne ich Arno Böhm, Xenia

Abb. 5.50. Mit Hans Reichert und Helmut Reichelt bei einem Arbeitstreffen in Basel.

Beyrich-Graf, Peter Erk, Helmut Reichelt, Hans Reichert (**Abb. 5.50.**) und den verstorbenen Eckhard Winkler. Es waren schöne Zeiten mit ihnen, und das nicht nur wegen des Kasinoessens und der Weine, sondern auch wegen manchen Austauschs außerhalb der Firma. Hans Reichert und ich lernten uns kennen, weil wir bei einer Pressekonferenz der BASF die Gebiete der Farbstoffe und der Graphene vertreten mussten. Helmut Reichelt ist im Ruhestand nicht nur zum Archäologen, sondern auch zum Hobbywinzer geworden und vergisst nicht, regelmäßig Kostproben seines löblichen Tuns zu schicken.

Aber zurück zu dem, was Rylenfarbstoffe können. Für viele Anwendungen werden Farbstoffe gesucht, die im NIR-I- oder gar NIR-II-Bereich absorbieren. Alternative Vertreter dieser Stoffklassen sind etwa Cyanine, Squaraine oder Porphyrine, die aber oft weder chemisch noch photochemisch stabil sind. Das Quaterrylendiimid (QDI) zeichnet sich demgegenüber durch eine hohe Photostabilität aus, hat aber noch eine weitere nützliche Eigenschaft: Es absorbiert zwar im NIR, ist aber im Sichtbaren weitgehend transparent. Deshalb kann es unter dem Motto „paint it cool" zum Wärmemanagement in der Architektur eingesetzt werden. In ein Polymerglas wie Polyvinylbutyrat eingebettet, absorbiert es Wärmestrahlung, lässt aber sichtbares Licht durch. Natürlich wird auch dann die Wärme wieder abgegeben, aber die stärkere Ventilation außerhalb des Gebäudes führt diese größtenteils ab. Eine andere Anwendung ist das Laserschweißen von Kunststoffen. Dem Polymer werden dabei geringe Mengen von NIR-Absorbern zugefügt, in unserem Fall Verwandte des QDIs, die das Licht eines Lasers absorbieren und das Polymer lokal zum Schmelzen bringen. Dadurch können vorher getrennte Materialbereiche zusammengefügt werden, nun aber ohne den Einsatz von Klebstoffen. Natürlich will man gut verfügbare Lichtquellen wie etwa Nd / YAG-Laser einsetzen. Dafür benötigt man eine möglichst schmale Absorptionsbande im Wellenlängenbereich um 1.064 nm. Diese Charakteristik und die chemische Stabilität beim Erwärmen sind wiederum die Eigenschaften, die wir durch die Konstruktion der Chromophore erfüllen konnten. Die Umwandlung von Licht in Wärme spielt auch in einem ganz anderen Funktionsbereich eine entscheidende Rolle, der photothermalen Tumortherapie, von der später noch die Rede sein wird [P].

Es ist Lehrbuchwissen, dass für die optischen Charakteristika von Farbstoffen nicht nur die molekulare Struktur, sondern auch Packungsphänomene eine Rolle spielen. Beispiele sind die Schwächung – oder aber Verstärkung – der Emission durch Aggregatbildung, die Farbkontrolle in unterschiedlich substituierten Perylentetracarboxdiimidpigmenten durch die Morphologie und die Entstehung diskotischer Mesophasen in alkylsubstituierten Rylenabkömmlingen. An dieser Stelle soll ein besonders schönes, aber komplexes Beispiel supramolekularer Organisation geschildert werden, und das ist die Bildung eines Kagome-Netzwerks aus dem Hybrid zweier Perylendicarboxmonoimidscheiben und einer Oligoprolinkette. Die **Abb. 5.51.** zeigt sowohl den Ausgangsstoff (c) als auch die supramolekulare Struktur. Zu erkennen sind dabei ein diaxiales (a) und ein triaxiales Netzwerk des Kagome-Typs (b). Auf die recht anspruchsvollen Methoden des Strukturbeweises durch Transmissionselektronenmikroskopie und Röntgendiffraktometrie kann ich nicht näher eingehen, aber so stellen wir uns diese komplizierte Selbstorganisation vor:

Abb. 5.51. Kagome-Netzwerk, gebildet aus einem Perylendicarboxmonoimid (PMI)-Oligoprolin-Hybrid. *Nature Chem.* **2017**, *9*, 1068; Fig. 1).

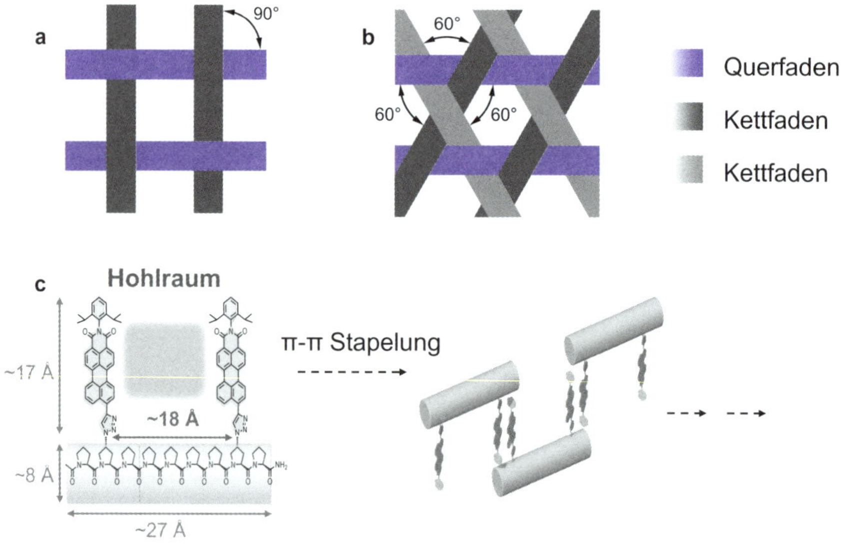

1. Die Stapelung der Chromophormoleküle bildet Fäden mit Hohlräumen abwechselnd nach oben und unten.
2. Die steife Oligoprolinkette bestimmt die Größe der Hohlräume und den Ort der Farbstoffe, wodurch es
3. zu triangularen Verknüpfungspunkten dank der Interkalation mit Farbstoffbausteinen aus zwei Nachbarfäden kommt.

Abb. 5.52. Helma Wennemers.

Diese Struktur, zugegeben nicht leicht zu erklären, ist eines der Resultate aus einem Projekt der Volkswagenstiftung mit Helma Wennemers (**Abb. 5.52.**), Professorin an der ETH Zürich, und Peter Bäuerle; aber Helma war die treibende Kraft und Vordenkerin, und das wiederum ist nur ein kleiner Ausschnitt aus ihrer erfolgreichen Forschung [1833].

Konzeptionell eng mit den Rylenen verwandt sind die [n]Acene, auf die ich als Verwandte der Rylene ebenfalls kurz eingehen möchte. Für deren Handhabung und Verarbeitung muss, wie ich schon am Beispiel des Pentacens begründet habe, zuerst das Problem der hohen Reaktivität gelöst werden. Wenn der mittlere Sechsring des Pentacens der Ort des Angriffs von zum Beispiel Sauerstoff ist, dann schützen wir ihn doch einfach, indem wir eine Brücke über die gegenüberliegenden Kohlenstoffe durch eine Diels-Alder-Cycloaddition mit einem Dienophil schlagen (**Abb. 5.53.**). Bei diesem Schritt bildet sich eine dachförmige Verbindung, die nicht nur stabiler, sondern auch besser löslich ist als die flache Scheibe der Ausgangsverbindung. Natürlich muss eine solche Überbrückung reversibel sein, denn wir brauchen am Ende wieder den durchkonjugierten Halbleiter. Wir mussten also die Brücke nach der Verfilmung nicht nur thermisch abspalten, sondern das auch bei möglichst tiefen Temperaturen erreichen können, und das ging am besten durch Cycloreversion aus einem Dihydrobenzol [430]. Die Überbrückung von Pentacenen ist später akademisch und industriell vielfach angewendet worden. Dabei wurden heteroatomhaltige Dienophile eingesetzt, aber auch α-Diketone, die photochemisch abgespalten werden konnten. Eine solche Möglichkeit ist umso wichtiger, als höhere [n]Acene bekanntermaßen Biradikalstrukturen aufweisen und nur unter besonderen Vorsichtsmaßnahmen gehandhabt werden können. Die **Abb. 5.53.** zeigt ebenfalls die repetitive Diels-Alder-Cycloaddition zu einem Vorläufer des Poly[n]acens. Diese finale Umwandlung haben wir allerdings nicht geschafft.

Abb. 5.53. Links: Diels-Alder-Addukt eines Pentacens. Die Dihydrobenzolstruktur der Brücke erlaubt die thermische Cycloreversion durch Benzolabspaltung bei niedrigen Temperaturen. Rechts: Repetitive Diels-Alder-Cycloaddition vom AABB-Typ, das Tetrabrombenzol (R = Alkyl) ist der Vorläufer für das Bisarin als Bis-Dienophil.

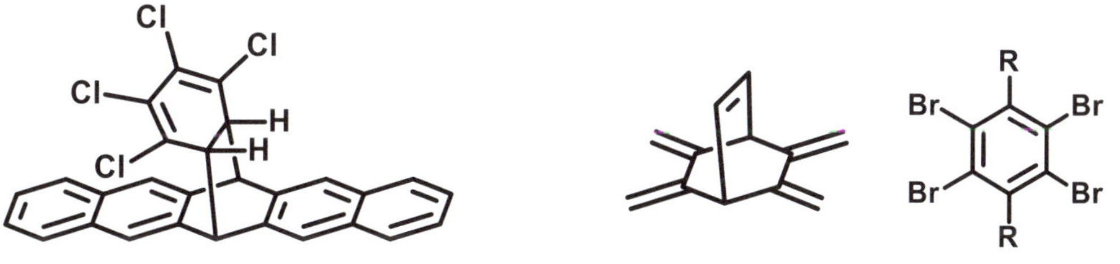

Zu den Stabilisierungstricks für instabile konjugierte Moleküle gehört traditionell ihre Einbettung in eine Matrix oder, nach neuerer Literatur, ihre Abscheidung auf einer Metalloberfläche. Im letzteren Fall kann man das Vorläufermolekül auf dem Metall deponieren und thermisch in das Zielmolekül umwandeln. Dabei ist natürlich stets zu fragen, wie weit dessen Elektronenzustände angesichts der Wechselwirkung mit dem Metall noch „original" vorliegen. Ein weiterer, für uns ganz entscheidender Vorteil der Deposition auf einer elektrisch leitfähigen Metalloberfläche war die Möglichkeit, Moleküle durch Rastertunnelmikroskopie sichtbar zu machen und, noch wichtiger, viele der „on surface" ablaufenden thermischen Prozesse zu verfolgen. Beide Aspekte werden für unsere Kohlenstoffchemie, auf die Sie gespannt sein können, eine zentrale Rolle spielen.

5.3 Nanographene

Wenn ich die Strukturen von Rylenen und [n]Acenen, aber auch von PAHs wie Dibenzoovalen (DBOV) mit unterschiedlichen Kanten diskutiere, dann rückt eine Zielsetzung immer wieder in den Vordergrund, nämlich PAHs größer und größer zu machen, so dass wir bei den nanoskaligen Scheibenmolekülen zu Recht von Nanographenen (NGs) reden können. Ich erwähne am Rande, dass uns diese Forschung – quasi nebenher – viel Aufmerksamkeit in der Analytik von Pechen und sogenannten Asphaltenen, aber auch von interstellarer Materie eingebracht hat, also in den Disziplinen, in denen es sich immer wieder um PAHs dreht und in denen definierte Modellverbindungen dringend benötigt werden [2053]. Ich möchte aber jetzt einmal nicht mit der Synthese bestimmter Molekülfamilien beginnen, sondern eine andere Beziehung herstellen, und das ist die Verwandtschaft der PAHs mit einem Kohlenstoffallotrop, das die Welt der Wissenschaft grundlegend verändert hat, dem Graphen.

Zu Beginn des neuen Jahrtausends stellten André Geim und Konstantin Novoselov das Graphen als monoatomar dünnen Ausschnitt aus dem Graphitgitter vor. Dieses 2D-Material, von berühmten Physikern ursprünglich als instabil vorausgesagt, hat eine ungewöhnliche elektronische Bandstruktur mit einer verschwindenden Bandlücke und revolutionierte sowohl die Theorie als auch die Experimentalphysik. So zeigte Graphen eine extrem hohe Ladungsträgerbeweglichkeit und einen Quanten-Hall-Effekt [Q]. Mit einem dieser überraschenden Phänomene kamen wir, quasi als staunende Beobachter, in Kontakt, als Thomas Frauenrath und Carlos-Andres Palma eine asymmetrische Absorptionsbande für eine Monoschicht aus unserem TDI-Chromophor als Akzeptor und einer Graphenlage als Donor beobachteten. Der dafür verantwortliche Photostrom kommt durch die Wechselwirkung zwischen den diskreten Energiezuständen des Farbstoffs und den Kontinuumszuständen des Graphens zustande. Von diesem Effekt, nach dem italienischen Theoretiker Ugo Fano auch Fano-Resonanz genannt, erhofft man sich, die Transparenz bzw. Opazität von Graphen gezielt steuern zu können.

Aber nun zu der wichtigen Frage, wie man Graphen überhaupt in die Hand bekommt. Die Entdecker lösten einzelne Schichten des Gitters mit Klebeband von Graphit ab und deponierten sie auf einem Halbleiter, wobei es keineswegs trivial war, diese Graphenflocken auch wiederzufinden. Es ist schon eine Erwähnung wert, dass eine solche Prozedur üblicherweise dazu verwendet wurde, auf dem Weg zu „highly ordered pyrolytic graphite" (HOPG) die Oberfläche von Graphit zu reinigen, ohne dass man aber der abgelösten Schicht weitere Aufmerksamkeit geschenkt hätte. Eine solches, salopp ausgedrückt, „Abpellen" konnte keine Grundlage für technisch relevante Anwendungen von Graphen sein, aber dafür wurden die beiden Physiker ja auch nicht mit dem Nobelpreis ausgezeichnet. Später haben wir uns selbst auf dem Umweg über PAHs als Modellverbindungen an eine ergiebige und praktikable Graphengewinnung herangewagt. Unsere Methode ist die elektrochemisch unterstützte Exfoliation von Graphit, die, mechanistisch betrachtet, nicht nur auf der Interkalation von Elektrolyten in die Graphitzwischenschichten, sondern auch auf der Bildung von Gasen durch Zersetzung des Leitsalzes beruht [1606]. Diese Technik bietet Mengenvorteile, liefert aber laut Raman-Spektroskopie und elektrischer Charakterisierung auch weitgehend defektfreie Monoschichten mit nur geringen Anteilen an Doppel- oder Multischichten [1802]. Wir verfolgen das Verfahren gegenwärtig in einem Start-up weiter, mit dem wir schon eine anerkannte Marktposition erreicht haben.

Die Exfoliation gilt, leicht nachvollziehbar, als „Top-down-Methode", der man einen „Bottom-up-Ansatz", nämlich den Aufbau durch Zusammenwachsen kleiner Kohlenstoffeinheiten, gegenüberstellen kann. Wahr ist, dass wir die synthetische Vergrößerung der scheibenförmigen Honigwaben bereits Mitte der 1990er Jahre angegangen sind, ohne dass es damals auf der Materialseite die mikrometergroßen Graphenflocken gegeben hätte. Wahr ist aber auch, dass unsere NGs, wie sie die Literatur dann nannte, zu einem bedeutenden Teil der Graphenforschung geworden sind. Von der zentralen Rolle der Präzisionspolymersynthese in diesem Umfeld wird noch ausführlich die Rede sein. Ich muss aber eingestehen, dass uns die Idee, Einzelschichten aus dem Graphitgitter abzupellen, nicht gekommen ist, denn dafür haben wir viel zu sehr vom Molekül her, also „bottom-up", gedacht. Vielfach geplagt von der schlechten Löslichkeit großer PAH-Scheiben hätten wir kaum erwartet, dass Jonathan Coleman und seine Gruppe in Dublin durch Ultraschallbehandlung von Graphit eine solvensunterstützte Exfoliation erreichen und so, wenn auch in sehr verdünnter Form, Dispersionen von Graphenschichten würden erzeugen können [R].

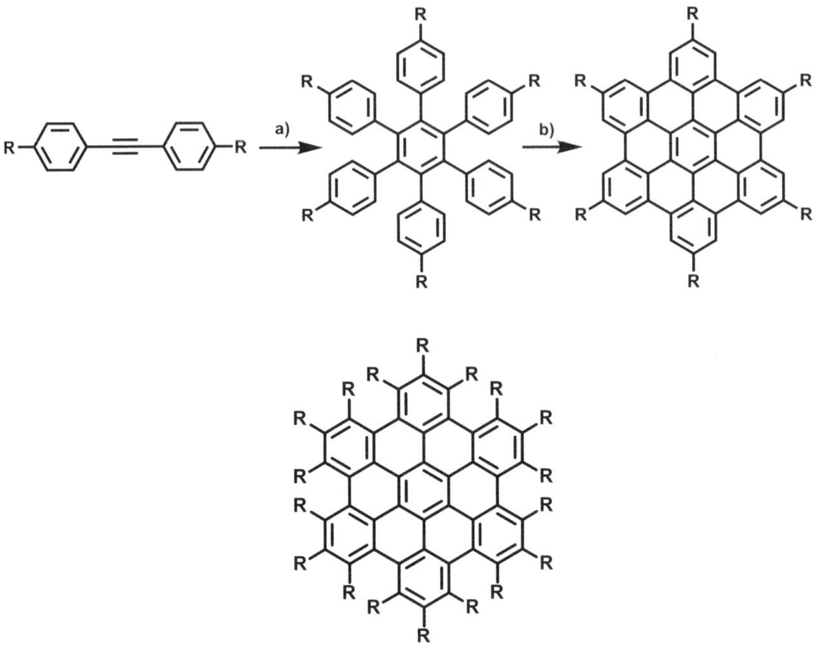

Abb. 5.54. Substituierte Hexa-*peri*-hexabenzocoronene (HBCs). Oben: a) Cycotrimerisierung mit Cobaltcarbonyl; b) Cyclodehydrierung mit $FeCl_3$ (R = Alkyl, Aryl); Unten: Octadecamethoxy-HBC (R = OMethyl).

Graphen als 2D-Material hat die neuere Materialwissenschaft geprägt, zumal ihm inzwischen Analoga wie etwa Metallchalcogenide an die Seite gestellt worden sind. Ähnlich wie bei einem anderen Kohlenstoffallotrop, dem Fulleren, weckte Graphen große Erwartungen, die ich hier nicht weiter ausbreiten kann. Das Graphen-Flagship-Programm der EU hat enorme Fördermittel mobilisiert, aber, wie nicht anders zu erwarten, erhoben sich auch früh Gegenstimmen mit der Frage: „Is the hype over?"

Was genau war der Ausgangspunkt unserer PAH-Forschung, die sich dann zur Nanographenforschung ausweitete? Mitte der 1990er Jahre suchten wir ein Zielmolekül, das für eine Visualisierung durch die Rastertunnelmikroskopie (STM) groß genug und trotz seiner Größe durch Physisorption aus Lösung in Form einer geordneten Monoschicht auf Oberflächen deponierbar sein sollte. Unsere Wahl fiel auf Hexadodecyl-hexa-*peri*-hexabenzocoronen (HBC) (**Abb. 5.54.**). Der Einsatz der STM-Methode als eine Form der Rastersondenmikroskopie und die Zusammenarbeit mit Professor Jürgen Rabe, zu der die Untersuchung des HBC geführt hat, sind für uns zu einer wichtigen Wegmarke geworden [267]. Peter Herwig, der schon die überbrückten Pentacenaddukte entwickelt hatte, cyclotrimerisierte mit Dicobaltoctacarbonyl ein Didodecyldiphenylacetylen (Tolan, T) zu einem Hexaphenylbenzol (HPB), das er dann, und dafür gab es Präzedenz in der Literatur, durch Behandeln mit einem Oxidationsmittel cyclodehydrieren, also einebnen konnte. Dies ist die intramolekulare Variante der bekannten Scholl-Reaktion, deren Ausgangsbeispiel die Kupplung

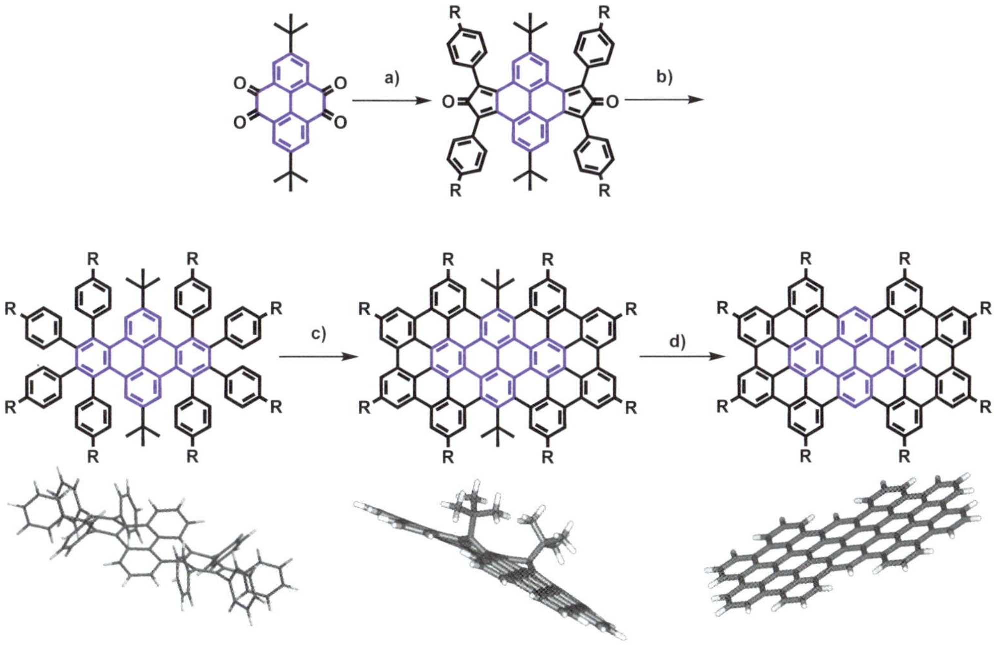

Abb. 5.55.
„Supernaphthalin“ und seine Synthese.
a) Knoevenagel-Kondensation eines Pyrentetraketons mit Diphenylaceton;
b) Diels-Alder--Cycloaddition;
c) Cyclodehydrierung mit $FeCl_3$;
d) Abspaltung der *tert*-Butylgruppe mit Oleum;
R = Alkyl.

zweier Benzole zum Biphenyl unter der Wirkung einer Lewis-Säure ist. Die Reaktion, welche über kationische Intermediate verläuft, führt primär zu einem Dihydrobiphenyl, das durch Luftsauerstoff oder durch ein Oxidationsmittel wie Eisen(III)-chlorid zum Biphenyl dehydriert wird. HBC ist mit 42 Kohlenstoffen schon „groß“, wir nannten es wegen seiner Symmetrie „Superbenzol“, was uns natürlich dazu antrieb, später auch die homologen „Superacene“ (Abb. 5.55. – 5.56.) zu synthetisieren [1457]. Beiden Abbildungen ist gemeinsam, dass phenylsubstituierte Benzolbausteine durch eine Diels-Alder-Cycloaddition zwischen einer Cyclopentadienon- und Ethinyleinheit erzeugt werden. Der Fall in Abb. 5.55. ist dabei insofern bedeutsam, als wir Ersteres durch eine Knoevenagel-Kondensation zwischen dem Pyrentetraketon und Diphenylaceton gewinnen konnten. Die Abb. 5.57. zeigt noch eine andere Diels-Alder-Cyclisierung, nämlich die zwischen einem Stilben- und Diphenylbutadiengerüst. Intermolekular läuft diese Reaktion nicht ab, wohl aber, wie hier, intramolekular, denn dann ist der Entropiepreis schon „bezahlt“ [292].

HBC findet bis auf den heutigen Tag große Aufmerksamkeit in der Literatur: als Baustein supramolekularer Strukturen, aber vor allem als Ausgangspunkt für weitere Synthesen, nicht zuletzt diejenige von ausgedehnten Helicenen. Ich möchte aber noch eine andere Forschungslinie aufzeigen, denn schon früh zeigten Polarisationsmikroskopie, Differenzialthermoanalyse und Pulverdiffraktometrie, dass alkylsubstituierte HBC-Moleküle diskotische Mesophasen mit einer kolumnaren Überstruktur in der anisotropen Schmelze bilden (Abb. 5.58.) [278].

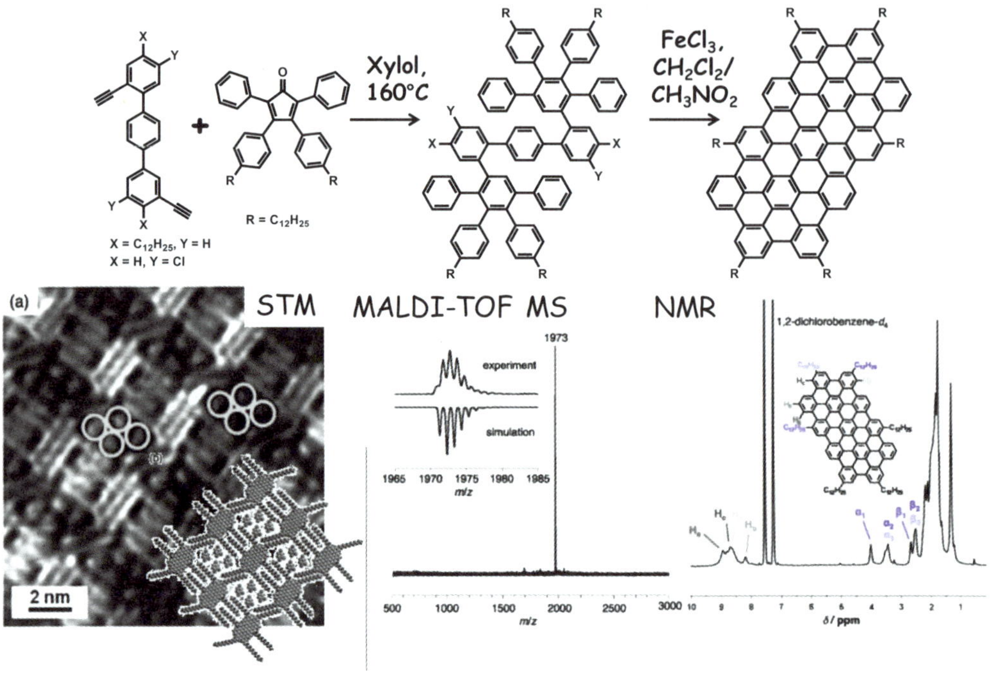

Abb. 5.56. C78-Nanographen in einem Zweistufenverfahren bestehend aus der Synthese eines Oligophenylenvorläufers geeigneter Topologie durch Diels-Alder-Cycloaddition sowie dessen Cyclodehydrierung; X = n-Dodecyl, Y = H; X = H, Y = Cl, R = n-Dodecyl. Der Strukturbeweis beruht auf ^{1}H-NMR-Spektroskopie, Massenspektrometrie und Rastertunnelmikroskopie.

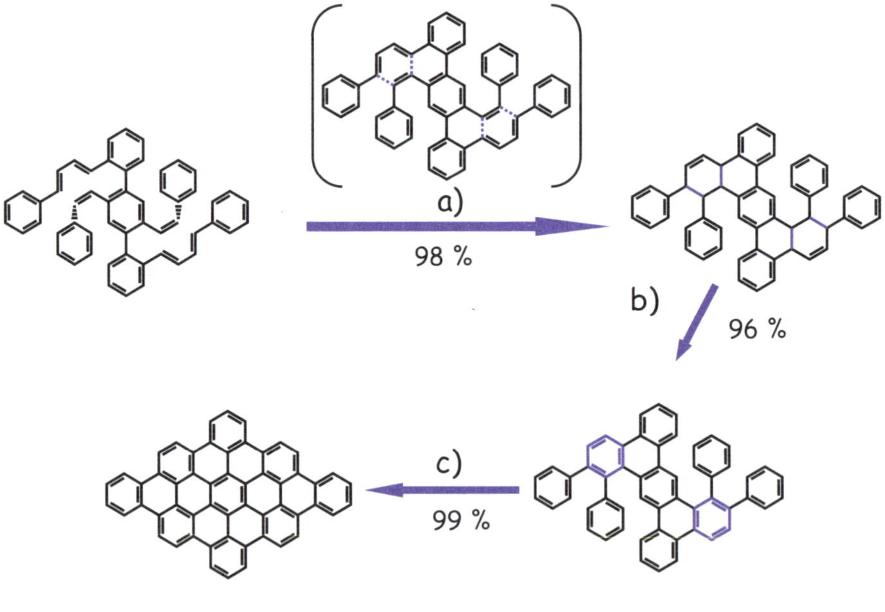

Abb. 5.57. C54-Nanographen in einem Dreistufenverfahren. a) Oligophenylensynthese durch intramolekulare Diels-Alder-Cycloaddition aus Diphenylbutadien- und Stilbeneinheiten; b) Dehydrierung mit Dichlordicyanobenzochinon; c) Cyclodehydrierung des Oligophenylenvorläufers mit $CuCl_2/AlCl_3$.

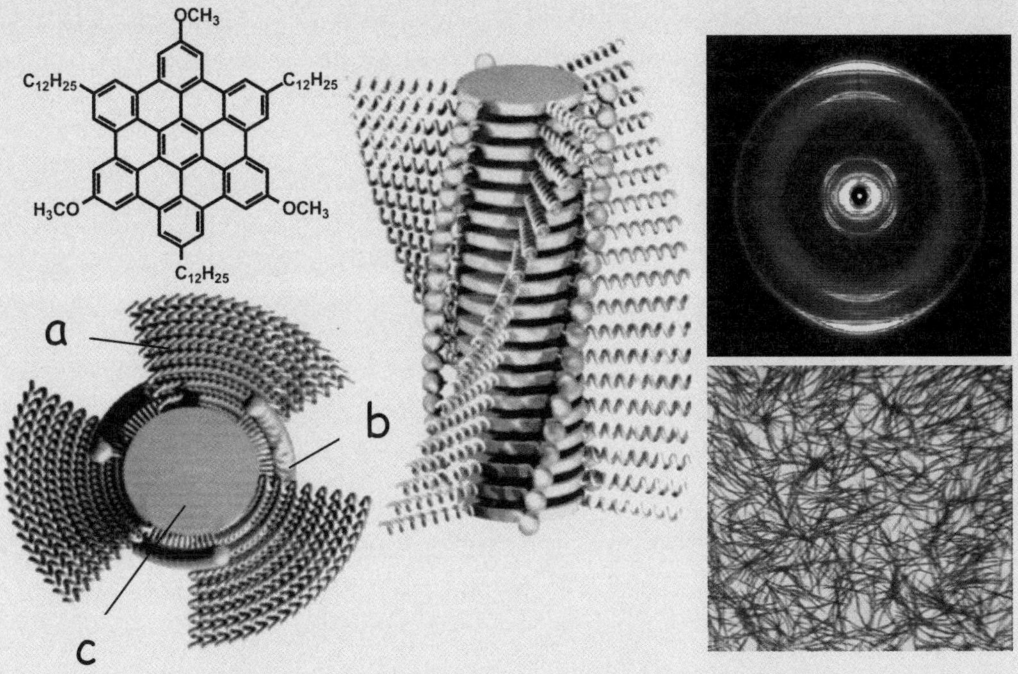

Abb. 5.58. Ein Hexabenzocoronen mit Alkyl- und Alkoxysubstitution bildet diskotische Mesophasen mit kolumnarer Packung der Scheiben und deren Verdrillung um die Kolumnenachse. a) Alkylgruppen; b) Methoxygruppen; c) aromatischer Kern. Rechts: Röntgendiffraktogramm und elektronenmikroskopische Aufnahme der aus Lösung gebildeten Fasern.

Der Pionier, der das Thema flüssigkristalliner Materialien in unsere Gruppe eingeführt hat, ist Mark Watson, jetzt Professor an der University of Lexington in Kentucky. Die Kolumnen erzeugen Ladungstransportkanäle, und dabei können wir die Ladungsträgerbeweglichkeit, von der ja in vielen anderen Zusammenhängen die Rede ist, durch die Größe und Kantenstruktur der Scheiben optimieren. Ich muss Ihnen von einer NMR-spektroskopischen Messung erzählen, die mich damals, es war 2011, besonders beeindruckt hat. Michael Hansen in der Gruppe von Hans Wolfgang Spiess konnte zeigen, dass einzelne Scheiben, manchmal sogar ganze Segmente von Scheiben, aus dem Stapel „hinaus- und wieder hineinhüpfen" können. Genau an diese Diffusion musste ich wieder denken, als im Frühsommer 2024 eine Bandscheibe weit aus meiner Lendenwirbelsäule hinaussprang, aber nicht wieder hinein und deshalb chirurgisch zurückverlagert und mit vielen Schrauben fixiert werden musste. Und das Verrückte war, dass die Bilder beider „Experimente" fast gleich aussahen.

Die Bildung einer flüssigkristallinen Phase und damit einer anisotropen Schmelze ist, was oft übersehen wird, eine Folge der Nanophasenseparation zwischen dem harten aromatischen Kern und der weichen Alkylhülle. Am bekanntesten und von den Professoren Haarer in Bayreuth und Ringsdorf in Mainz auch intensiv bearbeitet war das Hexaalkoxytriphenylen, dessen geordnete anisotrope Schmelze aber nur einen sehr kleinen Temperaturbereich abdeckte. Der große Kern des HBC erhöhte demgegenüber die Stabilität der supramolekularen

Ordnung in der Mesophase und damit das gebildete Temperaturfenster deutlich. Diese Stabilisierung eröffnete uns eine neue Möglichkeit, nämlich eine pyrolytische Umwandlung zu vernetzten Kohlenstoffstrukturen durchzuführen, nun aber im geordneten Zustand der Moleküle. Ein solcher Prozess erinnert an die Bildung einer sogenannten Carbomesophase während der Pyrolyse von Pechen, durch die letztendlich die Anisotropie im final gebildeten Graphit festgelegt wird. Dabei entsteht als Initialphase der Graphitierung oberhalb von ca. 300 °C eine anisotrope Schmelze der PAH-Moleküle, die dann bei der hohen Temperatur zunehmend vernetzen.

In diesen Kontext passt auch die pyrolytische Bildung von Kohlenstofffasern (CFs) aus Polyacrylonitrilen oder ihren Copolyestern. Die technische Bedeutung dieses Prozesses ist enorm, wenn man an die Notwendigkeit denkt, leichte Kunststoffe durch Kompositbildung mechanisch zu verstärken. Eine hohe Kohlenstoffausbeute in CFs statt eines ausgeprägten Verlusts von gasförmigen Abspaltungsprodukten erhält man aber nur nach Präorganisation der Vorläufer in Fasern, die dann einer zweistufigen Pyrolyse unterworfen werden. Pyrolysen, im Volumen mit oder ohne Präorganisation der Vorläufer, ob im dünnen Film oder in begrenzenden Geometrien, haben also für die Gewinnung von Kohlenstoffmaterialien eine immense Bedeutung. Ich betone dies so sehr, weil Molekülchemiker solche Verfahren leicht als undefinierte „Mix-und-back-Prozeduren" abtun mögen. Es gibt aber Techniken wie etwa Elektronenstrahllithographie, Abscheidung von Kohlenstofffragmenten aus der Gasphase oder solvothermale Synthesen, welche Wege zu verbesserter Produktkontrolle für Verfahren unter extremen Bedingungen ebnen. In der Tat, die Gewinnung von Materialien für die Energietechnologie wie etwa Batterien, Superkondensatoren oder Brennstoffzellen kann sich nicht allein auf präzise Molekülsynthesen stützen. Einen enormen Forschungsbedarf gibt es dabei in Bezug auf das Experimentelle, aber auch in Bezug auf die Theorie, denn wir verstehen vielleicht die Gerüstumlagerungen benzoider oder nichtbenzoider Kohlenwasserstoffe, nicht aber die Mechanismen der Produktbildung aus Pyrolysen in kondensierter Phase. Tatsache ist jedenfalls, dass der Verlauf der CF-Bildung mechanistisch noch weitgehend ungeklärt ist. Erinnern möchte ich daran, dass Linjie Zhi durch Pyrolyse von alkylsubstituierten HBCs im dünnen Film graphenische Fensterelektroden als ITO-Ersatz und wesentliches Element von optoelektronischen Bauelementen gewonnen hat. Davon habe ich berichtet. Er hat aber auch analoge Pyrolysen in den begrenzenden Geometrien von Aluminiumoxidporen durchgeführt und die entstehende kolumnare Ordnung der Vorläufermoleküle zur pyrolytischen Bildung ungewöhnlicher Kohlenstoffnanostrukturen genutzt [1124]. Dabei erhielt er Kohlenstoffnanoröhren, deren Graphenschichten senkrecht zur Hauptachse stehen, wie die Ziegel eines Kamins.

Der Übergang von „Superbenzol“ zu „Superacenen“ erforderte zuerst Konzepte zur Gewinnung der nichtplanaren Vorläufermoleküle. Diese Synthesen kann man als eine Art molekulares Lego® mit Benzolmodulen betrachten, zusammengefügt durch Cyclotrimerisierung von Diarylacetylenen oder, wie **Abb. 5.55.–5.56.** und **Abb. 5.59.** belegen, Diels-Alder-Cycloadditionen. Zuerst entstanden also lösliche, verzweigte Polyphenylenmoleküle, die eingehend charakterisierbar waren. Ein Beispiel ist das C222-Polyphenylen in **Abb. 5.59.** Wenn Sie Johann-Diedrich Brand – seit langen Jahren in der BASF – treffen, wird er Ihnen gerne und voller Stolz über sein eingeebnetes C222-Nanographen erzählen. Später haben wir deutlich größere, von Hexaphenylbenzol abstammende Polyphenylene in einer Reihe von C222 über C366 zu C546 gewinnen können [2103].

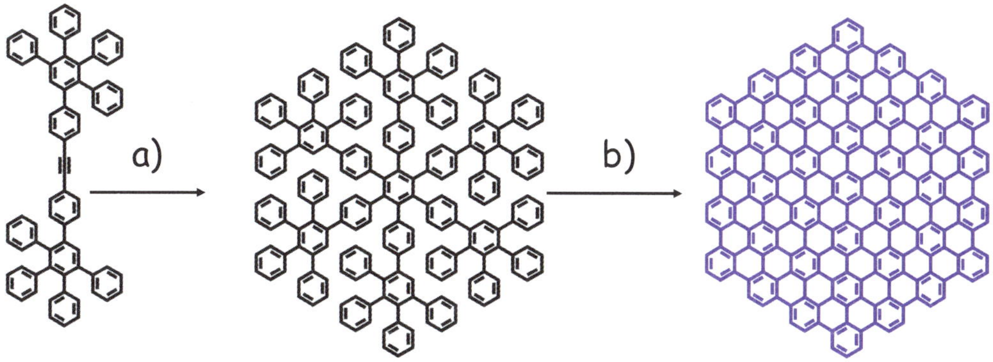

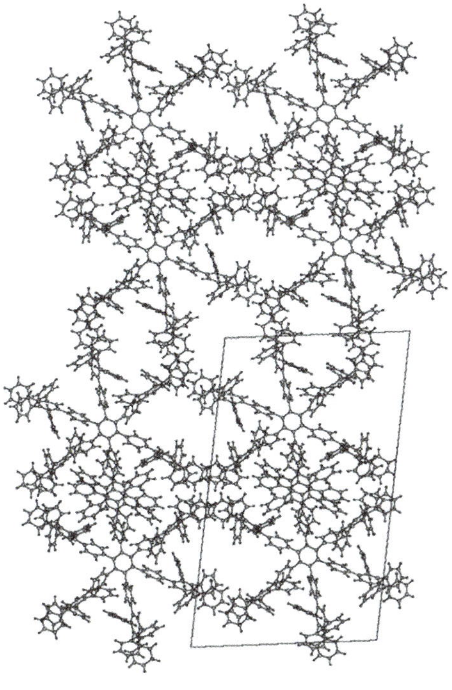

Abb. 5.59. Synthese eines C222-Nanographens. a) Cyclotrimerisierung mit Dicobaltoctacarbonyl; b) Cyclodehydrierung mit $FeCl_3$; Unten: Kristallstruktur des dendritischen Oligophenylenvorläufers.

Abb. 5.60. Intermediat der Cyclodehydrierung des Hexaphenylbenzols bestehend aus einem Pentaphen und einer dazu verdrillten Phenylgruppe. Rechts: dessen zweidimensionales ^{1}H-NMR-Spektrum. Unten: Kristallstruktur eines Pentaphens zum Vergleich.

Die Kristallstruktur des dreidimensionalen C222-Polyphenylens zeigt, dass es aus lauter verdrillten Benzolringen aufgebaut ist und zusätzlich viele Hohlräume entstehen lässt. Hier kommt das eigentlich Überraschende: Die Nanographenvorläufer sind nichts anderes als Polyphenylendendrimere, gebaut um einen Benzolkern mit einer zunehmenden Zahl an Verzweigungsstellen. Stellt man sich nun eine 2D-Projektion des C222-Moleküls vor, dann passt, wenn man die inneren Wasserstoffe entfernen kann, alles in ein C222-Nanographengitter. Und diese Reaktion, eine Cyclodehydrierung, eine Scholl-Reaktion also, gelang durch chemische Oxidation, die wir aber inzwischen auch elektrochemisch durchführen können. Den Mechanismus der molekularen „Graphitierung", die bei diesem konkreten Beispiel in einem Arbeitsschritt 108 Wasserstoffe entfernt, kann man durch eine Sequenz elektrocyclischer Ringschlussreaktionen radikalischer Intermediate beschreiben, gefolgt von dem Verlust der Wasserstoffe als Protonen. Was die schrittweise Einebnung der Phenylgruppen angeht, ist es sicherlich der Erwähnung wert, dass wir bei der Cyclodehydrierung des Hexaphenylbenzols intermediär ein Pentaphen (Abb. 5.60.) isolieren konnten, bei dem eine einzelne verbleibende Phenylgruppe senkrecht zur Molekülebene des aromatischen Kerns steht.

Das Produkt der Vorläuferroute zum C222, einer großen flachen Scheibe, ist in organischen Lösungsmitteln so unlöslich wie der Staub

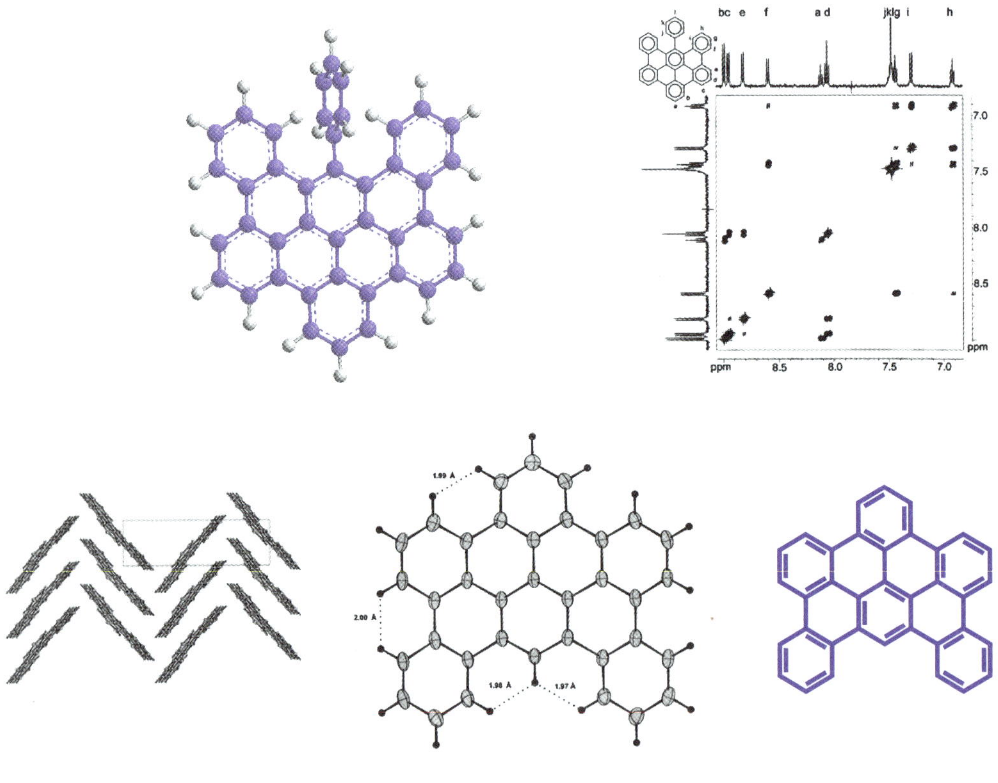

von einem Pflasterstein, was eine Abtrennung nicht quantitativ cyclisierter Nebenprodukte nur durch Extraktion erlaubt. Es müssen also gleichsam alle Ringe in die Ebene passen, und Nebenreaktionen wie etwa eine Chlorierung oder aber eine unvollständige Cyclodehydrierung müssen möglichst vermieden werden. Ich bin froh, sagen zu können, dass unsere frühen Arbeiten zur Nanographensynthese dafür viele erfolgreiche Beispiele hervorbrachten.

Auch hier gilt, Löslichkeit und deshalb Verarbeitbarkeit aus der Lösung lassen sich durch weitgehende Alkyldekoration erbringen, wie es ja Abb. 5.55. – 5.56. belegen. Mein Postdoktorand Yuan-Zhi Tan, jetzt Professor in Xiamen, ist aber einen anderen Weg gegangen. Er hat die unlöslichen Scheiben mit Iodchlorid behandelt und konnte dadurch alle peripheren Wasserstoffe mit Ausnahme besonders gehinderter Positionen durch Chlor ersetzen. Der Mechanismus der Reaktion ist unklar. Man nimmt an, dass Iodchlorid bei erhöhten Temperaturen in Iod und Chlor zerfällt und dass Letzteres in Gegenwart von Aluminiumtrichlorid die Substitution bewirkt. Die voluminösen Chlorsubstituenten erzwingen eine starke Abbeugung der polycyclischen Scheiben. Es ist unglaublich, aber nun fallen diese Diskoten als lösliche Chromophore mit definierter Gerüststruktur an (Abb. 5.61.). Vor allem sind sie kristallin, und die Strukturanalyse liefert genau die Informationen, die wir für große NGs

Abb. 5.61. Behandlung der Suspension der Nanographen-Kohlenwasserstoffe mit Iodchlorid führt zur peripheren Chlorierung (außer in sterisch gehinderten Innenpositionen) und Entstehung löslicher Chromophore. Mitte: Fotos der Lösungen. Unten: Kristallstruktur eines Beispiels.

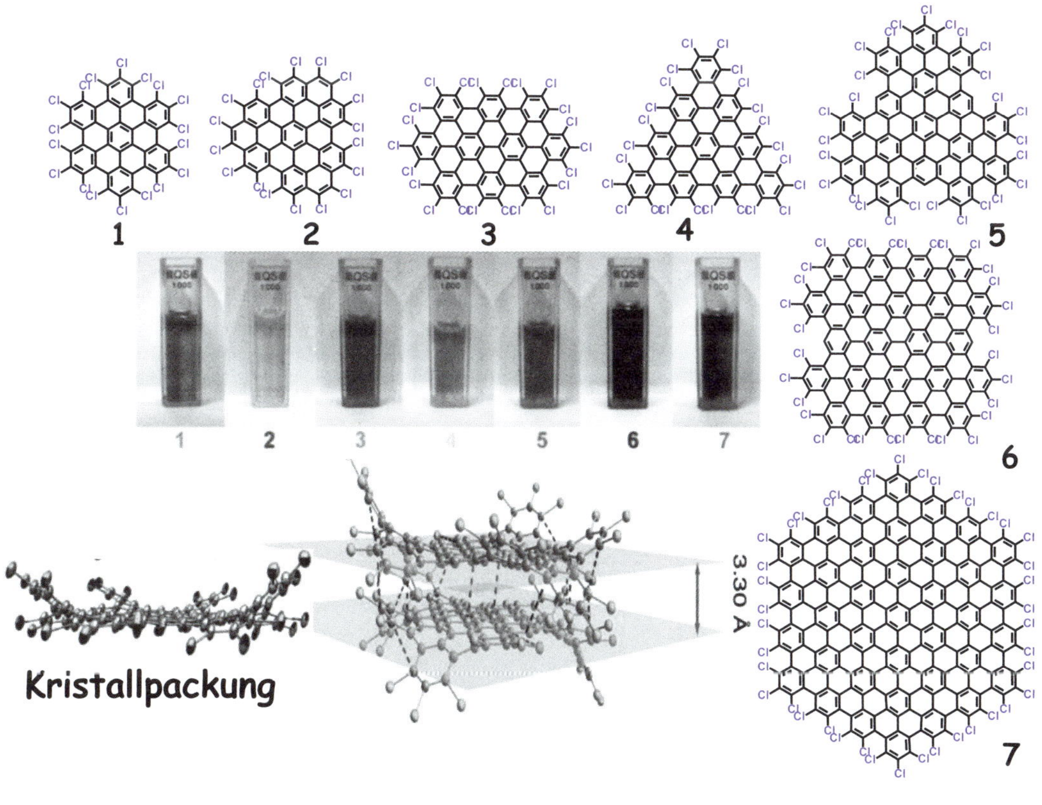

nötig haben: die Bindungslängenalternanz benachbarter C-C-Bindungen, die Art der Abbeugung der Scheiben und nicht zuletzt die Packung der Moleküle im Festkörper [1535].

Diese Wege zu kristallinen NGs beruhen auf vorhergehender Substitution des aromatischen Kerns, entweder durch löslichkeitssteigernde Alkylgruppen oder, wie hier, durch erzwungene Abbeugung der Scheiben. Eine Substitution kann jedoch die Elektronenstruktur der Graphenscheiben massiv verändern. Wie könnte man aber unlösliche Kohlenwasserstoffe einkristallin erhalten? Unser Trick bestand darin, das verdrillte, also lösliche Vorläufermolekül elektrochemisch zu cyclodehydrieren, denn dabei konnte sich das Produkt kristallin auf der Elektrode abscheiden. Genau diese Idee probierten wir in einem Projekt mit Cheng Gu und Yuguang Ma, Professoren an der South China University in Guangzhou, sowie mit Mischa Bonn, meinem Kollegen am MPI-P, für das Hexabiphenylylbenzol (**Abb. 5.62.**) aus, und in der Tat bildeten sich bei dessen Cyclodehydrierung Kristalle des Hexaphenyl-HBC [2117]. Dessen Packung im Kristall ist aufschlussreich, denn die verdrillten Phenylringe verstärken die koplanare Packung der HBC-Kerne. Diese Situation erinnert an die Kristallstruktur des Rubrens, also eines Tetraphenyltetracens, bei der die Messung der Ladungsträgermobilität im FET extrem hohe Werte liefert. Der Grund dafür ist wiederum die besondere Packung der Moleküle im Kristall.

Die Terahertzmessungen am Hexabiphenylyl-HBC in der Gruppe von Mischa Bonn weisen in dieselbe Richtung, nämlich auf den Einfluss verdrillter Phenylsubstituenten auf die Kristallpackung flacher Scheiben und damit verbunden auf eine sehr hohe Beweglichkeit der Ladungsträger. Noch spannender aber war, dass wir anhand von Photolumineszenzmessungen Exzitonendiffusionslängen von weit über 40 nm messen konnten. Dem stehen Literaturwerte von PAHs mit ungefähr 10 nm entgegen. Sie mögen sich daran erinnern, dass optisch angeregte Elektronenzustände, also Exzitonen, in einer Solarzelle zu einer Phasengrenze wandern müssen, an der dann die Dissoziation in Ladungen erfolgen kann, und deshalb ist ja die Reichweite dieser Migration von entscheidender Bedeutung.

Abb. 5.62. Elektrochemische Cyclodehydrierung eines Hexabiphenylylbenzols zu einem Hexaphenyl-HBC. Rechts: dessen Kristallstruktur.

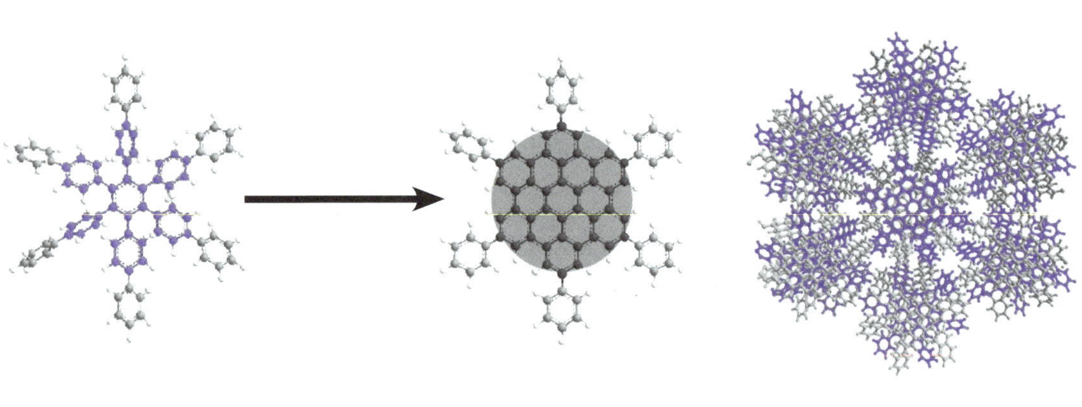

Warum betone ich so sehr den Zugang zu definierten Graphenmolekülen und zu kristallinen Kohlenstoffstrukturen, obwohl ich andererseits auf die Bedeutung pyrolytischer Verfahren und strukturell uneinheitlicher Produkte hingewiesen habe? Bei Licht besehen ist das jedoch kein Widerspruch, es kommt vielmehr auf die angestrebte Funktion des „Kohlenstoffs" an. Zugegeben kennt diese Chemie viele Beispiele, die man bestenfalls als schwarzes unlösliches „Material" bezeichnen würde. Ein derartiger Wortsinn erinnert mich an Sprüche wie „Does not melt and does not dissolve, let us call it material." Übrigens verbinde ich mit der Öffnung der organischen Chemie für die Materialforschung zwei Erinnerungen: das Programm der Volkswagenstiftung zu „unkonventionellen Materialien" und die Gründung der Zeitschrift *Advanced Materials*, deren Gründungschefredakteur Peter Gölitz war. Zu ihrem Erfolg hat nicht zuletzt die Tatsache beigetragen, dass sie anfangs als Anhang der *Angewandten Chemie* Huckepack genommen wurde.

Die Synthese kristalliner „Graphenmoleküle" hat die Kohlenstoffchemie radikal verändert. Mit anderen Worten: Es gibt nun auch eine molekular definierte Chemie von Kohlenstoffmaterialien. Für dieses grundlegende Konzept spricht weiterhin, dass zusätzlich zu unserem Cyclodehydrierungsprozess inzwischen alternative Zugänge zu großen NGs wie etwa durch die Photocyclisierung von stilbenoiden Vorläufern, die Cyclisierung von *ortho*-ethinylsubstituierten Biphenyleinheiten oder weitere Annellierungsverfahren erschlossen worden sind. Die Nanographenforschung, im Sinne unseres Gesamtkonzepts also eine enge Verknüpfung von organischer Chemie und Materialwissenschaften, blüht und gedeiht, und die Bedeutung der Strukturperfektion wird am Beispiel der polymeren GNRs noch viel deutlicher werden.

Die Ausgestaltung des Doppelschritts von Polyphenylenvorläufersynthese und Scholl-Reaktion hat zudem eine reiche Fülle von Strukturvariationen hervorgebracht. Die Vielfalt dieser neuen NG-Forschung, eines noch völlig unumzäunten Feldes mit vielen spannenden Möglichkeiten, möchte ich jetzt an drei Teilthemen belegen: Das erste umfasst die Verknüpfung eines HBC-Derivats mit Porphyrin, das zweite die Abbeugung der Scheiben und das dritte die Erzeugung von Polycyclen mit ungepaarten Elektronen.

Da wir dem HBC zusätzlich Zickzackkanten anfügen konnten, man spricht auch von K-Regionen, war es auch möglich, nach der Verknüpfung mit den *meso*-Positionen von Porphyrin durch Dehydrierung zu fusionieren [1878]. Belohnt wurde diese Synthese nach Abb. 5.63. durch eine starke bathochrome Verschiebung der optischen Absorption, die wir später auch für die photothermale Therapie von Brustkrebs ausnutzten [2184]. Auf polymere GNRs aus Nanographen- und Porphyrinkomponenten komme ich noch zurück.

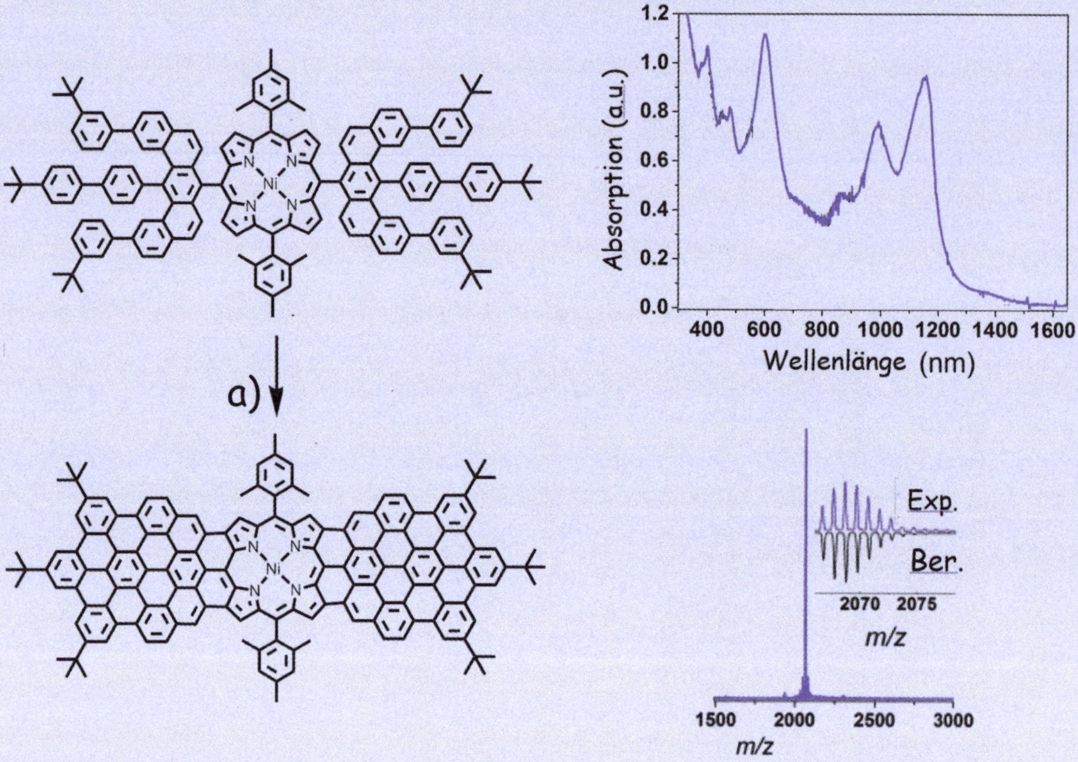

Abb. 5.63. Ein Nanographen-Porphyrin-Hybrid als NIR-II-Chromophor, sein UV-Vis-NIR-Spektrum und sein Massenspektrum. a) DDQ, Methylenchlorid, Trifluoressigsäure, Raumtemperatur, 10 h, 97 %.

Als zweite Aufgabe stellt sich, wie wir uns aus dem 2D-Flachland der NGs in die dritte Dimension von Kohlenstoffnanostrukturen erheben können. E. A. Abbott hat in seiner „Romance of Many Dimensions" vom „Flatland", dem Land ohne Schatten gesprochen [S]. Nichtplanare Helicene werden noch zur Sprache kommen, von Dendrimeren aus gegeneinander verdrillten Benzolringen war schon die Rede. In dieselbe Kategorie fallen solche Vorläufermoleküle, bei denen die Phenylgruppen im Zuge der Cyclodehydrierung eben nicht alle in eine Ebene passen und deshalb bei der Planarisierung übrig bleiben. Es liegt also auf der Hand, Substituenten einzubauen, die aufgrund sterischer Hinderung die vollständige Einebnung zur Scheibenstruktur erschweren oder gar unmöglich machen. Ein erstaunlicher Beleg dafür, was die Scholl-Reaktion bei der Einebnung der Vorläufermoleküle toleriert, ist das Octadecamethoxy-HBC in **Abb. 5.64.–5.65.**, dessen Scheiben laut Kristallstrukturanalyse eine doppelte Schalenform nach oben und nach unten erzeugen und deshalb zu Liganden einer kristallinen Stapelstruktur unter Einschluss von Fulleren C_{60} als Gast werden. Es ist also die Form dieser verdrillten Moleküle, die zu einer perfekten Wirt-Gast-Beziehung führt. Übrigens gehören die Hände in **Abb. 5.65.** zu Zhaohoui Wang (**Abb. 5.66.**), jetzt Professor an der Tsinghua Universität in Peking, er hatte in seiner Postdoktorandenzeit die Idee zu dieser Cokristallisation [867].

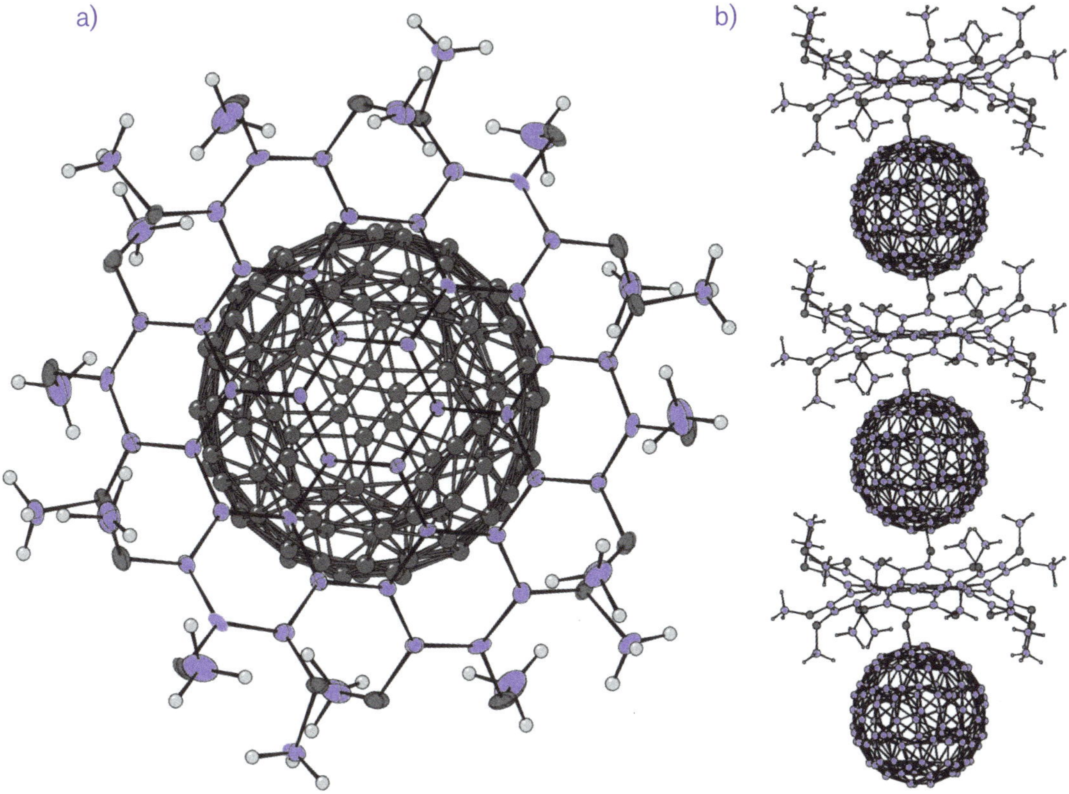

- Fulleren liegt exakt über dem inneren Benzolring des HBC
- Perfekte kolumnare Packung
- Enger intermolekularer Kontakt : 2.95 Å

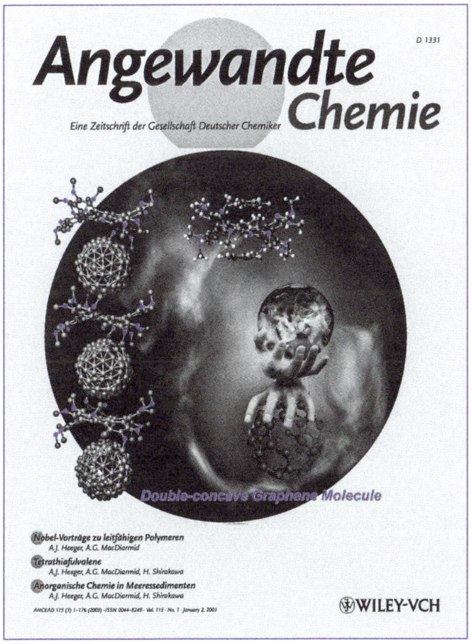

Abb. 5.64. (oben) Kristallstruktur einer Kolumne gebildet aus alternierenden verdrillten HBC-Scheiben und C_{60}-Fulleren. *Angew. Chem., Int. Ed.* **2005**, *44*, 1247, Fig. 4.

Abb. 5.65. (unten) Veranschaulichung der Packung aus Abb. 5.64. anhand des Titelbildes von *Angew. Chem., Int. Ed.* **2005**, *44*, 8.

白家大院
金龍送寶慶平安

Ein alternativer Weg zur Abbeugung der Graphenscheiben ist der Einbau von Fünf- oder Siebenringen in das polycyclische Gitter. Eine schalenförmige Nanographenstruktur hat Yuan-Zhi Tan gemäß **Abb. 5.67.** gewonnen, wobei er zusätzlich ein Loch in die Scheibe „bohrte". Ausgangspunkt ist ein Cyclopenta-*meta*-phenylen, welches den Fünfring des Produkts vorgibt und durch eine fünffache Borylierung funktionalisiert werden kann. Das Überraschende am erweiterten, cyclodehydrierten Polycyclus ist, dass er in Lösung laut NMR-Spektroskopie als Gleichgewicht einer monomeren und einer dimeren Form vorkommt [2020]. Flache Diskoten bilden demgegenüber ja häufig komplexe hochmolekulare Aggregate. „Graphenes with holes" markieren außerdem einen lang gehegten Traum der Materialforscher, weil sie nicht nur neue Wirt-Gast-Beziehungen eröffnen, sondern auch die Elektronenstruktur des Kohlenstoffgerüsts massiv verändern. Hinzufügen möchte ich noch, dass die nichtplanaren NGs auch eine Brücke in die dreidimensionale Welt der Fullerene, Kohlenstoff-Schwarzite, Makay-Kristalle oder Nanosolenoide mit

Abb. 5.66. (gegenüberliegende Seite) Mit Zhaohui (Karl) Wang 2024 in Peking. Warum er nach einem feuchtfröhlichen Abend so streng guckt, kann ich nicht sagen.

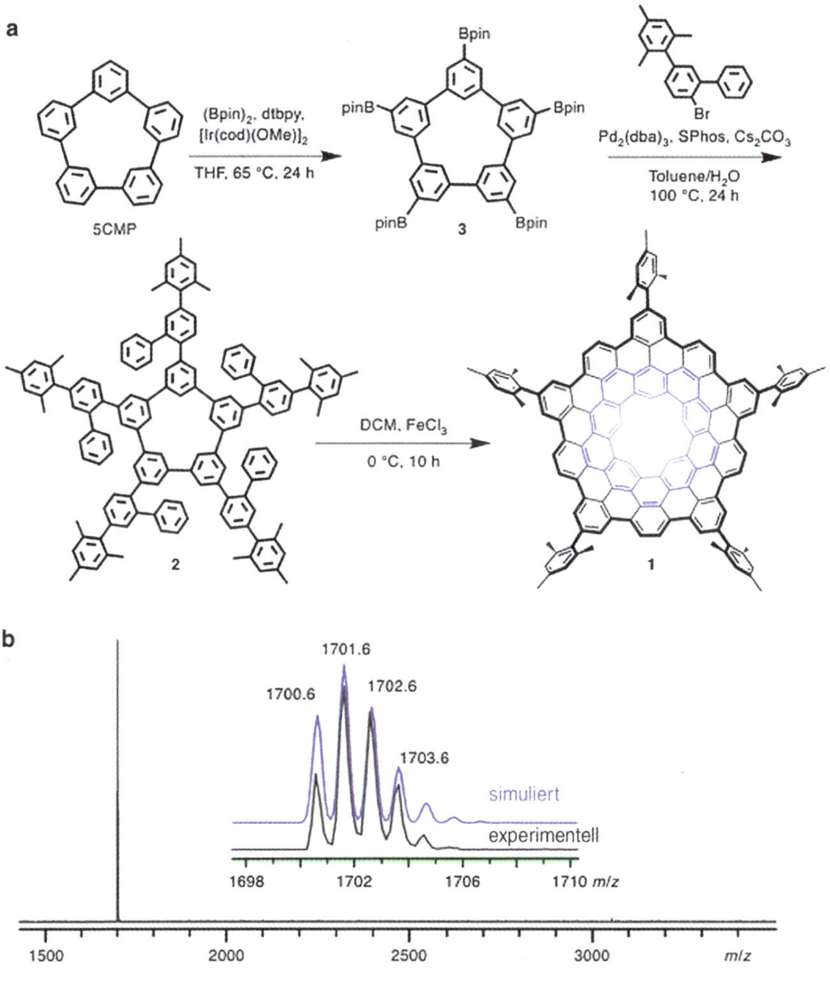

Abb. 5.67. Nichtplanares Nanographen mit „Loch", das in Lösung als Gleichgewicht von Monomer und Dimer existiert. a) Fünffache Borylierung des Kohlenwasserstoffs; b) Suzuki-Kupplung; c) Cyclodehydrierung mit $FeCl_3$.

Riemann-Oberflächen schlagen. Riemann'sche Flächen, der Name geht auf den deutschen Mathematiker Bernhard Riemann zurück, werden je nach Art ihrer Krümmung in drei Untergruppen unterteilt, hyperbolische, parabolische und elliptische. Ihre Behandlung im Rahmen der sogenannten Funktionentheorie geht jedoch weit über meinen Horizont hinaus.

Wir haben durch Arbeiten von Zijie Qiu NGs mit eingeschlossenen Siebenringen und negativer Krümmung gewinnen können [2036]. Erwähnen möchte ich hier mit Respekt die Gruppe von Professor Qian Miao in Hongkong, die auf diesem Feld aktiver war als wir. Diese Ringe mit ungerader Zentrenzahl lassen sich meistens durch eine zusätzliche Friedel-Crafts-Alkylierung herstellen, wie auch wir an mehreren Beispielen gezeigt haben. Ein schönes Beispiel dafür, dass auch Cyclodehydrierungen zu Siebenringen führen können, stammt aus der Corannulenchemie der Professoren Larry Scott in Boston und Kenichiro Itami in Nagoya und jetzt in Tokyo (**Abb. 5.68.**).

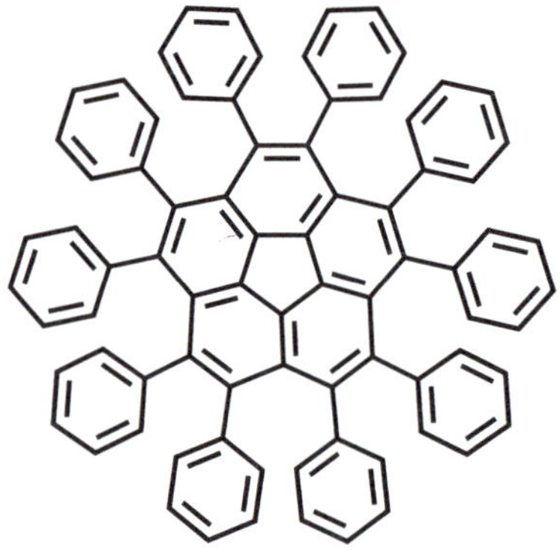

Abb. 5.68. Perphenyliertes Corannulen, das bei der oxidativen Cyclodehydrierung sowohl neue Sechsringe als auch Siebenringe erzeugt.

Ein weiterer Weg zur Abbeugung von NGs beruht auf Helicenen, also PAHs mit *ortho*-kondensierten Benzolringen, deren Chiralität sofort neue physikalische Eigenschaften in den Blickpunkt rückt. Dazu zählen die Emission zirkular polarisierten Lichts, hier insbesondere die Steigerung der Dissymmetriefaktoren durch die Größe des π-Gerüsts, aber auch der von Ron Naaman am Weizmann Institut in Israel eingeführte CISS-Effekt („chiral-induced spin selectivity", CISS) [T]. Danach hängt die Effizienz eines Elektronentransports durch ein Molekül vom Spin des Elektrons und der Chiralität des Moleküls ab. Es liegt also nahe, Helicenkonzepte für die NG-Chemie nutzbar zu machen. Als Beispiel einer ungewöhnlichen NG-Helicen-Synthese möchte ich in **Abb. 5.69.** zeigen, welche Überraschungen die Scholl-Reaktion bereithält. Bei dem Versuch, das dort gezeigte tetranaphthylsubstituierte Terphenyl zu dehydrieren, kommt es nicht zur erwarteten Planarisierung, vielmehr „faltet" sich das Molekül zu einem Doppelhelicen auf, weil die C-C-Bindungsbildungen vom inneren Benzolring des Terphenyls nicht zu den ß-, sondern zu den α-Kohlenstoffen der Naphthylreste führen. Wenn ich an dieser Stelle noch einmal die Restkenntnisse aus den ESR-Arbeiten meiner Doktorarbeit in Anwendung bringen darf, so wird ja oxidativ primär ein Naphthylradikalkation gebildet, dessen höchste Spindichte an den α-Kohlenstoffen entsteht, und dort erfolgt dann die Bildung neuer C-C-Bindungen. Es entstehen bei dieser ungewöhnlichen Scholl-Reaktion zwei leicht trennbare Diastereomere, eines spiegelsymmetrisch, eines zentrosymmetrisch, und nicht überraschend lassen sich im letzteren Fall auch die Enantiomere trennen, weil das starre Doppelhelicen eine Racemisierung ausschließt [1826]. In der unteren Gleichung der Abb. 5.69. ist die Reaktion gezeigt, die sich nach Abscheidung des Vorläufers auf einer Metalloberfläche abspielt. Auf diese merkwürdige Selektivität, die nun aber zur völligen Einebnung des Gerüsts führt, werde ich in **ABSCHNITT 6.2** zurückkommen.

Abb. 5.69. Unterschiedliche Produktbildung bei chemischer Cyclodehydrierung in Lösung mit Diclordicyano-*para*-benzochinon (DDQ) und thermischer Cyclodehydrierung auf einer Metalloberfläche.

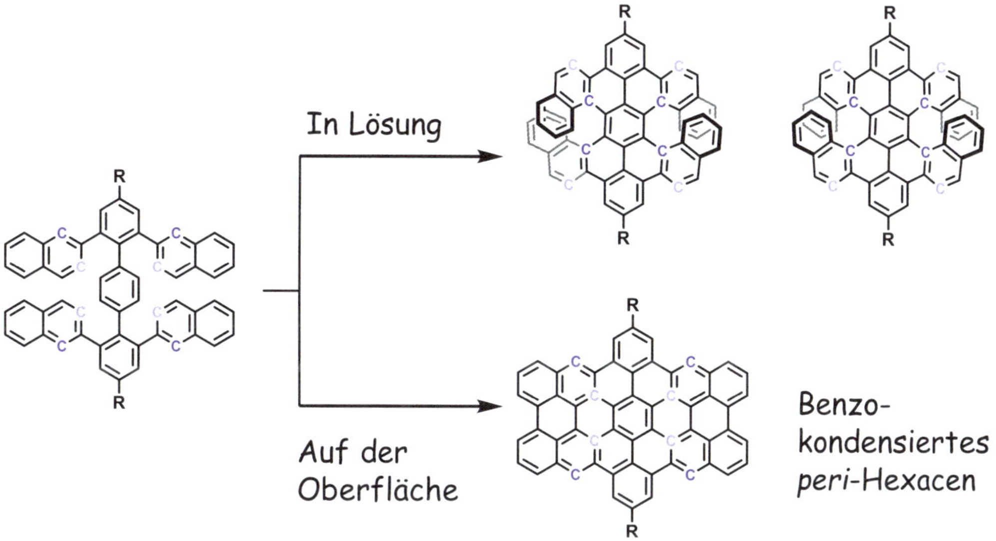

Die dritte aus physikalischer Sicht besonders wichtige Modifikation der Nanographensynthese besteht darin, ungepaarte Elektronen in die graphenischen Strukturen einzubauen, was eine Beziehung zu einem aktuellen Gebiet der Elektronik, der sogenannten Spintronik, und sogar der Physik exotischer Quantenzustände herstellt. Solche Strukturen eröffnen neue Freiheitsgrade für die Informationsverarbeitung, weil man zusätzlich zur Ladung von Elektronen auch Betrag und Richtung ihrer Spins nutzen kann [2180]. Generell lassen sich Spins in Halbleitern am Ort von Defekten erzeugen, was natürlich ein kontrolliertes „defect engineering" voraussetzt. Die Fünf- oder Siebenringe in den Honigwaben der graphenischen Sechsringe kann man als Störung der 2D-Struktur betrachten. Tatsächlich kennt man derartige Abweichungen in Graphen als Kombination von Fünf- und Siebenringen, sogenannte

Stone-Wales-Defekte, oder als topologische Punktdefekte, die dort allerdings im Gerüst migrieren können. Wir haben nach Abb. 5.70. das HBC-Molekül um zwei Fünfringe erweitert, wobei der letzte Syntheseschritt die Oxidation anionischer Cyclopentadienidvorstufen einschließt. Es leuchtet ein, dass dieses Strukturkonzept zu regioisomeren Anordnungen der Fünfringe führen kann [2063]. Deren Vergleich ist deshalb wichtig, weil man dann auch unterschiedliche Beiträge biradikalischer Zustände zur tatsächlichen Elektronenstruktur erwartet – und auch findet. Ein relevanter Faktor für die relative Bedeutung von Biradikal- und Singulettzuständen ist natürlich die Zahl stabiler Sextettstrukturen. Nach demselben Bauprinzip, und das ist sicher noch wichtiger, konnten wir auch Helicene synthetisieren, die zugleich stabile Spins trugen, und erhielten so ideale Objekte für das Studium des CISS-Effekts.

Abb. 5.70. Unterschiedliche Topologien zweier von HBC abgeleiteter Diradikale.

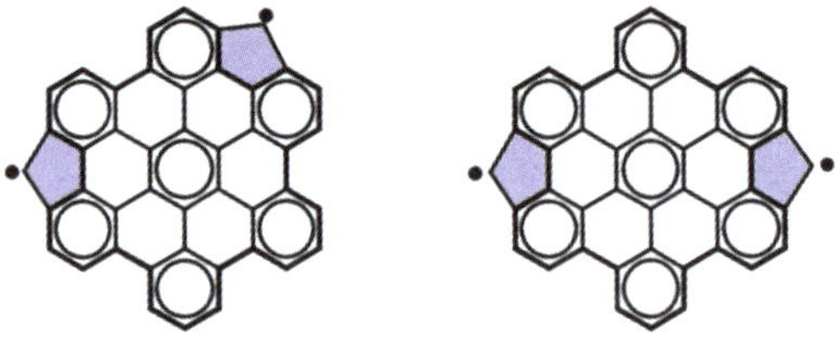

Wahrscheinlich ist Ihnen schon lange aufgefallen, dass ich mich bei unserer Abenteuerreise zu immer größeren Nanographenscheiben weitgehend auf Armlehnenkanten beschränkt habe. Ein alternativer, aber für solche NGs typischer Weg zu magnetischen Zuständen mit separaten Spins ist die Erzeugung von Zickzackkanten, wie sie bisher schon in [n]Acenen, aber auch im Dibenzoovalen vorkamen. Die synthetische Herausforderung der Einführung von Zickzackkanten möchte ich aber noch zurückstellen, denn neben der Kontrolle der magnetischen Austauschwechselwirkung der Spins stellt sich, wenig überraschend, die weitere Aufgabe, die reaktiven, spintragenden Moleküle genügend zu stabilisieren und damit im Bauelement handhabbar zu machen. Zickzackkanten führen zu tiefgreifenden Änderungen der Elektronenstruktur, und deren Entstehung wird ein weiteres Beispiel dafür liefern, wie gezielte Synthese in den Dienst materialwissenschaftlicher Funktionen zu stellen ist.

Die NG-Synthese beginnt ja mit verzweigten Polyphenylenvorläufern, die dann einer Planarisierung durch Dehydrierung unterworfen werden. Die Alternative zu solchen Polyphenylenen (siehe **ABSCHNITT 5.5**) bilden Polyphenylendendrimere, das sind hochverzweigte 3D-Polymere, die nur aus verdrillten Benzolstrukturen bestehen und wegen der dichten Packung der Benzole nicht dehydrieren können, weil diese nicht alle in eine Ebene passen. Es gibt aber eine Art „Zwischenlösung", nämlich Polyphenylene, deren Benzoleinheiten verdrillt bleiben, obwohl aufgrund der Konstitution weitere Dehydrierungen möglich wären.

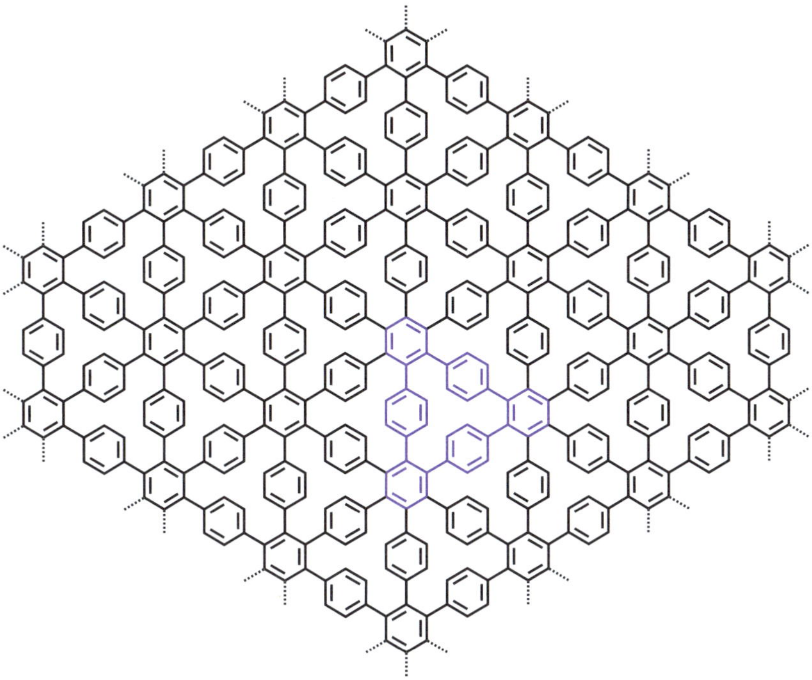

Abb. 5.71. Die hypothetische Strukur des „Graphenylens“.

Abb. 5.72. Ein „Rad mit Speichen“ als Modellmolekül; zur spektroskopischen und mikroskopischen Charakterisierung siehe Abb. 6.6.

Die Abb. 5.71. zeigt als Beispiel eine hypothetische Struktur, das „Graphenylen“, das man im Grunde auch als Graphenvorläufer betrachten könnte. Eine strukturverwandte Modellverbindung ist das „Rad mit Speichen“, dessen Synthese ebenfalls in Abb. 5.72. skizziert ist und das

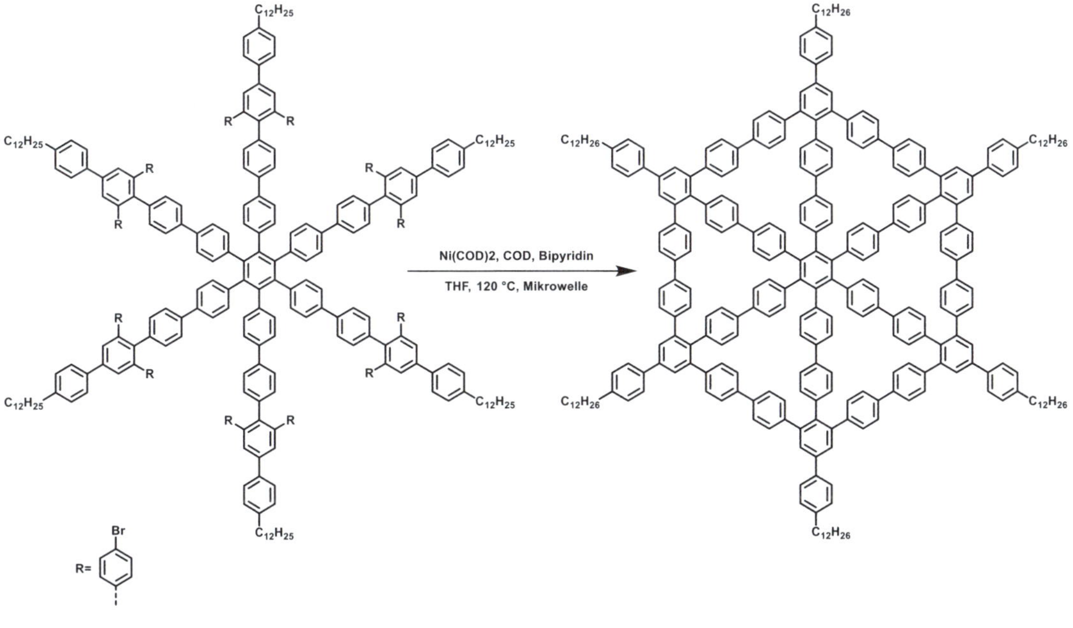

später in Abb. 6.6. durch Rastertunnelmikroskopie visualisiert wird [1768]. Erwähnen möchte ich mit großer Anerkennung, dass der Arbeitskreis von Sigurd Höger an der Universität Bonn ähnliche Verbindungen vorgestellt hat. Eine weitere, dem Graphenylen verwandte, aber noch nicht realisierte Polyphenylenstruktur ist das berühmte kubische Graphit (Abb. 5.73.).

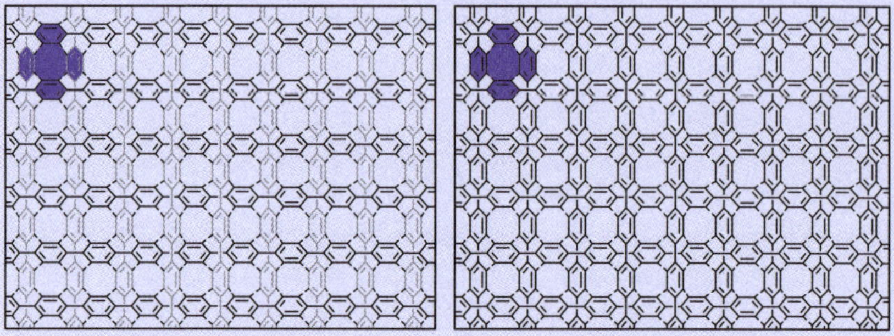

Abb. 5.73.
Hypothetisches kubisches Graphit.

Dieses besteht nur aus Benzolringen, von denen jeder in drei *para*-Phenylenketten eingebettet ist. Alle benachbarten Benzolkerne sind miteinander *ortho*-verknüpft und bilden dabei jeweils Tetraphenylenachtringe. Die so entstehende Struktur enthält keine Wasserstoffe mehr, ist also ein Kohlenstoffallotrop. Sie wirft viele spannende Fragen auf, zum Beispiel nach Elektronentransport und Ioneneinlagerung. Barbara Ejlli hat in ihrer Doktorarbeit als geeignete Modellverbindung ein „Tris-Tetraphenylen" mit dem Ziel synthetisiert, möglichst viele Benzolringe in einem gegebenen Volumenelement zu konzentrieren (Abb. 5.74.) [2126]. Eine zweite Annäherung an nichtdendritische Polyphenylenverbindungen mit dichter Packung von Benzolringen hat Bastian Dumslaff in seiner Doktorarbeit verwirklicht. Es ist das erstmals von Tomohiko Nishiuchi, damals Postdoktorand bei uns und jetzt Professor an der Osaka University, postulierte „Schaufelrad" aus Abb. 5.75., das nur aus kovalent gebundenen Benzoleinheiten besteht und in dem zwei Makrocyclen miteinander verschränkt sind. Die ungewöhnlichen Festkörpereigenschaften dieses esoterischen Kohlenwasserstoffs, etwa bei der Schallausbreitung im Festkörper, kann ich hier nicht weiter ausführen, immerhin zeigt Abb. 5.76. die retrosynthetische Betrachtung, die uns auf die erfolgreiche Darstellung gebracht hat [1820].

Nachdem ich die NGs in ihrer enormen Strukturvielfalt umrissen habe, möchte ich jetzt zu zwei naheliegenden und gleichermaßen bedeutsamen Weiterentwicklungen übergehen, auf die ich schon mehrfach hingewiesen habe. Die eine im folgenden Abschnitt ist die Synthese von GNRs, also von polymeren Analoga der NGs, die andere ist die Synthese von graphenischen Molekülen, also NGs und GNRs, die sich nicht mehr in Lösung, sondern nach Abscheidung geeigneter Vorläufermoleküle auf Metalloberflächen befinden.

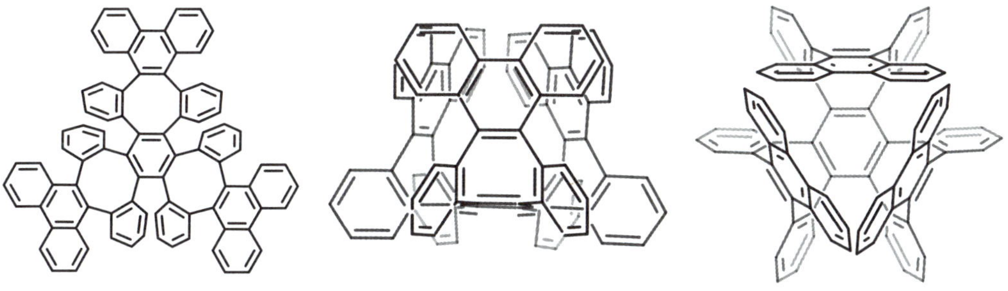

Abb. 5.74. Eine Modellverbindung mit drei Tetraphenylenuntereinheiten und dichter Packung von Benzolringen.

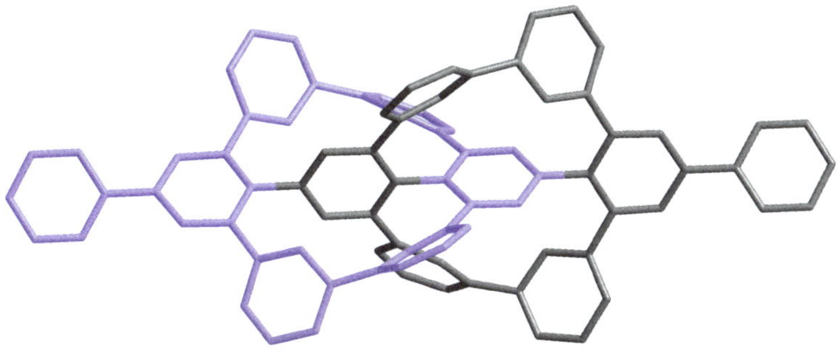

Abb. 5.75. Ein „Schaufelrad"-Oligophenylen.

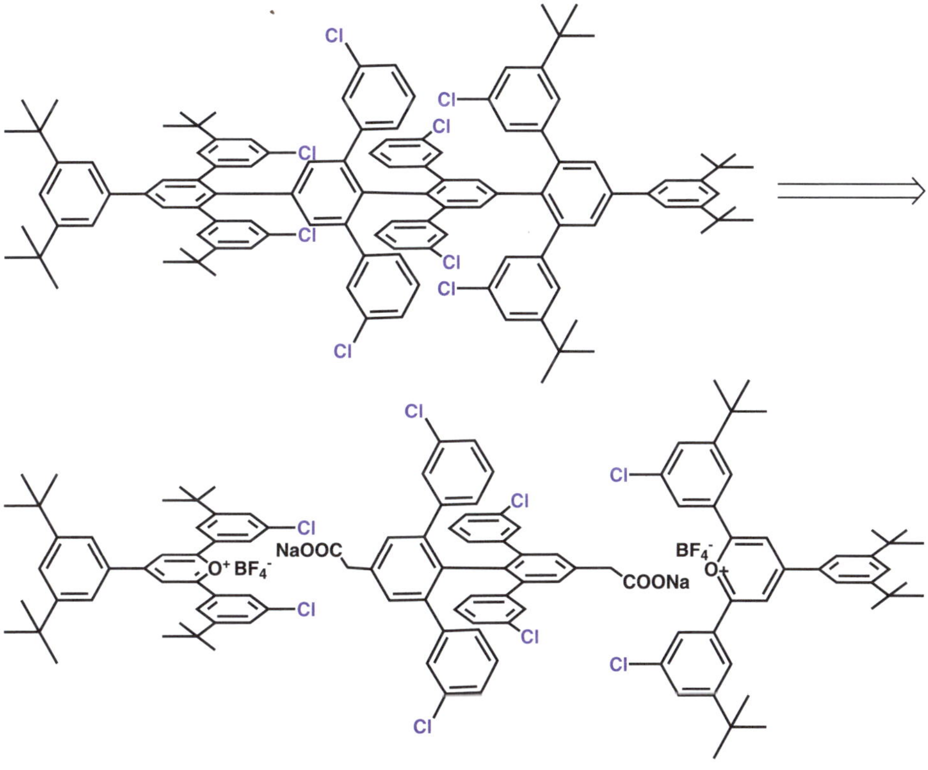

Abb. 5.76. Retrosynthetische Betrachtung.

5.4 Graphennanostreifen – Ketten und Scheiben

Man kann sich GNRs als quasi-eindimensionale Ausschnitte aus dem Graphengitter oder als NGs vorstellen, die in eine Richtung gewachsen sind. In jedem Fall erwartet man von ihnen eine Fülle neuer mechanischer und elektronischer Eigenschaften. Ich hoffe, das Faszinierende an dieser Polymerfamilie vermitteln zu können, muss aber gleich zu Beginn wieder ein Wort für die Chemie einlegen. Materialwissenschaftler und Theoretiker haben die Bedeutung dieser Nanostreifen, man könnte auch von Leiterstrukturen sprechen, früh erkannt [U], und die begründet sich vor allem in einem Nachteil des Graphens selbst: Graphen zeigt eine hohe Ladungsträgerbeweglichkeit, was es zu einem idealen Halbleiter in FETs machen könnte, wäre da nicht seine verschwindende elektronische Bandlücke. Und das führt zu einem Dilemma. Stellt man sich dieses Bauelement als Schalter vor, dann bedeutet eine hohe Beweglichkeit auch eine hohe Schaltgeschwindigkeit. Das zweite Kriterium für die Güte eines FET ist das An-aus-Verhältnis des Stroms, aber als Folge der zu null gehenden elektronischen Bandlücke im Graphen wird immer ein Strom durch den Kanal fließen. Weil man aber kaum mit einem Schalter zufrieden sein kann, der nie „aus" ist – Sie wollen sicher nachts das Schlafzimmerlicht nicht anlassen – muss es darum gehen, eine endliche Bandlücke zu erzeugen und dabei natürlich die Vorteile des Graphens beizubehalten. Das geht prinzipiell durch eine geometrische Begrenzung, wie sie eben ein GNR bietet.

Abb. 5.77. Graphennanostreifen (GNR). Oben: mit Armlehnenkante. Unten: mit Zickzackkante.

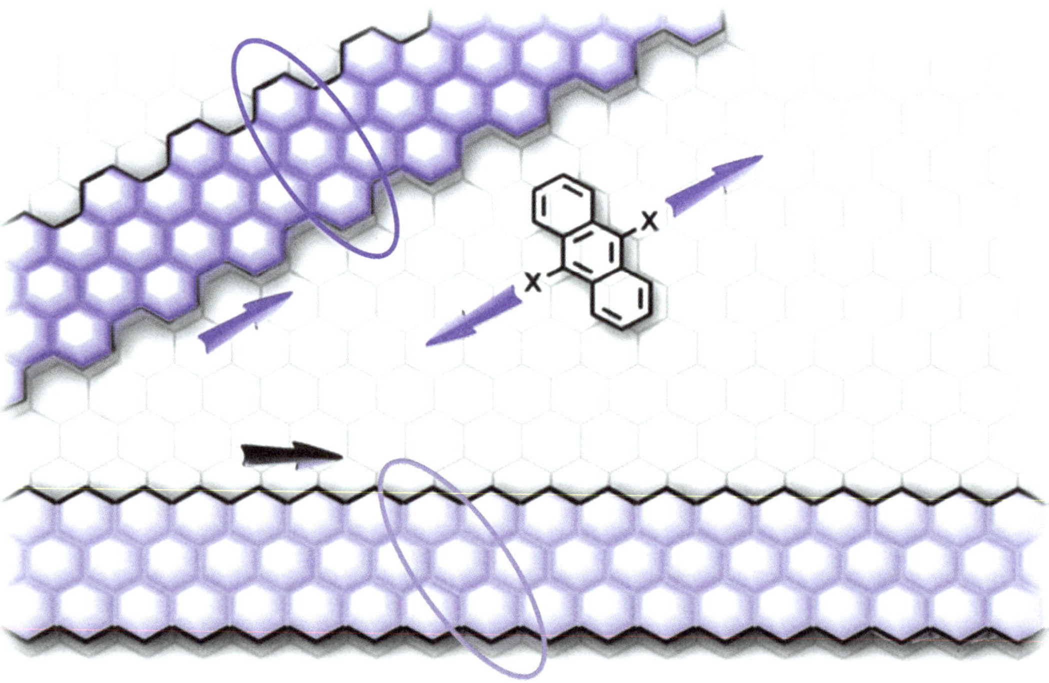

Diese Chance erkennend, haben Materialwissenschaftler GNRs auch hergestellt und waren mit Techniken wie dem lithographischen Ausschneiden von Graphenfragmenten oder gar dem chemischen Aufschlitzen von Kohlenstoffnanoröhren auch erfolgreich. Was dabei jedoch nicht gelang, war die Erzeugung atomar definierter Kanten der GNRs, einer Besonderheit, die sich aber für die Nutzung dieser Strukturen und insbesondere die Erzeugung exotischer Quantenzustände als unerlässlich erweisen wird. Die zentrale Rolle der Physik bei der Aufklärung der elektronischen Bandstrukturen steht also außer Frage, ebenso aber die der Präzisionssynthese als einer weiteren unverzichtbaren Voraussetzung. Auch hier bewährt es sich, die Strukturtreue der organischen Chemie und ihrer Reaktionen für die Polymersynthese so weit wie möglich beizubehalten. Und doch drängt sich eine Frage auf, die ich wieder aufgreifen muss, und zwar, wie man Moleküle von mehreren Hundert Nanometern Länge synthetisieren und dennoch Strukturfehler vermeiden will.

Schaut man sich Polymere wie die in **Abb. 5.77.** an, dann fallen drei Charakteristika auf:

1. Die Länge, man möchte den Streifen lang genug machen, um etwa mit einem einzigen Molekül den Kanal zwischen zwei Elektroden überbrücken zu können.
2. Die Breite, die über die elektronische Bandlücke entscheidet.
3. Die Art der Kante, und diese ist vielleicht das wichtigste, für die elektronische Bandstruktur entscheidende Charakteristikum von allen – wenn man sie denn präzise einstellen kann.

Die **Abb. 5.77.** zeigt eine Armlehnen- und eine Zickzackperipherie, wobei nicht verschwiegen sei, dass es noch eine Reihe anderer Kantentypen gibt. Und wie können solche Polymere hergestellt werden? Der Blick zurück auf die Nanographensynthese und die eingesetzte Vorläuferroute hilft sofort weiter, man muss aber statt von einem Polyphenylen mit einer niedrigen Zahl verzweigter Benzolringe zu einem hochmolekularen Polyphenylen und damit auch zu einem hohen Aspekt-, also Länge-zu-Breite-Verhältnis, als Vorläufer ausgehen. Auf dem Weg zu diesem „Precursor" bietet sich nun dank geeigneter Funktionen wie Halogeniden eine Polykondensation gemäß **Abb. 5.78.** an [1115, 1457]. Man weiß aber, dass dabei hohe Molekulargewichte nur erreichbar sind, wenn diese Funktionen auch komplett erhalten bleiben, also keine Störung der perfekten Stöchiometrie der Partner zustande kommt. Die Abspaltung einer Boronatgruppe bei einer repetitiven Suzuki-Miyaura-Kupplung oder eines Halosubstituenten bei einer Suzuki-Miyaura- bzw. Yamamoto-Reaktion beeinträchtigt jedoch das perfekte 1:1-Verhältnis der Reaktionspartner und mindert das Molekulargewicht des Polymers. Unsere Lösung des Problems war, wie schon so oft, ein AB-System,

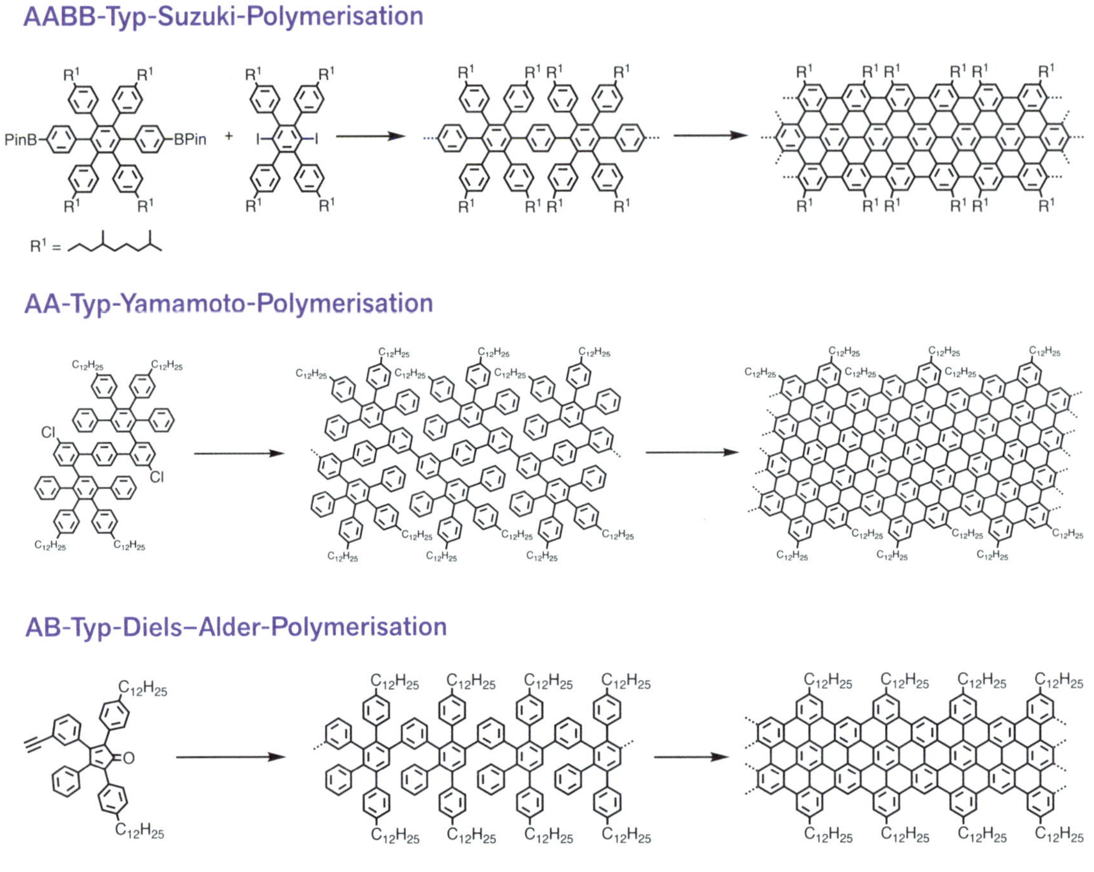

Abb. 5.78. Vorläuferrouten zu Graphennanostreifen; alle Methoden schließen die Cyclodehydrierung eines Vorläuferpolymers ein, der Unterschied ist die Synthese des Vorläufers. Nur das letztere Verfahren liefert extrem hohe Molekulargewichte.

das aus zwei komplementären Funktionen, die während des ganzen Prozesses auch intakt bleiben sollten, besteht.

Zu diesem Zweck ging Akimitsu Narita (Abb. 5.79.), jetzt Professor am Okinawa Institute of Science and Technology, einen ganz besonderen Weg. Er verwendete für den ersten Schritt unserer GNR-Synthese keine Aryl-Aryl-Kupplung, sondern die Diels-Alder-Cycloaddition eines ethinylsubstituierten Tetraphenylcyclopentadienons. Dieses besteht somit aus einer Dienophil- und einer Dieneinheit gleichzeitig, bildet also den angesprochenen AB-Baustein. Bei dessen Cycloaddition wird in jedem Wachstumsschritt ein neuer Benzolring unter Kohlenmonoxidextrusion erzeugt. Eine derartige Umsetzung ist irreversibel und vermeidet zudem als pericyclische Reaktion jeden Strukturfehler. Es mag hilfreich sein, schon an dieser Stelle auf den AB_2-Verzweigungsbaustein in der Synthese von Polyphenylendendrimeren zu verweisen, der eine Dienfunktion und zwei Dienophilfunktionen trägt, und der eine erwünschte baumanaloge Struktur liefern soll.

Abb. 5.79. Akimitsu Narita.

Aber konnten wir uns der angestrebten Polymerkonstitution des GNR-Vorläufers und seines Molekulargewichts sicher sein? Zunächst bestimmte Professor Georg Fytas (Abb. 5.80.), den ich ja schon erwähnt habe, durch dynamische Lichtstreuung am gut löslichen Polyphenylen, also vor der Planarisierung, die mittlere Länge des Makromoleküls zu 600 nm. Diese Länge bleibt ja auch nach der Einebnung erhalten, und das ist wirklich ein sensationell hoher Wert für ein konjugiertes Polymer [1601]. Hier muss aber noch an die „Dekoration" der Ränder erinnert werden. Die Alkylgruppen bewirken durch ihre Raumerfüllung, dass die nachfolgende Cyclodehydrierung aus der erwünschten Konformation abläuft, also zum gestreckten statt zum geknickten GNR führt; sie stellen aber auch sicher, dass selbst das planarisierte GNR noch aus Lösung verarbeitbar ist.

Abb. 5.80.
Georg Fytas.

Deshalb basiert der Strukturbeweis einerseits auf der Raman-Spektroskopie – hier gibt es klare Kriterien für einen polyphenylischen versus einen graphenischen Charakter – und andererseits auf der Visualisierung durch Rastertunnelmikroskopie (STM), betrieben in der Gruppe von Steven De Feyter in Leuven, nach Physisorption der Moleküle an einer Oberfläche. Dabei enthüllt sich aber auch, dass geringe, aber schwer zu quantifizierende Anteile an Strukturdefekten bei der Entstehung der hochmolekularen GNRs auftreten können.

Ich werde auf die Rastersondenmethoden noch zurückkommen, wenn GNRs nicht erst in Lösung, sondern gleich auf Oberflächen entstehen. Übrigens hat Akimitsu, auch Aki genannt, neben der GNR-Synthese viele weitere wichtige Themen unserer Kohlenstoffforschung angestoßen, von denen ich etwa die Verknüpfung der Nanographenchemie mit höchstauflösenden optischen Methoden und die Erzeugung der Helicene nenne. Sein Deutsch ist makellos, seine Frau ist ihm auch die bestmögliche Lehrerin.

Die Forderungen an einen spektroskopischen oder mikroskopischen Strukturbeweis großer und komplexer Makromoleküle steigen natürlich bei unlöslichen Proben, aber selbst lösliche Materialien können aufgrund starker Aggregationsneigung sowohl die Strukturaufklärung als auch eine Verarbeitung deutlich erschweren. So fanden wir beim Hexadodecyl-HBC durch Aufnahme der ^{1}H-NMR-Spektren, dass erst in einer extrem verdünnten 10^{-7}-molaren Lösung wirklich separate, also nicht mehr aggregierte Scheiben vorliegen. Will man die noch viel größeren GNRs mit anderen Halbleitern wie etwa Molybdänsulfid zu einer van der Waals-Heterostruktur zusammenlagern, um daraus zum Beispiel neue Halbleiter für FETs zu erhalten, muss man zuerst das GNR zum Deaggregieren bringen. Eine solche GNR-Monoschicht lässt sich, wie wir in einer Arbeit mit Paolo Samorì und seinem Postdoktoranden Zhaoyang Liu, vorher Doktorand bei uns, gezeigt haben, durch ein Scherexperiment gewinnen [2070]. Wie es bereits aus dem sogenannten

„debundling" von Kohlenstoffnanoröhren bekannt ist, wird dabei die Aggregatdispersion mit Hilfe eines Rotors durch Poren gedrückt, um eine Trennung der Schichten zu bewerkstelligen. Seit seiner Promotion an der Humboldt-Universität bei Professor Jürgen Rabe in Berlin und seit seiner Zeit als Geschäftsführender Direktor am ISIS in Straßburg ist Professor Paolo Samorì einer der uns am engsten verbundenen Kooperationspartner. Die Erklärung dafür ist, abgesehen von dem gegenseitigen Vertrauen und seiner nimmermüden Begeisterung für Forschung, Paolos große Vielseitigkeit, welche supramolekulare Konzepte und nanowissenschaftliche Methoden ebenso umfasst wie die Bauelementfabrikation. Die Freundschaft zu Paolo ist aber auch deshalb etwas Besonderes, weil sie seine Eltern, Claudia und Bruno Samorì, emeritierter Professor der Universität Bologna, einschließt. Gemeinsam haben wir in Straßburg auf Paolo angestoßen, als er zum Offizier der italienischen Ehrenlegion ernannt wurde.

Ein anderes Konzept zur Vereinzelung von GNRs und damit zu echten Quantenexperimenten, zusammen mit den Professoren Xinliang Feng an der TU Dresden und Yiyong Mai an der Shanghai Jiaotong Universität entwickelt, greift nicht auf die Verarbeitung, sondern auf die chemische Variation der Molekülstruktur zurück. Die Alkylgruppen des GNR enthalten nun an ihren Enden Anthryleinheiten (Abb. 5.81.), die ihrerseits einer Diels-Alder-Cycloaddition mit Alkylmaleimiden unterworfen werden. Die so entstehenden, sehr voluminösen Substituenten verhindern nicht nur aus sterischen Gründen die Zusammenlagerung der GNR-Scheiben, sondern erzeugen dank der flexiblen Ketten auch einen weiteren Entropiegewinn bei der Solvatation. Derart zur

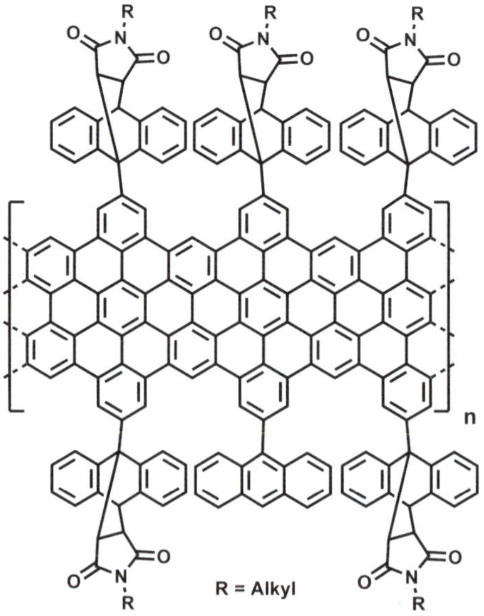

Abb. 5.81. Ein Graphennanostreifen, der aufgrund extrem voluminöser Substituenten sehr gut in organischen Lösungsmitteln löslich ist und deshalb in Lösung als Einzelschicht existiert. Diese Deaggregation ist die Voraussetzung für den Bau eines Feldeffekttransistors, der durch den Coulomb-Effekt eines einzelnen Elektrons geschaltet wird.

Monoschicht vereinzelte GNRs sind die Voraussetzung für eine Messung, die Professor Lapo Bogani von der Universität Oxford an solchen Polymerstrukturen vorgestellt hat. Er baute einen FET, der eine Franck-Condon-Blockade zeigt. Dabei unterdrückt bereits das erste Elektron mit seinem minimalen Coulomb-Effekt den weiteren Ladungstransport im Kanal und schaltet die Leitfähigkeit ab. Ich sage es sehr gerne, dieses Quantenexperiment beruht somit auf molekularer und supramolekularer Präzision, also der weitgehend defektfreien Synthese und der Vereinzelung der Schichten [2139, 2151]. Lapo Bogani ist ein wichtiger Partner, der das Studium der Quanteneigenschaften von GNRs auf dem Weg zu möglichen Quantentechnologien während seiner Zeit an der Universität Oxford maßgeblich geprägt hat. Er stammt aus Florenz, ist aber als Forscher weit herumgekommen.

Zur Universität Oxford muss ich noch eine Information anfügen. Dort liefen unter der Leitung von Andrew Briggs, der den Lehrstuhl für Nanomaterialien innehat, zwei durch den britischen Engineering and Physical Sciences Research Council (EPSRC) geförderte Vorhaben zu „Quantum Effects in Electronic Nanodevices" und „Nanoscale Structure to Nanoscale Function (NS2NF)". Ich arbeitete als Mitglied ihrer Wissenschaftlichen Beiräte mit, wurde aber rasch auch als Forschungspartner eingebunden. Im Rahmen dieser Kooperationen gingen zwei unserer Doktoranden nach Oxford, nämlich Xuelin Yao zu Professor Lapo Bogani und Qiang Chen zu Professor Harry Anderson. Qiang, gerade Professor an der Soochow University geworden, hatte in Mainz, wie ich geschildert habe, Nanographen- und Porphyrineinheiten fusioniert und dieses Know-how, wie gerade gemeinsam publiziert, in Oxford zur Synthese der analogen GNR-Porphyrin-Hybride genutzt. Wir freuen uns über diese ungewöhnlichen Streifenstrukturen, weil sie uns ein Füllhorn attraktiver Eigenschaften bieten. Dazu gehören die optische Absorption im NIR-II-Bereich, eine hohe Ladungsträgermobilität von über 400 $cm^2/V s$, aber auch exotische Quanteneigenschaften wie ein Einzelektronen-FET [2159].

Zurück zur Aggregation von Scheibenmolekülen, die wir ja bisher unterbinden wollten. In die entgegengesetzte Richtung zielend, konnten wir die starke Aggregationsneigung der GNRs auch zur Bildung definierter Aggregatstrukturen in Lösung und im Festkörper nutzen. Die in **Abb. 5.82.** gezeigten GNRs machten wir zusätzlich amphiphil, indem wir an den starren und unpolaren Kern hydrophile Polyethylenglykolketten als Substituenten anfügten. Ich muss hier auf eine detaillierte Diskussion verzichten, aber es ist schon erstaunlich, dass die Elektronenmikroskopie nach Ausfällen der Makromoleküle aus Tetrahydrofuran-Wasser-Lösung bei 10 °C mehr als 10 µm große Rechtecke aus Multischichten, bei 20 °C hingegen 30 µm lange Helixüberstrukturen, also völlig veränderte Aggregate, liefert (**Abb. 5.83.**).

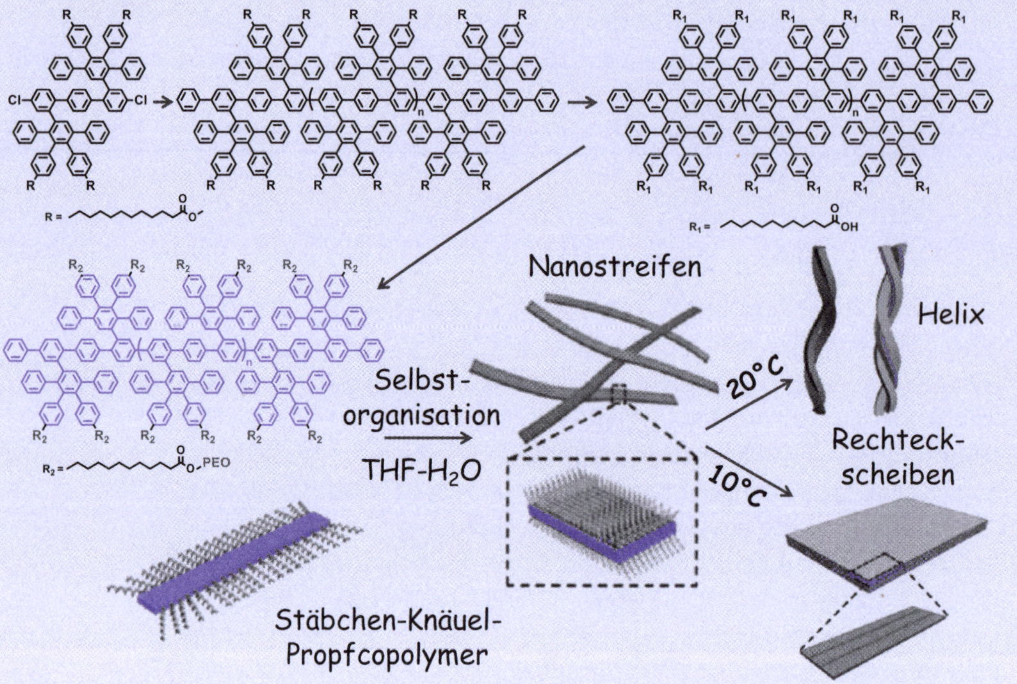

Abb. 5.82. Ein GNR mit polaren Substituenten. Das entstehende Stäbchen-Knäuel-Propfcopolymer erlaubt komplexe Formen der Selbstorganisation. *J. Am. Chem. Soc.* **2015**, *137*, 36, 11602, Fig. 1.

20 °C (> T_c):
Verdrillte Nanostreifen in ~ 30 µm ultralangen Helices

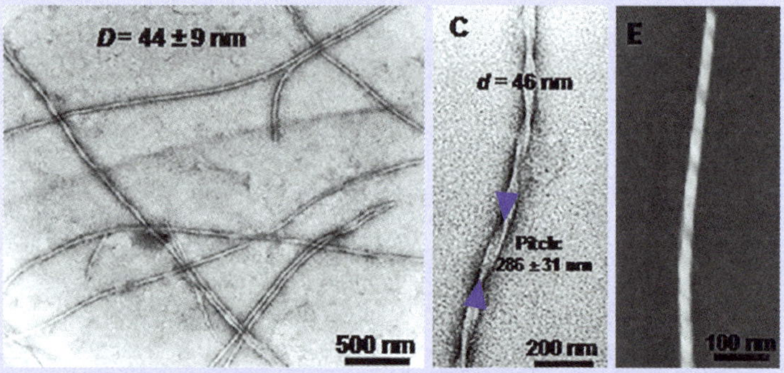

T_c = Kristallisationstemperatur der PEO-Seitenketten

10 °C (< T_c):
Rechteckscheiben mit 10 µm lateraler Ausdehnung

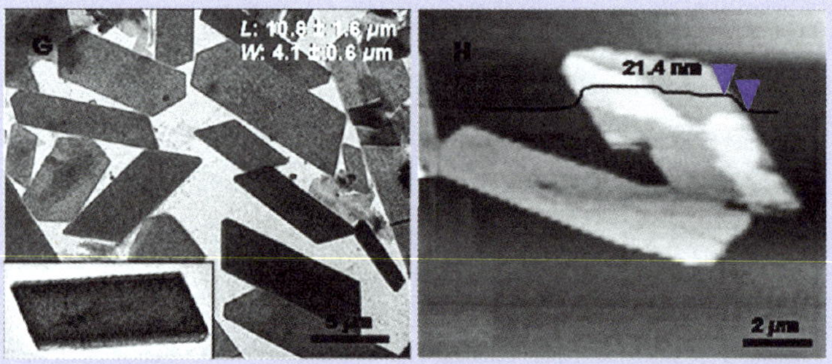

Abb. 5.83. Elektronenmikroskopische Visualisierung der festen Aggregatstrukturen aus Abb. 5.82. *J. Am. Chem. Soc.* **2015**, *137*, 36, 11602, Fig. 2.

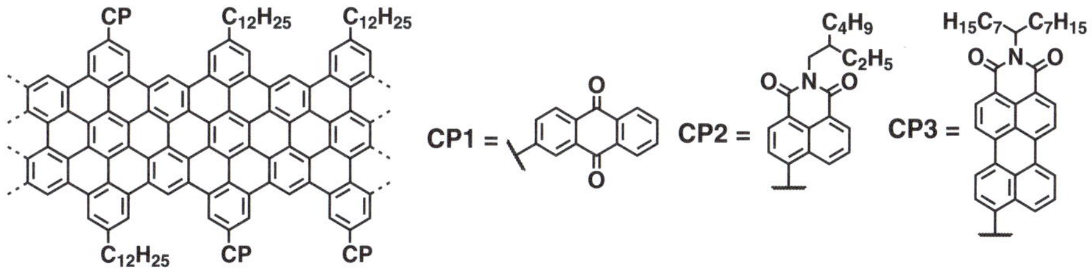

GNR-CP

Abb. 5.84. Beispiele der GNR-Substitution mit funktionellen Gruppen.

Wie auch bei den NGs bietet die zweistufige Synthese der GNRs durch Diels-Alder-Cycloaddition und nachfolgende Cyclodehydrierung des Vorläuferpolyphenylens eine große Zahl von Variationsmöglichkeiten. Genau das ist schließlich eines unserer zentralen Motive, nämlich durch molekulare und supramolekulare Modifikationen neue optische und elektrische Eigenschaften zu generieren. So lässt sich das AB-Monomer der repetitiven Diels-Alder-Cycloaddition in den *para*-Positionen der äußeren Phenylgruppen halogenieren, so dass wir gemäß **Abb. 5.84.** zusätzlich funktionelle Gruppen in die finale Leiterstruktur einfügen konnten. Das können Farbstoffe sein, mit deren Hilfe wir einen intramolekularen Energietransfer möglich machen, es können aber auch stabile freie Radikale sein. Diese Abwandlung wiederum gewinnt eine besondere Bedeutung, wenn wir uns an die chemische Instabilität von Spinzuständen, zum Beispiel in Kantenstrukturen, erinnern. Wenn wir als Alternative, wie in **Abb. 5.85.**

Abb. 5.85. ESR-Doppelresonanzexperiment zum Nachweis hoher Spinkohärenzzeiten eines funktionalisierten Graphennanostreifens; analog zu Abb. 5.81. erfolgt die Funktionalisierung hier mit stabilen freien Radikalen, die Spindichte in den Halbleiter hinein delokalisieren. *Nature* **2018**, *557*, 691, Fig. 2.

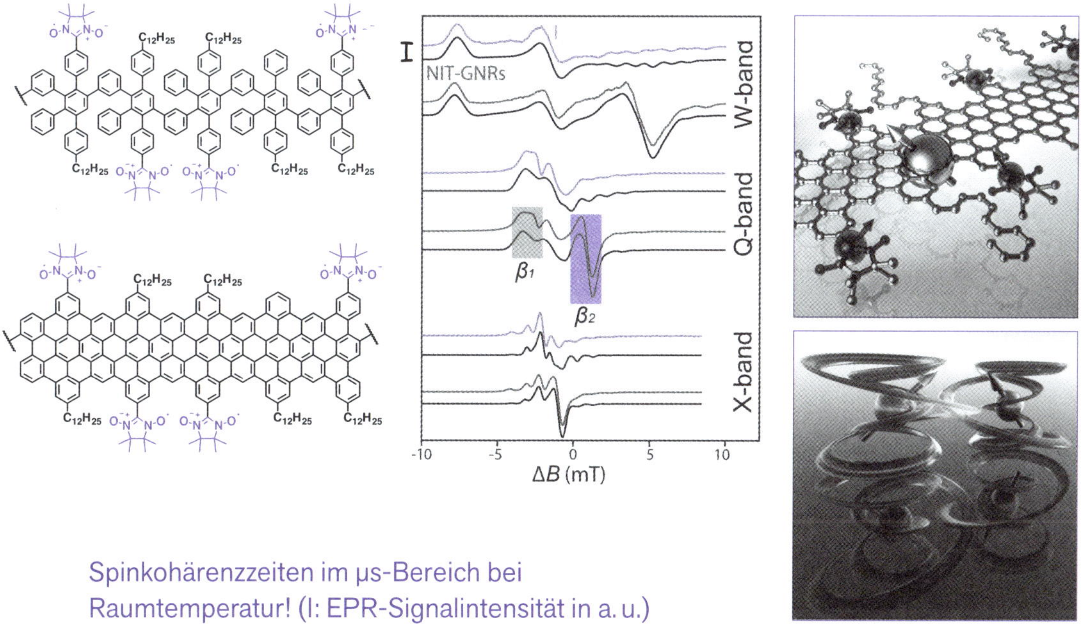

Spinkohärenzzeiten im µs-Bereich bei Raumtemperatur! (I: EPR-Signalintensität in a. u.)

gezeigt, einen stabilen GNR mit spintragenden Einheiten wie Nitronylnitroxiden funktionalisieren, delokalisieren diese einen Teil ihrer Spindichte in den GNR-Kern. Dort lässt sich dann die Spin-Spin-Wechselwirkung ESR-spektroskopisch messen, was Lapo Bogani in einem komplexen Doppelresonanzexperiment auch getan hat [1915]. Um den Hintergrund dieses Projekts zu erklären, muss ich noch etwas ausholen, auch wenn ich mich dabei auf für mich neues Terrain vorwage.

Wenn man die Materie mit quantenmechanischen Prinzipien beschreibt, so spielen drei Phänomene eine zentrale Rolle: der Wellencharakter der Materie, das Superpositionsprinzip und die Verschränkung von Zuständen. Erwähnt sei hier, dass die Nobelpreise für Physik des Jahres 2022 die Charakteristika verschränkter Quantenzustände, zum Beispiel verschränkter Paare von Photonen, zum Gegenstand haben. Die quantenmechanische Überlagerung von Zuständen reagiert ganz empfindlich auf äußere Einflüsse, was für eine hochempfindliche Quantensensorik genutzt werden kann. Ebenso vermag sie auf dem Weg zu einem „quantum computing" die Leistung von Rechnern zu revolutionieren. Ein- und Ausgabe werden klassisch erfolgen, aber der zentrale Quantenrechner kann mit hoher Parallelität die Interferenz von Rechenwegen nutzen. An die Stelle eines Bits als kleinster Speichereinheit tritt ein quantenmechanisches „Qubit", das nicht nur die Zustände 0 oder 1, sondern im Prinzip unendlich viele Zustände annehmen kann. Solche Rechner werden zusätzlich quantentaugliche Algorithmen benötigen, aber eben auch geeignete Materialien zur Darstellung von Qubits. Um dann Fehler bei der Superposition von Qubits zu vermeiden, braucht es zur Fehlerkorrektur eine hohe Phasenstabilität zwischen den Zuständen; man spricht von hohen Kohärenzzeiten. Zentral bei der Nutzung artifizieller Quantenmaterie ist es also, Prozesse zu vermeiden, die zur Dekohärenz führen.

Das kann, stofflich betrachtet, in Anordnungen ultrakalter Atome, in Oberflächen-Ad-Atomen oder in supraleitenden Ringen geschehen. Neuerdings werden als potenzielle Alternativen auch organische Moleküle oder organisch-anorganische Hybride mit spintragenden Untereinheiten, aber auch GNRs mit stabilen Spins diskutiert. Die Selbstorganisation der Moleküle lässt sich zudem durch funktionelle Gruppen steuern, so dass im Prinzip Gitter aus spintragenden Bausteinen mit definierter Austauschwechselwirkung entstehen können. Diese sollten nicht nur auslesbar, sondern nach Möglichkeit sogar schaltbar sein, in jedem Fall aber hätte eine molekulare Basis der Quantentechnologien den Vorteil einfacher Skalierbarkeit.

Lapo Bogani konnte an GNRs Spinkohärenzzeiten im Mikrosekundenbereich bei Raumtemperatur, also nicht mehr bei Millikelvintemperaturen, messen (**Abb. 5.85.**), was den entsprechenden Vielteilchenzuständen natürlich zusätzliche Bedeutung verleiht. Außerdem sollte sich prinzipiell die Zahl der Qubits erhöhen lassen, wenn man unterschiedliche spintragende Untereinheiten an das GNR anheftet. Graphennanostreifen oder Überstrukturen organischer Moleküle auf dem Weg zu Quantenrechnern einzusetzen, wird aber einen viel weiteren Weg als etwa bei Ionenfallen erfordern, weil jene nach der Positionierung eine Adressierung auf viel kleinerem Raum erfordern, und solange dieser Schritt nicht gemeistert ist, ist jeglicher Versuch einer Fehlerkorrektur bei der Superposition noch unrealistisch. Ich werde auf diesen Aspekt zurückkommen, wenn wir GNRs auf Oberflächen erzeugen. Staunend beobachte ich aber, dass Phänomene wie Quantensuperposition nicht nur für Rechner, sondern auch etwa für Spinwellenlogik und für Batterien mit geringem Stromverbrauch diskutiert werden.

In den Synthesen der GNRs profitieren wir von den reichen Erfahrungen, die wir schon bei den strukturverwandten NGs sammeln konnten. Nachdem ich die Verknüpfung der Helicen- mit der Nanographenchemie schon beschrieben habe, liegt es auf der Hand, auch nichtplanare GNRs anzustreben. Die **Abb. 5.86.** zeigt nun, was dafür zu tun ist: Wir verhindern die Ausbildung bestimmter C-C-Bindungen, die zur Planarität

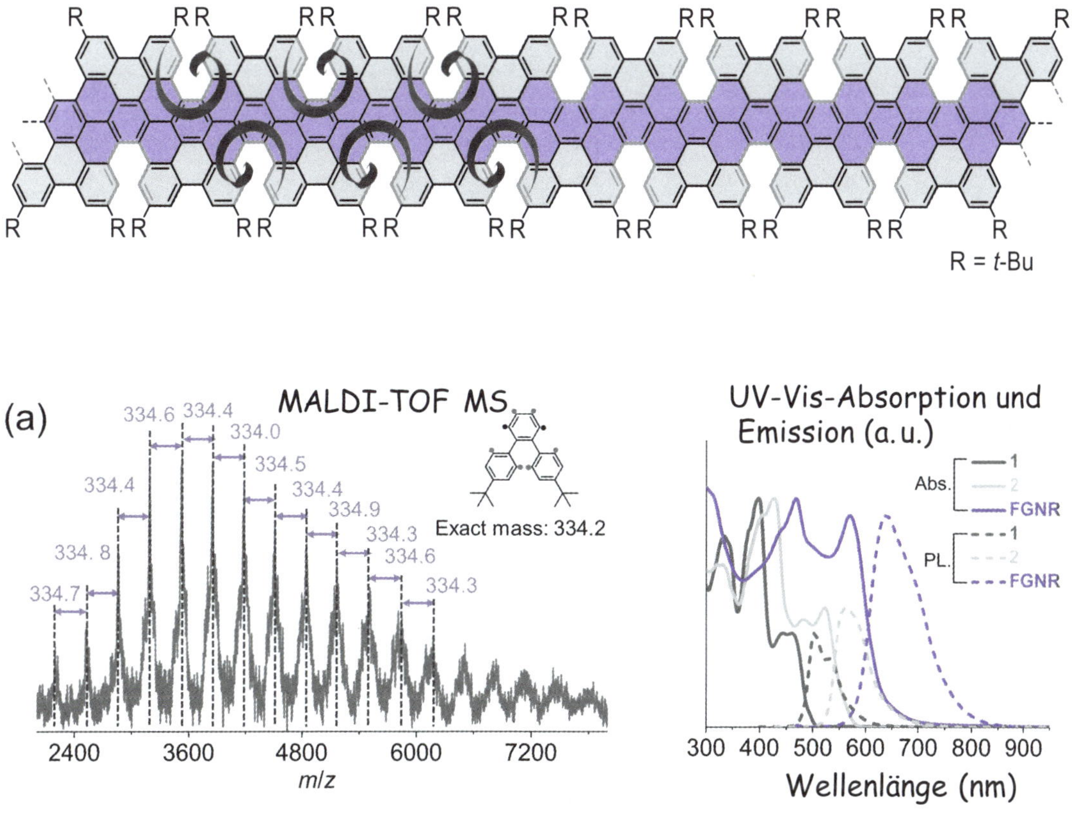

Abb. 5.86. Ein nichtplanarer Graphennanostreifen mit „Auf-Ab-Struktur", bei dem die vollständige Planarisierung durch voluminöse *tert*-Butylsubstituenten unterbunden wird; R = *tert*-Butyl. Unten links: Massenspektrum. Unten rechts: Absorptions- und Emissionsspektren. *J. Am. Chem. Soc.* **2021**, *143*, 5654; Fig. 2).

führen würden, und das gelingt durch *tert*-Butylgruppen in der sogenannten Fjordkante. Natürlich ist es schwierig, in einem Polymer das „Auf und Ab" präzise zu steuern. Deshalb hat Xuelin Yao auch Modellverbindungen synthetisiert, die entweder als ein Monohelicen oder als ein Tris-Helicen zu betrachten sind. Besonders die Kristallstruktur des Letzteren hat eine hohe Aussagekraft, denn sie zeigt anschaulich das Zustandekommen einer „Auf-Ab-Auf"-Struktur [2087]. Der besondere Reiz nichtplanarer GNRs, selbst wenn man vom CISS-Effekt absieht, erschließt sich mit einem Blick auf andere 2D-Materialien. So kommt es beim Graphen zu einer Korrugation, einer Art Wellung, ohne dass man aber die Möglichkeit einer synthetischen Kontrolle hätte. Hier wird sie synthetisch möglich. Ein Seitenblick auf anorganische 2D-Strukturen wie MXene mag hilfreich sein, weil sich dort die Korrugation atomar vielleicht besser steuern lässt. Typische Beispiele solcher MXene sind Molybdän- oder Wolframdisulfide.

Ebenso wie die Synthese der NGs findet auch die der GNRs inzwischen ständig wachsende Aufmerksamkeit in der Literatur. Selbst wenn man die rein synthetische Herausforderung völlig außer Acht lässt, ist der Grund dafür klar: Diese neue Familie quasi-eindimensionaler Halbleiter ist keineswegs nur ein Modell für Graphen, sondern bietet auch funktionale Möglichkeiten, die über diejenigen von Graphen weit hinausgehen!

Ich kann deshalb das Thema der NG- und GNR-Konstruktion nicht verlassen, ohne auf die enorme Dynamik hinzuweisen, die inzwischen in Gang gekommen ist. Auf der Seite der Synthese sind die Fusionierungsreaktionen von fluorierten Oligophenylenen unter HF-Eliminierung zu nennen, die manchmal Vorteile gegenüber der Scholl-Reaktion bieten. Auf der Seite der Strukturvariation denke ich etwa an gezielte Heteroatomdotierung, den Einbau von Löchern, helikale GNRs oder weitere Hybride von Graphen – mit farbgebenden oder spintragenden Komponenten wie das schon genannte Porphyrin. Im Frühsommer 2025 bereiten wir die Publikation eines helicalen GNR-Polymers mit ausschließlich *ortho*-kondensierten Benzolringen vor. Aus supramolekularer Sicht mag die Tatsache Erwähnung verdienen, dass auf dem Weg zu nur aus Kohlenstoff bestehenden elektronischen Bauelementen GNRs statt mit Elektroden aus Metall mit solchen aus Kohlenstoffnanoröhren kontaktiert werden können. Damit verwandt ist der Ansatz der Briggs-Gruppe, Löcher in Graphen zu „brennen", über die dann ein GNR zum Ladungstransport gelegt wird. Und schließlich wird sich die Strukturvielfalt der NGs und GNRs noch einmal erweitern, wenn die neue Synthesechemie auf Metalloberflächen zum Thema wird. Vorher möchte ich aber in ganz andere Richtungen schauen und in den beiden folgenden Abschnitten statt über (2D-)Scheiben über 3D-Strukturen und Nanoteilchen reden.

5.5 Organische Nanoteilchen als Reaktionsräume

Fast jeder hat davon gehört, erst recht nach der Verleihung des Nobelpreises an die Professoren Katalin Karikó und Drew Weissmann. Die bahnbrechende Entdeckung, Messenger-RNA als Wirkstoff von Covid-Vakzinen einzusetzen, setzt voraus, sie vor rascher enzymatischer Zersetzung im Körper zu bewahren. Gelingen kann das durch Einkapselung in Nanoteilchen, deren äußere, wasserfreundliche Hülle durch Polyethylenketten gebildet wird. Und wenn wir gerade bei der Nanomedizin sind: Professor Katharina Landfester am MPI-P hat durch ihre Verfahren der Miniemulsionspolymerisation Nanokapseln zum Einsatz in der Immuntherapie vorgestellt. Sie kann nicht nur Antigene und Adjuvanzien gleichzeitig einbauen, sondern sie kann auch durch die Art der umgebenden Hülle den Transportteilchen einen „Stealth-Effekt" verleihen und sie gezielt zu den Zellen hinführen. Das ist hohe Wissenschaft, gewiss, aber Nanopartikel finden sich auch im Alltag, wer hätte nicht schon wässrige Dispersionen von Farbstoffen an die Wand gepinselt? Über Nanoteilchen von organischen Polymeren zu reden, bedeutet zudem, nicht mehr nur konjugierte Polymere, sondern auch Standardpolymere ins Spiel zu bringen. Nie hätte ich daran gedacht, und nach allen hier beschriebenen Themen erscheint es mir noch überraschender, dass unsere Gruppe einmal Polyolefine, Polyurethane, Polybenzimidazole oder Polyetherketone synthetisieren würde.

Kaum war unsere erste Arbeit zu Polyetherketonen erschienen, stand eine junge Chemikerin aus Kanada in meinem Büro, sie wollte bei uns eine Doktorarbeit zu Polyetherketonsynthesen schreiben, was sie dann auch mit Erfolg zuwege gebracht hat. Ich war begeistert: So weit reicht unsere Wirkung schon. Wie ich kurz nach ihrem Start aber lernte, war ihr wirklicher Grund, nach Mainz zu kommen, dass sie ihrem Freund in Wiesbaden nahe sein wollte, der an ihrer kanadischen Universität ein Praktikum abgeleistet hatte. Liebe und Polyetherketone gehören seitdem für mich zusammen.

Nüchterner betrachtet gibt es zwei Gründe, die meinen Exkurs zu konventionellen Polymerstrukturen verständlich machen. Der erste Grund lag in der Person von Markus Klapper (**Abb. 5.87.**). Er hatte bei Professor Rolf-Christian Schulz promoviert, war dann als Projektleiter mit mir an das MPI-P in Mainz gewechselt und blieb unsere Autorität in Sachen klassischer Polymerchemie. Der zweite Grund hängt mit einer Frage zusammen, die ich anhand konkreter Themen schon diskutiert habe: Sind und waren wir ein Polymerinstitut? Tatsächlich hatte sich unser Institut in seiner Gründerzeit Mitte der 1980er Jahre klare thematische Beschränkungen auferlegt, so etwa in puncto Verfahrenstechnik, Katalyse oder Photovoltaik, und das einfach deshalb, weil solcherart Forschung bereits an anderen Standorten der MPG gut vertreten war. Aber wie es schon im

Abb. 5.87.
Mit Markus Klapper.

kölschen Grundgesetz heißt: „Nix bliev, wie et wor", auch Forschungskonzepte wandeln sich, und Synthese sucht stets neue Abenteuer. Zudem denke ich, dass es einem jungen Forscher, der dem MPI-P entstammt, gut ansteht, Standardpolymere wie Polyolefine nicht nur aus dem Lehrbuch zu kennen, sondern auch gesehen zu haben, wie sie erzeugt werden. Die Entwicklung des Autoklaven, an den ich im Foto quasi pro forma Hand anlege, hat uns allerdings viel Mühe gemacht (Abb. 5.88.).

Es erscheint mir aber unmöglich, über solche Polymere und ihre Synthesen zu reden, ohne kurz auf die weit verbreitete und an Schärfe gewinnende Diskussion zum „Plastik" einzugehen. Die Plastiktüte aus Polyethylen war ja zum Symbol unserer Wegwerfgesellschaft geworden. Aber es war im Grunde eine hoch entwickelte Katalysatortechnologie, welche die Polyethylenfolie, nach Professor Rolf Mühlhaupt ein „schnittfest gemachtes Erdöl", kaum wesentlich teurer machte als das Rohprodukt selbst. Die chemische Industrie insgesamt, die im Übrigen

Abb. 5.88. Autoklav für Polyolefinsynthese, nur Show?

noch in 2021 glänzende Gewinne mit „Polymer-Commodities“ gemacht hat, wird zwar enorm unter der Verteuerung der Energie leiden, wird sich aber ihren Anteil am Erdöl dank dieser Veredelung immer leisten können – eines Erdöls übrigens, das immer noch zu 90 % verbrannt wird und immer noch wesentlich zu unserer Energieversorgung beiträgt, als gäbe es kein Morgen.

Die entsetzlichen Probleme mit der Vermüllung – es tut mir leid, wenn mein Name in dem Wort vorkommt – legen es dringend nahe, zum Beispiel mit dem Verpackungswahnsinn aufzuhören. Es gibt sehr ernstzunehmende Chemiker, die die fortdauernde industrielle Synthese von Kunststoffen sogar als unverantwortlich betrachten. Dagegen steht, dass viele moderne Technologien nach heutigem Kenntnisstand ohne Kunststoffe einfach nicht realisierbar sind, diese also in vielfacher Weise Problemlöser sind. Recycling hat sich folglich zum Schlagwort einer erhofften zirkularen Ökonomie und zum wichtigen Förderthema entwickelt – ja, Recycling – das im Übrigen keineswegs energieintensiv sein muss – ist eng mit der Zukunft der Kunststoffe verknüpft. Und dennoch, es entbehrt des nötigen Realismus, wenn dabei nicht alles Für und Wider kritisch hinterfragt wird. Forschung tut sicherlich not, wenn es darum geht, Kunststoffe, oft auf Langlebigkeit getrimmt, auch abbaubar zu machen. Das kann vor allem durch chemische Mechanismen gelingen, die am Kettenende ansetzen, oder durch Einsatz geeigneter Mikroorganismen.

Der Ansatz, Enzyme zum Abbau von Kunststoffen einzusetzen, hat kürzlich noch eine spannende Weiterentwicklung erfahren. So konnte ein Enzym der Cytochrom-P450-Familie durch gerichtete Evolution so modifiziert werden, dass es sogar die stabile Si-C-Bindung in Siloxanen zu spalten vermag [V]. Das alternative Konzept, die Wiederverwertung der Kunststoffe durch Schreddern und thermische Neuverarbeitung, erzeugt Produkte geringerer Qualität. Und hier wie auch beim Recycling durch Spaltung in die monomeren Bausteine stellen sich unweigerlich die Probleme der Sortenreinheit, der Transportkosten und der Versorgungssicherheit. Vielleicht könnte man wiederum eine Anleihe bei der Biotechnologie machen – und in der Tat sind Polymermischungen katalytisch zu diversen niedermolekularen Säuren oxidiert und dann einem „biological funneling" mittels Bodenmikroben durch Umwandlung in komplexe Polyhydroxyalkanoate unterworfen worden. Im Übrigen bitte ich Sie um Nachsicht, wenn ich an dieser Stelle nicht nur von unserer eigenen Chemie erzähle, sondern auch versuche, den Bogen weiterzuspannen – mit, das muss ich zugeben, persönlichen Meinungen, die durchaus zur Gegenrede einladen sollen. Noch meinungsfreudiger wird mein **SCHLUSSKAPITEL 7** sein. Weil ich aber nicht als Kanzelredner dastehen will, finden Sie als Einladung zu einer fortdauernden Diskussion auch über dieses Buch hinaus meine E-Mail-Adresse am Schluss.

› Links [1].

Es gibt noch einen zweiten Gesichtspunkt, welcher der Diskussion von Standardpolymeren vorauszuschicken ist, und der handelt von der Treffsicherheit industrieller Prognosen. In den 1970er Jahren entstanden in großen Firmen Voraussagen, nach denen sich die Mengenverteilung bei der Kunststoffproduktion weit zugunsten von Spezialpolymeren wie Polyetherketonen oder Polyphenylensulfiden entwickeln werde, sich also eine Pyramide der erzeugten Mengen ausbilden werde, an deren schmaler Spitze die dann selteneren Polyolefine ständen. Die Realität heute sieht ganz anders aus, denn, um im Bild zu bleiben, die Pyramide steht auf dem Kopf. Weiterhin, wenn ich wieder zu den Polyolefinen zurückkehre, galten Metallocenkatalysatoren als die Revolution auf dem Weg zum Maßschneidern von Eigenschaften. So lieferten Metallocene enge Molekulargewichtsverteilungen und erlaubten es zudem, die Taktizität von Polypropylen oder das Ausmaß der Verzweigung von Polyethylen und damit ihre mechanischen Eigenschaften zu steuern. Das katalytisch aktive Zentrum, an das sich ein Olefinmolekül anlagern und dann durch Reaktion mit einem weiteren Olefin wachsen kann, ist ein Metalloceniumkation, zum Beispiel ein Zirconoceniumkation. Natürlich braucht dieses Kation ein Gegenion, toleriert aber keinerlei nucleophile Aktivität. Wichtig war deshalb die Einführung von Methylalumoxanen als Cokatalysatoren durch die Professoren Hansjörg Sinn und Walter Kaminsky in Hamburg, durch welche das Kation „neutralisiert" bzw. stabilisiert und der Prozess technisch praktikabel gemacht werden konnte. Allerdings sieht die industrielle Realität auch hier anders aus, denn diese besteht nach wie vor in der weit überwiegenden Nutzung von Ziegler-Katalysatoren statt der Metallocene. Trotzdem möchte ich Sie jetzt schon auf die Polyphenylendendrimere im folgenden Abschnitt neugierig machen. Diese werden uns erlauben, die Elektrolytfunktionen des Gegenions einzukapseln, sie dadurch nach außen mehr oder weniger unpolar zu machen und letztendlich Metalloceniumkationen zu stabilisieren.

Transition Metals and Organometallics as Catalysts for Olefin Polymerization (eds.: Kaminsky, W.; Sinn H.). Springer, Heidelberg, **1988**.

Es unterbricht zwar den Gang meiner Argumentation, aber ich werde an dieser Stelle kurz auf drei Beispiele von Polymersynthesen eingehen, in denen wir, vielleicht aufgrund mangelnder gedanklicher Vorbereitung oder mangelnden Glücks, nicht erfolgreich waren. Andreas Gügel hatte die Fullerenchemie in unsere Gruppe eingeführt, indem er einerseits durch die Anwendung der Gelpermeationschromatographie eine geeignete Methode zur Isolierung des C_{60}-Fullerens fand und dieses andererseits durch die Diels-Alder-Cycloaddition eines *ortho*-Chinodimethans sehr einfach funktionalisieren konnte. Alexander Kraus entwickelte daraus ein polymeranaloges „fullerene fishing", bei der die reaktiven Dieneinheiten für die Cycloaddition die Seitengruppen eines Polymers bildeten [437]. Eva Harth kam als Doktorandin in die Gruppe und bestand nachdrücklich auf einem „Fullerenthema". Nach der Postdoktorandenzeit im Arbeitskreis von Professor Craig Hawker startete sie ihre akademische Karriere und ist heute Professorin an der University of Houston. Dennoch, die Fullerenthematik hat uns nicht wirklich weitergeführt. Ähnlich ist es uns mit der Verwendung von superkritischem CO_2 als Lösungsmittel für Polymere ergangen, von dem wir uns, angeregt durch Arbeiten von Professor Joe DeSimone, viele Vorteile erhofft hatten. Allerdings erwiesen sich die Löslichkeiten der meisten Polymere als viel zu gering. Schließlich nenne ich noch die Arbeiten von Marco Steenbock, Wiebke Wunderlich und Markus Klapper zur kontrollierten radikalischen Polymerisation. Diese Polymerisation aktivierter Olefine ist die industriell bei weitem wichtigste Synthesemethode. Sie liefert breite Molekulargewichtsverteilungen, was übrigens für die rheologische Charakteristik und Verarbeitung der Polymere nicht einmal unerwünscht ist. Aber die reaktiven Kettenenden gehen im Zuge der Polymerisation vielfältige Nebenreaktionen ein, sie sind deshalb nicht „lebend", erlauben also zum Beispiel keine definierte Endfunktionalisierung und keine Synthese von Blockcopolymeren.

Abb. 5.89.
Krzysztof Matyjaszewski.

Wir haben durch Zugabe freier Radikale eine bessere Kontrolle der radikalischen Polymerisation erreicht und Nebenreaktionen unterdrücken können. Es kommt dabei zu einer reversiblen Bindungsbildung zwischen dem Additiv und dem wachsenden Polymerradikal, wodurch dessen Konzentration im Gleichgewicht deutlich reduziert wird. Dabei konnten wir neben Styrolderivaten auch Acrylate polymerisieren. Das entscheidende Prinzip war die Selbstzersetzung der zugesetzten Gegenradikale, sobald sie bei Abbruch der Polymerisation im Überschuss vorlagen. Dies könnte man als einen selbstregulierenden Prozess betrachten, wie er sonst nur in der Natur vorkommt. Zu einem ähnlichen Zweck haben wir der Polymerisationsreaktion auch Eisensalze zugefügt. Sie erwiesen sich aber als nicht aktiv, denn sie gingen keine Redoxreaktionen mit den radikalischen Endgruppen ein. Das aber war genau die Fähigkeit der Kupfersalze, die Krzysztof Matyjaszweski (Abb. 5.89.), Professor an der Carnegie Mellon University in Pittsburgh und lange geschätztes Mitglied unseres wissenschaftlichen Beirats, nutzte und durch die er seine großen Erfolge in der Kontrolle der radikalischen Polymerisation erzielte. Es gelang ihm, diese mit geringsten Mengen an Kupferzusätzen wirklich „lebend" zu machen und dann in einer breiten Fülle von Propfreaktionen einzusetzen.

Aber nun komme ich auf den Ausgangspunkt, die Nanoteilchen, zurück. Polymersynthesen werden oft nicht im Volumen der homogenen Lösung, sondern in diskreten Teilchen geführt. Das ist für den Eingeweihten nichts Neues, ich erinnere aber daran, dass auch in der organischen Chemie für die Geschwindigkeitssteigerung von Diels-Alder-Cycloadditionen nicht nur Hochdruckverfahren, sondern auch die Durchführung in Mizellen eine Rolle gespielt haben. Ein weiterer wichtiger Aspekt, nennen wir ihn einen Sicherheitsaspekt, besteht darin, dass bei radikalischen Polymerisationen aktivierter Olefine die Reaktionswärme viel leichter abzuführen ist, wenn in wässriger Emulsion gearbeitet wird.

Controlled / Living Radical Polymerization (ed.: Matyjaszewski, K.). American Chemical Society, **2000**.

Die so gebildeten Polymernanoteilchen können am Ende gut verarbeitet werden und haben eine große materialwissenschaftliche und biomedizinische Bedeutung. Im Grunde kann man von einer „Öl-in-Wasser-Technik" reden. Dabei wird die diskrete Phase, also eine Mizelle als Reaktionsraum, gemäß Abb. 5.90. durch amphiphile Emulgatormoleküle gebildet, die ein polares und ein unpolares Ende haben.

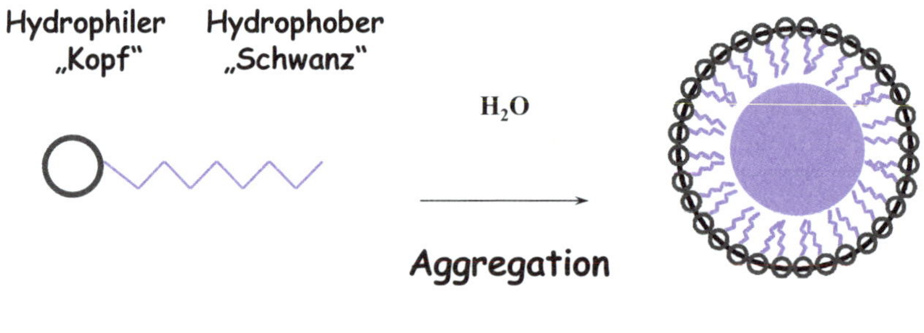

Abb. 5.90.
Mizelle gebildet durch Aggregation eines amphiphilen Moleküls in Wasser.

Ein niedermolekulares Dodecylsulfonat mag als Beispiel dienen, in unseren Händen erwiesen sich jedoch amphiphile Blockcopolymere als viel besser geeignet und waren schon in deutlich geringeren Konzentrationen wirksam. Das hängt, ohne dass ich hier in eine tiefergehende Diskussion einsteigen kann, mit der möglichen Äquilibrierung im Gesamtsystem Solvens, Monomer und Emulgator zusammen [1745].

Wie nach dem vorstehenden Kapitel leicht plausibel wird, wollten wir auch konjugierte Polymere in einer Mizelle synthetisieren. Jedoch würde etwa eine katalysierte Polyacetylenbildung selbst Spuren von Wasser nicht tolerieren. Die Trennung in eine diskrete und eine kontinuierliche Phase, so dachten wir uns, könnte aber auch durch zwei nichtmischbare organische Lösungsmittel, also völlig ohne Wasser, erzielt werden. Die Hansen-Parameter geben eine erste Auskunft über geeignete Kombinationen von Solvenzien. Das ist dann ein „Öl-in-Öl-Prozess", wie er in Abb. 5.91. veranschaulicht ist. Es leuchtet ein, dass die dort auftauchende Komponente A nur in der dispergierten Phase löslich sein darf.

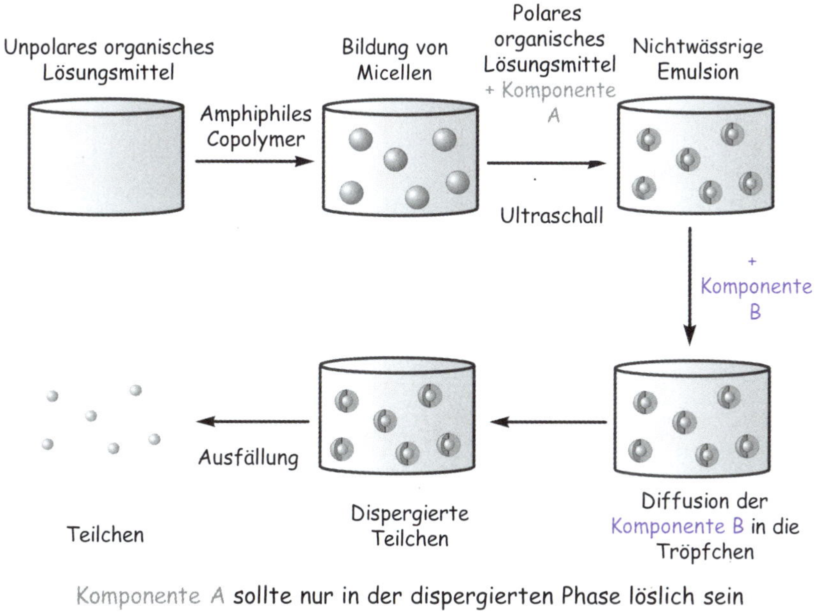

Abb. 5.91. Das Prinzip der Öl-in-Öl-Miniemulsionspolymerisation.

Die Partikelbildung benötigt natürlich auch hier den stabilisierenden Effekt von Emulgatoren. Visuell veranschaulicht wird das Ganze in Abb. 5.92.: Dimethylformamid und Hexan mischen sich nicht, ein Farbstoff löst sich nur in ersterem Solvens, und die Bildung der Emulsion – mitsamt homogener Verteilung des Farbstoffs – erfolgt dann durch die Zugabe des Amphiphils.

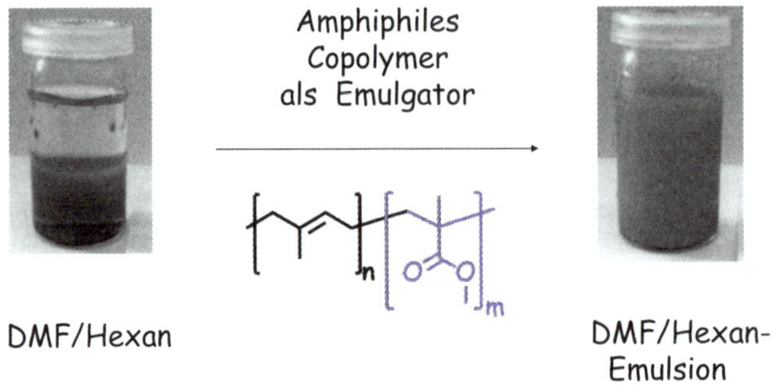

Abb. 5.92. Beweis für die Bildung einer DMF-Hexan-Emulsion durch Anfärben mit einem DMF-löslichen Farbstoff.

Abb. 5.93. Monomere, die in wässriger Emulsion polymerisiert werden können – oder nicht.

Es gelang uns in der Tat, Partikel nicht nur von konjugierten Polymeren, sondern auch von Polymeren wie Polyurethan zu synthetisieren, deren Monomere mit Wasser sofort hydrolysieren würden (**Abb. 5.93.**) [1006]. Noch bedeutsamer war unser Verfahren der nichtwässrigen Emulsionspolymerisation für die Synthese von Triblockcopolymeren aus einem inneren Peptidblock und zwei äußeren Polylactidblöcken, wie sie Robert Dorrestejin während seiner Doktorarbeit zusammen mit Markus Klapper gelang. Er führte die ringöffnende Polymerisation eines Lactids mit einem Peptid als bifunktionalem Initiator durch, der an den Enden Hydroxylfunktionen trug. Diese durch ein stabilisiertes Carben katalysierte Reaktion wäre wasserempfindlich, gelang aber wiederum in einem Öltröpfchen. Die resultierenden Nanoteilchen

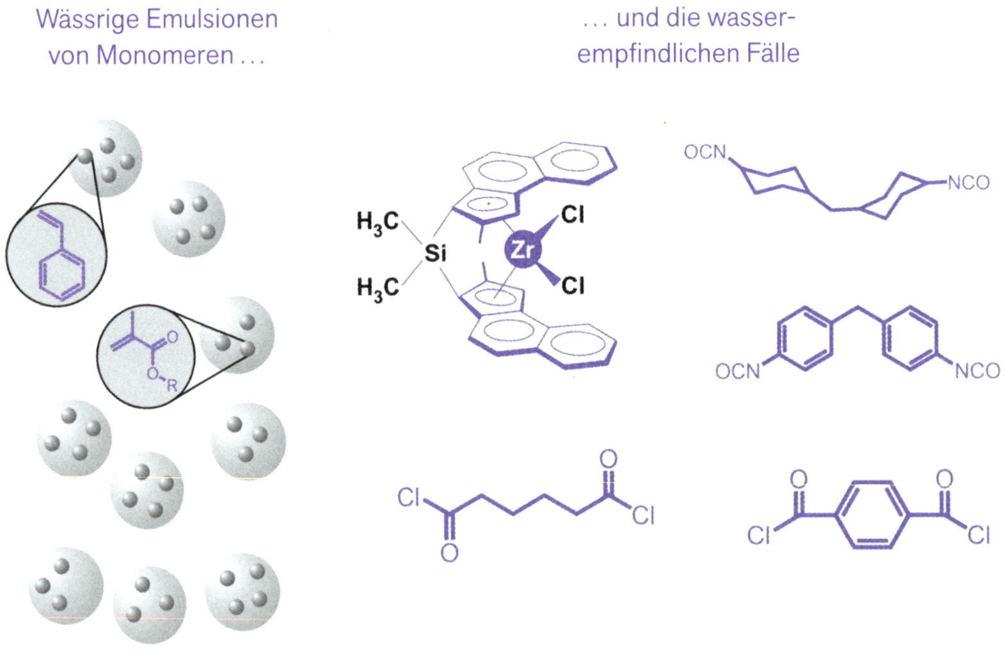

konnten (Abb. 5.94.) dann ohne Aggregation in die wässrige Phase überführt werden. Die innere Peptidsequenz aus den Aminosäuren Pro-Leu-Gly-Ala-Gly war so gewählt, dass sie von einem Enzym gespalten werden konnte – einem Enzym, das in Tumorgewebe überexprimiert wird. Mit dem Aufbrechen der inneren Peptidsequenz zerlegte sich auch das Nanoteilchen und setzte dadurch Wirkstoff frei, der vorher in den Polylactidketten gespeichert worden war. Den Gesamtprozess konnten wir durch Einkapselung und Freisetzung von Farbstoffen mittels Fluoreszenzmikroskopie sichtbar machen [1568].

Eine etwas andere Bedeutung erhält das Gegensatzpaar von Reaktion in homogener Lösung und Reaktion in begrenzenden Geometrien bei der Synthese von Polyolefinen, für welche ich ja schon die bedeutsame Rolle der Metallocenkatalysatoren angesprochen habe. Die Polymerisation in homogener Phase verläuft zwar schneller als in heterogener Phase, ergibt aber unregelmäßig geformte Partikel, die bei der thermischen Verarbeitung einer Extrusion nicht zugänglich sind. Das Polyolefin muss für diesen Prozess nämlich dicht und schüttfähig anfallen. Deshalb wird der Katalysator auf einen Träger, etwa Kieselgel- oder Polystyrol (PS)-Teilchen, aufgebracht. Um den Träger herum bildet sich dann als Replika eine initiale Polyolefinschicht, die aber, wie Professor Gerhard Fink in schönen kinetischen Studien gezeigt hat, den weiteren Zutritt von Monomergas zum Katalysator versperrt. Es kommt zu einer Induktionsphase der Polymerisation, die erst zu Ende geht, wenn das Katalysator-Träger-System

Abb. 5.94. Nanoteilchen gebildet aus dem Triblock-Copolymer eines zentralen Peptidblocks und zweier terminaler Polylactidblöcke.

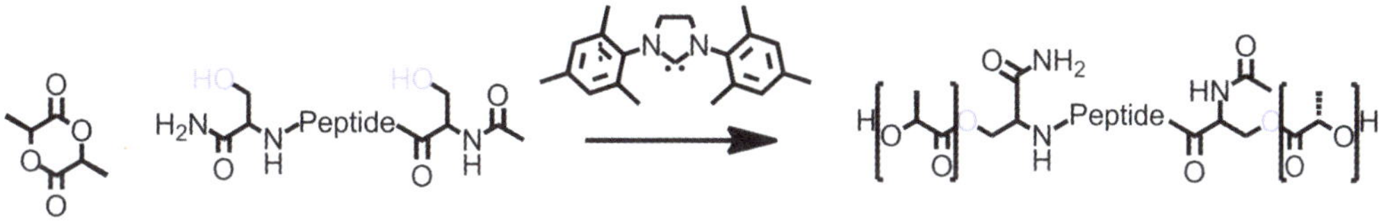

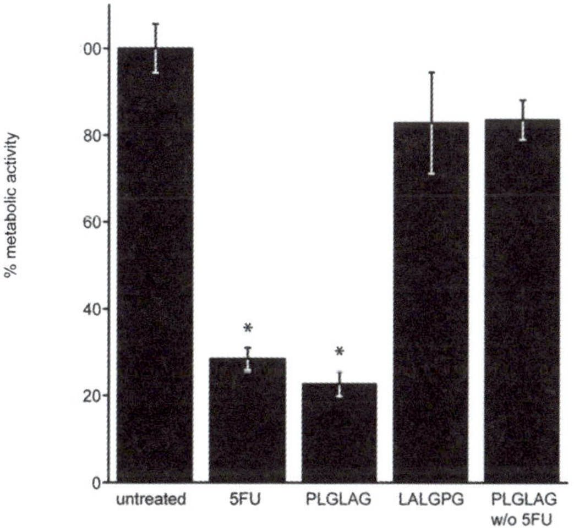

Lebende Zelle (mit Calcein-AM)
Tote Zelle (mit Gethidium-Homodimer)

[561] Koch, M.; Falcou, A.; Nenov, N.; Klapper, M.; Müllen, K.: Reversibly cross-linked networks of nanoparticles in metallocene-catalyzed olefin polymerization. *Macromol. Rapid Commun.* **2001**, *22*, 17, 1455 – 1462.

fragmentiert und die Hülle aufbricht. Hier gilt es deshalb, die Balance zwischen Stabilität und Fragmentierbarkeit der Teilchen zu finden. Wir entwickelten zwei Lösungen für dieses Problem. Die eine ging davon aus, dass Cyclopentadien zwar durch eine Diels-Alder-Reaktion dimerisiert, aber das Dimer thermisch wieder fragmentiert. So lag es nahe, PS in den Seitenketten mit Cyclopentadienylresten zu funktionalisieren. Deren Diels-Alder-Cycloaddition bewirkte eine Vernetzung der Ketten und bildete dadurch die Trägerpartikel, während die Reaktionswärme der Polyolefinbildung zur Fragmentierung der Nanopartikel und Freisetzung des Katalysators führte. Und die Idee funktionierte [561].

Ein anderer Ansatz, derart responsive Trägerpartikel zu gewinnen, beruhte auf der Synthese vom Kern-Schale-Partikeln, etwa 100 – 200 nm groß, die aus einem Polystyrolkern und einer Polyethylenoxidschale bestanden. Diese vernetzten sich unter der Wirkung von zugesetztem Methylalumoxan zu ca. 60 µm großen Sekundärteilchen, die als poröse, gut fragmentierbare – weil nicht kovalent gebundene – Träger für das Metallocen dienten. Gerne verweise ich an dieser Stelle auch auf die Markierung der Träger mit unseren Farbstoffen, denn es war die konfokale Fluoreszenzmikroskopie, die uns erlaubte, die Fragmentierung des Trägers anhand der Farbstoffverteilung im Produkt detailliert zu verfolgen. In wieder einem anderen Ansatz haben wir Metallocenkatalysatoren in das Innere hohler Kieselgelteilchen eingelagert, wobei in diesem Reaktionsraum gemäß Abb. 5.95. die Polymerisation von

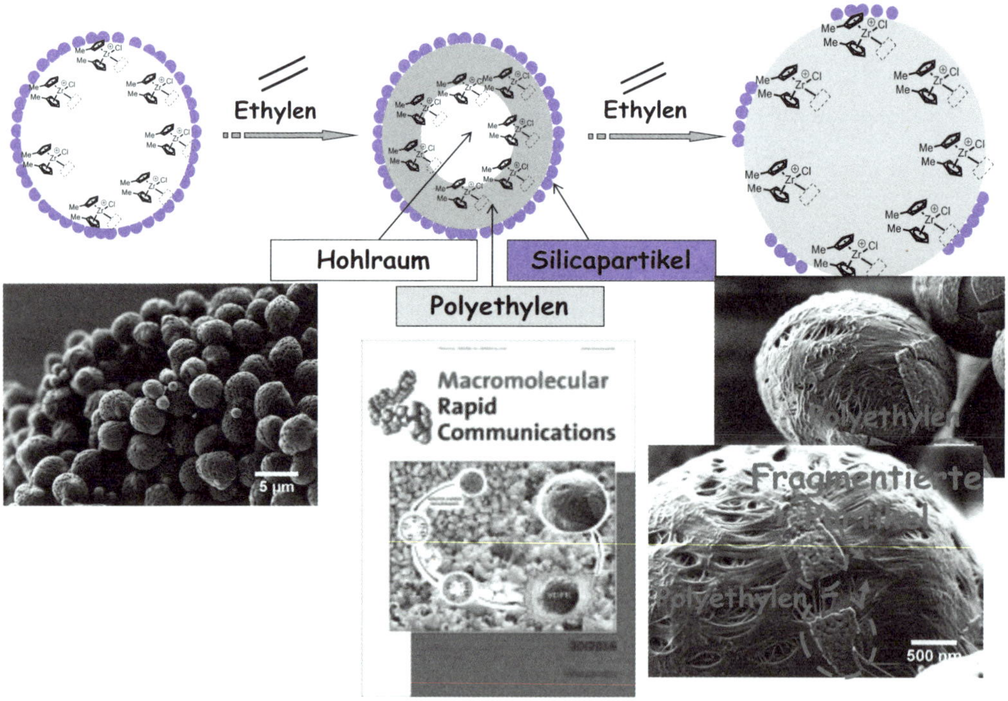

Abb. 5.95. Hohles Kieselgelteilchen als Träger für Metallocen-Katalysatoren. *Macromol. Chem. Phys.* **2016**, *37*, 1651, Frontseite.

Ethylen erfolgen konnte [1744]. Unsere eigene Forschung zu Katalysator-Träger-Systemen hat durch die Mitwirkung von Gerhard Fink, Professor am Max-Planck-Institut für Kohlenforschung, den ich ja schon erwähnte, mehr Tiefe gewonnen. Niemand kennt die Feinheiten des Gebiets so wie er. Zugleich ist er ein unermüdliches Gegenüber in Diskussionen, nicht nur über Chemie, gebildet, feinsinnig, aber bei Bedarf auch grantig, so wie es nur ein Bayer sein kann.

Experimentell betrachtet war für uns der Höhepunkt des Ganzen die schwierige und in der Literatur intensiv beforschte Polyolefinsynthese mit Metallocen-Katalysatoren in der Emulsion. Unser Durchbruch gelang mit fluorierten Lösungsmitteln als kontinuierliche und Toluol als diskrete Phase, wobei wir neue Blockcopolymere mit Seitenketten aus Alkyl- sowie Perfluoroalkylgruppen als Emulgatoren einsetzten. Das wurde möglich, weil wir Katalyse, Emulsionspolymerisation und, in der Synthese der Blockcopolymeren, radikalische Polymerisation zu einer Einheit verbinden konnten [1285].

Zwei Erfahrungen seien dem Ausflug zu den Nanoteilchen noch hinzugefügt. Will man Polymerfilme, etwa Polymethylmethacrylat, als UV-Schutzfilme verwenden, so bietet sich der Einbau lichtabsorbierender anorganischer Teilchen wie Zinkoxid an. Diese dürfen aber nicht zu groß werden, weil sich die Schichten dann durch Lichtstreuung eintrüben würden. Das Problem ist deshalb die unvermeidliche, der Unverträglichkeit von organischer Polymermatrix und anorganischen Teilchen geschuldete Migration, welche eine weitgehende Aggregation und damit das Zustandekommen von unerwünschtem Streulicht nach sich zieht. Wenn die Partikel durch Umhüllung mit Emulgatoren polymerkompatibel und migrationsstabil gemacht werden sollen, dann kann man sie von Beginn an durch Fällungsreaktionen in einer Mizelle erzeugen, nur ist jetzt der Reaktionsraum ein Wassertröpfchen in einer organischen Phase. Eine verwandte Idee, die der Kern-Schale-Konstruktion, kann bei den Batterien und Brennstoffzellen genutzt werden. Dort werden wir anorganische Teilchen in Kohlenstoffschichten einhüllen, wie ein Bonbon in ein Stück Papier, und dadurch die aktive Funktion dieses Hybrids in der Ladungsspeicherung mit struktureller Stabilität kombinieren (siehe **ABSCHNITT 6.3**).

Nanoteilchen, welche die Welt der Moleküle und Partikel eng zusammenführen, aber auch die Unterschiede verdeutlichen, sind die sogenannten Graphenquantenpunkte (GQDs) [1353]. Sie enthalten nanometergroße graphenische Scheiben und zeigen wegen ihrer geometrischen Begrenzung und der auftretenden Kanteneffekte diskrete Energieniveaus. Die NGs haben wir demgegenüber bisher als diskrete Moleküle mit definiertem Molekulargewicht kennengelernt. Statt wie dort über präzise Synthesen können GQDs vereinfacht auch über solvothermale oder lithographische Verfahren erzeugt werden, Aufwand und Präzision der Methode müssen also wiederum kritisch abgewogen werden.

Im ABSCHNITT 3.2 habe ich den Wandel der Chemie nachgezeichnet, wobei natürlich auch die digitale Revolution zur Sprache kam. Als Beispiel dafür, wie sich komplexe Optimierungsaufgaben angehen lassen, habe ich den Wirkstofftransport mit organischen Nanoteilchen herangezogen. Das ganze Szenario wird aber dadurch noch komplexer, dass Form und Stabilität von mizellaren Systemen dynamischen Austauschphänomenen unterliegen. Es kommt hinzu, dass synthetische Nanoteilchen bei einem Einsatz im Blutkreislauf weiterer Aggregation, etwa mit Proteinen, unterliegen. Wenn man also über die Verwendung von Nanoteilchen als Reaktionsräume, als Transportvehikel oder als Absorber von Gastmolekülen in der Sensorik spricht, dann stellt sich auch die Frage nach deren struktureller Perfektion. Dadurch rückt das alternative Konzept molekular definierter Nanoteilchen in den Vordergrund, und das sind Dendrimere. Solche Dendrimere beruhen auf kovalenter statt nichtkovalenter Strukturbildung, aber der synthetische Aufwand wächst deutlich. Der sich unmittelbar anschließenden Frage, wann sich dieser Aufwand auch lohnt, werde ich im folgenden Abschnitt nachgehen.

5.6 Polyphenylendendrimere

Ein Dendrimer – der Name leitet sich von dem griechischen Wort für Baum ab – ist ein (potenziell) dreidimensionales Molekül, das Dendronäste um einen Kern ausbildet, welche sich in regelmäßigen Abständen weiter verzweigen. Der Pionier dieses Strukturprinzips ist der leider zu früh verstorbene Professor Fritz Vögtle aus Bonn mit einer Arbeit in *Synthesis* [W] Ende der 1970er Jahre, aber auch die Autoren Jean Fréchet, George Newkome und Donald Tomalia sind in diesem Atemzug zu nennen. Die Vögtle-Gruppe ersetzte die vier NH-Wasserstoffe eines aliphatischen Diamins durch Acrylnitrilarme, wobei die nachfolgende Reduktion der terminalen Nitrilgruppen ein neues Polyamin, nun aber mit verdoppelter Zahl der Funktionen, erzeugte. Eine Wiederholung dieses Doppelschritts könnte dann eine zunehmende Verzweigung mit immer mehr peripheren Aminen bewirken. Leider führte die Vögtle-Gruppe die Reduktion mit komplexen Hydriden durch, was aufgrund der starken Komplexierung der Metallionen zu Reinigungsproblemen führte. Später gelang der Gruppe um Professor Egbert „Bert" Meijer in Eindhoven diese Reduktion auf katalytischem Wege, und diese im Grunde geringfügige Abwandlung führte sie zu höheren Dendrimergenerationen der Polyamidoamine [X]. Das Problem liegt auf der Hand: Jede nicht quantitativ verlaufende Reaktion erzeugt einen Strukturfehler, etwa einen nicht ausgebildeten Ast, einen Defekt, der in der nächsten Generation nicht mehr „repariert" werden kann. Andererseits stellen sich der Forschung an Dendrimeren faszinierende Fragen wie etwa die nach der sterischen

Überfrachtung, ob also irgendwann für weitere Verzweigungen kein Platz mehr ist. An dieser Stelle ist aber Vorsicht geboten. Gerne wurden Dendrimere – und wer könnte dem Charme solcher Strukturen nicht erliegen – als sphärische Moleküle abgebildet, was aber fernab der Realität ist. Das ist der Grund, warum ich von „potenziell" sphärisch gesprochen habe. Denn die vielen Konformationsänderungen können, wie Bert Meijer formuliert hat, Dendrimere flach wie einen Pfannkuchen machen und zugleich äußere Oberflächenfunktionen nach innen verschwinden lassen. In der Tat hat die Polymeranalytik die Frage, ob die Dichte der Dendrimere innen oder außen höher ist, intensiv untersucht – und kontrovers beantwortet [857].

Das Faszinierende an dendritischen Makromolekülen ist, dass sie durch den zusätzlichen Einbau von chemischen Gruppen im Kern, im Gerüstinneren oder auf der Oberfläche zu funktionalen Nanoteilchen werden. Dazu braucht es aber die perfekte Ortsdefinition der aktiven Einheiten, und dazu gehört, dass sich die Äste nicht umbiegen dürfen. Deshalb entstand unsere Idee, Dendrimere nur aus Benzoleinheiten aufzubauen. Es gab in der Tat kleinere Moleküle, die aus stark verzweigten Oligophenyleneinheiten bestanden und dendritische Elemente ausbildeten [Y]. Wie würden wir jedoch wirklich hochmolekulare Polyphenylendendrimere (PPDs) synthetisieren können? Aryl-Aryl-Kupplungen schieden als Option aus, denn hier wäre kaum die erwünschte quantitative Ausbeute bei jedem Schritt zu erwarten. Unsere Lösung entsprang einer alten Publikation von Walter Dilthey, der durch die von mir schon an mehreren Stellen geschilderte Diels-Alder-Cycloaddition von Tetraphenylcyclopentadienon (CPD) und Diphenylacetylen ein Hexaphenylbenzol herstellte. Von diesem Propellermolekül und seiner Herstellung war ja schon die Rede. Wir synthetisierten das Diethinyltetraphenylcyclopentadienon aus **Abb. 5.96.**, das aus vielen Gründen einen Durchbruch bedeutete **[1659]**. Obwohl das Prinzip schon bei der GNR-Synthese von Akimitsu Narita zur Sprache kam, möchte ich den Ansatz noch einmal ausführen:

1. Das CPD-Agens ist ein AB_2-System; erinnern Sie sich an die Definition des bifunktionalen AB-Systems für eine Polymerisation, jetzt liegt dagegen ein AB_2-Baustein vor, der aus einem Dien- und zwei Dienophilfunktionen besteht, und das genau ist der Grund für die Verzweigung.
2. Das CPD bildet bei der Cycloaddition mit einer acetylenischen Dreifachbindung einen neuen Benzolring; wenn man also, und das ist der springende Punkt, von mehreren Ethinylgruppen um einen Kern ausgeht, verdoppelt sich jeweils die Zahl neuer Arme.
3. Die Wachstumsreaktion im Zuge der Diels-Alder-Reaktionen ist dank der CO-Abspaltung irreversibel und kann zur Vollständigkeit getrieben werden.

[1659] Hammer, B. A. G.; Moritz, R.; Stangenberg, R.; Baumgarten, M.; Müllen, K.: The polar side of polyphenylene dendrimers. *Chem. Soc. Rev.* **2015**, *44*, 12, 4072–4090.

Abb. 5.96. Divergente Synthese eines Polyphenylendendrimers mit einem Tetraphenylmethankern. Das Verzweigungsreagenz ist ein Diethinyltetraphenyl-Cyclopentadienon.

4. allerdings soll ja in dem ersten Wachstumsschritt nur die Dienfunktion genutzt werden, sonst gäbe es unkontrollierte Reaktionen.
5. Deshalb werden die äußeren Ethinylfunktionen durch große Triisopropylsilylgruppen des Verzweigungsbausteins an der Reaktion gehindert, wir sagen geschützt.
6. Wenn sich die erste Generation dieses Polyphenylens gebildet hat, spaltet man die Silylschutzgruppen durch Zugabe eines Ammoniumfluorids ab, es folgt ein weiterer Wachstumsschritt, und in der nächsten Generation wird sich dann die Zahl der Ethinylstellen verdoppeln.

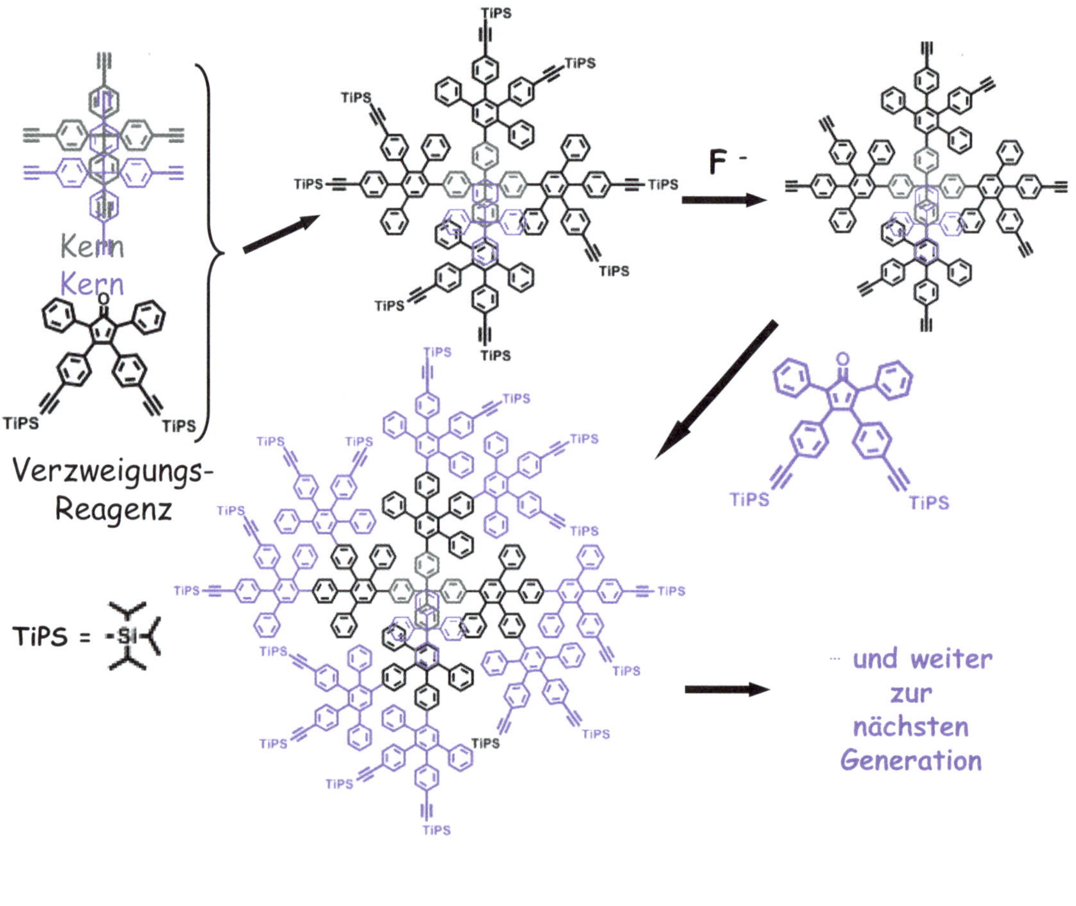

Es war nicht einfach, aber wir haben mit verlängerten AB_2-Bausteinen die neunte Dendrimergeneration geschafft, die mit einem Molekulargewicht von über 1,8 MDa mehr als 18.000 Benzolringe enthält. Bei geringeren Generationen konnten wir massenspektrometrisch sogar den perfekt monodispersen Charakter der Dendrimeren, also die exakte Zahl von Benzolringen, beweisen (Abb. 5.97.) [1517]. Diese Kraftanstrengung wäre ohne tapfere Mitstreiter nicht möglich gewesen, ich nenne Katja Andreichenko, Brenton Hammer und Tam Nguyen. Natürlich kann man sich fragen, ob die Welt derart komplexe Moleküle braucht. Aber wirklich hochmolekulare Makromoleküle strukturperfekt und absolut monodispers statt in einer Molekulargewichtsverteilung zu synthetisieren und es nur aus dicht gepackten, eng miteinander verschränkten Benzolringen zu tun, das erschien uns aller Mühen wert.

Abb. 5.97. Massenspektrum eines G4-Dendrimers. Zwar ist der Molekülpeak wegen der komplexen Isotopenpeaks sehr breit, aber Strukturdefekte sind nicht zu erkennen.

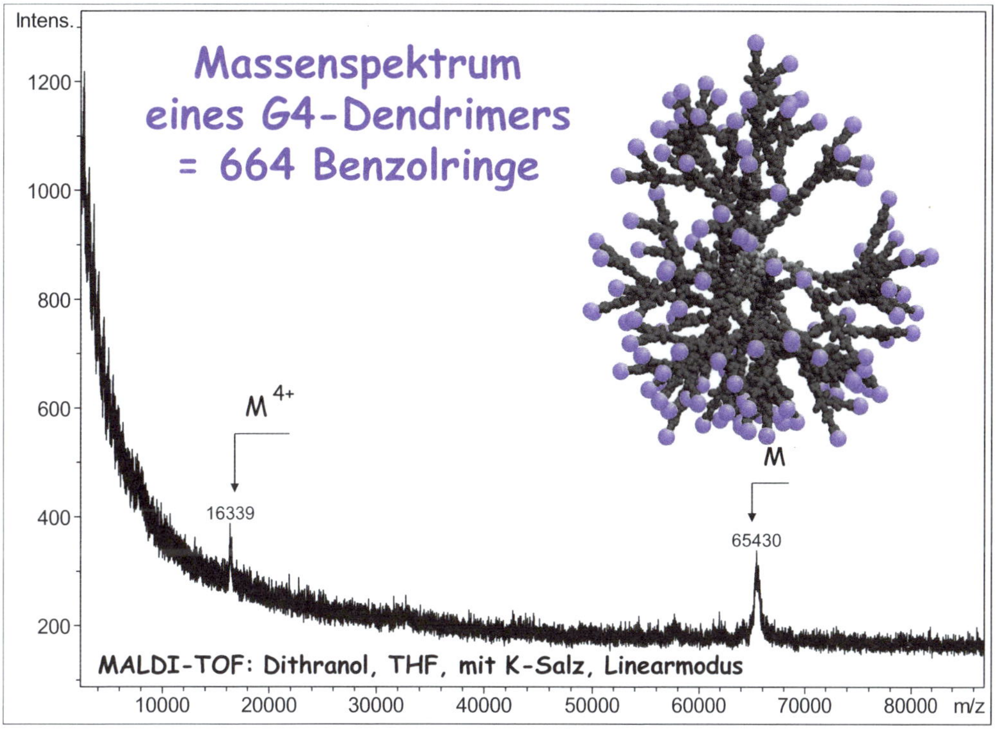

Ich finde, es hat sich gelohnt, und zudem kam uns zu Hilfe, dass wir nicht notwendig immer zu den höheren Generationen gehen mussten, um einen reichen Schatz struktureller und funktioneller Besonderheiten zu erschließen. Einige seien hier genannt:

1. Selbst hochmolekulare PPDs sind gut in organischen Lösungsmitteln löslich. Sie nehmen dabei Lösungsmittel auf, und die Benzolringe „wackeln", das heißt, sie erzeugen Entropie. Man sollte sich als Gegensatz verdeutlichen, dass ein lineares Sexiphenyl in organischen Lösungsmitteln kaum löslich ist.
2. Dennoch sind die PPDs weitgehend rigide, denn ihre steifen Äste biegen sich nicht zurück. Wenn man deshalb den Verzweigungsbaustein oder den „endcapper" der letzten Generation

[1517] Nguyen, T. T. T.; Baumgarten, M.; Rouhanipour, A.; Räder, H. J.; Lieberwirth, I.; Müllen, K.: Extending the limits of precision polymer synthesis: Giant polyphenylene dendrimers in the megadalton mass range approaching structural perfection. *J. Am. Chem. Soc.* **2013**, *135*, 11, 4183–4186.

zum Beispiel mit einem Chromophor dekoriert, stellt man dessen präzise Geometrie sicher, sei es im Kern, im Gerüstinneren oder auf der Oberfläche. Noch wichtiger ist dabei, und darauf muss ich später zurückkommen, die Oberfläche abwechselnd mit polaren und unpolaren Gruppen auszurüsten. Dank der Starrheit des Gerüsts bleiben diese weitgehend ortsfest und nähern sich nicht durch Konformationsänderungen an. Diese alternierende Verteilung polarer und unpolarer Gruppen führt aber dann zur Frustration einer jeden Solvatstruktur.

3. Im Gegensatz zu anderen Dendrimeren sind die hochverzweigten Polyphenylene chemisch sehr stabil.
4. Form und Größe des Dendrimeren lassen sich durch die Art des Kerns und der Verzweigungseinheit in weitem Maße variieren. So wird ein tetraethinylsubstituiertes Tetraphenylcyclopentadienon als AB_4-Bauteil Dendrimere mit einer nochmals deutlich höheren Dichte an Benzolringen liefern. Andererseits leuchtet ein, dass eine Variation des multiethinylierten Kerns, ich nenne etwa Tetraphenylmethan, Biphenyl oder Hexaphenylbenzol, die Arme in unterschiedliche Richtungen wachsen lässt und deshalb unterschiedlich geformte Dendrimere erzeugt.

Dennoch bliebe das alles synthetische Spielerei, würde dieser besondere Dendrimertyp uns nicht auch ein Füllhorn an Funktionen bieten, von denen ich nur wenige nennen kann:

1. Die semirigiden Innenräume nehmen volatile Gastmoleküle auf, was in Zusammenarbeit mit der Gruppe von Professor Siegfried Waldvogel, Direktor am Max-Planck-Institut für Chemische Energiekonversion in Mülheim, die Sensorik von Explosivstoffen wie Triacetontriperoxid (TATP) über eine Ultramikrowaage erlaubt. Dabei hält man einen kleinen Staubsauger an einen verdächtigen Gegenstand und lenkt das flüchtige TATP, ein wirkliches Teufelszeug und „Übeltäter" in terroristischen Anschlägen, mit dem Gasstrom über die Ultramikrowaage, an deren Spitze das Dendrimer als Rezeptor sitzt. Die erstaunlich niedrige Nachweisgrenze liegt im ppb-Bereich, und die Ansprechzeit ist sehr kurz [1436].
2. Ionen wie etwa ein Tetraphenylborat konnten in der Doktorarbeit von David Türp durch PPD-Hüllen bis zu einem Durchmesser von 6 nm hydrophobisiert und dadurch räumlich mehr und mehr von ihrem Gegenion separiert werden. Das gestattet die Bestimmung der berühmten Bjerrum-Länge, der Länge also, bei der die Gitterenergie einer Ion-Ion-Wechselwirkung der thermischen Energie kT gleichkommt; ein derart „explodiertes" Anion

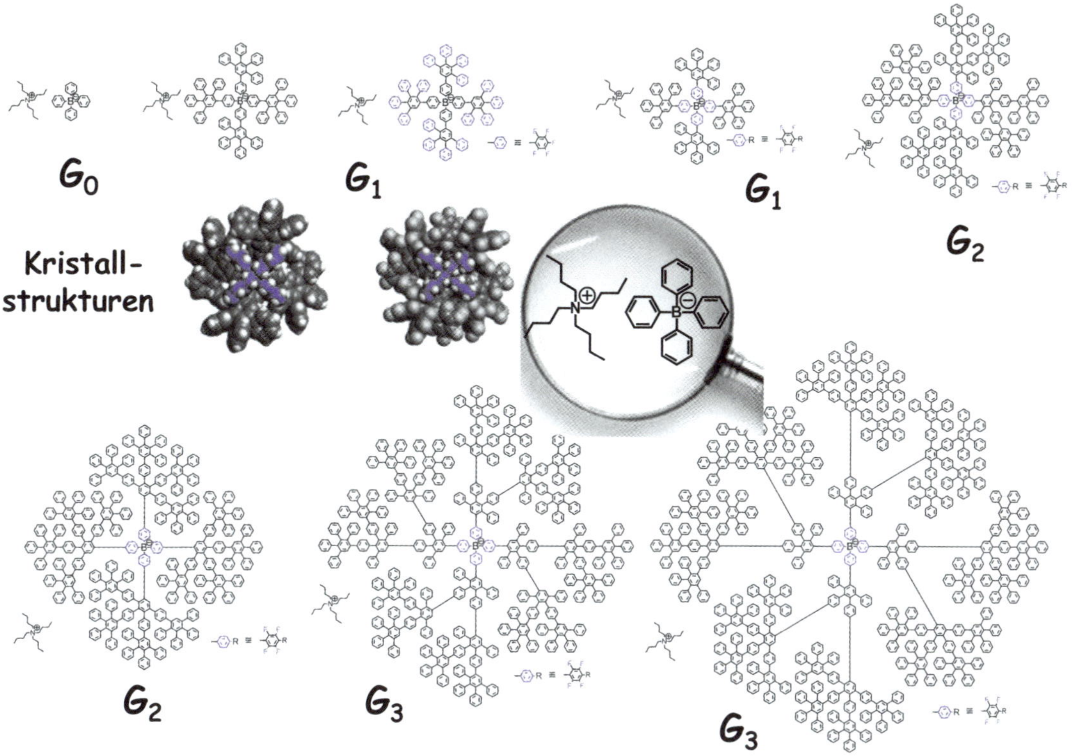

(**Abb. 5.98.**) hat keinerlei nucleophile Wirkung mehr [1384]. Natürlich haben wir diesen Effekt dann bei der metallocenkatalysierten Polyolefinsynthese genutzt, um ein Zirconoceniumkation ohne gleichzeitige nucleophile Wirkung des Anions zu stabilisieren. In den Alumoxanen sind das, wie ich geschildert habe, die dynamischen Aluminiumverbindungen, hier ist es ein definiertes Makromolekül. Entwickelt hat dieses Verfahren mein Doktorand Joe Daejune, der jetzt in Korea an synthetischen Kautschuken forscht – eines der vielen Themen übrigens, aus denen sich die deutsche Industrie zurückgezogen hat.

3. Baut man zum Beispiel Benzophenone in Polyphenylendendrimere ein, so gibt es einen scharfen Größenausschluss von Organolithiumagenzien, die das Keton nicht mehr angreifen können, denn dieses ist dann durch die starre Hülle genügend abgeschirmt.
4. Deren Formstabilität beruht ja darauf, dass die Polyphenylenäste sich nicht zurückbiegen können und die Rotationsbewegung kompletter Dendronuntereinheiten stark behindert ist. Diese Situation ändert sich, wenn in die nach außen ragenden steifen

Abb. 5.98. Polyphenylendendrimere mit Tetraphenylboratkernen sowie die dazugehörigen Tetrabutylammonium-Gegenionen. Gezeigt sind Formelbilder, welche die Vergrößerung der Nanoteilchen anzeigen, und Kristallstrukturen niedriger Generationen.

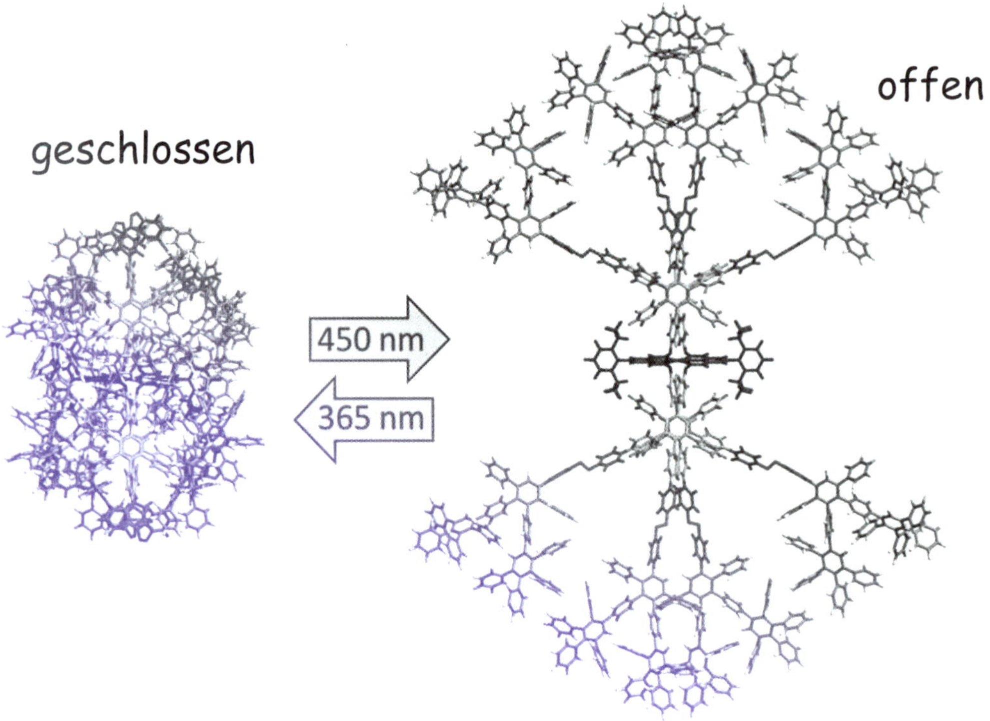

Abb. 5.99. Polyphenylendendrimer, dessen Polyphenylenäste Azobenzol-Einheiten enthalten. Links: geschlossene Form. Rechts: offene Form. *J. Am. Chem. Soc.* **2011**, *133*, 11194; Fig. 3.

Stäbchen Azobenzole eingebaut werden (Abb. 5.99.). Überführt man dann die *trans*-Form lichtinduziert in das *cis*-Isomer, so erzeugt man einen starken Knick der Äste, und das Dendrimer zieht sich zusammen. Damit sind wir bei responsiven Teilchen angelangt, wobei Abb. 5.99. eine weitere wichtige Konsequenz andeutet: Die Öffnung der kompakten *cis*-Azobenzolform unter Rückbildung der *trans*-Azobenzole ist auch mit der Möglichkeit einer Wirkstofffreisetzung verbunden [1364].

5. Tanja Weil kombinierte als Doktorandin die Dendrimersynthese mit der Farbstoffchemie. Sie wählte geeignete Vertreter unserer Rylenchromophore aus, die dank der Absorptions- und Emissionswellenlängen kontrollierte Bedingungen für einen mehrstufigen Förster-Energietransfer liefern, nur lassen sich jetzt auch Abstand und Orientierung der Farbzentren festlegen.

Die Abb. 5.100. zeigt das wohl beeindruckendste Beispiel aus der Dissertation von Tanja Weil, bei dem zusätzlich Naphthalincarboximid (NMI)-Moleküle einbezogen sind. Diese sitzen auf der Oberfläche des Dendrimers und sammeln als Antennenchromophore Licht ein [643]. Die aufgenommene Anregungsenergie wird schrittweise zu Perylendiimidfarbstoffen im Gerüstinnern und von dort weiter zu einem Terrylendiimidakzeptor im Kern transferiert, von dem aus dann die Emission erfolgen kann (siehe Legende von Abb. 5.43. zur Erklärung der

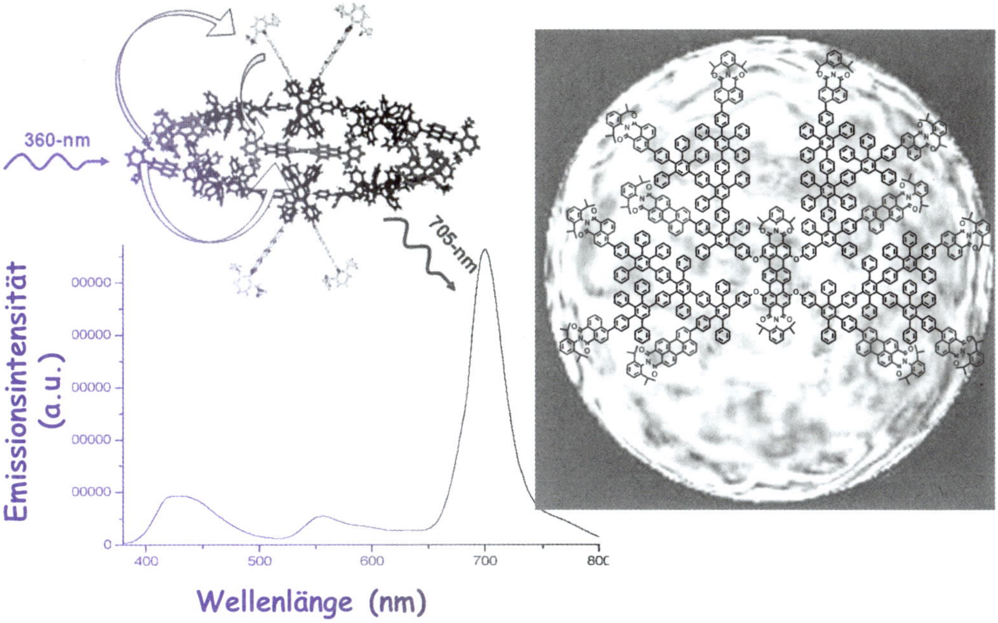

Abb. 5.100. Ein Polyphenylendendrimer als Lichtsammelkomplex. Naphthalindicarboximid-Chromophore sitzen als Antennenmoleküle auf der Oberfläche, die Anregungsenergie bei Bestrahlung wird in einem vektoriellen Prozess über die Perylendicarboximid-Chromophore im Gerüst auf das Terrylentetracarboxdiimid im Zentrum übertragen. *Angew. Chem., Int. Ed.* **2002**, *114*, 1247; Scheme 1, Fig. 5.

Nomenklatur). Es waren solche Kunststücke, die Professor Frans De Schryver in Leuven für unsere Gruppe den Namen „the wizards from Mainz" prägen ließ. Frans und Johan Hofkens, damals sein Doktorand, heute einer seiner Nachfolger, haben dem Ganzen durch ihre Einzelmolekülspektroskopie die Krone aufgesetzt. Deshalb kommen die Dendrimere auch in KAPITEL 6.2 vor.

Durch den Transfer der Anregungsenergie können Exzitonen also rasch vom Ort ihrer Bildung entfernt werden, und genau das haben wir uns auch für den Bau von organischen Leuchtdioden (OLEDs) zunutze gemacht. Dieses Projekt entstammt, wie viele andere auch, einer Zusammenarbeit mit Emil List, ursprünglich in Graz, jetzt Professor an der Humboldt-Universität zu Berlin, dessen ruhige, aber bestimmte Wesensart und dessen wissenschaftliches Ethos ich in vielen Jahren schätzen gelernt habe. In einer Leuchtdiode kombinieren Löcher und Elektronen, die von zwei Elektroden in eine organische Zwischenschicht injiziert werden. Dabei bilden sich Exzitonen, deren Energie dann als Licht ausgesandt wird. Das Nebeneinander von Ladungen und angeregten Zuständen gibt aber zu Versagensmechanismen Anlass. Ich erinnere daran, dass die Lebensdauer organischer Verbindungen unter den Bedingungen des Bauelements wohl das Hauptproblem der organischen Elektronik darstellt. Eine mögliche Lösung wäre, die überschüssige Lichtenergie in einer OLED rasch aus dem Volumenbereich, in dem sich auch die Ladungen aufhalten, zu einem anderen Emitter

Abb. 5.101.
Tanja Weil, Doktorandin im Jahr 2000.

abzuführen, und das ist auch durch einen Schichtaufbau versucht worden. Dabei ist es aber schwierig, in dem makroskopischen Ensemble von Chromophoren für diesen Energietransfer die identischen geometrischen Bedingungen herzustellen. Ein formstabiles Dendrimer hingegen erzeugt eine solche Ortsdefinition der Chromophore. Diesen Vorteil haben wir dann genutzt, und es gelang in der Tat die Trennung von Ladungen und Exzitonen. Der Energieakzeptor entfernt also das Exziton rasch vom Ort seiner Entstehung, bestimmt dann die Farbe der Emission, hebt aber vor allem eine mögliche Ursache von Instabilität auf. Ein Blick auf die pflanzliche Photosynthese mag nun gleich in mehrfacher Hinsicht naheliegen. Zum einen erlauben natürliche Lichtsammelkomplexe eine Übertragung der Anregungsenergie unter geometrisch definierten Bedingungen, und zum anderen werden die lichtinduziert in einer Redoxreaktion gebildeten Elektronen durch eine Sequenz von Transfervorgängen in der Thylakoidmembran auf den eigentlichen Elektronenakzeptor übertragen.

Kurz zusammengefasst sind Dendrimere also Rezeptoren für das Einfangen kleiner Gastmoleküle und zudem Nanoteilchen für die perfekte Ortsdefinition funktioneller Zentren. Der überzeugendste Beleg ist wohl die Steuerung komplexer Elektronen- und Energietransfervorgänge. Aber es gibt noch ganze andere Einsatzmöglichkeiten von Dendrimeren. Viele Jahre später, Tanja Weil (Abb. 5.101.) war inzwischen Direktorin am MPI-P, griff sie die Polyphenylendendrimere mit biomedizinischen Zielsetzungen wieder auf. Entscheidend ist dabei die Modifikation der Dendrimeroberfläche, denn man braucht Nanoteilchen als Transportvehikel, die zwar wasserlöslich sind, aber dennoch durch eine lipophile Membran wandern können. Diese Aspekte verdienen es, später wegen ihrer Bedeutung für die Biomedizin gesondert geschildert zu werden.

Was zum Abschluss dieser kleinen Einführung in die Welt der Dendrimere noch bleibt, ist wiederum die Frage nach dem präparativen Aufwand und dem Ertrag. Zunächst: Nur die molekulare Präzision der Dendrimere erlaubt das Studium der geschilderten chemischen und physikalischen Funktionen. Andererseits: Dendrimere müssen, egal ob von innen nach außen, also divergent, oder umgekehrt, also konvergent, in einem schrittweisen Verfahren mühsam aufgebaut werden. Geht es auch einfacher? Wir haben deshalb aus einem nichtgeschützten AB_2-Diethinyltetraphenylcyclopentadienon in einem einzigen Cycloadditionsschritt sogenannte hyperverzweigte Polyphenylene gewonnen. Es entfällt somit das Wechselspiel von Wachstums- und Schützungs- bzw. Entschützungsschritten. Die hyperverzweigten Polymere haben eine extrem breite Molekulargewichtsverteilung, können aber ebenfalls bestimmte Aufgaben von Dendrimeren wie etwa die Einkapselung reaktiver Moleküle erfüllen. Diese Vereinfachung in Form hyperverzweigter

Polyphenylene ist in der Literatur, zum Beispiel in den Gruppen von Professor Brigitte Voit am Dresdener Leibniz-Institut für Polymerforschung oder Professor Zinaida Shifrina am Nesmeyanov-Institut in Moskau, einer früheren Postdoktorandin, als Alternative zu Dendrimeren aufgegriffen worden. Es gibt entschlossene Verfechter beider Strukturkonzepte, aber einen Glaubenskrieg sollte man daraus nicht machen. Beide Polymertypen, Dendrimere und ihre hyperverzweigten Analoga, stehen wiederum den mizellaren Partikeln gegenüber, so dass sich der Chemie eine breite Vielfalt zur geometrischen Begrenzung und Einkapselung von Reaktionen und Funktionen bietet. Dennoch reicht der Arm synthetischer Möglichkeiten noch viel weiter. Die hohlen Kieselgelteilchen habe ich schon erwähnt, ebenso kann man an poröse Zeolithe oder metallorganische Gerüststrukturen („metal organic frameworks", MOFs) zur Erzeugung definierter Kavitäten denken. Aber von der verdünnten Lösung müssen wir uns dabei in jedem Fall verabschieden, und deshalb sei auch noch einmal an die biologische Zelle als den wohl wichtigsten Reaktionsraum erinnert.

5.7 Defekte – Fehltritte und Träger von Funktion

Im Sommer 2018 waren Rick Danheiser, Professor am Massachusetts Institute of Technology, und ich an die Tokyo University eingeladen, um bei dem Kolloquium aus Anlass der Emeritierung von Professor Eiichi Nakamura vorzutragen. Rick sprach über korrektes wissenschaftliches Verhalten und seine Erfahrungen als Herausgeber. Dabei erwähnte er ein Manuskript, bei dem am Rand der Hinweis des Seniorautors an einen Mitarbeiter stehen geblieben war: „Make up the necessary elemental analysis." Über andere Beispiele echten Fehlverhaltens müssen wir wohl kaum reden, aber welcher Forscher kann sicher sein, wir waren es jedenfalls nicht, keine falsche Strukturzuordnung getroffen oder eine Verunreinigung übersehen zu haben? Aber worauf der Anspruch meines Titels „Die Chemie muss stimmen" in erster Linie abzielt, ist neben vielen anderen, auch menschlichen und gesellschaftlichen Aspekten das Bemühen des Forschers um Korrektheit und Nachvollziehbarkeit seiner Resultate. Im Sommer 2020 publizierte die *Angewandte Chemie* einen Artikel des inzwischen verstorbenen Autors Tomas Hudlicky, in dem er sich auch über wissenschaftliches Arbeiten und Publizieren sowie über die Beziehung von Doktormutter oder Doktorvater und Doktorierenden äußerte. Dieser Artikel rief einen Sturm der Entrüstung bis hin zu einer Distanzierung durch seine eigene Universität hervor. Ich mache mir keineswegs alle Aussagen von Hudlicky zu eigen, fand aber manche Kritik, sogar die Rassismuskeule wurde geschwungen, pharisäerhaft und die Reaktionen der für die Zeitschrift Verantwortlichen überzogen [Z]. Ich beabsichtige auch nicht, auf den Tenor mancher öffentlicher Diskussionen und die sich abzeichnende, die Freiheit des wissenschaftlichen Meinungsstreits begrenzende „cancel culture" einzugehen, ich habe aber diese Geschichte erwähnt, weil der im Titel dieses Abschnitts auftauchende Begriff „Defekte" in manchen Augen negativ konnotiert ist und deshalb – unabhängig von der wissenschaftlichen Ethik – einer Klärung bedarf.

Im Jahr 2016 begründeten die Herausgeber der Zeitschrift *Nature* eine neue Serie *Nature Reviews Materials* und luden mich ein, im ersten Band einen Startpunkt zu setzen. Ich fand, dass ein Titel „Molecular Defects in Organic Materials" am ehesten meinem Kernanliegen dienen könnte, Chemiker unterschiedlicher Disziplinen zusammenzubringen [1777]. Ich war der einzige Autor, aber dieser Text war nicht mein Werk allein, vielmehr war mir Dr. Alison Stoddart als Herausgeberin bei dieser Zielsetzung eine unschätzbare Hilfe. Inzwischen ist an der Johannes Gutenberg-Universität Mainz ein Sonderforschungsbereich zu demselben Thema eingerichtet worden und die Fragestellung weit verbreitet.

Bekanntlich können in anorganischen Feststoffen wie Keramiken, Halbleitern oder Metallen Strukturdefekte die gesamte Reaktivität, aber auch Transporteigenschaften oder mechanische Festigkeit bestimmen. Die organische Molekülchemie denkt anders, denn ihre Struktur-Eigenschafts-Korrelationen beruhen auf der sicheren Kenntnis der idealen Struktur. Wiederum anders stellt sich die Lage bei Makromolekülen dar, und immer wieder habe ich zur Sprache gebracht, wie Abweichungen von der in einem Formelbild skizzierten, perfekten Struktur, zumal sie oft unentdeckt bleiben, erratische Veränderungen der Eigenschaften hervorrufen. Bei konjugierten Polymeren wie dem Polyphenylenvinylen oder den Leiterpolyphenylenen leuchtet der Einfluss auf elektronische Eigenschaften sofort ein, aber ebenso klar ist, dass selbst geringe Abweichungen in der Position und Konfiguration von Substituenten oder Verzweigungen an einer Polyolefinkette die thermischen und mechanischen Eigenschaften tiefgreifend verändern. Die sich daraus ergebende Herausforderung, nämlich die synthetischen Verfahren möglichst weitgehend zu optimieren, ist von den Polymerforschern in der Tat angenommen worden, wie etwa in dem neuen Schlagwort „precision polymer synthesis" zum Ausdruck kommt. Nicht immer sind jedoch mit der Synthese, sei sie auch noch so verfeinert, alle Strukturprobleme gelöst. Ein Beispiel bietet die Elastizität von Polymernetzwerken, die empfindlich von der Art und Verteilung der Querverbindungen und von der Existenz freier, also nicht vernetzender Kettenenden abhängt. Noch komplexer wird die Situation, wenn wir die molekulare Ebene verlassen. Ein Geldrollenstapel wie die kolumnare Überstruktur von Diskoten, ich erinnere an Triphenylen oder Hexabenzocoronen, wird dann besonders gut als Transportkanal für Ladungen fungieren, wenn alle Schichtabstände gleich und natürlich möglichst eng sind. Abweichungen von der regulären supramolekularen

Anordnung wirken dann als Streuzentrum für die Ladung und limitieren deren Beweglichkeit. Der Anteil dieser Defekte mag dabei so gering sein, dass er sich zwar jedem Strukturbeweis entzieht, wohl aber noch in der Verringerung der Ladungsbeweglichkeit seinen Niederschlag findet. Man nennt den Ladungstransport deshalb auch defektkontrolliert. Aber gehen wir noch einen Schritt über solche molekularen und supramolekularen Phänomene hinaus. Der Transport von Elektronen in einer Leuchtdiode wird, wie die Gruppe von Professor Paul Blom an unserem Institut gezeigt hat, durch Verunreinigungen wie Sauerstoff oder Sauerstoff-Wasser-Aggregate gehindert, die als Fallen fungieren. Man könnte argumentieren, es müsse doch möglich sein, diese Verunreinigungen bei der Verfilmung auszuschließen. Tatsächlich aber sind diese schon bei enorm geringen Konzentrationen wirksam, die sich auch bei größter Sorgfalt nicht vermeiden lassen.

Wiederum eine andere Bedeutung bekommen Abweichungen vom Idealzustand in polymeren Feststoffen. Dort kann es spannungsbedingt zu Defekten kommen, die dann zu makroskopischen Hohlräumen, sogenannten „cracks", weiterwachsen und mechanische Eigenschaften erheblich kompromittieren.

Unser Vorbild an Perfektion selbst komplexer Strukturen ist die Natur, aber auch die ist nicht frei von Defekten. Denkt man an eine DNA, die ja den Bauplan für die Proteinsynthese enthält, dann wird eine Mutation die Proteinexpression beeinflussen. Bekannt ist die schwere Erkrankung der Sichelzellenanämie, die von einem einzigen Nucleotiddefekt hervorgerufen wird. Gehen wir wiederum zu supramolekularen Vorgängen, dann kann eine „falsche" Proteinfaltung zur Aggregation in Fibrillen führen, die über die Ausbildung von Plaques zur Ursache neurodegenerativer Erkrankungen werden.

Andererseits weist die Natur auch Wege, DNA-Defekte mit Hilfe von Proteinen zu korrigieren, und auch die synthetische Chemie sucht mehr und mehr Konzepte, die Defekte heilen können. Um wiederum mit der molekularen Welt zu beginnen, so strebt man Strukturen mit schwachen kovalenten oder nichtkovalenten Bindungen an, die sich dann autonom oder unter dem Einfluss äußerer Stimuli umverteilen können. Auf der makroskopischen Ebene versucht man, Cracks mit flüssigem Material zu füllen, das dann fest werden kann. Es gibt aber auch den Ansatz, Systeme komplexer und dadurch weniger störanfällig zu machen. Ich komme dazu noch einmal auf die Stapelung von Diskoten als Kanal für den Transport von Ladungen zurück. Nehmen wir an, ein Packungsdefekt unterbräche den eindimensionalen Transport der Ladung von Schicht zu Schicht, dann muss diese Ladung den Nachbarstapel erreichen, etwa durch Tunneln, um weiterzukommen. Erleichtern wir diesen Prozess, indem wir die Dimensionalität des Transports durch eine konjugative Verknüpfung zwischen den Scheiben erhöhen, dann erzeugen wir einen Bypass des Defekts durch Übergang von einem Stapel zum anderen, und das Gesamtsystem kann resilienter werden.

Ich schließe diese Überlegungen mit dem Hinweis, dass wir Defekte in Materialien, auf welchen Längenskalen auch immer, weder ignorieren noch als unvermeidliches Schicksal hinnehmen sollten. Verbesserte Synthese- und Fertigungsverfahren sowie defekttolerante Strukturen sind deshalb eine fortdauernde Aufgabe der Chemie. In der Tat aber sind bereits alternative Wege angeklungen, so etwa Synthesen unter extremen Bedingungen wie der kontrollierten Pyrolyse oder die Polymerisation in einer Mizelle, die im Idealfall ein einziges Makromolekül erzeugen kann. Auch hier bleibt die Chemie spannend, wenn wir wiederum die Komplexität des Gesamtsystems als Herausforderung annehmen.

[A] Matyjaszewski, K.; Gnanou, Y.; Leibler, L.: *Macromolecular Engineering, Vol. 1 – 4.* Wiley-VCH, Weinheim, **2007**.
[B] Burroughs, J. H.; Bradley, D. D. C.; Brown, A. R.; Marks, R. N.; Mackay, K.; Friend, R. H.; Burns, P. L.; Holmes, A. B.: Light emitting diodes based on conjugated polymers. *Nature* **1990**, *347*, 539 – 541.
[C] Sariciftci, N. S.; Smilowitz, L.; Heeger, A. J.; Wudl, F.: Photoinduced electron transfer from a conducting polymer to Buckminsterfullerene. *Science* **1992**, *258*, 1474 – 1476.
[D] H. Sirringhaus: 25th Anniversary Article: Organic Field-Effect Transistors: The Path Beyond Amorphous Silicon. *Adv. Mater.* **2014**, *26*, 1319 – 1335.
[E] Siehe zum Beispiel: Duran, R.; Ballauf, M; Wenzel, M.; Wegner, G.: Rigi-Rod Polymers with Flexible Side-Chains 6. Phases from Solid Solutions of Two-Component Blends as Investigated by Wide-Angle X-Ray-Scattering. *Macromolecules* **1988**, *21*, 2879.
[F] Lee, J.; Rajeeva, B.; Yuan, T.; Guo, Z.-H.; Lin, Y.-H.; Al-Hashimi, M.; Zheng, Y.; Fang, L.: Thermodynamic synthesis of solution processable ladder polymers. *Chem. Sci.* **2016**, *7*, 881 – 889.
[G] Fukuda, M.; Sawada, K.; Yoshino, M.: Fusible Conducting Poly(9-alkyl-fluorene) and Poly(9,9-dialkylfluorene) and their Characteristics. *Jap. J. Appl. Sci.* **1998**, *28*, L1433.
[H] Coventry, D. N.; Batsanov, A. S.; Goeta, A. E.; Howard, J. A. K.; Marder, T. B.; Perutz, R. N.: Selective Ir-catalysed borylation of polycyclic aromatic hydrocarbons: structures of naphthalene-2,6-bis(boronate), pyrene-2,7-bis(boronate) and perylene-2,5,8,11-tetra(boronate) esters. *Chem. Commun.* **2005**, 16, 2172.
[I] Jasti, R.; Bhattacharjee, J.; Neaton, J. B.; Bertozzi, C. R.: Synthesis, characterization and theory of [9]-, [12]- and [18]cycloparaphenylene: carbon nanohoop structures. *J. Am. Chem. Soc.* **2008**, *130*, 16208 – 16211.
[J] Kricheldorf H. R.: Cyclic and Multicyclic Polymers by Three-Dimensional Polycondensation. *Acc. Chem. Res.* **2009**, 42, 981 – 992.
[K] Yan, H.; Chen, Z.; Zheng, Y.; Newman, C.; Quinn, J. R.; Dötz, F.; Kastler, M.; Facchetti, A.: A high-mobility electron-transporting polymer for printed transistors. *Nature* **2009**, *457*, 679 – 686.
[L] Plumhof, J. D.; Stöferle, T; Mai, L.; Scherf, U.; Mahrt, R.: Room-temperature Bose-Einstein condensation of cavity exciton-polaritons in a polymer. *Nature Mater.* **2014**, *13*, 247 – 252.
[M] Zollinger, H.: *Color Chemistry.* Second revised edition. Wiley-VCH, Weinheim, **1991**.
[N] Fabian, J.; Zahradnik, R.: Auf der Suche nach tieffarbigen organischen Verbindungen. *Angew. Chem., Int. Ed.* **1989**, *101*, 639 – 710.
[O] Kardos, M.: D. R. P. 276357, **1913**.
[P] Coole Farben in heißen Autos. *TechMax* **2004**, H. 3, aus der „Max"-Reihe. www.max-reihe.mpg.de (letzter Zugriff: 16.6.2025).
[Q] Geim, A. K.: Random walk to graphene (Nobel lecture). *Rev. Mod. Phys.* **2011**, *83*, 851 – 862.

[R] Coleman, J. N.: Liquid exfoliation of defect-free graphene. *Acc. Chem. Res.* **2013**, *46*, 14 – 22.
[S] Abbott, E. A.: *Flatland: A Romance of many Dimensions*. Seeley & Co., London, **1884**.
[T] Blom, B. P.; Paltiel, Y.; Naaman, R.; Waldeck, D. H.: Chiral Induced Spin Selectivity. *Chem. Rev.* **2024**, *124*, 1950 – 1991.
[U] Son, Y.; Cohen, M. L.; Louie, S.: Half-metallic graphene nanoribbons. *Nature* **2006**, *444*, 347 – 349.
[V] Sarai, N.; Fulton, T. J.; O'Meara, R. L.; Johnston, K. E.; Brinkmann-Chen, S.; Maar, R. R.; Tecklenburg, R. E.; Roberts, J. M.; Reddel, J. C. T.; Katsoulis, D. E.; Arnold, F. H.: Directed evolution of enzymatic silicon-carbon bond cleavage in siloxanes. *Science* **2024**, *383*, 438 – 443.
[W] Buhleier, E.; Wehner, W.; Vögtle F.: "Cascade" and "Nonskid-Chain-Like" Synthesis of Molecular Cavity Topologies. *Synthesis* **1978**, 155 – 158.
[X] Helms, B.; Meijer, E. W.: Dendrimers at Work. *Science* **2006**, *313*, 929 – 930.
[Y] Miller, T. M.; Neenan, T. X.: Convergent synthesis of monodisperse dendrimers based upon 1, 3, 5-trisubstituted benzenes. *Chem. Mater.* **1990**, *2*, 929 – 930.
[Z] Sydnes L. K.: The Hudlicky case – A reflection on the current state of affairs. *Chem. Int.* **2021**, *43*, 42 – 44.

VON FREUDE UND NUTZEN WISSEN- SCHAFTLICHER ZUSAMMENARBEIT

6

 DOI.ORG/10.47261/1572-6

6.1 Einordnung

Ich habe begründet, warum wir irgendwann begonnen haben, unsere eigenen FETs zu bauen. Als einleuchtenden Grund habe ich dabei vorgebracht, dass die Deposition der Filme letztlich angewandte supramolekulare Chemie darstellt. Als weitere gleichlautende Beispiele habe ich geschildert, warum wir das „soft landing" großer Graphenmoleküle einführen mussten oder welche neuen Entwicklungen bis hin zu den organischen Solarzellen in Gang kamen, als wir transparente leitfähige Fensterelektroden anstelle des Indiumzinnoxids durch die Pyrolyse von Graphenmolekülen produzieren konnten. Andererseits hat das weitere Studium der FETs durch Jun Takeya und Paul Blom auch deutlich gemacht, wo die Grenzen einer synthetisch orientierten Gruppe liegen, die gut daran tut, sich nicht als eine Ansammlung von Hobbyphysikern zu definieren. Viele Beispiele von Kooperationen verdienten es, hier viel genauer erzählt zu werden, wie etwa Messungen der Festkörper-Kernresonanzspektroskopie mit Hans Wolfgang Spiess, der Lichtstreuung mit Georg Fytas oder der dielektrischen Spektroskopie mit George Floudas. Zwei Themenbereiche, die der Visualisierung einzelner Moleküle durch neue Methoden der Nanowissenschaften gewidmet sind, ragen aber besonders heraus. Sie entstanden durch die Nachbarschaft Tür an Tür, weil Jürgen Rabe und Frans De Schryver zu dieser Zeit als Projektleiter bzw. Gastprofessor an unserem Institut arbeiteten.

Bis hierhin habe ich ja viele unterschiedliche Stoffklassen angesprochen, wobei ich das überwölbende Thema noch einmal als „Chemie mit materialwissenschaftlichen Zielsetzungen" definieren möchte. Auch mein Verständnis von Materialwissenschaften habe ich schon beschrieben. In jedem Fall braucht es ein echtes Miteinander von Physik und Chemie, denn dort ist die Materialwissenschaft angesiedelt. Übrigens hat das böse Zungen zu der Behauptung angeregt, ein Materialwissenschaftler sei jemand, der weder die Chemie noch die Physik richtig verstehe. Das müssen wir uns keineswegs zu eigen machen, aber klar ist, dass es gute Kommunikation zwischen den unterschiedlichen Bereichen braucht. Noch mehr: Unsere Gruppe hat Neuland nur betreten können, weil die Weggefährten uns auch die nötige Interdisziplinarität zugetraut haben, womit auch gesagt ist, dass wissenschaftliche Zusammenarbeit nicht nur eine Sache der Kompetenzen und ihrer Synergien, sondern auch des Vertrauens ist. Die Frage, wer dabei Koch und wer Kellner ist, scheint mir in einem solchen Wechselspiel irrelevant. In der Tat haben wir zum Beispiel von Professor Roman Fasel in Zürich Strukturvorschläge erhalten und synthetisch dann auch realisiert, auf die wir selbst nicht gekommen wären. Als Gegenbeispiel sei eine Erinnerung angefügt, die mit dem bloßen Versand von Proben zusammenhängt. Ein Doktorand aus einer befreundeten Arbeitsgruppe wechselte als Postdoktorand in eine andere, uns ebenfalls nahestehende Gruppe. In einem Brief, damals schrieb man noch Briefe, schilderte er uns eine durchaus originelle Idee und schlug vor, wir sollten die benötigte Verbindung synthetisieren. Aus diesem Projekt ist nichts geworden, weil mögliche Wege zu diesem Molekül doch zu unrealistisch erschienen, aber zum Schluss hatte er – sicherlich in guter Absicht – geschrieben: „Lieferzeit 6 – 8 Wochen".

Zwei Gedanken möchte ich dem Stichwort Interdisziplinarität noch hinzufügen. Den ersten verbinde ich mit einem Zitat, das ich als Danksagung am Ende eines Übersichtsartikels von Helmut Ringsdorf gefunden habe, der kürzlich hochbetagt verstorben ist. Er sagt dort sinngemäß, man lerne von seinen Lehrern und seinen Kollegen, aber am meisten von seinen Schülern. Ja, auch ich bin oft von meiner Gruppe „mitgenommen" worden, und ich bin damit gut gefahren. Der zweite Grund, warum ich gelebte Interdisziplinarität und die Offenheit für neue Themen als so wichtig erkenne, reicht noch viel weiter. Die Chemie steht in wachsender Konkurrenz zu anderen aufstrebenden Disziplinen, aber auch in Konkurrenz um Talente. Deshalb muss sie sich öffnen und sich vermehrt solchen Herausforderungen stellen, die Fachgrenzen überschreiten und die als „zu schwierig" gelten, um allein in einer einzelnen Gruppe gelöst zu werden. Ob das in unserer Universitätslandschaft, also in Lehre und Forschung, gelebte Realität ist, steht auf einem anderen Blatt.

Die Beispiele wissenschaftlicher Kooperationen, die mir jetzt am ehesten in den Sinn kommen, habe ich als wirkliche Abenteuer erlebt. Sie handeln davon, wie man individuelle Moleküle sichtbar machen und in ihren Funktionen verfolgen kann. Davon wird in den beiden folgenden Abschnitten die Rede sein.

6.2 Rastersondenmethoden und Reaktionen an Metalloberflächen

Die Geschichte begann, ich habe es schon erwähnt, mit Jürgen Rabe, damals Habilitand an unserem Institut, der übrigens nie müde wird, die Freiheit zu rühmen, die ihm sein Mentor Gerhard Wegner eingeräumt hat. Sie setzte sich mit Jürgen und seinem damaligen Doktoranden Paolo Samorì an der Humboldt-Universität zu Berlin fort, wurde mit Frans De Schryver und seinem Doktoranden Steven De Feyter an der Universität Leuven weitergeführt und erreichte mit Roman Fasel von der Empa, dem Forschungsinstitut für Materialwissenschaften und Technologie des ETH-Bereichs in Dübendorf, Schweiz, eine besondere Intensität. Zuerst waren es „nur" die Abbildungen einzelner Moleküle durch STM und nachfolgend deren elektronische Charakterisierung durch Rastertunnelspektroskopie (STS), dann aber mit zunehmender Entwicklung der „surface science" die Synthese komplexer Kohlenstoffnanostrukturen an Oberflächen unter Nutzung von Metallen als

Katalysatoren in Projekten mit den Gruppen von Roman Fasel an der Empa und Lifeng Chi an der Soochow University in China. Ohne diese Partnerschaften wäre unsere Chemie der NGs und GNRs, aber auch die der Polydiacetylene, nicht möglich gewesen wäre. Die STM-Methode, deren Entdeckung durch Binnig und Rohrer im Jahre 1986 zusammen mit Ruska durch den Nobelpreis für Physik belohnt wurde, hat in der Tat die Möglichkeiten der Chemie radikal verändert. Einzelne Moleküle im realen Raum mit atomarer Auflösung abbilden zu können, übt sicherlich eine große Faszination auf den Chemiker aus, zumal STS dann zusätzlich erlaubt, Strom-Spannungs-Kennlinien dieser einzelnen Moleküle aufzunehmen und damit einen Einstieg in die Nanoelektronik zu schaffen. Vorsicht bleibt geboten, denn diese Mikroskopie bildet Zustandsdichten und nicht Atome ab, und es ist klar, dass der Tunnelprozess der Elektronen durch das Molekül eine Abscheidung auf einem leitfähigen Substrat, also einer Metall- oder Graphitschicht erfordert. Die Deposition durch Sublimation und die Messung erfolgen dann im Ultrahochvakuum (UHV), was natürlich einen ausreichenden Dampfdruck der abzuscheidenden Moleküle voraussetzt. Die **Abb. 6.1.** zeigt ein hochaufgelöstes STM-Bild eines Hexabenzocoronens (HBC), aufgenommen in der Gruppe von Roman Fasel, zusammen mit der Simulation der 2D-Struktur [932]. Die Moleküle ordnen sich beim Aufdampfen zu einem regulären Muster, wobei neben der molekularen Geometrie auch die Wechselwirkung mit dem Cu(111)-Substrat eine Rolle spielt. Das entsprechende Perchlorderivat ist wegen der sterischen Hinderung der Substituenten in der „bay“ stark abgebeugt und bildet auf der Oberfläche eine Schüssel

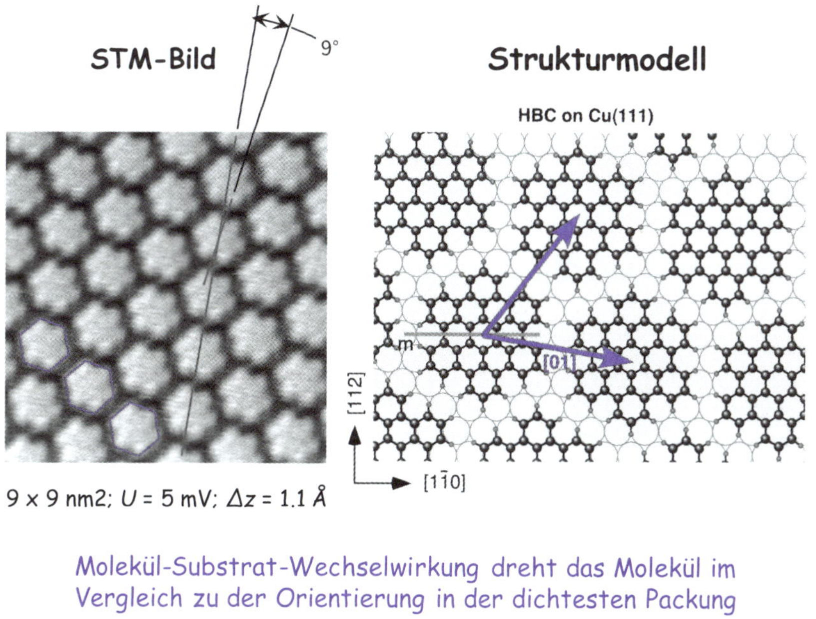

Abb. 6.1. Rastertunnelmikroskopische Aufnahme eines HBC-Moleküls auf einer Cu(111)-Oberfläche. *J. Phys. Chem. B* **2006**, *110*, 11253; Fig. 2.

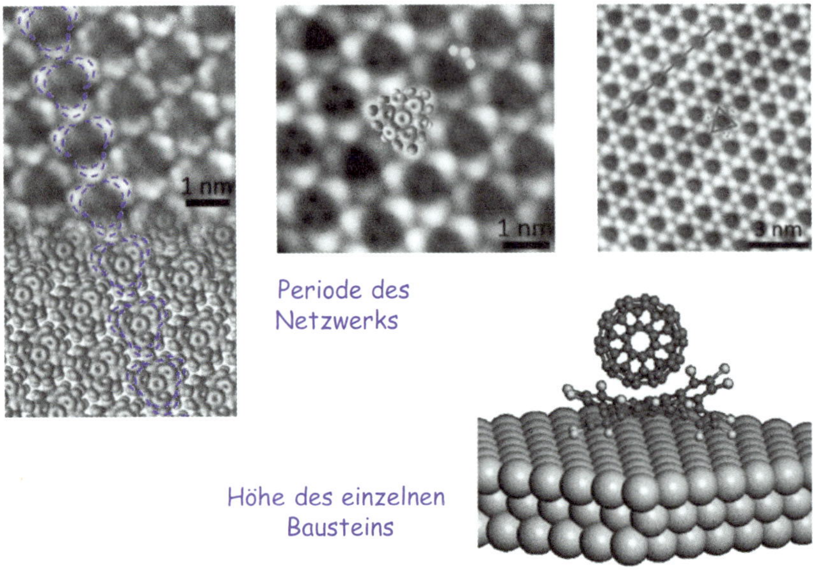

Abb. 6.2. Rastertunnelmikroskopische Aufnahme eines nichtplanaren Perchloro-HBC-Moleküls, das zum „Gefäß“ für C_{60}-Fulleren wird. *J. Chem. Phys.* **2015**, *142*, 101911; Figs. 2, 3, 5.

Abb. 6.3. Jürgen Rabe.

zur Aufnahme eines Fullerens (**Abb. 6.2.**) [1728]. Das ist dann die 2D-Variante einer Wirt-Gast-Anordnung, welche **Abb. 5.65.** für den Kristall mit kolumnarer Anordnung beschreibt.

Jürgen Rabe (**Abb. 6.3.**) entwickelte am MPI-P eine Technik zur Abscheidung von Monoschichten auf Oberflächen, bei der eine Lösung der Substanz auf reines Graphit („highly-ordered pyrolytic graphite“, HOPG) aufgebracht wird und die Organisation der Moleküle durch Physisorption zustande kommt (**Abb. 6.4.**). Dies stellt also eine Alternative zur

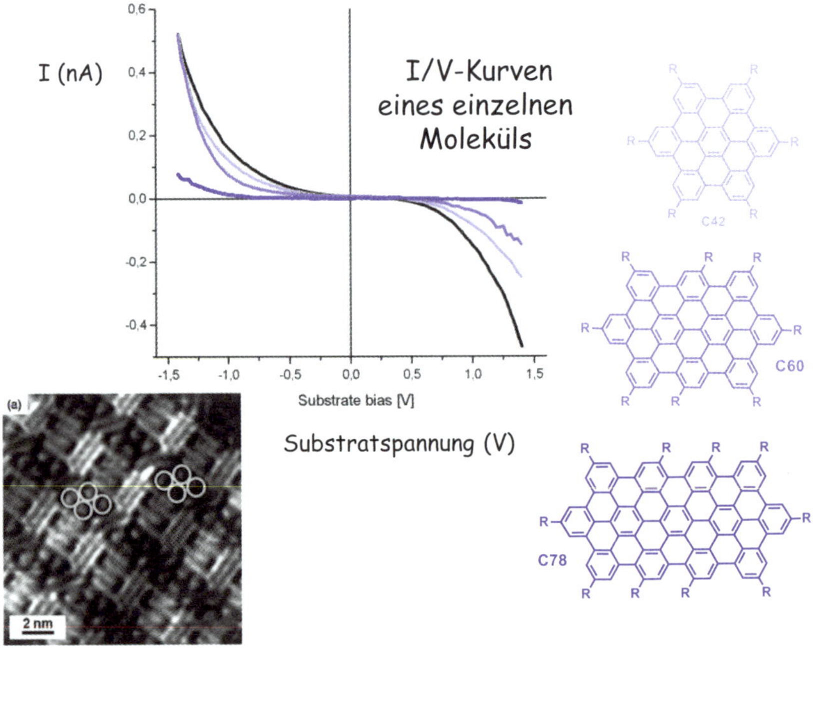

Abb. 6.4. Strom-Spannungs-Kennlinien einzelner Nanographenmoleküle. Links unten: STM-Aufnahme eines höheren Homologen.

Deposition im Ultrahochvakuum dar. Ausschlaggebend für eine solche Form der Selbstorganisation sind flexible Alkylgruppen, die bei der Adsorption auf der Graphitoberfläche gleichsam den Kitt bilden. Später hat Steven De Feyter (**Abb. 6.5.**) in Leuven zunehmend komplexere Moleküle auf diese Weise sichtbar machen können, so etwa unser „Rad mit Speichen" in **Abb. 6.6.** Messtechnisch noch anspruchsvoller ist die kontaktlose AFM-Methode (NC-AFM), die im UHV und mit einer chemisch modifizierten Spitze durchgeführt wird. Sie liefert eine atomare Auflösung, was für die Aufklärung komplexer Produktstrukturen oft essenziell ist. Die **Abb. 6.15. – 6.16.** zur Visualisierung von GNRs werden dafür faszinierende Beispiele bieten, bei denen man sogar die Kanten der Makromoleküle unterscheiden kann. Die Abscheidung aus Lösung und aus der Gasphase haben aus methodischer Sicht und im Hinblick auf die erzielbare Auflösung für kontroverse Diskussionen gesorgt, was aber der Faszination dieser Mikroskopie für den Chemiker keinen Abbruch tut.

Was mich in der Tat schon an den frühen STM-Aufnahmen unserer Superacene in der Rabe-Gruppe in obenstehender Abbildung faszinierte, war, dass man quasi die einzelnen Oligophenylenstreifen erkennen und das Knotenverhalten der Grenzorbitale deutlich machen konnte. Es sei noch einmal betont, dass nicht nur Mikroskopie, sondern im Anschluss auch Spektroskopie möglich wird, dass man also wichtige Informationen über die Elektronenstruktur der Einzelmoleküle gewinnen kann. In **Abb. 6.4.** ist schön zu erkennen, wie die individuellen Strom-Spannungs-Kennlinien mit der Molekülgröße korrelieren. Auf diesem Boden aber wollten wir einen Schritt weitergehen und einen einzelmolekularen FET entwickeln,

Abb. 6.5.
Steven De Feyter.

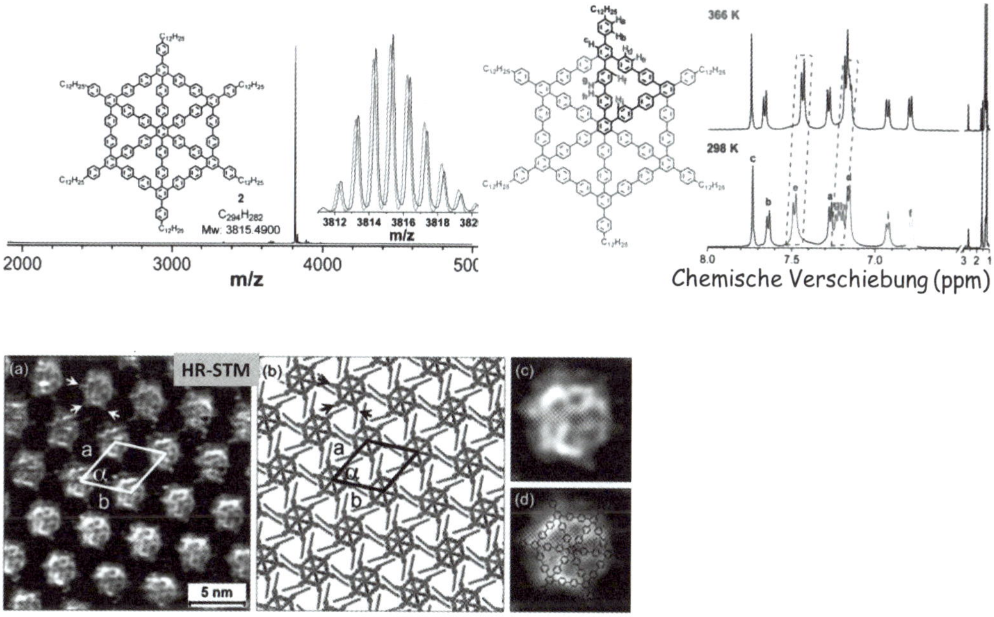

Abb. 6.6.
Umfassende Charakterisierung eines großen Nanographenmoleküls (Rad mit Speichen). Oben links: Massenspektrum. Oben rechts: ^{1}H-NMR-Spektrum. Unten: a) STM-Übersichtsaufnahme; b) Modell der Packung („2D-Kristall"), c, d) hochauflösende STM-Aufnahmen eines einzelnen Moleküls. *J. Am. Chem. Soc.* **2016**, *138*, 15539, Fig. 2, 3, 4.

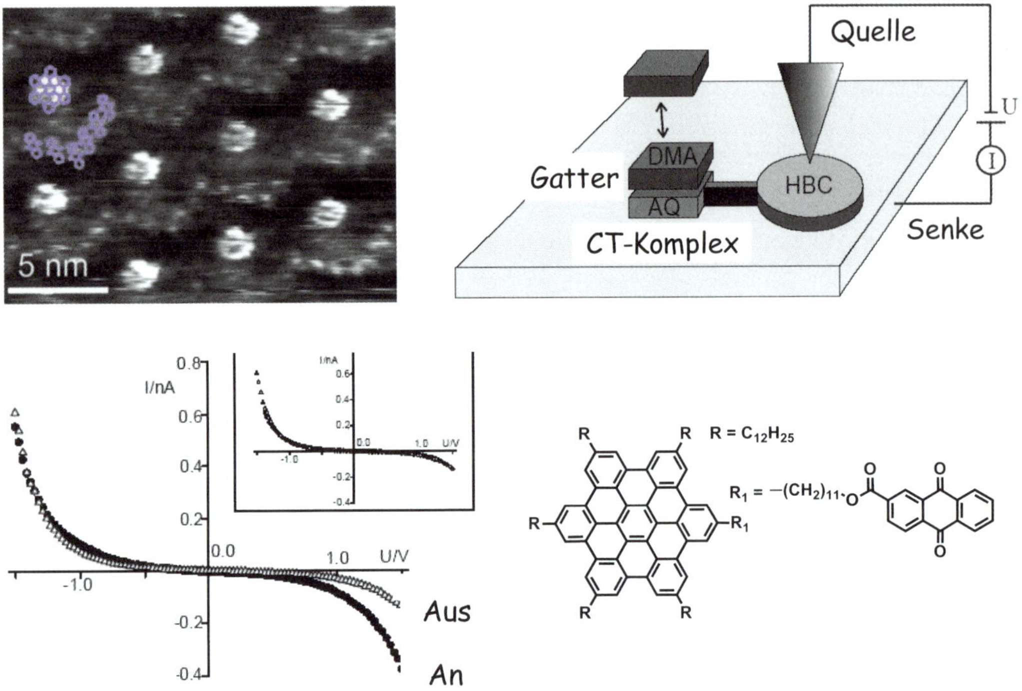

Abb. 6.7. Einzelmolekül-FET bestehend aus einer HBC-Anthrachinon-dyade; STM-Aufnahme und Strom-Spannungs-Kennlinie; geschaltet (an-aus) wird durch die Bildung eines CT-Komplexes zwischen dem Anthrachinon und einem 9,10-Dimethoxy-anthracen.

[735] Jäckel, F.; Watson, M. D.; Müllen, K.; Rabe, J. P.: Prototypical single-molecule chemical-field-effect transistor with nanometer-sized gates. *Phys. Rev. Lett.* **2004**, *92*, 18, 188303–188301.

wie er in Abb. 6.7. gezeigt ist. Unsere Konstruktion besteht aus einem löslichen Hexabenzocoronen, das über eine Alkandiylgruppe eine Anthrachinoneinheit trägt. In diesem Bauelement fungieren die HOPG-Oberfläche als Senke (Drain) und die Tunnelspitze als Quelle (Source). Das Gatter (Gate) zur Kontrolle des Stroms kommt auf chemischem Wege zustande, denn es entsteht, wenn sich ein Dimethoxyanthracen in der Lösung auf das Anthrachinon setzt und einen Donor-Akzeptor-Komplex bildet. Es ist der so gebildete Dipol, der den Strom durch das HBC zwischen Quelle und Senke sichtbar verändert. Und der einzelmolekulare FET funktioniert wirklich [735]. Jürgen Rabe ist ein Pionier, der sich zudem stark in den Dienst der Humboldt-Universität zu Berlin und ihrer Entwicklung gestellt hat. So ist er der Begründer und Direktor des dortigen IRIS Adlershof, des Integrative Research Institute for the Sciences, und weil dort nach und nach weitere hochgeachtete Physiker wie die Professoren Norbert Koch, Emil List und Carlos-Andres Palma sowie Stefan Hecht aus der Chemie hinzustießen, mit denen wir sämtlich schon seit längerem zusammenarbeiten, blieb die Bindung an Jürgen Rabe bis heute sehr eng.

Einer einzelnen molekularen Funktionseinheit in situ bei der Arbeit zuschauen zu können, hat die Chemie tiefgreifend verändert. Nanowissenschaften und Chemie befruchten sich dabei gegenseitig. Aber aus den neuen Beobachtungsmöglichkeiten erwuchs natürlich der weitergehende Wunsch, nicht nur physikalische Prozesse, sondern auch chemische Reaktionen auf der Oberfläche ablaufen zu lassen. Dies wäre dann ein spezieller Fall von Grenzflächenreaktionen, die man zum

Beispiel auch an der einer Wasser-Luft-Grenzfläche bewerkstelligen kann. Es ist aber die Durchführung an leitfähigen Substraten, HOPG oder Metall, welche zusätzlich die faszinierende Möglichkeit eröffnet, die Prozesse rastertunnelmikroskopisch – und das für einzelne Moleküle – zu verfolgen. Frans De Schryver in Leuven hatte sich Mitte der 1990er Jahre von der klassischen Photochemie der Polymere ab- und den Nanowissenschaften zugewandt. Daraus entstand, durch eine ganze Reihe EU-geförderter Projekte angetrieben, unsere Zusammenarbeit im Bereich der Rastertunnelmikroskopie, aber auch der Einzelmolekülspektroskopie.

Ich möchte hier die Schilderung dieser Arbeiten unterbrechen, denn in diesem Jahr 2024 erreicht mich die Nachricht vom plötzlichen Tod Roeland Noltes, Professor an der Universität Nijmegen, eines der profiliertesten niederländischen Organiker unserer Tage. Er war einer der Säulen unserer gemeinsamen EU-Projekte, ausgestattet mit großer Hingabe an die Forschung und einem feinen Sinn für Kollegialität. Wir, seine Weggefährten, vermissen ihn.

Gleichfalls ist Steven De Feyter, Schüler von De Schryver, als wichtiger Akteur aus unserem Kreis zu nennen. Er hat es geschafft, die Bildung geordneter Monoschichten durch Physisorption auf Multikomponentensysteme auszudehnen, was dann die rationale Erzeugung von sogenannten 2D-Kristallen als Pendant zum sogenannten „(3D)-crystal engineering" erlaubte. Das HBC und seine höheren Homologen spielten dabei wieder eine bedeutende Rolle.

Hier aber möchte ich einen anderen Baustein einführen, nämlich die 5-Alkoxyisophthalsäuren (Abb. 6.8.). Deren Amphiphilie konnten

Abb. 6.8. STM-Aufnahme der Packung von 5-Alkoxyisophthalsäure nach Physisorption auf HOPG. Links: Experiment; rechts: Modell der 2D-Packung. *J. Phys. Chem.* **1996**, *100*, 19636; Fig. 2.

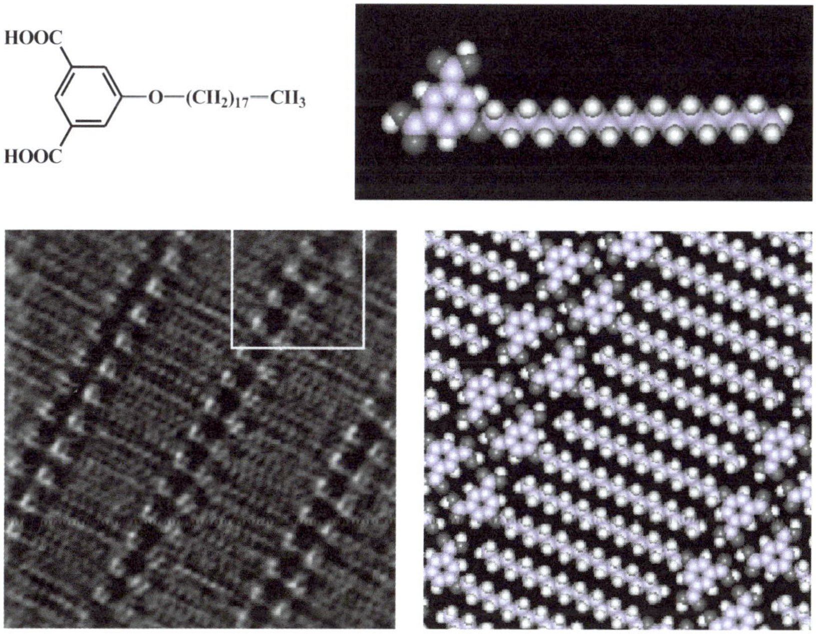

wir für die Bildung von mizellaren Nanoteilchen, aber auch von Lipidmembranen nutzen. Dieses in viele Richtungen ausstrahlende Vorhaben wurde entscheidend durch seinen Projektleiter Suresh Valiyaveettil, jetzt Professor an der National University of Singapore, und Christian Meiners in seiner Doktorarbeit vorangetrieben. Ich möchte mich jetzt aber auf die 2D-Strukturbildung bei der Abscheidung auf einer Oberfläche beschränken, und die STM-Aufnahme in **Abb. 6.8.** zeigt bereits, dass sich diese Arbeit gelohnt hat. Es kommt bei der Physisorption der Alkoxyisophthalsäuren zu einer Art Phasentrennung zwischen der polaren Kopfgruppe und den langen Alkylketten, bei der eine Kette aus Wasserstoffbrücken zwischen den Carboxylgruppen gebildet wird und sich die Alkylketten, abwechselnd nach oben und unten, nebeneinander lagern. Dies ergab nicht nur beeindruckende Muster, sondern wir konnten dann auch unserer Phantasie ihren Lauf lassen, um weitere Funktionen in die Alkylketten einzubauen. Eine in die gestreckten Ketten eingefügte *trans*-Azobenzolgruppe störte die dichte Packung der Alkylreste nicht. Bestrahlung des zustande kommenden 2D-Kristalls unter Isomerisierung der Azobenzoleinheit in die *cis*-Form brachte das Muster hingegen durcheinander, führte zur Desorption der Moleküle unter Aufnahme in die überstehende Lösung und danach zur Readsorption einer Packung des *cis*-Isomers. Spannender aber war es, in die Mitte der Alkylketten eine Diacetyleneinheit zu inkorporieren. Hier muss ich daran erinnern, dass Diacetylenkristalle, wenn sie den richtigen Abstand und den richtigen Kippwinkel im Festkörper einnehmen, lichtinduziert zum Polydiacetylen reagieren. Dies ergab sich aus faszinierenden Arbeiten von Gerhard Wegner, die noch aus seiner Freiburger Zeit stammten. Man spricht hier von topochemischer Kontrolle, und das Schöne war nun, dass wir eine analoge Reaktion durch die nebeneinanderliegenden Alkylketten der geordneten Isophthalsäuren erzielen konnten. Deshalb war es auch möglich, topochemisch ein Polydiacetylen auf der Oberfläche, gleichsam wie in einem Reißverschluss, zu erzeugen. Noch wichtiger war ein ähnlicher Versuch mit Hilfe einer 2,5-dialkoxyfunktionalisierten Terephthalsäure (**Abb. 6.9.**), denn hier führten die Wasserstoffbrücken zu einer linearen Anordnung der Benzolbausteine, und die Polydiacetylenbildung konnte auf beiden Seiten dieser Kette erfolgen. Hinzu kam noch, dass sich diese erstaunliche Polymerisation nicht nur photochemisch, sondern auch durch einen mittels der Tunnelspitze erzeugten Spannungspuls induzieren ließ [691].

Die De Schryver- und Müllen-Gruppen haben eine beträchtliche Zahl von gemeinsamen Publikationen in die Welt gesetzt, und das hatte mehrere Gründe. Es entstanden durch die STM- und Photophysikprojekte zwei Ebenen der Kooperation. Durch Steven De Feyter im STM-Bereich und Johan Hofkens im Photophysikbereich gab es zwei seiner Schüler, die diese Themen fortgeführt haben, aber Frans

Abb. 6.9. STM-Aufnahme der Packung von 2,5-Dialkyloxy-substituierter Terephthalsäure auf HOPG. Die Alkylgruppen enthalten Diacetylen-Bausteine, die durch diese Packung in die topochemisch „richtige“ Anordnung für die laterale Polydiacetylen-Bildung gebracht werden. Mitte: Packungsmodell. *Langmuir* **2003**, *19*, 6474; Fig. 8.

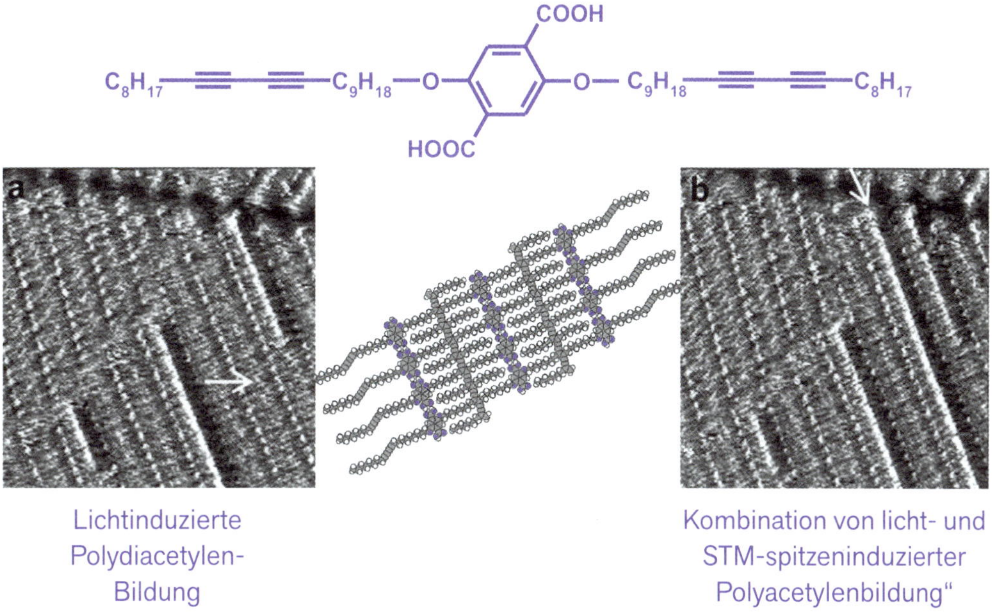

(**Abb. 6.10.**) war die Lokomotive. Wenn er am Montagmorgen etwas unwirsch in Mainz anrief: „The new dendrimer with perylenediimide core has not yet arrived“, dann entstand dort Aufregung. Während er als Humboldt-Preisträger am MPI-P war und über das Wochenende per Auto nach Leuven fuhr, wurde auf der linksrheinischen Autobahn A61 gerade 130 km / h als Geschwindigkeitsbegrenzung eingeführt. Er hatte das aber nur als Empfehlung verstanden, was den Familienetat sehr belastete. Umgekehrt weiß ich nicht, wie oft ich nach Leuven gefahren bin, immer auch in Vorfreude auf die belgische Kulinarik. Das einzige Problem war, dass wir beide parallel um die Begrenzung unseres Gewichts ringen mussten und ich dem armen Frans durch Suzy De Schryver als nachzuahmendes Beispiel vorgehalten wurde. Unsere gemeinsame Safari in Botswana war die tollste Reise, die meine Frau und ich je gemacht haben.

Abb. 6.10. Frans C. De Schryver.

Ich bleibe bei Reaktionen an Oberflächen, gehe aber jetzt von HOPG- zu Metallsubstraten und von der Lösungs- zu der Vakuumabscheidung über. Einleitend muss ich dazu aus der Zeit um die Jahrtausendwende eine Zusammenarbeit mit einem Pionier dieser Chemie, Christof Wöll (**Abb. 6.11.**) nennen, damals noch an der Universität Bochum, später am Karlsruhe Institute of Technology (KIT). Ich habe Hexabenzocoronen (HBC) als Allzweckmolekül für unseren Einstieg in die Nanographenforschung bezeichnet. Hexabenzocoronen entsteht ja

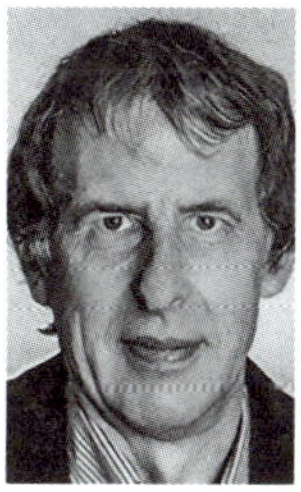

Abb. 6.11. Christof Wöll.

durch die oxidative Cyclodehydrierung des Hexaphenylbenzol (HPB) und dieses wiederum durch eine cobaltcarbonylkatalysierte Cyclotrimerisierung von Diphenylacetylen (Tolan, T). Als entscheidenden Durchbruch für die Oberflächenchemie deponierten wir ein hexaalkoxysubstituiertes HPB auf Cu(111) und fanden beim Erhitzen tatsächlich ein HBC, bei dem sechs Sauerstoffsubstituenten nach Abspaltung der Alkylgruppen an Kupfer gebunden blieben und deshalb auch eine unerwünschte Desorption verhinderten. Die Cyclodehydrierung verlief also auch thermisch in einer Monoschicht auf der Metalloberfläche. Später fanden wir sogar (**Abb. 6.12.**), dass die analoge Reaktion auf Cu(110) auch für den unsubstituierten HPB-Kohlenwasserstoff ablief, aber noch viel mehr: Vorab konnten wir auf dieser Oberfläche auch die katalytische Cyclotrimerisierung von T zu HPB realisieren, und bei höheren Temperaturen war die Cyclodehydrierung von HPB von der Entstehung größerer „Nanographengitter", etwa fünfmal größer als HBC selbst, begleitet. Wir sprachen von „Graphitinseln", verpassten es aber, mehr Strukturinformation zu sammeln. Wir waren uns dabei nicht der Tatsache bewusst, dass wir einen ersten Schritt zu Adsorbaten gemacht hatten, die später Graphen genannt wurden [536].

Als analytische Methoden zur Strukturaufklärung dieser Adsorbate kamen die Röntgen-Nahkanten-Absorptions-Spektroskopie (NEXAFS, Near Edge X-Ray Absorption Fine Structure) und die Rastertunnelmikroskopie zum Einsatz. Und hier gerät nun ein weiterer Pionier als Partner ins Spiel, und das ist Roman Fasel (**Abb. 6.13.**), den ich bereits

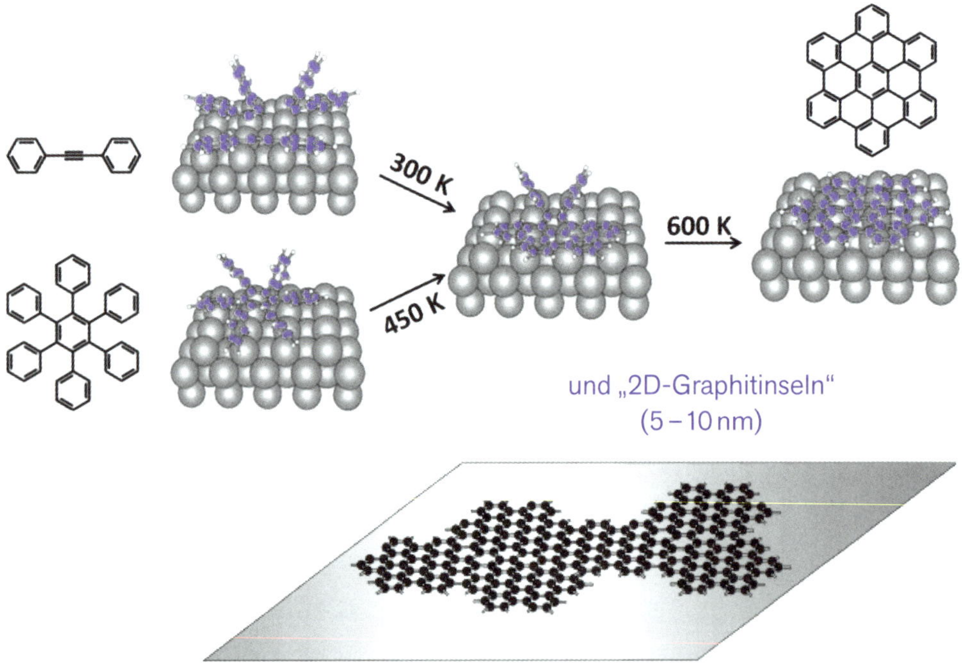

Abb. 6.12. Das erste Beispiel der thermischen Nanographenbildung auf einer Oberfäche von Cu(110): Cyclotrimerisierung von Diphenylacetylen (Tolan, T) zu Hexaphenylbenzol (HPB) und dessen Cyclodehydrierung zu HBC. Die Adsorbatbildung erfolgt aus der Gasphase. Bei höheren Temepraturen erfolgt Kupplung zu größeren „Graphitinseln". *ChemPhysChem* **2001**, *5*, 317; Scheme 2).

mehrfach genannt habe. Sein Doktorvater in Fribourg, Loius Schlapbach, war 2002 CEO der Empa mit dem Auftrag des Schweizerischen Schulrates geworden, diese traditionsreiche Behörde von einer Prüf- und Standardisierungs- zu einer Forschungsinstitution zu entwickeln, eine Aufgabe, die er in grandioser Weise gemeistert hat. Ich durfte diesen Prozess als Vorsitzender der externen Forschungskommission begleiten, was mich rasch mit Roman Fasel, aber auch den Brüdern Gröning in Kontakt brachte. Roman Fasel, Oberflächenphysiker von Hause aus, darf als Begründer einer Graphenchemie betrachtet werden, die Metalle als Katalysatoren und Rastersondenmethoden zur Reaktionskontrolle verwendet. Ich habe keinen anderen Physiker erlebt, der ein tieferes Verständnis für chemische Konzepte gehabt hätte.

Abb. 6.13. Roman Fasel.

Ehe ich die Synthese der GNRs auf Metalloberflächen beschreibe, soll die Methode der STM-kontrollierten Erzeugung von großen PAHs an einem anderen Beispiel aus unserer Zusammenarbeit erklärt werden. Ralph Rieger hatte das Cyclophan in **Abb. 6.14.** synthetisiert, das bei der Bestrahlung, wie bereits bekannt war, zum PAH cyclisierte. Man kann sich die Bildung des zentralen Benzolrings als eine Sequenz electrocyclischer Reaktionen vorstellen, welche jeweils eine Doppelbindung der drei peripheren Benzolringe einbeziehen. Aber genau diese Reaktionsfolge konnten wir thermisch auch auf dem Metall in Gang setzen. Die STM-Bilder enthüllten noch mehr, nämlich die schrittweise Planarisierung des Dreiecks-PAHs, die sich exakt an der Abnahme der Moleküldicke verfolgen ließ [1382].

Abb. 6.14. Deposition (aus der Gasphase) eines Cyclophan-Makrocyclus auf Metall und dessen thermisch induzierte, schrittweise elektrocyclische Umwandlung zu einem Nanographen-molekül; mittels STM wird die Reaktion über die zunehmende Einebnung des Moleküls verfolgt. *Nature Chem.* **2011**, *3*, 61, Fig. 2.

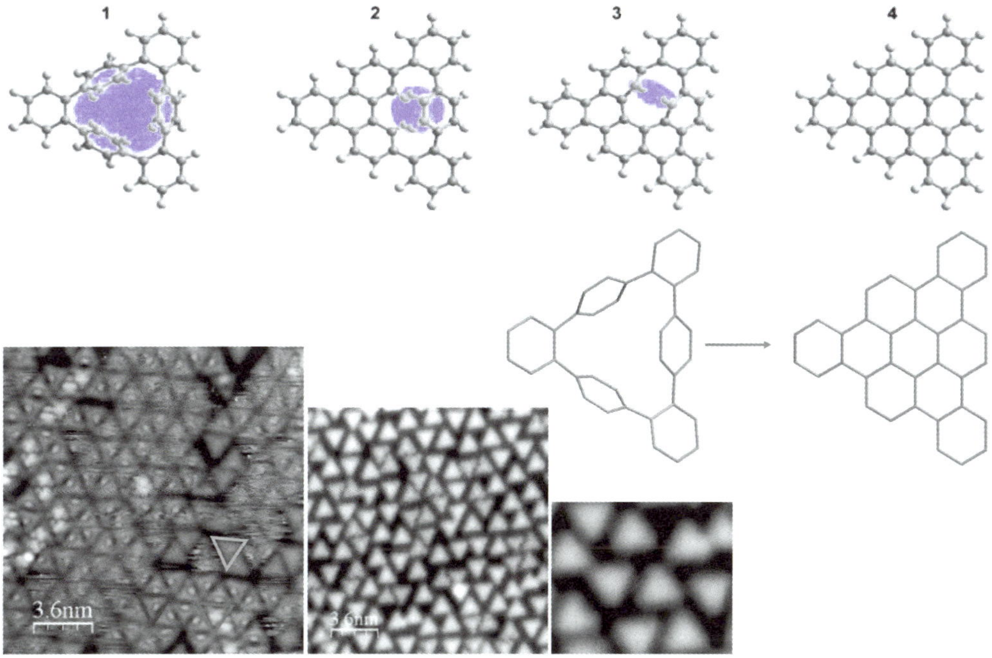

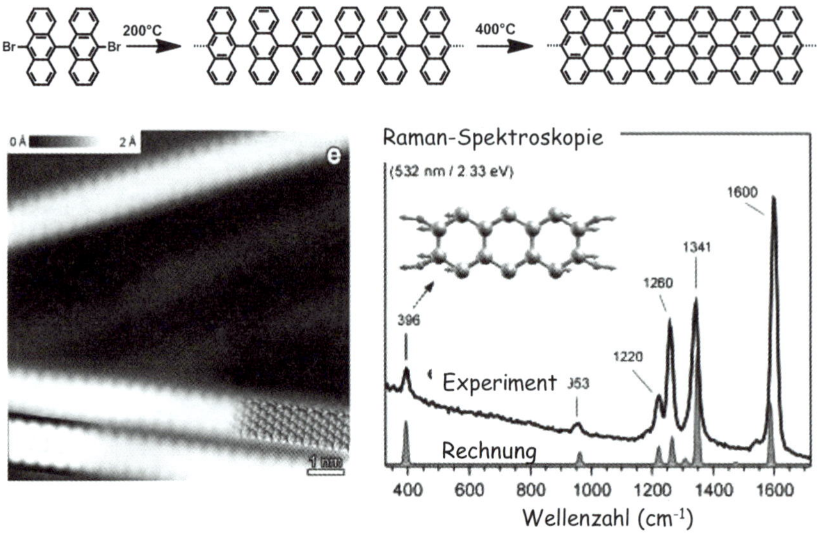

Abb. 6.15. Die Synthese eines Graphennanostreifens (GNR) durch Polymerisation eines 9,9'-Bianthryls und Cyclodehydrierung dieses Vorläuferpolymers. Der thermisch induzierte Prozess setzt nach der Abscheidung des Monomers auf Metall ein; a) STM-Aufnahme des Produkts; b) Raman-Spektrum eines einzelnen GNRs. *Nature* **210**, *466*, 470, Fig. 2.

Die wohl bekannteste Reaktion, die nach Immobilisierung von Molekülen auf Metalloberflächen beobachtet wurde und schon auf die 1990er Jahre zurückgeht, ist die homolytische Spaltung einer C-Halogenbindung. In einer Arbeit aus dem Jahre 2010 nutzten wir diesen Prozess als den für die Synthese von NGs und GNRs entscheidenden Schritt. Hinzu kam die Wahl eines geeigneten Vorläufermoleküls, in diesem Falle war das ein Dibrombianthryl (**Abb. 6.15.**), das nach Deposition auf einem Edelmetall und Erhitzen ein Diradikal erzeugte und dann zu einem Polyanthrylen polymerisierte. Ich habe ein derartiges Polymer schon früh etwas weiter unten eingeführt, weil sich eine faszinierende Beziehung zwischen der damaligen Lösungs- und der jetzigen Oberflächenpolymerisation abzeichnete. Auch diesmal aber beschritten wir eine Vorläuferroute, denn Polyanthrylen ließ sich auf der Oberfläche durch weiteres Erhitzen, also diesmal ohne Oxidationsmittel, zum Zielprodukt, dem GNR, cyclodehydrieren [1217]. Wir bezeichnen das Produkt als 7-AGNR. Dabei steht „A“ für Armlehnenperipherie, während „7“ die Zahl der C-Atome senkrecht zur Hauptachse und damit die Breite des GNR angibt. Die **Abb. 6.16.** zeigt auch, dass man durch die Wahl des Monomers, welches für die Oberflächenpolymerisation eingesetzt wird, leicht die Breite des GNR variieren konnte, und in der Tat lieferte ein zweifach bromiertes *ortho*-Terphenyl ein 9-AGNR [1853]. Die Rastersondenmikroskopie erlaubte eine Visualisierung der GNR-Entstehung, wobei die kontaktlose AFM-Methode (NC-AFM) in den beiden unteren Bildern ein atomar aufgelöstes Bild der Kanten erzeugte. Und wiederum schloss sich an dieser Stelle ein Kreis, denn aus den Bromderivaten von Naphthalin oder Perylen ließ sich nach deren Immobilisierung und Polymerisation auf Metall ein 5-AGNR gewinnen. Das aber ist nichts anderes als die

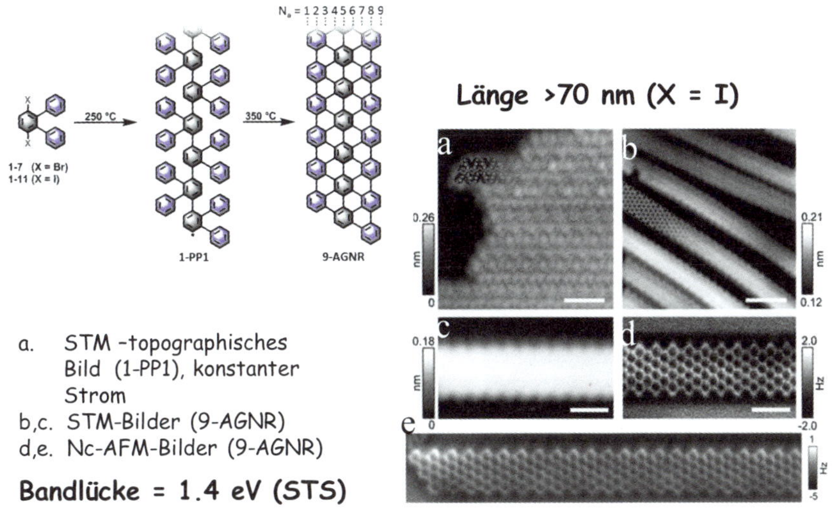

Abb. 6.16. Die Wahl des Monomers bestimmt die Breite des entstehenden GNRs: hier die Synthese des 9-AGNR; a) STM-Übersichtsaufnahme des Vorläuferpolymers (1-PP1) bei konstantem Strom. b) STM-Übersichtsaufnahme der 9-AGNRs. c) hochauflösende STM-Aufnahme eines einzelnen 9-AGNRs; d) NC-AFM-Aufnahmen eines einzelnen 9-AGNRs. *ACS Nano* **2017**, *11*, 1380, Fig. 2.

Rylenstruktur, deren Synthese durch konventionelle Aryl-Aryl-Kupplung und nachträgliche Cyclodehydrierung ich schon beschrieben habe. Die Abb. 6.17. stellt diese drei Strukturtypen von GNRs einander gegenüber. Das Faszinierende an der Strukturvariation durch die Wahl des Vorläufermoleküls ist, dass die elektronische Bandlücke präzise durch die Breite des Streifens eingestellt werden kann, und die elektronische Bandlücke beeinflusst wiederum die Ladungsträgermobilität in einem FET.

Bevor ich nun beschreibe, welche weiteren Möglichkeiten uns dieser Durchbruch eröffnete, muss ich eine Bemerkung zum Mechanismus machen. In der Literatur wird bei dem initialen Schritt, der Aryl-Aryl-Verknüpfung auf dem Metall, vielfach von Ullmann-Kupplungen gesprochen. Das ist streng genommen nicht angemessen, denn unter der Wirkung des Metalls erfolgt die Spaltung einer C-Halogen-Bindung homolytisch, nicht heterolytisch, also ohne einen Elektronentransfer. Man kann also von einer katalysierten Reaktion sprechen, weil die Metalloberfläche die Arylradikale stabilisiert. Die Halogenfunktion wird somit nicht als Anion abgelöst, sondern bindet unmittelbar an das Metall, und in der Tat lassen sich Iodatome mikroskopisch sichtbar machen. Abgesehen von der faszinierenden Tatsache, dass wir nun einzelnen Polymermolekülen

Abb. 6.17. Graphennanostreifen (GNR) unterschiedlicher Breite; in dem Symbol n-AGNR bezeichnet n die Zahl der Kohlenstoffe in der Breite des Streifens, AGNR heißt „armchair graphene nanoribbon“.

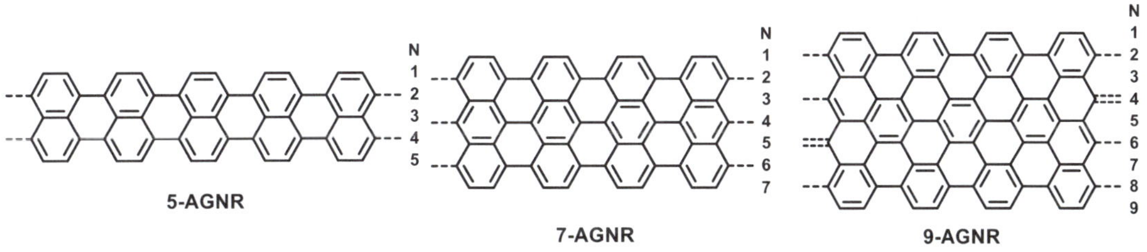

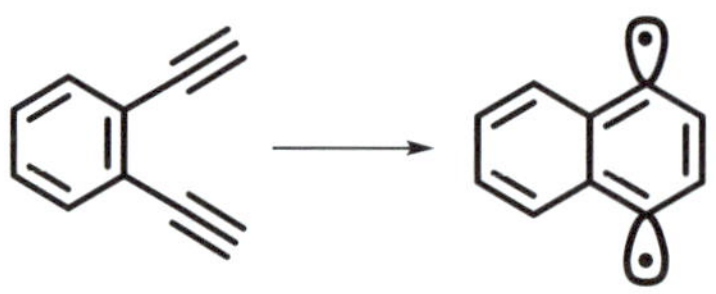

Abb. 6.18.
Naphthalindiyl-Diradikal.

in ihrem Wachstum durch STM zusehen können, gibt es aber noch mehr Unterschiede zur konventionellen Polymersynthese in Lösung, denn die organischen Diradikale würden in Lösung nicht überleben. Wer mit der Bergman-Cyclisierung vertraut ist, kann sich diese Situation leicht verdeutlichen, denn dort muss das Diradikalintermediat (**Abb. 6.18.**), das durch Ringschluss aus einem diethinylsubstituierten Aromaten gebildet wird, durch Zugabe eines Wasserstofflieferanten wie Cyclohexadien rasch abgefangen werden. Andernfalls liefe eine in diesem Fall wohl unerwünschte und auch kaum kontrollierbare Polymerisation ab.

Abb. 6.19 – 6.21. zeigen unterschiedlich „verfeinerte" und auch unterschiedlich teure Apparaturen, aus der Synthese und aus Rastersondenmethoden.

Mich hat diese molekulare Graphenchemie auf Metalloberflächen an die bahnbrechenden Arbeiten von Gerhard Ertl erinnert, der die Aktivierung kleiner Moleküle auf einem Metall verfolgen und daraus ein tiefes Verständnis für katalytische Mechanismen entwickeln konnte. Aus synthetischer Sicht mussten wir uns aber auch der Kehrseite unserer Oberflächenchemie bewusst werden:

1. Es braucht aufwendige UHV-Apparaturen, und die Mengen an Produkt sind ohne präparative Bedeutung. Allerdings darf ich hinzufügen, dass wir später ähnliche GNR-Synthesen ausgehend von Oligophenylenmonomeren auch durch chemische Dampfabscheidung im Hochvakuum unter weniger strikten Bedingungen als im UHV durchführen konnten, ein Verfahren, das deshalb viel eher zur Steigerung der Substanzmengen geeignet ist [1814].
2. Die reaktiven Intermediate werden durch die Wechselwirkung mit dem Metall stabilisiert, müssen aber, um einen Partner zu finden, noch migrieren können. Bedenkt man die bekannte Carothers-Gleichung, welche die Zunahme des Molekulargewichts als Funktion des Umsatzes bei einer Polykondensation beschreibt, dann taucht die Frage auf, ob denn, wie für die Entstehung höherer Molekulargewichte nötig, größere Oligomere auf der Oberfläche noch wandern können.
3. Es ist keineswegs so, dass es trotz strenger Kontrolle der experimentellen Bedingungen keine Nebenreaktionen geben würde. Das kann verfrühte Eliminierung von Wasserstoff und dessen Reaktion mit radikalischen Zentren sein, das kann aber auch die Rückkehr des abgespaltenen Halogens sein.

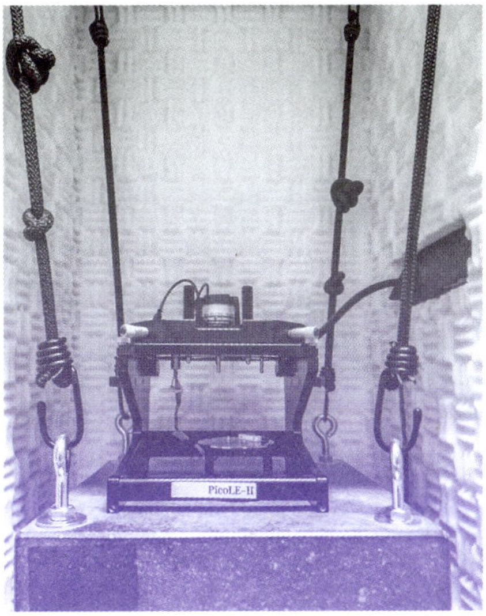

Ehe ich noch weitere Möglichkeiten der GNR-Synthese beschreibe, muss ich auf die Nutzung der GNRs als Halbleiter von FETs zurückkommen, die ja mit der Deposition auf Isolatoren beginnt. Die dazu notwendigen Methoden unterscheiden sich je nachdem, ob in Lösung oder auf einer Metalloberfläche synthetisiert wurde. Im ersteren Fall wird man auch aus Lösung verfilmen, wobei aber Netzwerke von Molekülen entstehen, deren Ladungsträgermobilität wesentlich vom Transport zwischen den Molekülen abhängt. Bei einer Oberflächen-GNR-Synthese muss anschließend ein Transfer von der Metall- auf eine Isolatoroberfläche erfolgen, wofür es eine Reihe von Techniken wie die Verwendung von Stempeln aus Polymethylacrylat gibt. Der Gruppe von Jeff Bokor gelang es, einen FET aus einem einzelnen GNR-Molekül zu fertigen (Abb. 6.22.), ein Experiment, das ein An-aus-Verhältnis des Stroms von 10^5 lieferte. Das ist wirklich bemerkenswert, wenn man bedenkt, dass das analoge Verhältnis in Graphen Werte im einstelligen Bereich annimmt. Das genau ist, was wir beweisen wollten, nämlich die Öffnung einer elektronischen Bandlücke durch die geometrische Begrenzung im GNR, und dieser Schritt erweist sich als wichtiger Fortschritt der Graphenforschung [1839].

Die Essenz einer solchen Synthese an Metalloberflächen besteht also in der Abscheidung von Vorläufermolekülen auf Oberflächen und der Funktion des Metalls als Katalysator bzw. Templat. Ich finde, dass die methodischen Einschränkungen, die ich beschrieben habe, die Faszination dieses Konzepts keineswegs mindern. Vier unterschiedliche Fälle von verwandten Oberflächensynthesen möchte ich als Belege für meine optimistische Aussage anführen.

Präparativ vielleicht am wichtigsten ist, dass wir nicht nur Aryl-Aryl-, sondern auch Alkyl-Aryl- oder sogar Alkyl-Alkyl-Kupplungen

Abb. 6.19. (oben links) Abzug der Farbenchemie.

Abb. 6.20. (oben rechts) Rastertunnelmikroskopie (Raumtemperatur), nach Probendeposition aus Lösung.

Abb. 6.21. (nächste Seite) Kontaktlose Rasterkraftmikroskopie (Tieftemperatur, UHV).

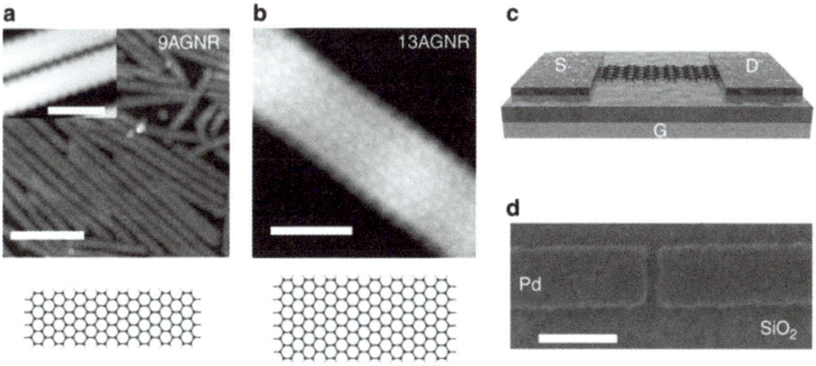

Abb. 6.22. Ein Feldeffekttransistor, gebaut aus einem einzelnen GNR. Links, a und b: STM-Aufnahmen; rechts, c und d: Schema des FETs. *Nature Communications* **2017**, *8*, 633, Fig. 1.

- Ionische Flüssigkeit als Dielektrikum
- An-aus-Verhältnis 10^5
- Ambipolares Verhalten

verwirklichen konnten. Aber warum war das für uns so bedeutsam? DFT-Rechnungen von David Beljonne, Universität Mons, machten deutlich, dass aus der Familie von GNRs mit unterschiedlichen Kantenstrukturen der Zickzacktyp etwas ganz Besonderes ist. Man sagt in diesem Fall nicht nur besonders kleine elektronische Bandlücken, sondern auch an den Kanten lokalisierte elektronische Zustände voraus, die durchaus auch zu stabilen Spins und damit zu magnetischen Grundzuständen führen können. Für ein mögliches Synthesekonzept zeigt **Abb. 6.23.** anschaulich,

Abb. 6.23. Wie die Topologie eines monomeren Vorläufermoleküls die Kantenstruktur des GNRs bestimmt; im unteren Fall führt der Einbau zweier Methylgruppen zu einer thermischen Alkyl-Aryl-Kupplung und liefert eine Zickzackkante.

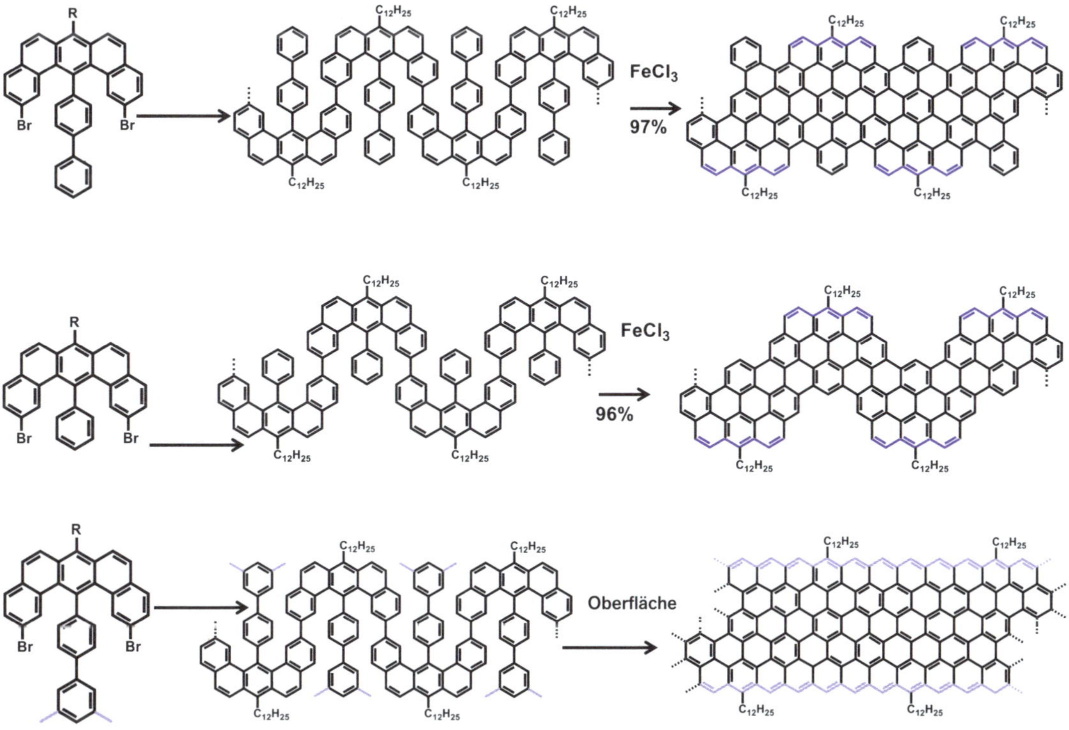

was dem sich bildenden GNR an einer durchgehenden Zickzackkante fehlt: Man muss die „Lücke" durch zusätzlichen Kohlenstoff füllen. Das kann, dem unteren Reaktionsschema folgend, gelingen, wenn im Vorläufermolekül zwei zusätzliche Methylgruppen vorkommen und diese eine C-H-Aktivierung unter Bindungsbildung zu den benachbarten Benzolringen erfahren. Genau eine solche Absicht realisierte sich in unserem Projekt mit Roman Fasel, und das ist in **Abb. 6.24.**, wiederum durch kontaktlose AFM, deutlich gemacht. Was also durch konventionelle Synthesen in Lösung über eine Friedel-Crafts-Reaktion nach einem kationischen Mechanismus ablaufen kann, spielt sich nun in einen radikalischen Prozess ab [1780]. Ohne auf Details einzugehen, füge ich hinzu, dass durch Phenyl-Methyl-Verknüpfung auch eine Überbrückung in Polyphenylenen möglich wird, und das ist genau der Prozess, den wir erstmals bei der klassischen Synthese der Leiterpolyphenylene in Lösung realisiert haben.

An die Visualisierung des strukturperfekten Zickzack-GNRs schloss sich die STS an, die tatsächlich kantenlokalisierte Zustände mit Energieaufspaltungen beweisen konnte. Dieses zentrale Experiment war aber erst möglich, nachdem das Polymer mit der Tunnelspitze auf einen NaCl-Kristall geschoben und dadurch seine Wechselwirkung mit dem Metall verringert wurde. Ein derartiger Befund wiederum weist auf ein grundsätzliches Problem hin: Zwar vermag die Metall-Adsorbat-Wechselwirkung das beobachtete Molekül zu stabilisieren, es kommt aber immer zu einer elektronischen Wechselwirkung, als deren Folge die Ermittlung der intrinsischen Moleküleigenschaften erschwert wird. Aber zurück auf den synthetischen Kern dieses Prozesses, denn durch die Erzeugung der Zickzackkanten bietet sich die Chance, die Graphenmoleküle chemisch

Abb. 6.24. Synthese eines Zickzack-GNRs. a) Visualisierung des Vorläuferpolymers durch STM-Übersichtsaufnahme und b) des GNRs durch kontaktlose AFM-Aufnahme (NC-AFM). *Nature* **2026**, *531*, 489, Fig. 2.

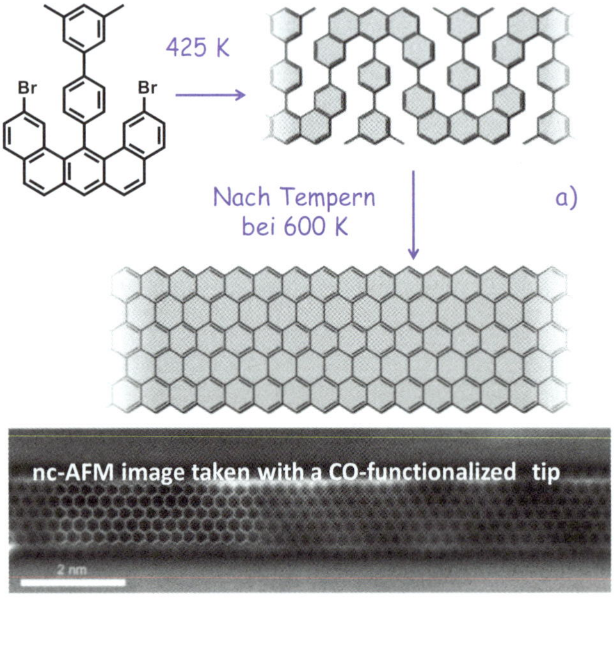

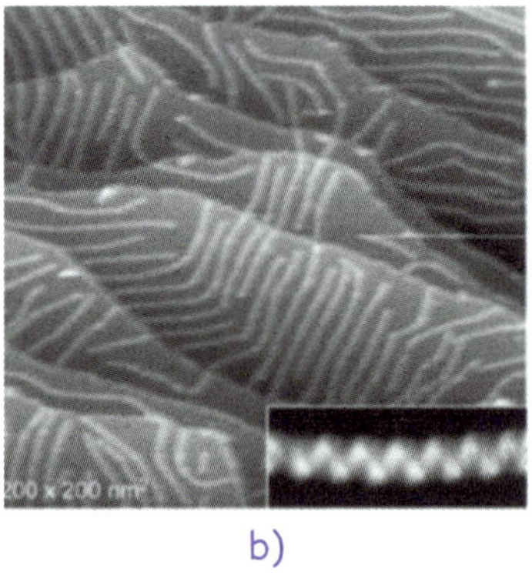

kontrolliert mit Spins auszustatten. Für ein tieferes Verständnis dieser besonderen Bindungssituation möchte ich auf die Nanographensynthesen zurückkommen. Ich erinnere daran, dass wir dort Spins über Defekte, also etwa über den Einbau von Fünfringen, erzeugt hatten. Was aber bei diesen kleineren Modellverbindungen auch schon zur Sprache kam, war die für Graphenmoleküle typische Möglichkeit, auf dem Weg zu spintragenden Systemen die HOMO-LUMO-Energielücke durch Zickzackkanten extrem zu verkleinern. Das möchte ich durch eine neue Familie unterschiedlich großer NGs belegen, die wir aus gutem Grund Rhombene nannten [2073]. In diesem Fall ergab die STS für das in **Abb. 6.25.** gezeigte Beispiel eine enorm kleine Energielücke von ca. 0,2 eV. Ein solches Molekül verdankt seine Stabilität der Wechselwirkung mit dem Metall, es wäre in Lösung kaum stabil zu halten. Andererseits erklärt dieser niedrige Wert, warum wir nun wirklich magnetische Grundzustände nachweisen konnten. Hier kommt aber noch ein weiterer Gesichtspunkt ins Spiel. Chemisch betrachtet, möchte man einzelne Elektronen und ihre Spins „auseinanderhalten", denn sie sollen keine neue Bindung bilden. Will man andererseits Spins für Schaltungen verwenden, soll die magnetische Austauschwechselwirkung hoch sein, und das ist hier der Fall. Als kritischer Wert gilt das sogenannte Landauer-Limit der minimalen Energiedissipation, das eine Grenze für die Verlustleistung beim Verschwinden eines Bits definiert.

Wenn das auch wirklich anspruchsvolle Oberflächenphysik ist, liegt es mir am Herzen, den chemischen Anstoß nicht außer Acht zu lassen, denn Bo Yang und Tim Dumslaff in unserer Gruppe haben mehr als zwei Jahre gebraucht, um das richtige Vorläufermolekül für das Zickzack-GNR gemäß **Abb. 6.24.** zu finden und zu synthetisieren.

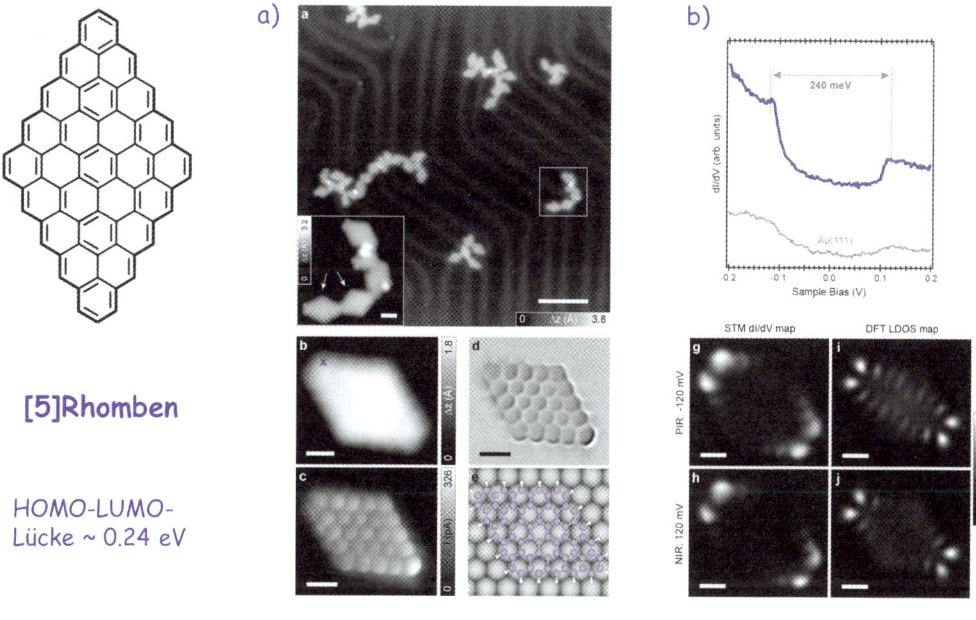

Abb. 6.25. Visualisierung eines [5]Rhombenmoleküls mit Zick-Zack-Kanten. a) Hochauflösende- bzw. Laplace-gefilterte STM-Aufnahmen eines einzelnen Rhombenmoleküls; b) Rastertunnelspektroskopie zur Bestimmung der HOMO-LUMO-Energiedifferenz. *Nature Chem.* **2021**, *13*, 581, Figs. 2 und 3).

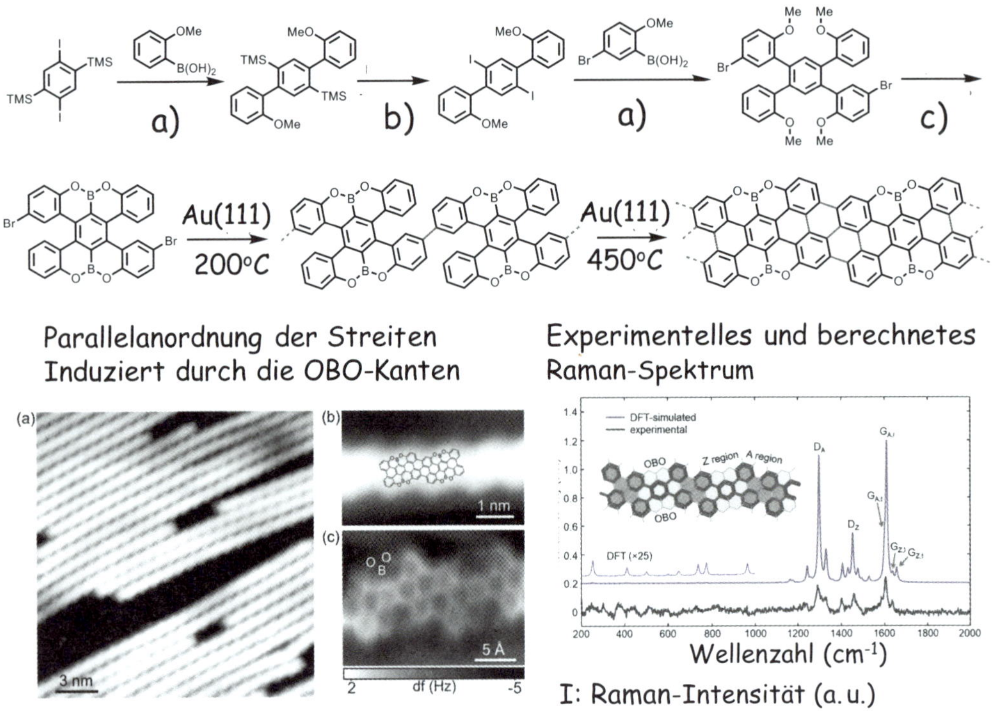

Abb. 6.26. Synthese eines Vorläufermoleküls mit peripheren O-B-O-Einheiten und dessen Umwandlung in einen Graphennanostreifen auf einer Metalloberfläche; Visualisierung durch STM; die O-B-O-Kanten des GNR begünstigen zusätzlich eine Parallelanordnung der Makromoleküle. a) STM-Übersichtsaufnahme; b) hochauflösende STM-Aufnahme eines einzelnen Moleküls, darüber gelegt die chemische Struktur; c) NC-AFM-Aufnahme. *J. Am. Chem. Soc.* **2018**, *140*, 9104, Fig. 3.

Unter den vielen an dieser Stelle möglichen Strukturvariationen von GNRs möchte ich als zweites Beispiel den Einbau von Heteroatomen herausgreifen. Als die präzise Erzeugung atomar definierter Kantenstrukturen immer wichtiger wurde, „füllte" Xiao-Ye Wang nach Abb. 6.26. eine Fjordkante durch eine O-B-O-Atomsequenz, wobei die Synthese nicht nur die O-B-, sondern auch B-C-Bindungsbildung einschloss. Zweierlei ist an diesen GNRs bemerkenswert. Derartige planare Strukturen sind natürlich nicht chiral, wohl aber – bedingt durch den Kantentyp – nach Deposition auf Oberflächen, weil dann die Spiegelsymmetrie entfällt. Weiterhin können sich die GNRs als Folge ihrer Heteroatomperipherie auf der Oberfläche in einer kolinearen Anordnung abscheiden [1924].

Angeregt durch die Erzeugung der O-B-O-Einheit hatten wir uns, und das bringt mich zum dritten Punkt, überlegt, ob eine analoge C-C-C-Peripherie nicht auch durch zweifache C-C-Bindungsbildung aus einem Isopropylsubstituenten möglich sei. Ohne dass ich hier die ganze Geschichte ausbreite, schildere ich nur die wichtigste Beobachtung. Was wir bei dem Versuch, Isopropylgruppen oxidativ in die Peripherie von GNRs einzubauen, fanden, war etwas ganz anderes, nämlich keine intramolekularen C-C-Bindungsbildungen, sondern eine intermolekulare Kupplung zweier Isopropylsubstituenten unter Bildung eines neuen Benzolrings. Die Abb. 6.27. dokumentiert dieses überraschende Resultat durch die Entstehung eines Copolymers, das abwechselnd aus

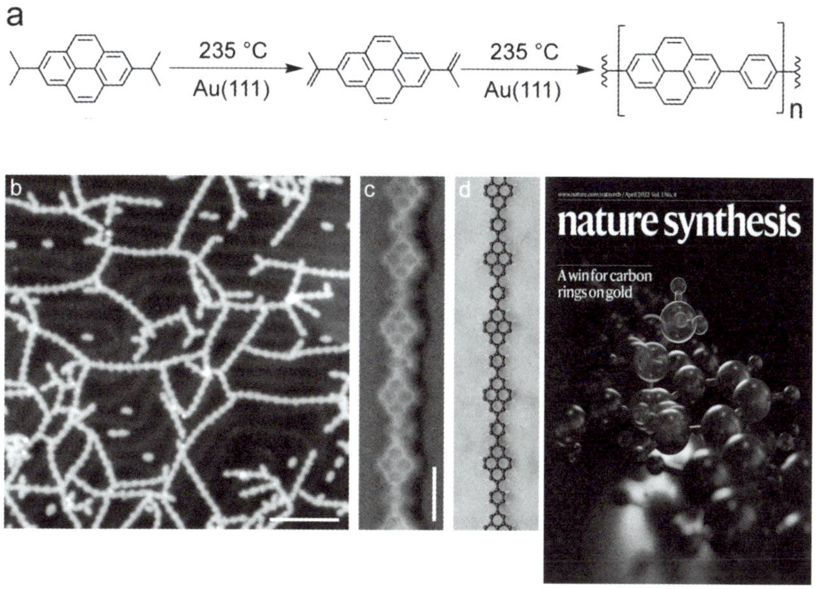

Abb. 6.27. a) Synthese eines alternierenden Copolymers aus Pyren- und Benzoleinheiten beginnend mit 2,7-Diisopropylpyren; das Prinzip ist die 3+3-Cyclodimerisierung von Isopropylgruppen unter Benzolbildung. b) STM-Übersichtsaufnahme des Copolymers; c) NC-AFM-Aufnahme des Copolymers; d) chemische Struktur des Copolymers. *Nature Synthesis* **2022**, *1*, 289, Fig. 5.

Benzol- und Pyreneinheiten besteht. Diese C-H-Aktivierung, die auf eine 3+3-Cyclisierung hinausläuft, wurde in *Chemical & Engineering News* mit großem Pomp gewürdigt [2106].

Der vierte Fall verknüpft gleich zwei wichtige Aspekte, den des Heteroatomeinbaus in einen GNR und, noch wichtiger, den von Synthesen an Isolatoroberflächen. Ausgangspunkt war eine Beobachtung von Reinhard Berger in unserer Gruppe, der die 2+3-Cycloaddition von Dibenzo-9a-azaphenalen (Abb. 6.28.) mit Acetylen- und Nitrilpartnern in Lösung realisierte. Selbstverständlich komme ich nicht umhin, an dieser Stelle Rolf Huisgen, dem Erfinder der dipolaren Cycloadditionen, die

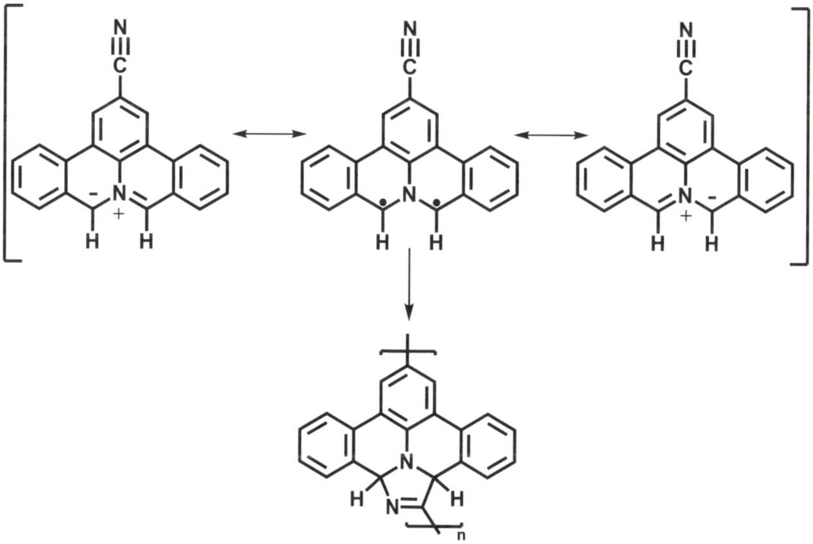

Abb. 6.28. Polymerisation unter Bildung von Ullazineinheiten durch repetitive 1,3-dipolare Cycloaddition an einer Oberfläche aus hexagonalem Bornitrid. Der 1,3-Dipol ist als Diradikal und alternativ als Zwitterion beschrieben.

Ehre zu geben, er hätte wohl noch viel mehr Ehre verdient. Akimitsu Narita und Carlos-Andres Palma gelangen analoge Reaktionen an Oberflächen, sie gingen aber noch einen Schritt darüber hinaus. In einer Zusammenarbeit erzeugten sie das nitrilsubstituierte Analogon des Phenalens, das sowohl einen 1,3-Dipol als auch ein Dipolarophil enthält. Wiederum begegnet uns somit ein AB-Baustein, der, wie **Abb. 6.28.** auch zeigt, eine Polymerisation zu einer Kette mit sogenannten Ullazineinheiten gestattet. Der besondere Wert dieses Resultats besteht darin, dass die Cycloaddition an isolierenden hexagonalen Bornitridoberflächen im Vakuum, also ohne katalytisch wirksame Metallsubstrate, auskommt. In diesem Fall gelingt also eine nachträgliche Bauelementfertigung ohne den Transfer auf eine Isolatoroberfläche [2040].

Graphennanostreifen, ich hatte es schon früh geschildert, sind auch durch harsche Methoden der Materialwissenschaft zugänglich und haben dann durchaus noch ihren Wert. Aber die Beispiele anspruchsvoller Physik, die ich hier beschrieben habe, erfordern Methoden präziser Polymersynthese. Darin und in der engen Verzahnung von Synthese, Verarbeitung, physikalischer Charakterisierung und Bauelemententwicklung sehe ich eine fortdauernde Herausforderung und den Königsweg der Materialforschung.

Was also ist der Stand der Dinge? Graphennanostreifen können lang genug gemacht werden, um auch große Kanäle eines FETs zu überbrücken, nun aber als wesentlichen Unterschied zum Graphen mit geöffneter elektronischer Bandlücke. Die aber kann durch die Breite und die Art der Kanten, also letztlich durch die Wahl des Vorläufermonomeren, genau eingestellt werden. Zudem lassen sich GNR-Segmente unterschiedlicher Breite und Bandlücke direkt verknüpfen, so dass eine molekulare Photodiode entsteht. Weiterhin vermag die Kombination unterschiedlicher Kanten in einem GNR auch unterschiedliche Ketten von Spins zu erzeugen, Anordnungen, wie sie theoretisch in Modellen von Heisenberg und Kondo beschrieben worden sind. Diese wenigen Beispiele mögen als Belege dafür genügen, wie sehr Materialsynthese die Entwicklung der Festkörper- und Oberflächenphysik vorantreiben kann.

Ich habe GNRs als wichtige Bindeglieder zwischen konjugierten Polymeren und Graphen bezeichnet, und es ist klar, dass beide Strukturfamilien, die 2D- und quasi-1D-Materialien, enorme Möglichkeiten zur synthetisch beförderten Variation elektronischer Charakteristika bieten. Ein anderer naheliegender Handlungsstrang führt zu den GNRs ausgehend von den Polyphenylenen mit Leiterstruktur. Dabei habe ich bereits Polaritonen in Leiterpolymeren (LPPPs) eingeführt, also „Quasiteilchen", die zum einen aus Licht und zum andern aus Materie bestehen. Man muss aber bedenken, dass es sich bei diesen Kondensaten um makroskopische Aggregatzustände handelt, in denen die „Quasiteilchen" den gleichen Quantenzustand besetzen. Quanteneigenschaften im strengen Sinne sind aber nur für einzelne Photonen, Polaritonen oder Elektronen zu erwarten, wie ich es für die GNRs schon beschrieben habe.

Obwohl ich bei der Synthese von GNRs in Lösung schon die Hoffnung auf zukünftige Quantentechnologien angesprochen habe, möchte ich im Rahmen der oberflächengestützten Synthese noch einmal die präzise Erzeugung von Spinzuständen mit definierten Wechselwirkungen hervorheben: Spins auf GNRs können prinzipiell einen Zugang zu molekülbasierten Qubits eröffnen. Ob sich dann die Fülle weiterer Schritte wie Superposition, logische Operationen auf Basis geeigneter Algorithmen sowie Adressierungs- und Ausleseverfahren realisieren lässt, steht dahin, aber es ist eine zusätzliche chemische Basis gelegt.

Abb. 6.29. Lifeng Chi.

Dennoch erscheint es mir wichtig, dass sich die Forschung nicht nur der Physik exotischer Quantenzustände, sondern auch den neuen chemischen Problemen der Synthesen an katalytisch wirksamen Metalloberflächen stellt. Im Zuge dessen haben die Fasel-Gruppe und auch unsere Gruppe Hilfe bei weiteren Kooperationspartnern gesucht: Im Bereich der Theorie, der Physik der Bauelelemente, aber auch der Chemie. Einige wichtige Befunde aus unserem Partnerarbeitskreis von Professor Lifeng Chi (**Abb. 6.29.**) in Soochow, die lange Zeit in Münster mit Harald Fuchs zusammengearbeitet hat, sind gut geeignet, das bisher entstandene Bild abzurunden:

1. Die Wechselwirkung zwischen π-System und Metall kann Reaktionen erzwingen, die von denen in Lösung signifikant abweichen. Während der Tetranaphthylterphenylvorläufer in Lösung gemäß **Abb. 5.69.** zum nichtplanaren Doppelhelicen fusioniert, führt die thermische Cyclodehydrierung auf einer Goldoberfläche, wie die kontaktlose AFM-Messung beweist, zum planaren Bis-*peri*-hexacen. Die Tendenz, alle Untereinheiten des nichtplanaren Moleküls in Wechselwirkung mit dem Metall zu bringen, befördert also die Bildung des eingeebneten Polycyclus [1999].
2. Ausgehend von Benzylhalogeniden kommt es nach C-Halogen-Bindungsspaltung ebenfalls zu C-C-Bindungsbildungen. Diese Beobachtung eröffnet unter anderem einen Weg zu Polyphenylenvinylen (PPV)-Synthesen, führt aber bei *ortho*-Dibenzylvorläufern zu einer Fülle von Vierringverbindungen mit jeweils komplexen Folgereaktionen. In jedem Falle ergeben sich spannende Vergleiche mit der viel untersuchten Reaktivität dieser Verbindungen in Lösung.
3. Es gelingen völlig überraschende Reaktionen wie etwa die Benzolbildung durch Cyclotrimerisierung von Ethylgruppen, also eine 2+2+2-Reaktion, oder sogar durch Cyclisierung ausgehend von einer Hexylkette. [2177, 2178]

Genau darin sehe ich wichtige Möglichkeiten für die Chemie auf Oberflächen, nämlich Reaktionen zu finden, für die es noch kein klassisches Äquivalent in Lösung gibt. Andererseits sind die heterogen katalysierte Dehydrierung oder die Umlagerung und Cyclisierung von Alkanen wichtige industrielle Prozesse. Es könnte gelingen, durch Metallkatalyse getriebene neue Synthesen zu realisieren oder sie zumindest mechanistisch besser zu verstehen. Ich setze große Hoffnungen auf die weitere Zusammenarbeit in diesem Bereich. Lifeng Chi ist Mittlerin zwischen der Chemie und Physik der oberflächengebundenen Reaktionen, und sie ist auch Mittlerin zwischen den betreffenden chinesischen und deutschen Communities. Allerdings kommt mit ihrer ehrenvollen Mitgliedschaft in der Chinesischen Akademie der Wissenschaften eine Welle zusätzlicher Anforderungen auf sie zu.

6.3 Einzelmolekülspektroskopie

Was bei der Beschreibung der Farbstoffchemie schon anklang, ist die Rolle von Chromophoren als Reportersysteme, die es gestatten, chemische, aber auch biologische Vorgänge optisch zu verfolgen. Die Fluoreszenzmikroskopie bietet dabei gegenüber anderen Methoden den Vorteil hoher Empfindlichkeit. Insbesondere für die biomedizinischen Anwendungen werden aber an die Chromophore beträchtliche Anforderungen gestellt, zu denen Wasserlöslichkeit, Emissionswellenlänge, Absorptionswellenlänge für optimale Eindringtiefe der Strahlung im Gewebe, fehlende Toxizität und natürlich eine hohe Fluoreszenzquantenausbeute gehören. Zudem bietet die chemische Funktionalisierung der Farbstoffmoleküle die Option, bestimmte Bereiche selektiv anzufärben oder Biomoleküle kovalent zu markieren. Ein viel verwendetes Beispiel dafür ist die Clickreaktion unter Verwendung einer Azidgruppe, die wir auch für die Verknüpfung von GNRs mit DNA-Aptameren genutzt haben. Klar ist, dass man zusätzlich eine hohe Photostabilität der Sondenmoleküle und eine hohe räumliche Auflösung erzielen möchte.

Das führt mich zurück auf den „Extremfall", die sogenannte Einzelmolekülspektroskopie, also die Möglichkeit, einzelne Moleküle an ihrer Fluoreszenz zu erkennen. Ein Pionier der Methode ist W. E. Moerner, der für diese Entdeckung auch mit dem Nobelpreis belohnt worden ist. Statt den Versuch zu unternehmen, auf die komplexen Grundlagen des Verfahrens einzugehen, möchte ich es in den Kontext der Materialforschung einordnen, dies auch eingedenk der Tatsache, dass wir einzelne Moleküle bereits über die Rastertunnelmikroskopie angeschaut haben. Das Faszinierende an jener Form der Photophysik ist, dass man die Position einzelner Moleküle in einer Matrix oder die Orientierung seines Übergangsdipolmoments bestimmen kann. Ein wichtiges Charakteristikum solcher

Experimente gilt es festzuhalten: Das Verhalten einzelner Moleküle, zum Beispiel in einem Energietransferprozess, liefert Informationen, die aus einer Ensemblemessung nicht zugänglich sind. So ist eine Besonderheit eines einzelnen, in einer Matrix immobilisierten Emittermoleküls das sogenannte „Blinken", die Tatsache, dass seine Fluoreszenzintensität mit der Zeit stark variiert. Als Erklärung wird der Übergang in Triplettzustände durch Intersystem Crossing herangezogen. Zusätzlich wurden für unsere Perylentetracarboxdiimid (PDI)- und Terrylentetracarboxdiimid (TDI)-Chromophore besonders lange Auszeiten der Fluoreszenz beobachtet, was auf intermolekulare Ladungsübertragungsprozesse mit der Umgebung zurückgeführt wird [1295].

Es klingt nach den vielen Beispielen, die ich für die enge Verknüpfung von Synthese und nanowissenschaftlichen Experimenten angeführt habe, fast trivial, aber alles beginnt mit der Verfügbarkeit über die richtigen Farbstoffe. Als wichtiges Eignungskriterium gilt der Absorptionsquerschnitt bei einer gegebenen Anregungswellenlänge. Hinzu kommt aber die Frage, wie viel Zeit dem Beobachter bleibt, etwa bei der Verfolgung biologischer Prozesse, bevor das Sondenmolekül unter typischen Anregungsbedingungen von etwa 1 kW/cm^2 ausbleicht. Um es auf den Punkt zu bringen, unsere Rylentetracarboxdiimide haben sich aufgrund ihrer optischen Charakteristika und ihrer Photostabilität in der Einzelmolekülspektroskopie vielen anderen Farbstoffen als weit überlegen gezeigt, und es ist keine Überraschung, dass sich die Liste unserer Kooperationspartner liest wie ein „who is who" der Methode. Wir hatten aber noch einen weiteren Vorteil, und das war, wie ich schon beschrieben habe, die Verknüpfung der Farbstoff- mit der Dendrimerchemie. Sie erlaubte uns, einzelne dendritische Nanoemitter zu untersuchen, die aus mehreren Chromophoren mit perfekter Ortsdefinition bestanden oder die bei identischem Emitterzentrum eine unterschiedlich große Hülle trugen.

Im Grunde lag für mich ein entscheidendes Aha-Erlebnis darin, dass Thomas Basché (Abb. 6.30.), Postdoktorand von Moerner und danach Habilitand an der Ludwig-Maximilians-Universität München in der Gruppe von Christoph Bräuchle, für das TDI aus Abb. 5.43. (TDI mit n = 1) in einem Einzelmolekülexperiment unter Umgebungsbedingungen Überlebenszeiten fand, die um Größenordnungen höher waren als die der meisten literaturbekannten Chromophore. Ich habe oft von den Zufällen gesprochen, die unser Leben, aber auch den Ablauf von Forschungsprojekten bestimmen. Jedenfalls wurde Thomas Basché als Nachfolger von Wolfgang Liptay in die Physikalische Chemie der Universität Mainz berufen, und ich darf sagen, dass unsere freundschaftliche Zusammenarbeit ein wichtiger Kern vieler kooperativer Projekte in Mainz geworden ist. Respekt hatte er, wenn wir ihm die Zahl der Synthesestufen vorhielten. Mit unserem „Kochen" befasste er sich weniger, obwohl er kulinarisch ein großartiger Koch ist. Aber schon das Wort

Abb. 6.30.
Thomas Basché.

„Nachziehen“, mit dem Synthesechemiker das Bereitstellen größerer Mengen einer Verbindung bezeichnen, konnte ihm große Freude machen.

Am Rande sei bemerkt, dass das Hochskalieren von Materialsynthesen für uns nicht immer eine reine Freude war, denn manchmal haben wir erlebt, wie eine Vergrößerung der Ansätze dramatische Einbußen an Ausbeuten herbeiführte, ohne dass wir die Ursachen je hätten herausfinden können. Es mag etwas weit hergeholt sein, aber mit hohem Respekt betrachte ich die komplexe, aber keineswegs immer erfolgreiche Verfahrenstechnik, die jeder Vergrößerung einer industriellen Produktionsanlage zugrunde liegt. Wenn ich noch weiter abschweifen darf, so erinnere ich mich an einen Vortrag, der von den vielen Methoden des Rührens handelte, ohne dass man die realen Strömungsverhältnisse je hätte exakt beschreiben können.

Aber zurück auf die Verknüpfung von Chromophorsynthese und Spektroskopie. Als ich am MPI-P in den Ruhestand trat, wurde ich auf Initiative von Thomas Basché in das Gutenberg Forschungskolleg der Universität Mainz aufgenommen, so dass unsere gemeinsame Arbeit weitergehen konnte und bis auf den heutigen Tag noch weitergeht. Für die Gastfreundschaft der Physikalischen Chemie bin ich dankbar, nicht zuletzt für die Laborplätze, die uns zusätzlich Professor Carsten Sönnichsen großzügig zur Verfügung gestellt hat, um, wie es hieß, einen Emeritus noch sinnvoll beschäftigt zu halten.

Wenn ich nun die Bedeutung der Einzelmolekülspektroskopie für grundlegende Fragen der Chemie schildern will, muss ich einen kleinen Anlauf nehmen. Die präzise Verfolgung von chemischen Reaktionen oder Energieumwandlungsprozessen würde eine kohärente Kontrolle von Quanteninterferenzen erfordern, wobei Kohärenz eine feste, zeitlich definierte Phasenverschiebung zwischen den Elektronenzuständen der beteiligten Moleküle bedeutet. Der Grad dieser Kohärenz wird aber stets durch Inhomogenitäten in einer synchronisierten Molekülgruppe, zum Beispiel als Folge unterschiedlicher Umgebungen, beeinträchtigt. Einzelmolekülexperimente sind deshalb die überzeugende Alternative, und die Gruppe von Professor Nick van Hulst konnte an unserem dibenzokondensierten Quaterrylentetracarboxdiimid (**Abb. 6.31.**) zeigen, dass eine solche kohärente Kontrolle sogar bei Raumtemperatur möglich ist [1215].

Ein anderes einzelmolekülspektroskopisches Experiment, das mich noch mehr beeindruckt hat, wurde in der Gruppe von W. E. Moerner an einem tetraphenoxysubstituierten QDI (**Abb. 6.31.**) durchgeführt, um eine dramatische Steigerung der Fluoreszenz eines organischen Emitters zu erzielen. Das Chromophormolekül wurde dazu in einer plasmonischen Nanoantenne, bestehend aus einer feinen, gekrümmten Goldspitze in Form einer Fliege (ich meine den Krawattenersatz, also einen „bowtie“), deponiert. Die dramatische Feldverstärkung und die Erhöhung der Strahlungsrate erlaubten es dann, die Fluoreszenz des

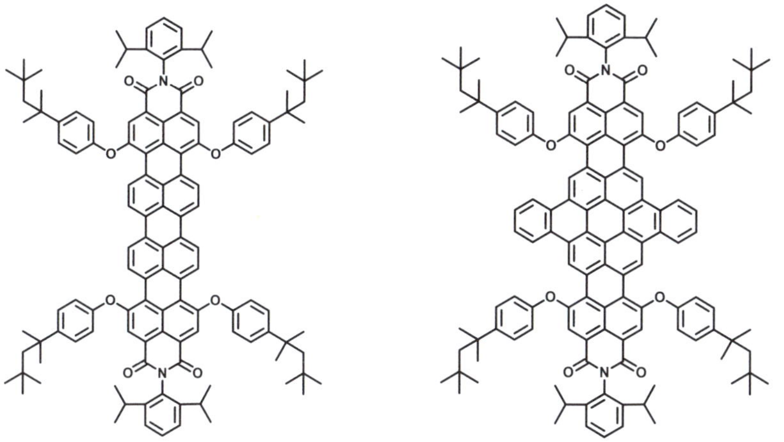

Abb. 6.31.
Von Quaterrylentetracarboxdiimid (QDI) abgeleitete große Rylenchromophore.

Moleküls um einen Faktor von 1.300 intensiver zu machen. Der organische Emitter fungierte bei solchen Experimenten zugleich als Miniatursensor für das lokale elektromagnetische Feld der Antenne [1157].

Die große Bedeutung der Einzelmolekülspektroskopie, ich möchte es noch einmal hervorheben, liegt ja darin, dass man die unmittelbare Umgebung eines Farbstoffmoleküls auf der molekularen Längenskala abfragen kann, etwa durch dessen Rotationsbewegung in amorphen Gläsern oder durch die Diffusion in einer Matrix, die auch geringe Polaritätsänderungen widerzuspiegeln vermag. Besonders nützlich ist dabei, dass wir durch Einkapselung des Rylenchromophors in ein Polyphenylendendrimer das Volumen des PDI-Nanoemitters präzise verändern und dadurch seine Diffusion steuern können, ohne zugleich die optischen Charakteristika zu beeinflussen (Abb. 6.32.). Hier ist ein nützliches Anwendungsbeispiel: Führt man die radikalische Polymerisation von Styrol durch, so kommt es zu einer Viskositätssteigerung der Lösung, auf die jedoch ein kleiner Chromophor anders ansprechen wird als ein großer. Besonders spannend ist ein solches Experiment, wenn man durch Zusatz kleiner Anteile eines Vernetzers, etwa eines 1,4-Divinylbenzols, ein Polystyrolharz synthetisiert. Man wird ja erwarten, dass zunächst nur das viel schneller reagierende Styrol polymerisiert, die Netzwerkwerkbildung unter Copolymerisation mit der Divinylverbindung also erst spät einsetzt und deshalb die Vernetzerstellen im Harz alles andere als homogen verteilt sind. Eine kinetische Beschreibung dieses Prozesses in einem Ensembleexperiment erscheint wenig plausibel. Der viel aussagekräftigere Ansatz über die Änderung der Diffusionszeiten eines einzelnen Chromophors setzt aber einen großen dynamischen Bereich der Messung voraus, was Johan Hofkens (Abb. 6.33.) durch Kombination der Fluoreszenzkorrelationsspektroskopie mit defokussiertem Weitfeld-Imaging (DFWI) erreicht hat. Diese Methode gestattete es,

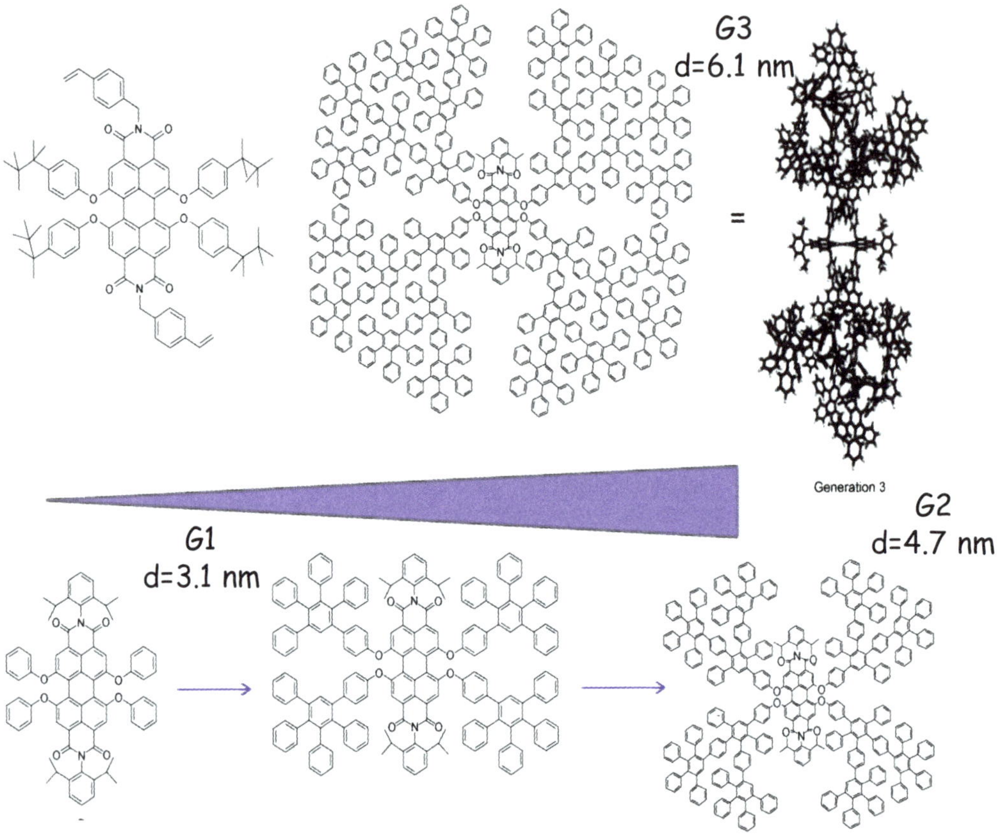

Abb. 6.32. Unterschiedlich große Polyphenylendendrimere mit einem Perylentetracarboxdiimid (PDI)-Kern. *Angew. Chem., Int. Ed.* **2010**, *49*, 9068. Fig. 8.

viele Einzelmoleküle gleichzeitig im Blickfeld des Mikroskops mit einer zeitlichen Auflösung im Millisekundenbereich anzuschauen. In Gestalt eines distyrylsubstituierten PDIs synthetisierten wir weiterhin einen Vernetzer, der zugleich als optische Sonde für die lokale Umgebung dienen kann. Dominik Wöll (**Abb. 6.34.**), Professor an der RWTH Aachen, hat durch Verbesserung des experimentellen Aufbaus die Diffusion einzelner PDI-Moleküle in dünnen Polystyrolfilmen sogar bis zu Temperaturen von 135 °C, also oberhalb der Glasübergangstemperatur T_g, untersucht [1419]. Solche Temperaturen sind deshalb besonders wichtig, weil dort die Verarbeitung thermoplastischer Polymere erfolgt. Es zeigte sich bei der photophysikalischen Untersuchung, dass die Reportermoleküle erst deutlich oberhalb von T_g mobil waren, deren Mobilitäten dann aber von der Schichtdicke abhingen (**Abb. 6.32.**). Man kann sich gut vorstellen, dass solche Arbeiten auf zunehmend komplexere inhomogene Umgebungen in Materialien wie Nanokompositen oder interpenetrierenden Netzwerken ausgedehnt worden sind. Nicht überraschend ist aber auch, dass die Photophysik die anzuwendenden Methoden, etwa durch „stimulated emission depletion microscopy", laufend weiterentwickelt hat.

Abb. 6.33. Johan Hofkens.

Wenn die Einzelmolekülspektroskopie also die Beweglichkeit einzelner Moleküle in einer Matrix anzeigt und Rückschlüsse auf die lokale Umgebung erlaubt, dann können wir nun einen Schritt weitergehen. Ben Feringa, Jean-Pierre Sauvage und Fraser Stoddart sind für die Synthese von Molekülen, die ihre Untereinheiten gegeneinander bewegen können und deren Funktion somit derjenigen makroskopischer Maschinen ähnelt, mit dem Nobelpreis ausgezeichnet worden. Das hat natürlich auch die Nanowissenschaften mit der Frage auf den Plan gerufen, wie man derartige Bewegungen sichtbar machen kann. Die prinzipielle Frage, etwa bei der Diffusion von Molekülen, ist die, ob trotz der ungeordneten thermischen (Brownschen) Diffusion die Bewegung in eine gewünschte Richtung gelenkt werden kann. Wir haben in einem Projekt mit Frans De Schryver und Johan Hofkens mittels defokussiertem Weitfeld-Imaging die Drehung molekularer Rotoren verfolgt, die auf einer polaren Glasoberfläche verankert waren [1577]. Die **Abb. 6.35.** zeigt drei Farbstoffmoleküle, zwei mit einem Perylenmonoimid- und eines mit einem Terrylenmonoimidchromophor. Allen ist gemeinsam, dass sie Ammoniumsubstituenten an einem Dreifuß für die Verankerung auf einer Glasoberfläche tragen. Das Übergangsdipolmoment des Chromophors von Verbindung 1 lässt sich mit geringer Abweichung senkrecht zur Oberfläche orientieren, während im Falle von 2 und 3 ein großer Kippwinkel zustande kommt. Zwei zusätzliche Besonderheiten gilt es festzuhalten: 1) Die Glasoberfläche mit den deponierten Molekülen wird in die Lösung eines polaren Polymers eingebettet, so dass durch Variation der Viskosität der Übergang von gehinderter zu freier Rotation induziert werden kann. 2) Die eigentlich

Abb. 6.34.
Dominik Wöll.

2 1 3

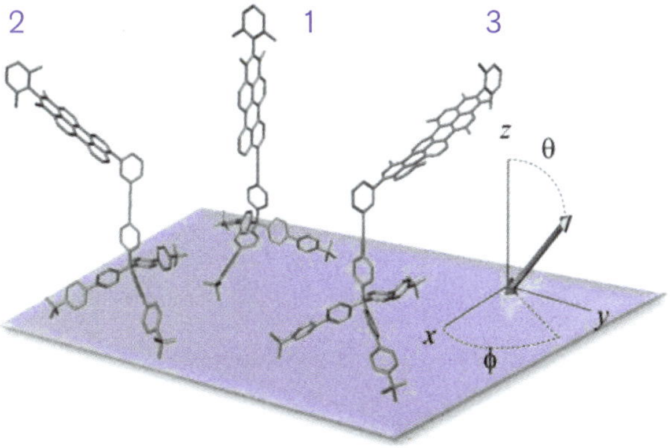

Orientierungen eines einzelnen auf Glas "verankerten" Farbstoffmoleküls

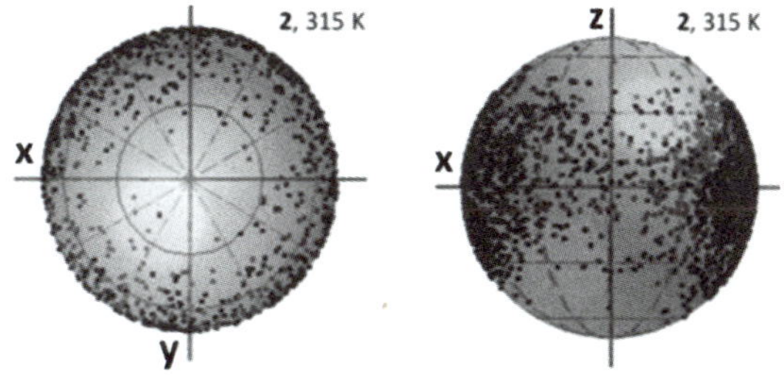

Abb. 6.35.
Orientierung von Chromophormolekülen auf einer Glasoberfläche nach Verankerung mittels eines „Dreifußes". Unten rechts: Verfolgung der Drehung der Chromophormoleküle durch defokussiertes Weitfeld-Imaging. *Nature Nanotech.* **2014**, *9*, 131, Figs. 1 und 3).

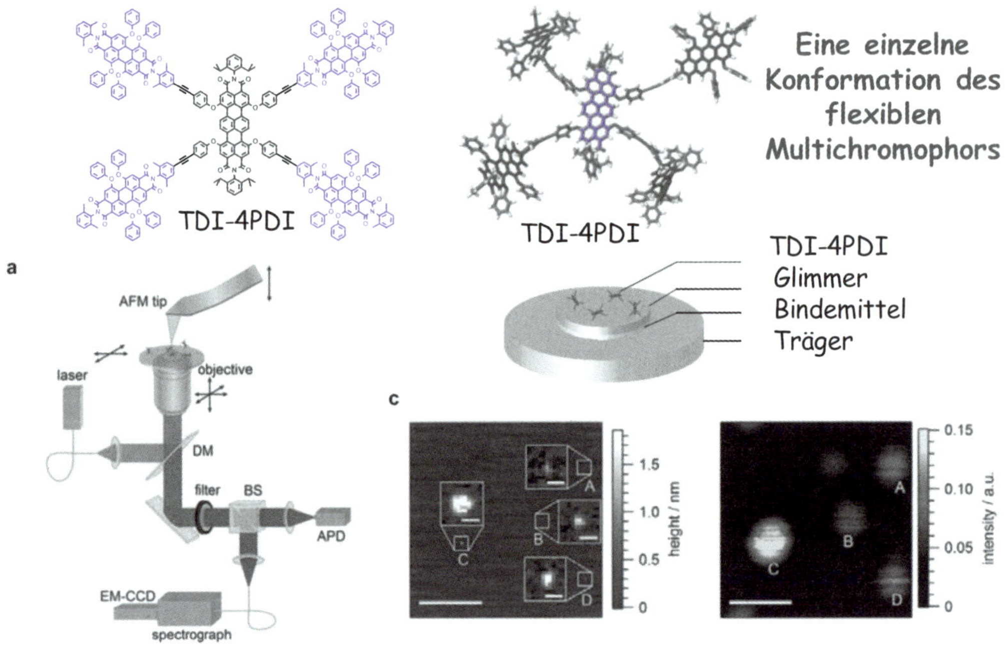

Abb. 6.36. Ein Multichromophor bestehend aus 4 Perylentetracarboxdiimiden und einem Terrylentetracarboxdiimid-Kern; durch Druck mit Hilfe einer AFM-Spitze erfolgt eine Änderung der Konformation, welche die Übertragung der Anregungsenergie beeinflusst. Unten: Der Aufbau zur einzelmolekülspektroskopischen Verfolgung des Prozesses durch Kombination eines Rasterkraft- und konfokalen Fluoreszenzmikroskops. *Nature Nanotech.* **2014**, *9*, 182, Figs. 1 und 2.

ungerichtete Drehung kann durch Polarisation des anregenden Lichts gleichgerichtet werden. Solche einzelmolekülspektroskopischen Experimente eröffnen faszinierende Schlussfolgerungen, wenn ich auch eingestehen muss, dass die wahre Geschichte noch viel komplizierter ist. Forscht man zum Beispiel den Gründen für die beobachtbare Rotation nach, so fällt auf, dass das optisch ausgeübte Drehmoment zu klein ist, um thermische Fluktuationen zu unterbinden.

Mit dieser Arbeit eng verwandt ist das folgende Projekt mit der Gruppe von Thomas Basché, bei dem es um die Bewegung innerhalb eines einzelnen Moleküls geht. Es braucht die anspruchsvolle Synthese eines Multichromophors, in dem Fall von Ingo Österling in unserer Gruppe durchgeführt, um den Prozess einzelmolekülspektroskopisch sichtbar zu machen (Abb. 6.36.). Bekanntlich hat es die Rasterkraftmikroskopie (AFM) erlaubt, Kräfte auf einzelne Moleküle auszuüben und so zum Beispiel eine Proteinfaltung zu untersuchen. Die Größe der zu erfassenden Kräfte ist natürlich durch die Forderung begrenzt, dass das Experiment nicht zur Bindungsspaltung führen sollte. Die Struktur in Abb. 6.36. wurde durch den Cantilever des AFM einer kompressiven Kraft ausgesetzt, die sich dann im Molekül verteilte und zu spektralen Verschiebungen in der Emission der Chromophoren führte [1619]. Rechnungen ließen den Schluss zu, dass die Ursache solcher Verschiebungen in Konformationsänderungen liegt. Dazu passte die Beobachtung, dass sich diese Signaländerungen beim Zurückziehen der Spitze zurückbildeten. Ein solches Faktum erscheint plausibel, wenn man annimmt, dass

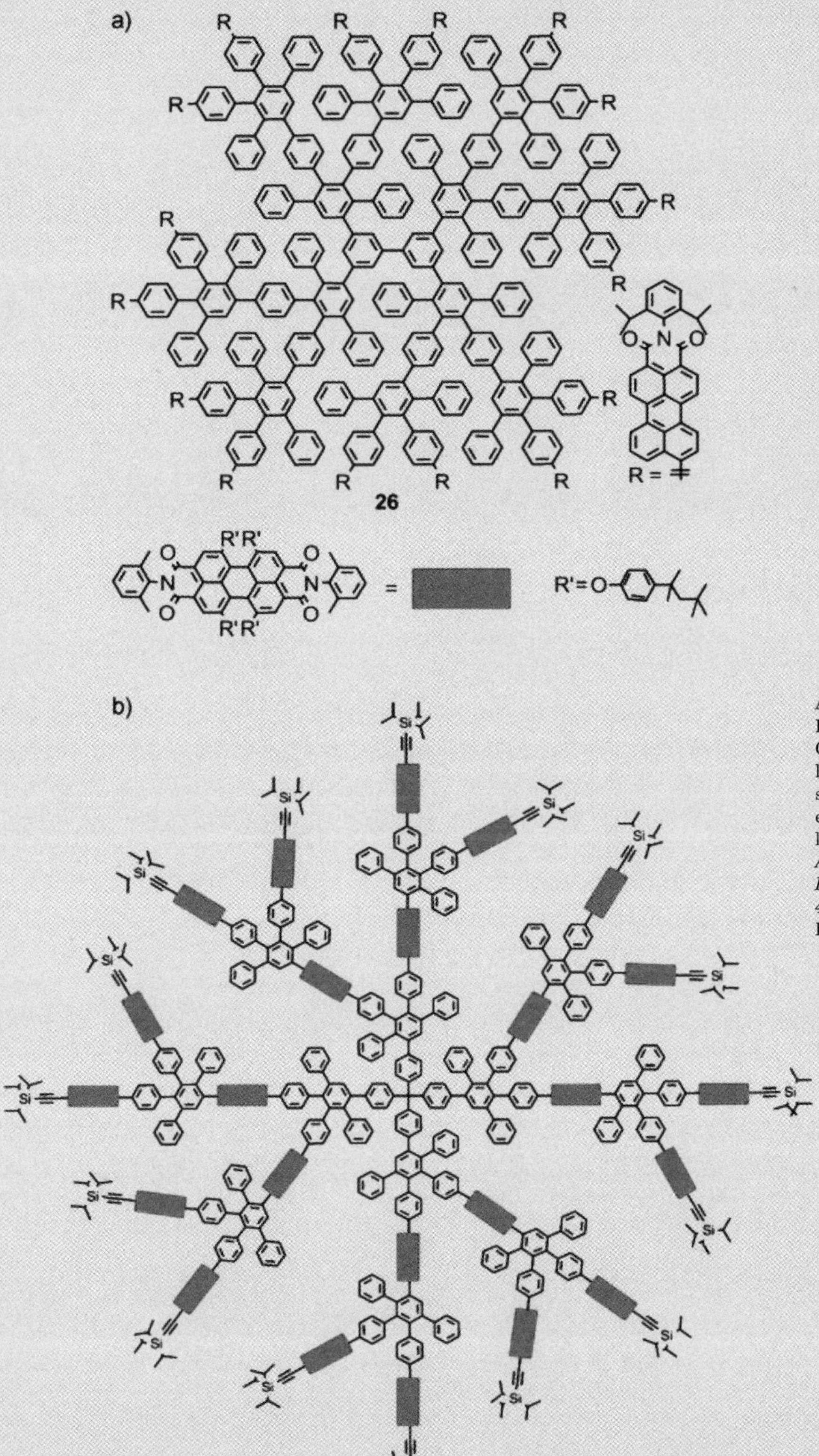

Abb. 6.37.
Einbau von Chromophormolekülen in das starre Gerüst eines Polyphenylendendrimers. *Angew. Chem., Int. Ed.* **2010**, *49*, 9068, Fig. 11.

Abb. 6.38. Polyphenylendendrimer zur einzelmolekülspektroskopischen Untersuchung des Energietransfers. *Angew. Chem., Int. Ed.* **2010**, *99*, 9068, Figs. 11, 13.

sich die Ausgangskonformationen wiederherstellen. Allerdings kam es auch zu irreversiblen spektralen Verschiebungen, was auf die Bildung metastabiler Geometrien hinzuweisen scheint. Solche Befunde lassen eine Vielzahl von Weiterungen zu, denn man könnte im Sinne einer Mechanochemie Bindungen mechanisch spalten und den Bindungsbruch fluoreszenzmikroskopisch nachverfolgen. Andererseits sollte durch eine lichtinduzierte Konformationsänderung des Moleküls der Cantilever des AFM angehoben und somit die Arbeit, die das einzelne Molekül leistet, bestimmbar werden.

Wenn man die Einzelmolekülspektroskopie noch einmal von ihrer stofflichen Basis her betrachtet, ist der Einbau von Farbstoffen in formstabile Polyphenylendendrimere gewiss von besonderem Wert. So erweist sich die Einbettung eines einzelnen Emitters in eine starre, aber optisch nicht beteiligte Hülle als ideal für die Kontrolle von Diffusionsprozessen. Eine andere Variationsmöglichkeit besteht darin, mehrere identische Chromophore mit perfekter Lokalisation jedes Einzelelements innerhalb eines rigiden Gerüsts zu versammeln. Regt man diesen Multichromophor wie in **Abb. 6.37.** unter hohem Photonenfluss an, so kann es zur simultanen Bildung zweier S_1-Zustände kommen. Steht einer davon in Resonanz mit einem $S_1 \rightarrow S_n$-Übergang, so erfolgt ein Energietransfer zwischen den angeregten Singlettzuständen. Es findet eine Singlett-Singlett-Annihilierung statt, und in dem System bleibt nur ein einziger angeregter Zustand übrig. Ein solches Szenario lässt sich auch in einem Ensembleexperiment nachweisen, in der Einzelmolekülspektroskopie kann der Multichromophor dann aber aufgrund der erhöhten Absorption als Einzelphotonenquelle dienen.

Die Photophysik findet mit diesen Dendrimermolekülen eine nie gekannte Spielwiese vor, zumal dann, wenn unterschiedliche Chromophore in das Gerüst eingebaut werden und diese zum gerichteten Transfer ihrer Anregungsenergie befähigt sind. Die Gegenwart eines solchen Energiegradienten lässt sich in den Dendrimeren aus **Abb. 6.38.** einzelmolekülmikroskopisch tatsächlich nachweisen. Und dann gibt es da noch das schon beschriebene Dendrimer von Tanja Weil, das gemäß **Abb. 5.100.** NMI-, PDI und TDI-Chromophore enthält. Die Einzelmolekülspektroskopie enthüllt hier eine Konkurrenz zwischen dem erwarteten Kaskadenmechanismus von NMI zu PDI und weiter zu TDI sowie dem direkten NMI-TDI-Transfer. Der letztere Beitrag erscheint angesichts der charakteristischen Absorptions- und Emissionsbereiche unerwartet, kann aber durch Überlappung des Emissionsspektrums von NMI mit der $S_0 \rightarrow S_2$-Absorptionsbande von TDI erklärt werden. Auch in den lichtsammelnden Komplexen der Natur, und das ist ja ein weiterer faszinierender Aspekt der dendritischen Multichromophore, wirken der vektorielle Energietransfer und die starke Kopplung von Chromophoren zusammen. Allerdings zeigen natürliche Lichtsammelkomplexe noch

Abb. 6.39. Polyphenylendendrimer zur einzelmolekülspektroskopischen Untersuchung eines lichtinduzierten Elektronentransfers.

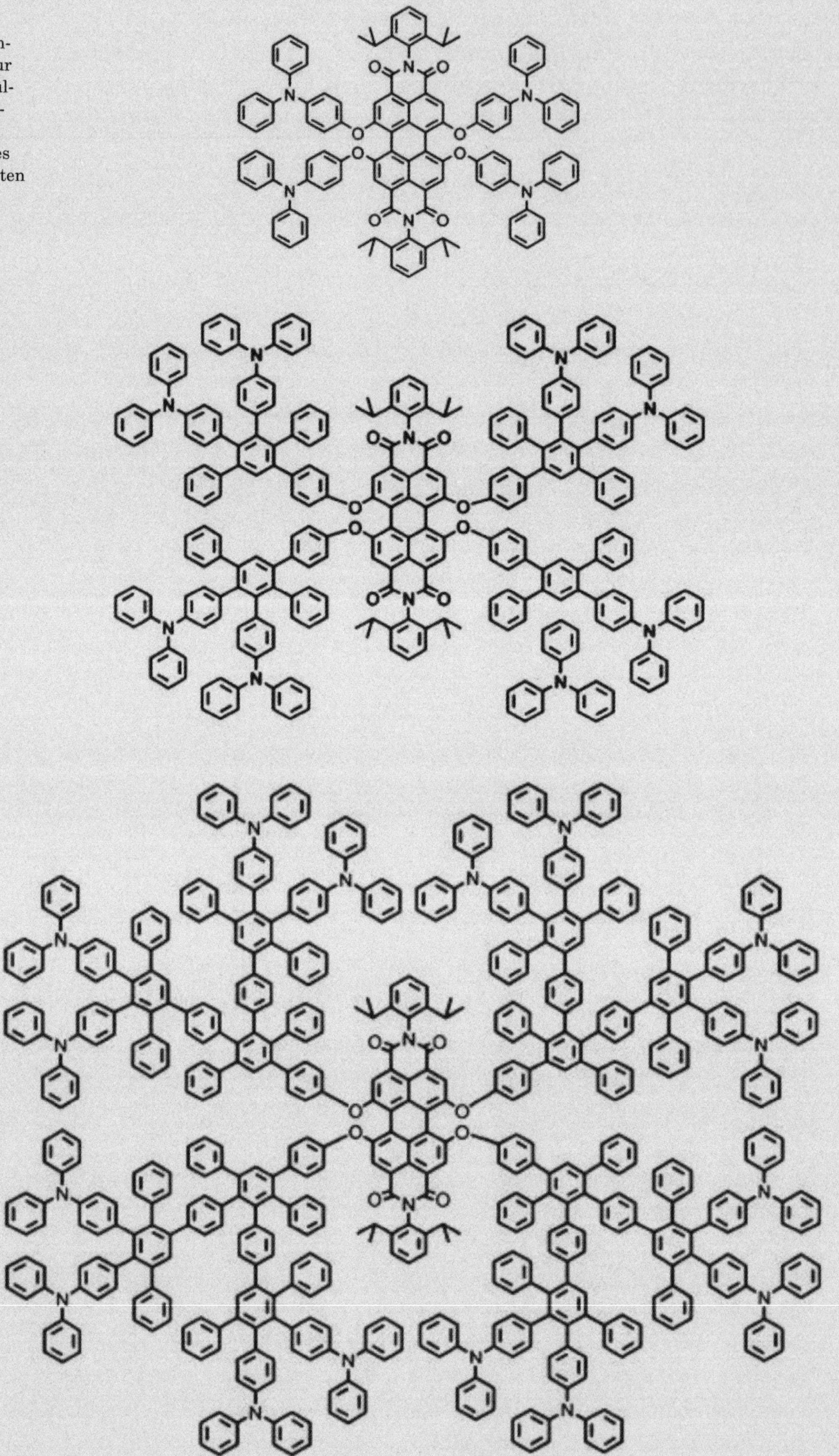

eine Besonderheit, denn deren Chromophore sind an ein Redoxzentrum gekoppelt. Es lag deshalb nahe, dass wir über die Einzelmolekülspektroskopie der Dendrimere auch einen lichtinduzierten Elektronentransfer nachverfolgten. Das gelang mit Hilfe eines PDI-Kerns, dessen unterschiedlich große Dendrimerhüllen, wie **Abb. 6.39.** zeigt, Triphenylaminelektronendonoren in einen präzisen Abstand zum Akzeptor brachten.

Abb. 6.40. Carlos-Andres Palma.

Einzelmolekülspektroskopische Experimente können mit einem Blick in den Chemikalienkatalog beginnen und dennoch herausragende Photophysik zeitigen. Der Terrylenkohlenwasserstoff ist ein geeignetes Parademolekül, das Generationen von Photophysikern beschäftigt hat. Unser Forschungskonzept besteht aber darin, komplexe Moleküle im Hinblick auf neue photophysikalische oder nanotechnologische Fragestellungen zu entwerfen – und diese auch bereitstellen zu können. Dennoch gibt die Erwähnung des Terrylens ein wichtiges Stichwort, denn es lag nahe, die photophysikalischen Methoden auch auf die neuen NGs anzuwenden, wie es in der Tat die Gruppen von Thomas Basché und Mischa Bonn am Beispiel des Dibenzoovalens (DBOV) (**Abb. 5.41.**) gemacht haben [2028]. Erwähnt sei auch, dass wir ein Diazaderivat des DBOVs synthetisieren konnten, das somit Andockstellen für Metallionen bot und deshalb erlaubte, hohe räumliche Auflösung mit Sensorik zu verknüpfen. Wenn ich abschließend im Kontext der Photophysik an NGs und GNRs von hoher Ortsauflösung zu hoher Zeitauflösung springen darf, dann erinnere ich an die stimulierte Emission des Dibenzoovalens (DBOV) und die Möglichkeit der Entstehung organischer Laser. Gleiches gilt für GNRs, denn dort hat Guilio Cerullo mit seinem Arbeitskreis durch Messung der transienten Absorption eine hohe Stabilisierung biexzitonischer Zustände entdeckt, die wiederum zu stimulierter Emission führen.

Es war eine lange Reise, aber als wir 1995 das lösliche HBC und seine STM-Bilder publizierten, war weder von Graphen noch von GNRs die Rede – wir sprachen ja mit Christof Wöll von Graphitinseln – wir kannten weder einen topologischen Isolator noch eine Franck-Condon-Blockade, weder die Bedeutung der Spinkohärenzzeit noch des Landauer-Limits. Was sich entwickelte, könnte man ein dauerndes Learning by Doing nennen, immer angetrieben durch die Synthese von Kohlenstoffnanostrukturen. Ich verwende diesen über Graphenmoleküle hinausgehenden, allgemeineren Begriff ganz bewusst, denn wenn man etwa Quantentechnologien auf Basis organischer Moleküle und ihrer Selbstorganisation entwickeln möchte, dann wird man graphenischen Molekülen auch andere Materialien wie etwa Nanodiamanten an die Seite stellen. Einen Schritt in diese Richtung haben wir zusammen mit Carlos-Andres Palma getan (**Abb. 6.40.**), indem wir PAHs durch komplette Hydrierung mit Wasserstoffplasmen zu *Nanographanen* umwandelten. An diese Reaktion können sich Gerüstumlagerungen anschließen, was wiederum ein neues Feld für Kohlenstoffmaterialien und ihre Chemie erschließt.

6.4 Energie, Chemie und ein wenig Politik

Ich möchte dieser etwas vieldeutigen Überschrift zwei Bemerkungen voranstellen. Zum einen: Unsere Gruppe kam mit Energietechnologien durch den Einsatz von Graphenen, aber auch von GNRs, in Kontakt, und wenn ich von Kontakt rede, dann bin ich auf dem Weg dorthin von der Gruppe, insbesondere von Xinliang Feng und seinen Mitarbeitern, mitgenommen worden. Zum zweiten: Da es sich hier um eines der drängendsten Aufgaben weltweiter naturwissenschaftlicher und technischer Entwicklung dreht, können unsere eigenen Beiträge nicht mehr als kleine Mosaiksteinchen sein, aber immerhin.

Wie bei allen raren Gütern gilt auch für die Energieversorgung einer Gesellschaft: Es geht nicht um Energie schlechthin, sondern um Energie, die auch bezahlbar ist. Natürlich denkt man zuerst an jeden einzelnen Haushalt. Das ändert aber nichts an der Tatsache, dass ein Großteil unseres nationalen Energiebedarfs auf die Industrie zurückgeht. Wenn also in der Konsequenz unseres nationalen Handelns die Energiekosten für die hiesige Industrie deutlich höher liegen als in Ländern, zu denen wir im Wettbewerb stehen, dann ist die Gefahr der Deindustrialisierung nicht von der Hand zu weisen. Und nicht alle Probleme lassen sich dann nachträglich durch den Staat wegsubventionieren. Können wir uns besonders energieintensive Industrien noch leisten? Die Entscheidung für bestimmte Energietechnologien wiederum erfordert eine realistische Abwägung von Vor- und Nachteilen, aber nur Risiken statt Chancen zu sehen, hat noch keine Gesellschaft weitergebracht. Es muss durchaus als Erfolg hervorgehoben werden, dass wir jetzt schon mehr als die Hälfte unseres Strombedarfs aus erneuerbaren Energien decken. In China sieht die Bilanz übrigens ähnlich positiv aus, was aber nichts an der Tatsache ändert, dass China für mehr als 30 % des Kohlendioxidausstoßes verantwortlich ist, Deutschland nur für 2 %. Neben der Nutzung von Wind- und Sonnenenergie verbrennen wir aber noch in erheblichem Maße Erdöl und wollen vermehrt Erdgas einsetzen. Wir kaufen also anderswo Erdgas, doch diese Versorgung ist teuer und alles andere als sicher. Trotzdem werden wir Gaskraftwerke noch lange benötigen, zumal der Kohleausstieg auf sich warten lassen wird. Dann macht es aber auch Sinn, das gebildete CO_2 erst gar nicht in die Atmosphäre kommen zu lassen, sondern einzufangen und zu speichern, und zu diesem Zweck soll ja das Kohlendioxid-Speicherungsgesetz geändert werden.

In jedem Fall werden wir für unberechenbare Flauten bei Wind- und Sonnenenergie zwecks Stabilisierung der Netze parallele Kraftwerkskapazitäten vorhalten müssen. Eine Industrieproduktion nach Wetterlage ist keine Lösung. Und weiter: Im Herbstnebel und Winter nimmt der Nutzen der Photovoltaik deutlich ab, während im Sommer, abhängig von der Tageszeit, das Überangebot an Strom kaum loszuschlagen ist.

Eine Energiewende ohne parallel installierte Technologien für Energiespeicherung und Energieübertragung funktioniert also nicht, und insbesondere die Entwicklung der Netze sowie eine Flexibilisierung des Strompreises hinken hinterher.

Ich komme deshalb nicht umhin, mich auf die dünnen Äste einer ziemlich überhitzten gesellschaftlichen Diskussion vorzuwagen, und da geraten mir zwei – durchaus konträre – Zielsetzungen in den Sinn. Zum einen, es gibt keine scharfe Trennlinie zwischen der berechtigten Nutzung der Güter unserer Erde und ihrem Missbrauch. Niemals kann es jedoch eine Option sein, den sich beschleunigenden Klimawandel, ablesbar etwa an der Menge täglich schmelzenden Grönlandeises, und seine Auswirkungen zu verdrängen. Das tun selbst die großen Öl- und Gasmultis nicht, sind aber immer noch mehr um die Förderung ihres Altgeschäfts als um die alternativer Technologien besorgt. Nicht alle Simulationen weisen in die gleiche Richtung, aber die Verlangsamung der „atlantic meridional overturning circulation" (AMOC), also der nordatlantischen Umwälzbewegung des Meereswassers, ist Realität und hätte bei einem Kollaps verheerende Folgen für das Klima. Jeder Einzelne wird also unbedingt lernen müssen, sich von eingefahrenen Lebensgewohnheiten zu verabschieden, und ein ähnlicher Umdenkprozess wird für etablierte Geschäftsmodelle notwendig sein, für die dann Profitabilität nicht mehr der einzige Maßstab sein kann. Der Spruch von Milton Friedman „The business of business is business" kann also nicht das letzte Wort sein, vielmehr müssen sich Ökonomie und Ökologie versöhnen, wie es Edeltraud Günther, Professorin an der TU Dresden und der Universität der Vereinten Nationen, mit ihren Arbeiten zur nachhaltigen Nutzung und integrierten Bewirtschaftung von Umweltressourcen propagiert. Fest steht jedenfalls: Die Energiewende wird teuer. Dann schließen sich aber sofort drei zentrale Fragen an:

1. Wie viel von unserem Wohlstand werden wir opfern wollen?
2. Wird es dazu bindende globale Übereinkommen geben?
3. Können wir solche Einbußen durch wissenschaftliche und technologische Kreativität auffangen?

Manchmal scheint mir, dass andere Nationen die dazu notwendige Forschung und Entwicklung konkret an den Bedürfnissen ihres Landes orientieren, während viele bei uns eher den Antrieb verspüren, allgemein die Welt zu verbessern. Ein derartiger pseudoreligiöser Impuls erscheint ob der Dramatik auch verständlich und mag uns ein gutes Gefühl geben, hat aber im Wettbewerb Nachteile, es sei denn, und das ist mein Kerngedanke, wir könnten als Technologievorreiter andere mitnehmen.

Technologie wiederum beginnt mit naturwissenschaftlicher Forschung. Wenn ich also auf das mir vertrautere Terrain der Wissenschaft zurückkehre, möchte ich drei Säulen aller energiebezogenen

Entwicklungen unterscheiden: Energieeinsparung, Energieumwandlung und Energiespeicherung. Aber nichts geht dabei ohne die richtigen Materialien und ohne die Chemie, die sie herstellt, auch wenn sich das nicht jeder Physiker, Ingenieur oder politische Entscheidungsträger bewusst machen mag. Die Kehrseite dieser Tatsache muss aber auch benannt werden, und das ist der gestiegene Rohstoffverbrauch der Synthesen. Die Indiumzinnoxide, die Seltenen Erden, aber auch Lithium können dafür als Beispiele aus der anorganischen Chemie dienen. Wir greifen heute auf ungefähr 80 % der chemischen Elemente zurück, werden also ohne eine Kreislaufwirtschaft mit neu zu entwickelnden Recyclingverfahren und ohne eine weitere Verbesserung der Energiebilanzen industrieller Prozesse nicht nachhaltig sein können. Die Abhängigkeit von China werden aber auch diese Bemühungen nicht aus der Welt schaffen.

Thermoisolation ist zuerst eine Materialfrage, und für die Fertigung und Verarbeitung ultraporöser Dämmstoffe gibt es ausgefeilte industrielle Verfahren. Wenn man sich die Notwendigkeit von Energieeinsparung eingehender überlegt, erkennt man dafür an vielen anderen Stellen und nicht nur bei der Leichtbauweise gute Gelegenheiten. Vielleicht werden Sie an die folgende nicht gedacht haben, aber ein Phänomen, mit dem wir in Berührung kamen, ist die Reibung in Motoren und Getrieben. Man schätzt, dass Reibung 15 % der Antriebsenergie auffrisst, von Abrieb und mechanischen Schäden ganz zu schweigen. Experimente auf dem Weg zu einer zukünftigen „superlubricity“ machen es nötig, zwei Schichten in definierter Weise aneinander vorbeigleiten zu lassen und dabei für die Kraftmessung mit Hilfe eines Rasterkraftmikroskops Veränderungen der Oberflächen auszuschließen – man spricht von Rekonstruktion. Solche Messungen wurden mit großer Aussagekraft von Shigeki Kawai und Ernst Meyer in Basel an unseren GNRs durchgeführt [1754]. Natürlich ist eine technische Umsetzung noch weit entfernt, es zeigt sich aber auch hier, welch große Aussagekraft die Kombination von Materialsynthese und nanowissenschaftlichen Messmethoden hat.

Ich möchte nicht oberschlau dastehen, aber wir sollten in der gesellschaftlichen Diskussion den Ausdruck Energieerzeugung vermeiden, denn Energie wird nicht erzeugt, sondern sie wird umgewandelt. Das ändert aber nichts daran, dass es bei der Energieumwandlung zu beträchtlichen Verlusten kommen kann, also der Effizienz solcher Prozesse zentrale Bedeutung zukommt.

Eine besondere Form der Energieumwandlung spielt sich in Windrädern ab, und auch die Rolle der Materialien stellt sich hier in ganz spezieller Weise dar. Zunächst, je größer die Flügel sind, desto mehr Energie lässt sich einsammeln. Diesem Gedanken folgend wurde vor mehreren Jahrzehnten in Schleswig-Holstein der Growian mit besonders großen Windrädern aus Metall gebaut. Die waren aber so schwer, dass immer wieder Unwuchten auftraten und die Installation letztlich zur Investitionsruine verkam. Die Lösung sind leichtgewichtige Kunststoffe, die aber, wie ich schon erwähnt habe, durch Kohlenfasern mechanisch verstärkt werden müssen. Vorläufermaterialien wie Polyacrylnitril, zumeist in Form ihrer Copolyester, werden dabei in mehreren Schritten pyrolisiert und carbonisiert. Das Problem dieses Verfahrens sind bekanntlich die Kosten. Das mag sich bei Raketen oder Golfschlägern kaum nachteilig auswirken, wohl aber bei Standardprodukten bis hin zum Automobil. Von zentraler Bedeutung für die Pyrolyse ist es, das Polymer vorher durch Faserbildung zu verstrecken, denn nur so kann eine hohe Kohlenstoffausbeute erzielt werden. Zum Mechanismus der Pyrolyse gibt es wenig experimentell gesicherte Erkenntnisse. Es wird spekuliert, dass der Stickstoff einer Nitrilgruppe den Kohlenstoff einer benachbarten Nitrileinheit angreift und so in mehreren Schritten eine acenartige Leiterstruktur entsteht, die dann weiter vernetzen kann. Wir hatten uns überlegt, den ersten Schritt der Cyclisierung über eine mild verlaufende und besser kontrollierbare Aldolreaktion anzustreben. Deshalb synthetisierten wir das Polymer eines Methylvinylketons, weil dann eine Methylgruppe mit der Carbonylfunktion der benachbarten Wiederholungseinheit zur schonenden Bindungsbildung unter Wasserabspaltung in der Lage sein sollte [1831]. Das Projekt war mit Michael Buchmeiser (**Abb. 6.41.**) abgesprochen. Er ist Professor an der TU Stuttgart und gleichzeitig Direktor der Deutschen Institute für Textil- und Faserforschung in Denkendorf, dort sollten die Fasererzeugung und Pyrolyse vorgenommen werden. Grundlagenforschung hin oder her, aber wie ein drohender Schatten lag über diesem Plan die Tatsache, dass unser Vorläuferpolymer im Vergleich zu alternativen Ausgangsmaterialien viel zu teuer wäre. Wenn ich aber bei Chromophorsynthesen schon vom Hochskalieren der Synthese gesprochen habe, so gewann diese Aussage hier besondere Schärfe, da bestimmte Extruder zur Fasererzeugung unterhalb von Ansatzgrößen im Kilogrammmaßstab erst gar nicht in Betrieb genommen werden konnten. Was sich dann aber als noch größere Komplikation erwies, war der hygroskopische Charakter der Fasern. Die Resultate reichten deshalb noch für eine gemeinsame Publikation in *Chemistry of Materials*, zeigten mir aber erneut, dass eine chemische Idee nur das allererste Glied in einer langen Kette von Schritten auf dem Weg zu einer praktikablen Materialentwicklung und -anwendung ist. Michael Buchmeiser, der einen weiteren Bogen von chemischer Grundlagenforschung zu nützlicher Anwendung schlagen kann als ich, hat mich 2021 dennoch als Redner zur 100-Jahrfeier seiner Institute eingeladen. Aber noch einmal zur Windenergie zurück. Was für alle Technologien gilt, nämlich Vor- und Nachteile realistisch abwägen zu müssen, gilt auch in diesem Fall. Denn ganz abgesehen von den kontroversen Diskussionen um die Standorte von Windrädern gilt auch hier, dass chemische Kompetenz für die Leichtbauweise unverzichtbar ist. Weiterhin bereitet das Recycling der Flügel, übrigens ebenso das der Solarmodule, nach wie vor große technische Probleme.

Abb. 6.41. Michael Buchmeiser.

Ein kurzer Blick in den Nachbargarten der Materialien lohnt sich, denn Kohlenstoff kann kovalente Bindungen auch mit nichtmetallischen Elementen wie Bor, Stickstoff und Silicium eingehen, wobei Strukturen wie Polycarbosilane und Polysilazane mit einem Si-C- bzw. Si-N-C-Rückgrat entstehen. Ähnlich wie im Falle des Kohlenstoffs liefert die Pyrolyse Siliciumcarbid- bzw. Siliciumcarbonitridfasern, die sich durch hohe Temperaturbeständigkeit und Zugfestigkeit auszeichnen.

Energie fällt nicht immer dann und dort an, wann und wo man sie braucht, was wiederum die Energiespeicherung zum Thema macht. Es ist klar, dass wir für alle Formen mobiler Anwendungen, vom Auto bis hin zum Roboter und weiter zum Telefon, elektrische Energiespeicherung und damit Batterien brauchen, die noch zur Sprache kommen werden. Viele Varianten werden als Alternativen zu deren gebräuchlichster Form, der Lithiumionenbatterie, diskutiert, so etwa die Natriumionen- und die Feststoffbatterie. Speicherung in größerem Umfang erscheint in sogenannten „Redox-Flow-Batterien" möglich, die aber gegenwärtig technologisch noch unbedeutend sind. Außerdem aber wird die Speicherung durch die Bildung und Umwandlung energiereicher Stoffe erfolgen. Dazu gehören sicher Wasserstoff, aber auch „Wasserstoffquellen" wie Methan, Methanol, Ammoniak oder Magnesiumhydrid.

Der Einsatz von Wasserstoff wird in Deutschland stark gefördert, wenn man etwa an die Direktreduktion von Eisenerzen denkt. Es wäre schön, wenn unser Land die Vorreiterrolle erlangen könnte, von der ich schon geredet habe. Einige Überlegungen aus Sicht der Chemie sind aber nicht von der Hand zu weisen. Was in der öffentlichen Diskussion um Wasserstoff als Energieträger der Zukunft noch kaum zum Ausdruck kommt, ist, dass seine Erzeugung derzeit zum überwiegenden Teil auf fossilen Rohstoffen beruht. So werden bei dem sogenannten „steam reforming" Methan und Wasser in Wasserstoff und Kohlenmonoxid umgewandelt, aber auch petrochemische Dehydrierungen kommen als Quellen in Frage. Die Elektrolyse von Wasser trägt zurzeit nur wenig zur Wasserstoffproduktion bei und ist außerdem oft mit Prozessen wie der Chlorherstellung verknüpft. Sie wird jedoch deutlich an Bedeutung gewinnen, wenn, ja wenn, sie vermehrt auf erneuerbare Energien zurückgreifen kann.

Auch wenn genügend Energie für die Spaltung von Wasser in Wasserstoff und Sauerstoff vorhanden wäre, bliebe das riesige Problem der Verteilungsnetze und ihrer Sicherheit. Weitere Tatsachen kommen hinzu, von denen ich drei nennen möchte. Die eine aus Sicht der Chemie besteht in der Gewalt der Knallgasreaktion und die zweite aus Sicht der Technik darin, dass die Sequenz von Elektrolyse, Kompression, Speicherung und, unter Umständen, erneuter Verstromung den Gesamtwirkungsgrad dramatisch verringert. Schließlich, drittens, gibt es Hinweise aus Simulationen der Erderwärmung, dass Wasserstoff selbst zwar nicht zu den Treibhausgasen gehört, aber auf deren Konzentrationen, etwa durch die Reaktion mit Hydroxylradikalen, Einfluss nimmt. Wasserstoff wird also für die chemische Energiespeicherung von zentraler Bedeutung sein, wie besonders überzeugend durch die Katalyseforschung von Walter Leitner am MPI für Chemische Energiekonversion zum Ausdruck kommt. Ob aber Wasserstoff in möglichst vielen energieverbrauchenden Industriezweigen zum Einsatz kommen oder gar bis zu den Haushalten unterverteilt werden soll, steht dahin. Auch hier gilt also, die Gesamtszenerie ist viel komplexer, als es viele glauben machen, die sich zu öffentlichen Kommentaren berufen fühlen.

Schauen wir dennoch eingehender auf die elektrochemische Wasserspaltung, so erfolgt die Elektrolyse im Grunde noch wie im vorletzten Jahrhundert und ist mikroskopisch keineswegs verstanden. Zunächst werden statt der teuren Pt- und Ir-Metalle verbesserte Elektrokatalysatoren für die Wasserspaltung im Sauren benötigt. Was aber auch Not tut, ist die tiefere Erforschung der molekularen Grundlagen, und da geht die Chemie ganz neue Wege. So wurden mit ultraschneller Laserspektroskopie die Struktur und Ausrichtung der Wassermoleküle unmittelbar an der Elektrodenoberfläche aufgeklärt [A], oder es wurde durch elektrochemische Rastermikroskopie gezeigt, dass Protonen durch intaktes Graphen hindurchtreten können, dieser Prozess also nicht auf Löcher in der Schicht angewiesen ist. Graphen könnte also auch hier im Hinblick auf Membrantechnologie und Katalyse eine große Bedeutung haben.

Sonnenlicht als unsere bei weitem wichtigste Energiequelle kann aber ebenfalls zur Gewinnung von Wasserstoff genutzt werden, nämlich durch die Photokatalyse. Dabei erzeugt bekanntlich Licht an der Oberfläche eines Halbleiterteilchens bzw. der Kombination zweier räumlich getrennter Halbleiter elektrische Ladungen für den nachfolgenden Elektronentransfer unter Bildung von Wasserstoff und Sauerstoff. Ich nenne als wichtigen anorganischen Halbleiter das Strontiumtitanat auch deshalb, weil für seine Perowskitstruktur die Dotierung, zum Beispiel mit Niob, und damit Defekte eine große Rolle spielen und weil für die Erzeugung seiner Partikel wiederum Blockcopolymere als Template Anwendung finden. Beides sind Materialkonzepte, deren zentrale Bedeutung ich bereits vorgestellt habe. Neuerdings werden für eine besonders effiziente Sauerstofferzeugung bei der Wasserspaltung sogenannte topologische chirale Kristalle mit Rhodium als Metall eingesetzt [B]. Ich erwähne dieses Beispiel, weil dabei wiederum die quantenmechanischen Eigenschaften des Elektronenspins genutzt werden. Ein noch ungelöstes Problem, und dieses „Aber“ muss hinzugefügt sein, ist die geringe Stabilität der photoaktiven Materialien. Wie auch immer alle Formen „solaren“ Wasserstoffs gewonnen werden sollen, auf absehbare Sicht werden sie deutlich teurer kommen als der aus der Erdgasreformierung gewonnene.

Die Katalyse wird jedenfalls ein vorherrschendes Thema der Forschung bleiben, nicht nur für die verschiedenen Formen der Wasserstofferzeugung, sondern ebenfalls für andere Prozesse wie die CO_2-Hydrierung zu Methanol, die kürzlich in einem nichtthermischen Plasma unter Vermeidung hohen Drucks und hoher Temperatur realisiert wurde. Denkt man an elektrokatalytische Prozesse, so spielen auch der Massentransport und damit die Porosität der Stoffe eine Rolle. Alternativ zur Morphologiekontrolle in Nanoteilchen haben wir in einem Projekt mit der Gruppe von Steven De Feyter Eisenporphyrinkomplexe in kovalente organische Gerüststrukturen (COFs) eingebaut und diese als Monoschichten auf HOPG-Elektroden zur Reduktion von CO_2 genutzt. Dieses Experiment ist ohne praktische Bedeutung, dokumentiert aber eine besonders effiziente Nutzung von „erreichbarem" Material [C].

Eine Batterie kann man sich als kleines Speicherkraftwerk denken, nur wird nicht Wasser, sondern werden in einer Lithiumionenbatterie stattdessen Lithiumionen zwischen unterschiedlichen Energieniveaus hin- und hergepumpt. Physikalisch betrachtet lässt sich dieser Prozess auch als ein aneinander gekoppelter Ionen- und Elektronentransport beschreiben, dessen wesentliche Komponenten, Anode und Kathode, aber auch der Elektrolyt sind. Alle Bestandteile sind im Hinblick auf ihre Eignung als Materialen getrennt zu beurteilen, man wünscht sich eine hohe spezifische Kapazität der Elektroden, eine möglichst rasche Be- und Entladung, aber natürlich auch eine ausgeprägte Langzeitstabilität. Es gibt aber Versagensmechanismen wie die Abscheidung von Lithiumdendriten oder die Bildung von Wasserstoff, die nicht nur die Lebensdauer begrenzen, sondern eine Batterie zum Sicherheitsrisiko machen.

Ich greife ein einziges Glied aus der Kette von Batteriekomponenten heraus: die Anode. Dafür ist am ehesten Graphit gebräuchlich, dessen spezifische Ladungsspeicherkapazität aber im Vergleich zu der von anorganischen Stoffen, wie zum Beispiel von Metallen, Metalloxiden oder auch Silicium, gering ist. Allerdings bleiben solche Materialien bei der fortwährenden Ein- und Auslagerung von Lithiumionen morphologisch nicht stabil, sondern schälen sich nach und nach ab. Unser Lösungsansatz zielte wiederum auf Nanoteilchen, genauer gesagt, Kern-Schale-Nanoteilchen. Wir umhüllten etwa Cobaltoxidpartikel mit einem Graphenoxid, von dem bekannt ist, dass es eine Reihe von anionischen Hydroxyl- und Carboxylfunktionen trägt, und überführten die Kohlenstoffschale pyrolytisch in eine poröse, also für Ionen durchlässige Schicht.

Natürlich drängt sich die Frage auf, warum denn ein Graphenoxid an ein Metalloxid gebunden bleiben soll, wenn beide Oberflächen anionischer Natur sind. Wir konnten aber die Außenschicht des Metalloxids umpolen, indem wir über eine Epoxidfunktion eine Aminopropylgruppe kovalent andockten, die positive Ladungen trug, so dass Kern und Hülle aus elektrostatischen Gründen aneinanderhafteten

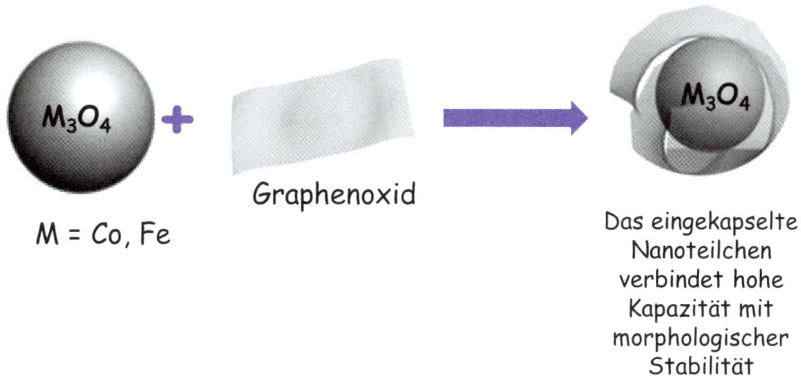

Abb. 6.42. Einkapselung eines anorganischen Teilchens durch eine Kohlenstoffhülle.

(**Abb. 6.42.**). Wenn es nicht zu übertrieben erscheint: Wir kombinierten damit das Beste zweier Welten, die des Kohlenstoffs und die der anorganischen Materialien [1300]. Das aber lenkte unsere Aufmerksamkeit auf das Silicium, das sich durch eine besonders hohe spezifische Ladungsspeicherkapazität auszeichnet. Allerdings zeigte schon ein Blick in die Literatur, dass eine nichtkovalent gebundene Außenschicht nur bedingt zur Stabilisierung des Hybrids beitrug. Die Idee, den Siliciumkern und die Kohlenstoffhülle kovalent zu binden, stammt von Linjie Zhi, den ich ja schon als Erfinder unserer graphenischen Fensterelektroden vorgestellt habe. Wir erzeugten durch Reaktion von Siliciumfluorid mit Magnesium „Silicenblumen" und behandelten diese mit Kohlenstofffragmenten aus der chemischen Dampfabscheidung. Den Beweis für die kovalente Si-C-Bindung und für die sich ergebende elektrochemische Qualität der Zelle erspare ich Ihnen, wichtig ist vor allem, dass die gewonnene Stabilität nicht auf Kosten der Beladungsgeschwindigkeit geht [2054].

Was ich aber hier nicht auslasse, ist mein Standardargument. Am Anfang der Entwicklung steht das Material, und das muss zuerst jemand machen. Die Kehrseite jedoch ist nicht minder wahr. Das als geeignet befundene Material muss sich nach seiner Synthese in einer Fülle weiterer Schritte bewähren, die in kompetenter Elektrochemie, aber auch in der technischen Fabrikation der Zelle besteht. Ein ganz anderes Hemmnis, wenn ich diese persönliche Meinung hinzufügen darf, sind die etablierten Hersteller, deren Haltung nach dem Motto „Das haben wir noch nie so gemacht." oft nur hinhaltend gewesen ist. Das Ende vom Lied ist, dass die chinesische Konkurrenz übermächtig erscheint. Dabei sehe ich ebenfalls kritisch, dass sich Firmen aus der Kette der nötigen Funktionsmaterialien nur eine, etwa die Kathode, herausgreifen und deshalb keine Systemlösung anbieten können.

Wenn man den Prozess in einer Batterie als eine chemische Reaktion beschreibt, dann gibt es noch eine andere „physikalische" Form der Ladungsspeicherung, nämlich die einer Ladungstrennung, wie sie in einem Superkondensator abläuft. Die Batterie verspricht hohe

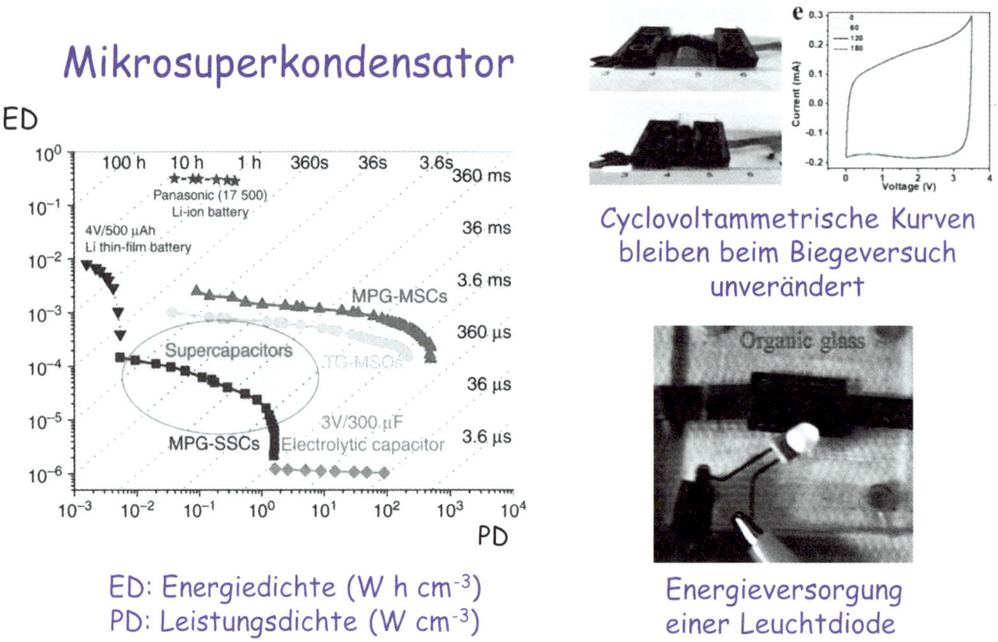

Abb. 6.43. Ragone-Plot (Energiedichte versus Leistungsdichte) zur Charakterisierung der Qualität eines Mikrosuperkondensators sowie dessen elektrischer Funktionen. Die im Text genannten Mikrosuperkondensatoren MPG-MSCs erscheinen als bester Kompromiss zwischen Energiedichte und Leistungsdichte.

Energiedichten, die aber eine geringere Leistung und höhere Beladungszeiten mit sich bringen. Der Superkondensator wiederum bietet eine hohe Leistung und kurze Ladungszeiten, jedoch um den Preis niedrigerer Energiedichten. Anschaulich beschreibt man dieses Gegeneinander durch den sogenannten Ragone-Plot (Abb. 6.43.), bei dem man, jeweils auf das Volumen bezogen, die Energiedichte (in $\mathrm{Wh\,cm^{-3}}$) gegen die Leistungsdichte (in $\mathrm{W\,cm^{-3}}$) aufträgt. Dabei ist natürlich das Ziel, beide Kenngrößen möglichst hoch zu erhalten. Zhong-Shuai Wu, ehemals Postdoktorand und jetzt Professor an einem Institut der Chinesischen Akademie in Dahlian, ging davon aus, dass dünne Graphenschichten besonders gut für den raschen Ein- und Ausbau von interkalierenden Lithiumionen geeignet seien. Das konnte er durch seine Superkondensatoren zeigen, die nicht nur brauchbare Energielieferanten für Dünnschichtleuchtdioden waren, sondern auch biegbare Zellen ohne Einbuße an Leistung lieferten (Abb. 6.43.). Seine Graphenschichten gewann er durch elektrochemische Exfoliation von Graphit, wobei er aber noch einen zusätzlichen chemischen Trick anwendete. Durch elektrochemische Zersetzung des Tetrafluoroboratleitsalzes erzeugte er Fluorradikale, welche die sich ablösenden Graphenschichten angriffen und deren Aufnahmefähigkeit für Elektronen erhöhten [1933]. Schließlich möchte ich noch ein Experiment schildern, das zwar kaum Chancen für eine Anwendung bietet, das aber ohne Frage von prinzipiellem Wert ist. Wir haben GNRs von einer Metalloberfläche abgelöst und als Komponenten von Superkondensatoren benutzt. Was sich als spannende

Schlussfolgerung aus dem Vergleich der Leistungsdichten ergab, ist, dass die GNRs den Kohlenstoffnanostrukturen der Literatur meilenweit überlegen sind [2029].

Es steht mir nicht zu, zu beurteilen, wie die Automobilindustrie im Allgemeinen und die deutsche im Besonderen mit den Herausforderungen der Elektromobilität umgehen soll. Manchmal werde ich aber den Eindruck nicht los, dass diese Sparte ziemlich auf dem hohen Ross gesessen hat und sich deshalb ihre Probleme besonders hoch auftürmen.

Schließlich steht für die Mobilitätsdiskussion noch eine Alternative zur Batterie im Raum, die, wie es scheint, Nachteile hat, die aber von gewissen Anbietern keineswegs außen vor gelassen wird: die Brennstoffzelle. Ihr Prinzip besteht darin, die Energie der Reaktion von Sauerstoff und Wasserstoff, man spricht von der Sauerstoffreduktion („oxygen reduction reaction“, ORR), in elektrische Energie umzuwandeln. Die Leistungsfähigkeit der Zelle, gemessen an einer wasserstoffumspülten, rotierenden Platinelektrode, muss mehrere Kriterien einbeziehen: das Elektrodenpotenzial, die Stromdichte, also die Geschwindigkeit der Gesamtreaktion, und die Elektronentransferzahl n. Diese Zahl sollte 4 betragen, denn man will ja Wasser bilden und nicht, was bei $n = 2$ der Fall wäre, ein korrosives Wasserstoffperoxid.

Niemand wird überrascht sein, dass es auch hier vor allem um Stoffe geht, etwa um ein Membranmaterial, das eine hohe Protonenbeweglichkeit hat, aber chemisch und mechanisch unter den Zellbedingungen stabil bleiben muss. Wir haben zur Entwicklung solcher Membranen stofflich verschiedene Konzepte verfolgt und publiziert und hohe Protonenmobilitäten erreicht. Ich nutze aber unsere Arbeiten zu Phosphonsäure-funktionalisierten Polybenzimidazolen als Protonentransportmaterialien gerne [1023], um bei dieser Gelegenheit von einer wichtigen persönlichen Lebenserfahrung zu erzählen. Fragen des Korrosionsschutzes mit funktionalisierten Alkylphosponaten hatten uns mit Hans-Jürgen Adler (Abb. 6.44.), Professor für Makromolekulare Chemie an der TU Dresden, zusammengeführt. Das Apfelbäumchen, das er uns zur Goldenen Hochzeit geschenkt hat, blüht und gedeiht; es ist zum Sinnbild einer Freundschaft geworden, die beide Familien verbindet. Alles begann mit dem Dresdener Sonderforschungsbereich 287 (Kurztitel „Reaktive Polymere“), dessen Sprecher und Triebkraft er war und bei dessen Begutachtung er mich anfangs viel zu streng fand. Seine sächsische Biographie und auch die seiner Frau Margret hat uns Rheinländer, für die manchmal hinter dem Siebengebirge der Osten beginnt, geholfen, das geschichtliche Geschenk der Wiedervereinigung besser zu verstehen.

Ich komme zurück auf die Katalysatoren für die Brennstoffzelle. Man könnte argumentieren, dafür gäbe es ja Edelmetalle wie Platin, das auf Kohlenstoffmaterialien geträgert werden könne. Aber selbst wenn ich vom Preis absehe, so steht eines fest: Die Welt hat nicht genügend

[2029] Liu, Z.; Chen, Z.; Wang, C.; Wang, H. I.; Wuttke, M.; Wang, X. Y.; Bonn, M.; Chi, L.; Narita, A.; Müllen, K.: Bottom-Up, On-Surface-Synthesized Armchair Graphene Nanoribbons for Ultra-High-Power Micro-Supercapacitors. *J. Am. Chem. Soc.* **2020**, *142*, 42, 17881–17886.

Abb. 6.44. Mit Hans-Jürgen Adler.

Platin oder vergleichbare Edelmetalle, um die zukünftigen Autoflotten mit solchen Brennstoffzellen auszurüsten. Andererseits können auch unedle Metalle wie Eisen katalytisch aktiv sein, wenn man sie, und das ist eine wichtige Einschränkung, als einzelatomare Spezies bereitstellen kann. Diese Atome aber an der unvermeidlichen Aggregation zu hindern, erfordert eine Koordinationssphäre, etwa eine porphyrinanaloge FeN_4-Struktur, die zwar das Metall stabilisiert, aber die Sauerstoffanlagerung und den Elektronentransfer nicht behindern darf. Yazhou Zhou, Postdoktorand in unserer Gruppe, hat erfolgreich auf unser Kern-Schale-Konzept zurückgegriffen. Er erreicht hohe Zellaktivitäten im Falle einer doppelten Umhüllung von Ferrocenmolekülen als Eisenlieferanten aus Perfluoroalkanemulgatoren und Polypyrrol, die dann einer Pyrolyse unterworfen werden. Einzelatomare Metallkatalysatoren werden inzwischen auch in vielen organischen Synthesen eingesetzt [2056]. Im Hinblick auf die Katalyse des ORR-Prozesses muss man jedoch einen grundlegenden Mangel dieses Konzepts eingestehen. Man wünscht sich ja einen koordinierten Vierelektronentransfer auf das Sauerstoffmolekül, was bei einer Katalyse an zwei eng nebeneinanderliegenden Metallzentren eher plausibel erscheint als an einem einzelnen Atom. Lena Arnold und Martin Baumgarten haben deshalb in einem unserer firmengeförderten Projekte stickstoffhaltige Liganden synthetisiert, die mehr als ein Cobaltzentrum in räumlicher Nachbarschaft binden können und deren katalytische Wirksamkeit noch untersucht wird [1352].

Energieforschung ist so komplex, weil einerseits chemische, physikalische und ingenieurwissenschaftliche Anforderungen eng verzahnt sind und weil andererseits immer eine Vielfalt weiterer Fragen berührt ist, ob sie gesellschaftliche Akzeptanz und Sicherheit, Verteilungsnetze, Finanzierung, Rohstoffe oder Recycling betreffen. Und die spezielle Rolle der Chemie? Was die Forschung anbetrifft, so waren in den 1990er Jahren viele Elektrochemielehrstühle thematisch anderweitig besetzt worden, man erkannte einfach, was auch einsichtig ist, attraktivere Themen, bis man dann angesichts der immer bedeutender werdenden Batterieforschung vor einem Mangel an elektrochemischer Kompetenz stand. Darauf haben die Hochschulen reagiert. Weiterhin sind spät, aber vielleicht nicht zu spät, an mehreren Orten Batteriezentren gegründet worden. Manches an diesen Initiativen bleibt mir unklar, so die Auswahl und die thematische Koordinierung dieser lokalen Schwerpunkte, der Abgleich akademischer und industrieller Zielsetzungen, aber auch, niemand wird jetzt überrascht sein, die stoffliche Erneuerung. Eines ist mir aber wichtig: Eng verknüpft mit meinem immer wieder anklingenden Plädoyer für Interdisziplinarität möchte ich mit meinen wenigen Beispielen mehr jüngere Chemiker ermutigen, sich mit den Anforderungen der Energietechnologien vertraut zu machen und ihnen dann den Struktur- und Methodenreichtum der Chemie zu erschließen. Es würde sich mit Sicherheit lohnen.

6.5 Nicht natürlich?

Ist die Chemie des Benzolmoleküls und der Kohlenstoffstrukturen, um es salopp mit einer Frage auszudrücken, die mir nach einem Vortrag gestellt wurde, „strictly non-natural“? Man könnte geneigt sein, dem zuzustimmen, wenn man an Themen wie metallische Leiter, Halbleiter für FETs, topologische Isolatoren oder graphenbasierte Quantenmaterialien denkt. Dem steht klar entgegen, dass Graphenmoleküle auch diagnostisch und therapeutisch eingesetzt werden können. Erinnert sei auch daran, dass viele derjenigen, die in den letzten Jahren die Gruppe in Richtung auf profilierte Professuren verlassen haben, noch in Mainz Konjugate aus natürlichen Bausteinen, etwa Oligonucleotiden oder Oligopeptiden, und synthetischen, kohlenstoffreichen Komponenten hergestellt und genutzt haben.

Ich erwähne nur kurz, dass Hossam Haik, Professor am Technion in Haifa und Humboldt-Preisträger, unterschiedliche Krankheiten durch Analyse der Atemluft von Patienten detektieren kann und dass unsere HBCs wesentliche Komponenten seiner Bauelemente sind [1339]. Als detailliertes Beispiel einer kohlenstoffreichen Struktur komme ich aber auf die Dendrimere mit „gefleckten“ Oberflächen zurück (**Abb. 6.45.–6.46.**). Mit diesem Attribut ist die alternierende Anordnung ionischer

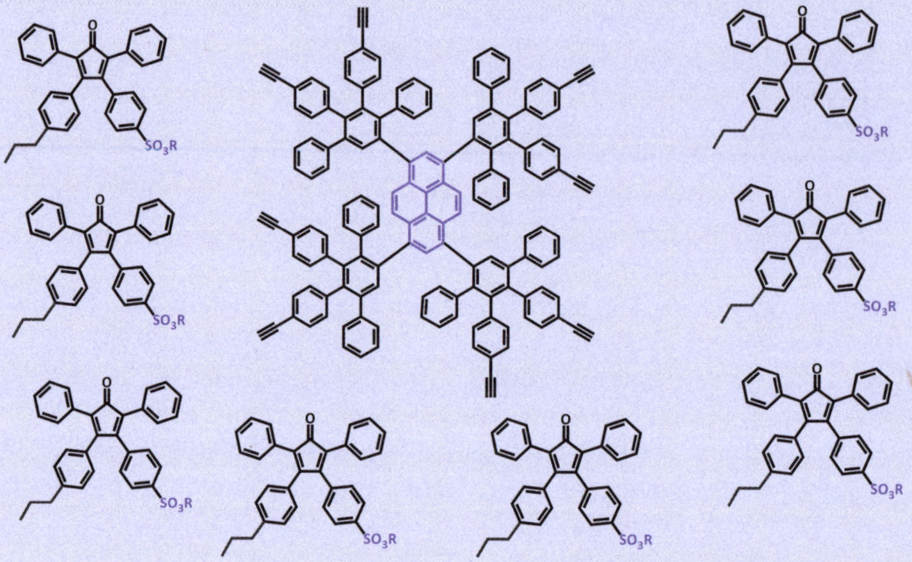

Abb. 6.45. Die Partner der Diels-Alder-Cycloaddition beim Dendrimeraufbau zur Dendrimersynthese (siehe Abb. 6.46.).

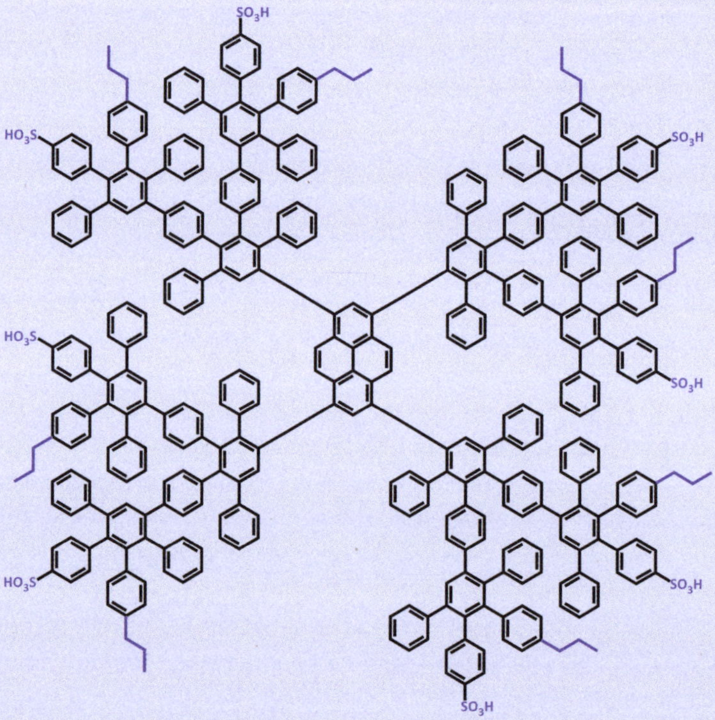

- Formstabiles Gerüst, Oberfläche mit alternierenden, nm-großen hydrophilen and lipophilen „Flecken"
- Transportteilchen z.B. für lipophile Gastmoleküle

Abb. 6.46. Dekoration eines Dendrimers mit – abwechselnd – polaren und unpolaren Gruppen.

und aliphatischer Oberflächengruppen gemeint, die jede Solvatstruktur, ob polar oder unpolar, frustrieren wird. Als Folge dessen werden die Dendrimere trotz ihrer hydrophoben Benzolkerne wasserlöslich, treten aber dennoch durch Lipidmembranen hindurch. Hier ist wiederum die weitgehende Steifigkeit der Polyphenylendendrimere entscheidend, denn säßen die polaren und unpolaren Gruppen an den Enden flexibler Dendrimeräste, würden sie sich unweigerlich zu größeren polaren und unpolaren Bereichen zusammenlagern. Die derart mit verteilten polaren und unpolaren Gruppen oberflächendekorierten Dendrimere können sogar die Blut-Hirn-Schranke passieren, die doch unser Gehirn so perfekt gegen den Zustrom fremder Stoffe schützt.

Bei Zellaufnahmeexperimenten, wie sie die **Abb. 6.47.** zeigt, stellt sich heraus, dass die oberflächenmodifizierten Dendrimere sogar effizienter aufgenommen werden als menschliches Serumalbumin (HSA). Im Übrigen konnte die Gruppe von Tanja Weil beweisen, dass die PPDs, anders als manche handelsüblichen Dendrimere, über einen Konzentrationsbereich hinweg nicht zelltoxisch sind [2048]. Will man mit der Vision einer Gentherapie eine fremde DNA, also einen Polyelektrolyten, in eine Zelle einschleusen, braucht man einen Träger mit entgegengesetzten Ladungen. Das können synthetische Polykationen sein, die aber oft zelltoxisch sind, oder aber Viren. Adenoviren sind klinisch am meisten untersucht worden, sie gehen aber nicht in Tumor- oder Stammzellen hinein, was mit dem Fehlen bestimmter Rezeptoren zusammenhängt. Erlaubt

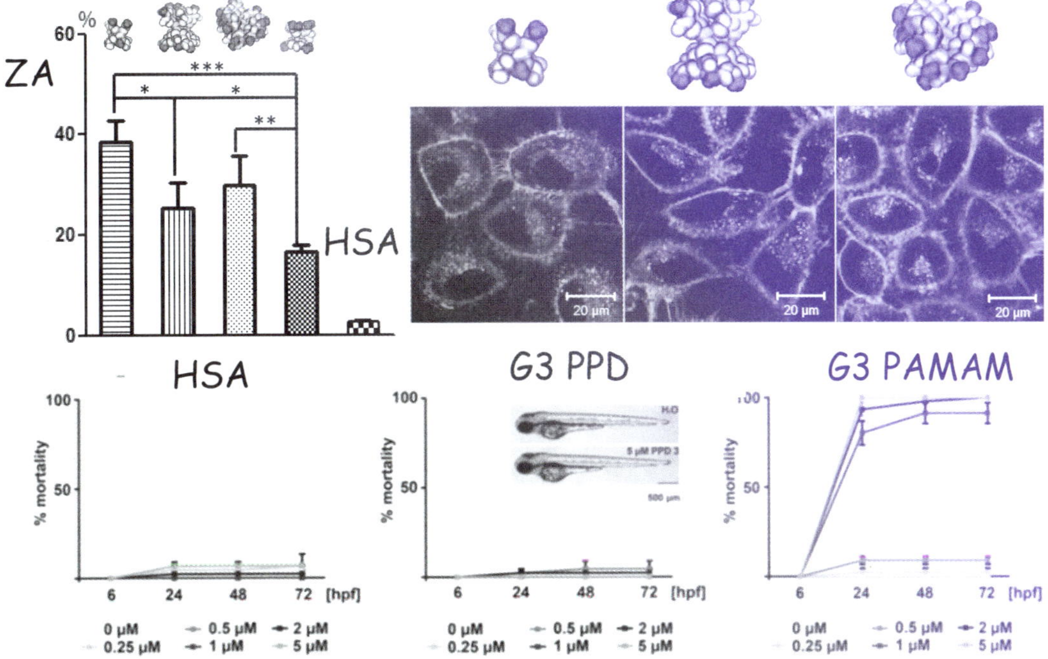

Abb. 6.47. Zellaufnahme von Dendrimeren unterschiedlichen Typs und unterschiedlicher Generation zum Vergleich von Polyphenylendendrimeren und Polyamidoamin (PAMAM)-Dendrimeren mit menschlichem Serumalbumin (HSA).

man aber eine Aggregation der Viren mit unseren gefleckten PPDs, dann gelingen die Zellaufnahme und damit unter Umständen auch eine Nutzung als Transportvehikel für DNA [2114].

Vielleicht therapeutisch noch spannender ist eine andere Anwendung der gefleckten Dendrimere. Bekanntlich kann die Bildung von Plaques bei der Entstehung von neurodegenerativen Erkrankungen durch die Fibrillierung zum Beispiel von beta-Amyloid-(Aβ)-Peptiden eingeleitet werden. Deren Entstehung lässt sich verhindern – oder sogar die Auflösung einmal gebildeter Fibrillen erzielen – durch die Wirkung der oberflächenmodifizierten Dendrimere. Die **Abb. 6.48.**, die ich als Beleg für diese Aussage heranziehe, dokumentiert zusätzlich noch einen synthetischen Trick [2115]. Statt eines kompletten Dendrimers kann man einen Dendrimerausschnitt, ein sogenanntes Dendron, als wirksame Einheit verwenden. Mehrere dieser Dendronen werden dabei über kovalente oder nichtkovalente Bindungen an einen Kern zu einem Quasidendrimer kombiniert.

Erneut möchte ich die Wissenschaft unterbrechen und, nicht ohne Freude, von einer persönlichen Erfahrung berichten. Die Zellexperimente werden im Arbeitskreis von Tanja Weil durchgeführt, die am MPI-P meine Nachfolgerin ist (**Abb. 6.49.**). Sie hatte bei Henning Hopf in Braunschweig diplomiert, war zur Promotion an das MPI-P gekommen und dann in die Pharmaindustrie gegangen. Dort schuf sie ein großes Portfolio an Patenten und Publikationen, nahm aber dennoch einen Ruf an die National University of Singapore an und kehrte dann, nach einer erfolgreichen Zeit als Professorin an der Universität Ulm als Direktorin an das MPI-P zurück.

Abb. 6.48. Deaggregation von Fibrillen eines Aβ-Peptids unter dem Einfluss eines Dendrons mit gefleckter Oberfläche.

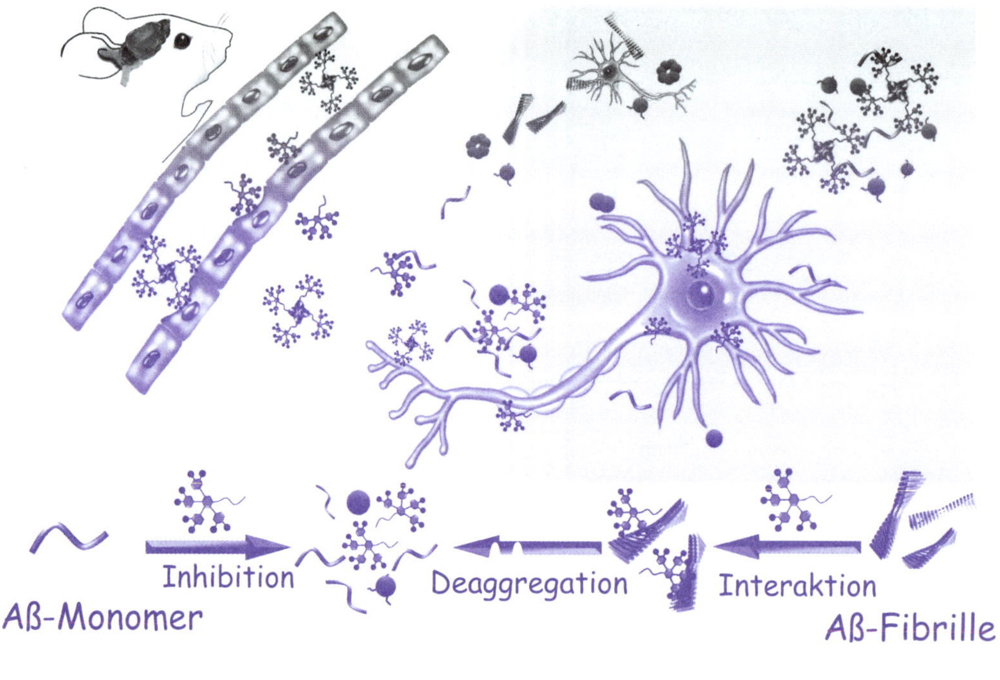

Abb. 6.49. Mit Tanja Weil bei ihrem Dienstantritt am MPI-P.

Dort verbindet sie die chemische Biologie mit der makromolekularen Chemie, indem sie zum Beispiel Zellen als Reaktionshohlräume verwendet. Ich freue mich, dass sie und Xinliang Feng, gleichsam ihr Pendant aufseiten der Kohlenstoffmaterialien, als Direktoren den Weg zurück in die MPG gefunden haben. Beider Energie und Arbeitskraft sind groß, aber ich sehe auch mit Respekt, wie sehr sie sich neben ihrer erfolgreichen Forschung in kollaborative Vorhaben und in Gremienarbeit einbringen.

Die Effizienz der Energieumwandlung ist, ich habe davon gesprochen, entscheidend für viele technische Verfahren. Zu nennen ist etwa der thermoelektrische Effekt, bei dem es zum Beispiel darum geht, auftretende Temperaturdifferenzen etwa aus Abwässern zur Umwandlung in elektrische Energie zu nutzen. Die elektrische Leitfähigkeit sollte dabei hoch und die thermische Leitfähigkeit sollte gering sein, ein Ziel, für das wiederum der Einsatz von Nanoteilchen eine große Rolle spielt. Die technische Relevanz dieses Verfahrens wird wegen der geringen Wirkungsgrade bei der Umwandlung vielfach mit Skepsis betrachtet. Der umgekehrte Prozess, nämlich die Umwandlung von Licht in Wärme, liegt der Theranostik, also der Diagnostik und Therapie von Tumoren zugrunde. NIR-Licht bietet dabei den besonderen Vorteil höherer Eindringtiefe in das Gewebe. Nach Aufnahme der Chromophore in die Zelle können diese durch Photoakustik sichtbar gemacht werden, während der therapeutische Effekt auf der thermischen Zerstörung der Zelle und damit der photothermalen Wirkung beruht. NIR-Absorption ist natürlich eine Frage der Chromophorstruktur, und dafür haben wir, wie Sie ja gelesen haben, Chromophore sowohl für den NIR-I- als auch für den NIR-II-Bereich entwickelt.

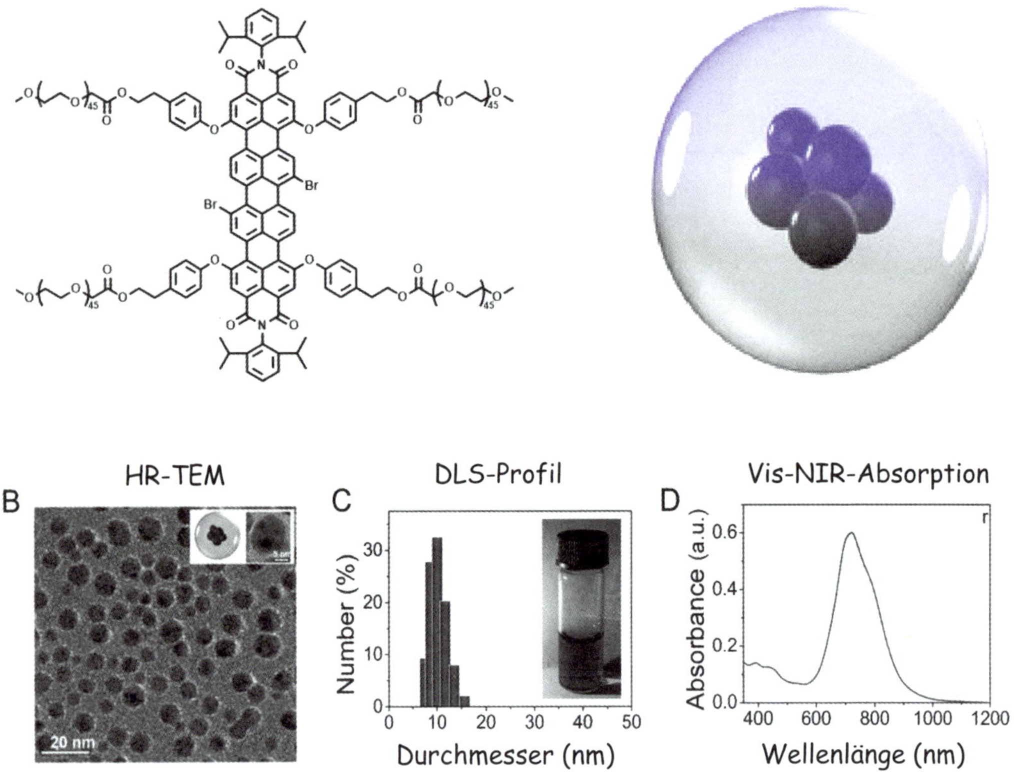

Abb. 6.50. Partikelbildung durch Ausfällen eines wasserlöslichen Chromophormoleküls aus einer Tetrahydrofuranlösung mit Wasser. Die Teilchen werden zur Nutzung des EPR-Effekts (siehe Text) benötigt.

Natürlich sollten dabei die Effizienz der Umwandlung von Licht in Wärme möglichst hoch und der Chromophor nicht giftig sein. In diesem Projekt mit meiner ehemaligen Postdoktorandin Meizhen Yin, jetzt Professorin an der Beijing University of Chemical Technology, kommen aber noch viele andere Faktoren ins Spiel, die wiederum synthetische Variationen erfordern. Wenn wir beim Quaterrylendiimid (QDI) als Lichtabsorber bleiben, muss der unpolare Chromophor zunächst hydrophil gemacht werden, was durch Anfügen von Polyethylenglykolketten gelingt. Es gibt alternative Verfahrensweisen für die Hydrophilisierung, so wiederum die Einkapselung des Farbstoffs in anorganische oder organische Nanoteilchen. Aus der Tetrahydrofuranlösung des Chromophormoleküls lässt sich das funktionalisierte QDI durch Zugabe von Wasser als sphärische Nanoteilchen mit einem mittleren Durchmesser von 10 nm ausfällen (**Abb. 6.50.**). Aber warum erzwingen wir diese Aggregation? Die Antwort ist einfach: Die Diagnostik und Therapie von Tumoren und damit die Zellaufnahme erfolgen bevorzugt nicht über das Molekül, sondern über die aus ihm gebildeten Nanoteilchen. Das eröffnet wiederum eine reizvolle Querbeziehung zur früheren Beschreibung der Nanopartikel, die aber noch einer Erklärung bedarf. Kleine Moleküle wie QDI verteilen sich rasch im Körper und werden ebenso rasch auch wieder ausgeschieden, während Makromoleküle oder Nanoteilchen leicht in Tumorgewebe hineinwandern und dort auch zurückgehalten werden [1961]. Man nennt diese passive Anreicherung den EPR-Effekt („enhanced permeability and retention", EPR). Ich freue mich, dass wir in jüngster Zeit für die Theranostik auch im NIR-II-Bereich weitere Chromophore einsetzen und sehr hohe photothermale Effekte erzielen können, und dies umso mehr, als dazu Nanographen-Porphyrin-Hybride und neue Push-pull-substituierte Rylene gehören. Diese Ergebnisse sind ein weiterer Beleg dafür, wie sich Forschungspfade aus völlig unterschiedlichen Richtungen immer wieder zusammenführen lassen.

Aus chemischer Sicht ist also eine wichtige Voraussetzung der Theranostik eine ausgeprägte bathochrome Verschiebung der Chromophorabsorption, und auch an dieser Stelle wird wiederum ein Anknüpfungspunkt zu früheren Themen erkennbar. Hier ist die Idee dazu. Eine in das nahe Infrarot verschobene optische Absorption lässt sich auch durch die Erzeugung von Radikalanionen, also eine Elektronenübertragung, erreichen. Man wird sofort einwenden, dass Radikalanionen empfindlich gegen Sauerstoff und Feuchtigkeit sind. Deshalb stabilisierten wir diese heiklen Spezies durch Einbetten in metallorganische Gerüste (MOFs), die ich ja schon zu den porösen Trägerstrukturen gezählt habe. Als die Spacer dieses Gerüsts fungieren an den Enden carboxylierte Perylentetracarboxdiimid (PDI)-Moleküle. Deren langwellig absorbierende Radikalanionen werden dann durch lichtinduzierte Elektronenübertragung aus einem Amin gebildet, das in die Wirtsstruktur aufgenommen worden ist. Dieses Konzept bietet dabei den besonderen Vorteil, dass nur Amine geeigneter Größe in die Hohlräume inkorporiert werden, also gleichsam ein Größenausschluss stattfindet [1965].

Im Grunde komme ich an dieser Stelle zu dem gleichen Schluss wie bei der Graphenchemie. Wie sich uns dort immer neue Welten der Nanoelektronik und sogar Quantentechnologie erschlossen haben, so ist es hier mit einer Art Nanomedizin in Diagnostik und Therapie. Ich habe wirklich an vielen Stellen die Erfahrung gemacht, dass sich die Chemie mehr für die Wechselwirkung mit ihren Nachbarfächern öffnet als früher. Und dennoch erwächst aus dieser Beobachtung die weitere Frage, ob eine materialorientierte Chemie den Spagat zwischen Physik und Biomedizin meistern kann. Jeder Forschende wird für sich die Frage nach der eigenen Expertise entscheiden müssen. Was dann auf der einen Seite die Fertigung von Bauelementen sein mag, wäre auf der anderen Seite der Zugriff auf Zelllinien. Im letzteren Fall sollte noch eine weitere Voraussetzung hinzukommen, die Kenntnis der biologischen Mechanismen und vielleicht sogar der therapeutischen Notwendigkeiten [2144]. Das ist ein Schritt, den ich nie bewältigt habe, der mir aber möglich wurde, weil aus Mitarbeitern Partner wurden, die dann durchaus die führende Rolle übernahmen. Die immer wiederkehrende Frage bleibt dennoch, wie weit sich der Chemiker auf unbekanntes Territorium vorwagen kann. Eine mögliche Grenze habe ich erlebt. Denn womit sich einschlägige Publikationsmanuskripte bei der Begutachtung oft konfrontiert sehen, ob berechtigt oder nicht, ist die Killerfrage nach In-vivo-Experimenten. Diese können sich aber leicht zu einem sehr langfristigen Projekt ausweiten, wobei ich hinzufüge, dass sich Versuche an Mäusen in China innerhalb einer anderen Zeitskala durchführen ließen als bei uns.

[A] Gonella, G.; Backus, E. H. G.; Nagata, Y.; Bonthuis, D. J.; Loche, P.; Schlaich, A.; Netz, R. R.; Kühnle, A.; McCrum, I. T.; Koper, M. T. M.; Wolf, M.; Winter, B.; Meijer, G.; Campen, R. K.; Bonn, M.: Water at charged interfaces. *Nature Rev. Chem.* **2021**, *5*, 466 – 485.

[B] Wang, X.; Yang, R.; Singh, S.; Borrmann, H.; Hasse, V.; Yi, C.; Li, Y; Schmidt, M; Li, X.; Fecher, G. H.; Zhou, D.; Yan, B.; Felser, C.: Topological semimetals with intrinsic chirality as spin-controlling electrocatalysts for the oxygen evolution reaction. *Nat. Energy* **2024**, *10*, 1 – 18.

[C] Arisnabarreta, N.; Hao, Y.; Jin, E.; Salamé, A.; Muellen, K.; Robert, M; Lazzaroni, R.; Van Aert, S.; Mali, K. S.; De Feyter, S.: Single-Layered Imine-Linked Porphyrin-Based Two-Dimensional Covalent Organic Frameworks Targeting CO_2 Reduction. *Adv. Energy Mater.* **2024**, *14*, 230471.

IM WISSENSCHAFTS-BETRIEB

7

 DOI.ORG/10.47261/1572-7

7.1 Forscher oder nur Manager?

Stimmt also die Chemie? Eigentlich hatte ich gedacht, über diese Frage sollte nicht ich, sondern könnten am Ende Sie entscheiden. Nun muss ich zugeben, dass ich Sie mit so vielen Gedanken, Ergebnissen und offenen Fragen bestürmt habe, dass eine einfache Antwort kaum möglich erscheint. Ich möchte mich deshalb meinen beiden Kernthemen, unserer chemischen Forschung und dem Menschlichen in ihr, von einer anderen Richtung her nähern.

Eine Idee entwickeln und reifen zu lassen, sie irgendwann um den großen Tisch bei Kaffee und Plätzchen zur Diskussion zu stellen, das hatte für mich etwas ungemein Schöpferisches. So war mir an einem Sonntagnachmittag im Garten ein, wie ich fand, origineller Gedanke zu den Polyphenylendendrimeren gekommen. Am Montagmorgen hatte ich einige Leute aus dieser Untergruppe versammelt, von dem Plan erzählt, viele Anregungen erhalten und das Treffen mit der hoffnungsvollen Aufforderung beschlossen, man möge doch einmal darüber nachdenken. Beim Herausgehen hörte ich aber jemanden sagen, sein Name und die Firma, in der er heutzutage sehr erfolgreich arbeitet, können hier ungenannt bleiben: „Darüber nachdenken werde ich wohl, aber kochen werde ich es nicht." Wie auch immer, ich hatte lange auf einen Doktoranden eingeredet, er ist jetzt wohlbestallter Professor an einer asiatischen Universität, und alles, was ich zur Antwort bekam, war ein langgezogenes: „Why?" Einige meiner Vorschläge haben zwar die Filter der Gruppenkritik passiert und sind trotzdem später an harten Realitäten gescheitert, was mich wiederum an meine schon früher vorgebrachte These erinnert: Erfolge wie Misserfolge sind Gemeinschaftserlebnisse und für alle von persönlichkeitsbildender Wirkung; und zugegeben, nicht alle Ideen, die ich zur Diskussion stellte oder gar zum Ausgangspunkt einer Arbeit machte, waren gleichermaßen gut durchdacht. Und doch, alles das spiegelt die schöne, die spannende Seite meines Berufs, nämlich Fragen zu stellen, auf Lösungen gespannt zu sein und immer wieder an Neuem vorbeizukommen. Schönes und Schweres gehören untrennbar zusammen.

Es gibt aber noch eine ganz andere Seite dieses Tuns, und die könnte man am ehesten mit dem Wort Wissenschaftsbetrieb beschreiben. Jeder Forscher steht auf den Schultern vieler seiner Vorgänger, sei es durch einzelne Resultate, die er aufgreift, sei es auch durch die große Summe an Wissen, das sich über viele Jahre in der Literatur angesammelt hat. Jeder Forscher setzt aber bewusst oder unbewusst auch Organisationsstrukturen voraus, ohne die weder Lehre noch Forschung möglich sind. Klar, dass darin auch Bürokratien und letztlich auch Förderinstitutionen, also Gelder für die Forschung, eingeschlossen sind.

Beginnen möchte ich meinen Rückblick aber mit etwas anderem. Ich habe das Glück gehabt, am MPI-P im Sekretariat, in der Verwaltung, in der Haustechnik und in den Werkstätten auf Menschen zu treffen, die sich gerne in den Dienst der Forschung gestellt haben. Es hat auch Spaß gemacht, nicht nur von deren dienstlichen Aufgaben, sondern auch von deren Leben außerhalb des Instituts zu erfahren. Als Kleingärtner habe ich mancherlei Ratschläge bekommen, auch Fußball war zu jeder Zeit ein ergiebiges Thema, und nicht immer musste man politisch einer Meinung sein.

Eine Geschichte möchte ich gesondert erzählen, weil sie von persönlicher Wärme spricht. In den frühen 1990er Jahren musste ich regelmäßig vom MPI-P in die Uni spazieren, um dort weiter Vorlesung zu halten. Während der Vorlesung, es ging um Aromaten und Heteroaromaten, wurden mir dreimal Zettel hereingereicht, die davon berichteten, dass mein Schwiegervater in einem kritischen Zustand auf der Intensivstation eines Klagenfurter Krankenhauses läge. Ich brach dann die Vorlesung ab, und als ich ins Institut zurückkam, hatte Claus Heckl, unser wissenschaftlich-technischer Koordinator, den Flugschein für Frankfurt-Salzburg besorgt, und bei der Ankunft in Salzburg stand der Mietwagen für die Weiterfahrt bereit. Übrigens, die ganze Aktion kam für meinen Schwiegervater zu einem guten Ende. In den letzten zehn Jahren hat Irene Martelock mein Sekretariat geführt und dabei viele Funktionen zugleich ausgefüllt. Vor allem hat sie meinem wahrscheinlich altersbedingten Hang zur Desorganisation entgegengewirkt und war mir zudem wichtige Ratgeberin.

Die Direktoren sind das Gesicht des Instituts und tragen letztendlich die Verantwortung für dessen Entwicklung. Es war aber nicht nur nützlich, sondern auch friedenstiftend, Führung kollegial zu gestalten. Dazu gehört als wichtiges Merkmal, dass die geschäftsführende Direktorenschaft in einem gewissen Turnus wechselt. An dieser Funktion bleiben immer noch genügend Aufgaben hängen, und in einem Institut von über 500 Köpfen gibt es auseinanderstrebende Tendenzen, die zusammengehalten werden müssen; aber Entscheidungen müssen der – manchmal mühsamen – Diskussion innerhalb der Institutsleitung und mit Mitarbeitern standhalten und gemeinsam getroffen werden.

Wenn ich die Forschung an der Hochschule und an außeruniversitären Einrichtungen in den Blick nehme, will ich der Frage nach beider Konkurrenz keineswegs ausweichen. Schließlich habe ich im Verlauf der Exzellenzinitiativen viele, auch extreme Argumente gehört. So etwa die Thesen, wenn sich einmal die Exzellenzuniversitäten herausgebildet hätten, bräuchte man eine Institution wie die Max-Planck-Gesellschaft nicht mehr, und andererseits sähen sich die im Wettbewerb erfolglosen Universitäten langfristig in ihrer Forschung auf den Rang von Hochschulen für Angewandte Wissenschaften zurückgestuft. Derartige

Szenarien sind nicht eingetreten, aber es ist wahr, dass es durchaus auch Anlass für Spannungen zwischen beiden Sphären gibt, und es ist nicht zu bestreiten, dass Max-Planck-Forscher in vieler Hinsicht eine privilegierte Situation haben. Diese bringt eine große Verantwortung mit sich, in der wissenschaftlichen Leistung, aber auch in der Bereitschaft, sich in systemübergreifende Initiativen einzubringen und apparative Ausstattung einem größeren Nutzerkreis zugänglich zu machen. Ich sehe mit Freude, dass sich diese Kultur immer mehr entwickelt.

Von einem Forschungsinstitut wie unserem erwartet man nicht nur, dass es organisatorisch „funktioniert", sondern vor allem, dass es sich immer wieder wissenschaftliche Anerkennung erwirbt, ja, dass es Themen setzt. Natürlich gehört dazu, über die Ergebnisse zu reden und von ihnen zu schreiben, und das habe ich gerne getan. Dennoch bleiben Fragen, auch die nach meiner eigenen Unvernunft. War es zu verantworten, für einen Vortrag um die halbe Welt zu reisen? Und wie viel Präsenz ist wirklich nötig, wenn man außerdem bedenkt, dass mehr und mehr Redner nur für ihren Vortrag bei der Tagung einschweben und dann gleich wieder weg sind? Ehrlich gesagt bin ich auch mit mir selbst nicht immer verantwortlich umgegangen, wenn ich etwa an meine vorsichtige Atmung bei einer Doktorprüfung mit mehreren gebrochenen Rippen oder an die Folgen einer verschleppten Lungenentzündung denke.

Diese Schilderung klingt dennoch so, als würden sich am Ende viele Teilaspekte, wissenschaftliche, menschliche und organisatorische, zwanglos zu einem harmonischen Tagesablauf des Forschers zusammenfügen lassen. Obwohl die Freude an meiner Arbeit im Rückblick weit überwiegt, gab es auch Tage, an denen mir der „Betrieb" zu viel wurde. Was ich aber mit meiner Frage „Forscher oder nur Manager" ausdrücken wollte, ist, dass die Zeit zum Lesen, ruhigen Nachdenken und Planen oft hinter dieses „Funktionieren im System" oder dieser vermeintlichen Wichtigkeit zurücktreten musste.

Umso mehr genieße ich es, nach der aktiven und manchmal überaktiven Zeit noch der Chemie verbunden bleiben zu können. Ich denke an einen ganzen Strauß völlig stressfreier, aber sinnstiftender Beschäftigungen: in kleinerem Rahmen, aber vielfach in Kooperationen zu forschen, Erfahrungen durch Consulting weiterzugeben oder Resultate und Erinnerungen aufzuschreiben. Und dazu zählt nicht zuletzt, die Einladung zu diesem Buch aus der Reihe „Lebenswerke in der Chemie" durch den Beirat unter Carsten Reinhardt als Vorsitzendem anzunehmen. Henning Hopf, Peter Gölitz, Dieter Jahn und Eva Wille haben mich während dieser Arbeit besonders hilfreich begleitet. Jetzt ist auch viel mehr Zeit, am Leben der Akademien und nicht zuletzt an abendlichen „Expertentreffen" teilzunehmen, deren Themen sich über die gesamte Naturwissenschaft erstrecken und bei denen man auch ein Gläschen Wein vor sich stehen hat.

7.2 Konkurrenz

Ein solch entspannter, vielleicht sogar altersmilder Rückblick bringt mich aber auf einen heiklen Punkt zurück. Ein Wissenschaftler wird unentwegt beurteilt, und es werden umgekehrt von ihm Urteile über andere verlangt. Ich denke an Beratungen über wissenschaftliche Auszeichnungen, aber auch über Berufungen. Manche Universitäten helfen sich damit, altgediente Kollegen zu befragen, weil man ihnen am ehesten einen Überblick zutraut, andere steigern im Bemühen um möglichst viel Absicherung die Zahl der eingeholten Gutachten. Meine Empfehlung an die Entscheider ist, statt zu delegieren, sich möglichst ein eigenes Urteil zu bilden, und das geht am besten durch die Lektüre wichtiger Publikationen. Und doch kann das nicht der letzte Schritt sein, denn irgendwie wird man nicht nur „zurück" über nachgewiesene Leistungen, sondern „voraus" über das Erwartbare, also die Prognosen für die Zukunft zu urteilen haben. Übrigens beobachtet man das inflationäre Einsammeln von Gutachten auch im politischen Raum. Diese kosten nicht nur viel Geld – in der Wissenschaft kosten sie meistens nichts – sondern sie bleiben auch allzu oft ohne Konsequenzen.

„Nimm und lies", diese berühmte, an den Kirchenvater Augustinus ergangene Aufforderung kann eigentlich für jeden Forscher gelten. Mit Bewunderung erinnere ich mich aus der „vordigitalen" Zeit, als man noch in der Bibliothek stöberte, an Kollegen, die ihren Tag dort mit dem Literaturstudium begannen. Ich sage das aus einem besonderen Grund. Weltweit wird alles „geratet", auch Universitäten, und oft werden dabei „metrics" zugrunde gelegt. Aber schon über die Bewertung der Publikationsaktivität gibt es weit auseinanderstrebende Meinungen, eingeschlossen die Kriterien wie Hirsch-Index, Impact Factor, die Gesamtzahl der Zitationen oder das Image bestimmter Zeitschriften. Nicht immer kommen deutsche Universitäten bei solchen Vergleichen gut weg, aber viele Kriterien bleiben für mich zweifelhaft.

Volker Meyer-Guckel, Generalsekretär des Stifterverbandes für die Deutsche Wissenschaft, und Georg Schütte, Generalsekretär der Volkswagenstiftung, umreißen in einem lesenswerten Artikel in der „Frankfurter Allgemeinen Zeitung" vom 4. Juli 2024 „Neue Impulse für ein zukunftsfähiges und attraktives Hochschul- und Wissenschaftssystem" und beklagen, die Deutsche Wissenschaft sei nicht mehr länger Triebfeder des Fortschritts. Die Autoren machen sich internationale Ranglisten zu eigen, können aber nicht, wie es geboten wäre, nach Disziplinen differenzieren. Zudem unterscheiden sie nicht genügend zwischen konkreter wissenschaftlicher Leistungsfähigkeit und wissenschaftsstrategischen Postulaten. Ich vermag nicht zu beurteilen, ob wir als Gesellschaft bestimmte Entwicklungen, wie etwa die Künstliche Intelligenz, verschlafen. Wenn ich aber Arbeiten vieler meiner Kolleginnen und Kollegen aus der Chemie unseres Landes lese, bin ich eher stolz, und dafür brauche ich weder „metrics" noch Ranglisten.

Nicht immer geht es um Personen, sondern oft auch um Projekt- und Stipendiumsanträge. Da muss es für den Erfolg eine reelle Chance geben, und es muss fair zugehen. Wenn bei drei klar positiven Gutachten, ich ignoriere jetzt den inflationären Gebrauch von Attributen wie „excellent" oder „outstanding", mühsam zwischen den Zeilen nach vermeintlichen Ablehnungsgründen gesucht wird, kann das Verfahren weder reell noch fair sein. „Menscheln" wird es wohl immer. Andererseits habe ich echte intellektuelle Auseinandersetzungen bis tief in die Nacht und ernstes Bemühen um ein gerechtes Urteil bei Begutachtungen von kollaborativen Projekten erlebt, obwohl auch da manchmal die Psychodynamik der Entscheidungsfindung merkwürdige Wege genommen hat. Eines ist mir aber klar geworden: Man sollte sich hüten, zum Oberlehrer der Nation zu werden, der das Projekt vermeintlich entscheidungssicher auf seine Erfolgsaussichten abklopft und rasch zum Schluss kommt: „Das wird nicht gehen." Hier hat mir eine Formulierung besonders gefallen, die ich aus einer Begutachtung in den Niederlanden mitgenommen habe: „Give them the benefit of the doubt." Am besten ist immer noch, beides gleichzeitig zu erfahren: zu begutachten und begutachtet zu werden, also auch die unvermeidlichen Enttäuschungen zu verarbeiten. Wie jeder andere Forscher habe ich manchmal Grund gehabt, an der Weisheit von Kommissionen zu zweifeln. In jedem Fall gilt, und jetzt bin ich wieder bei den Spruchweisheiten unserer Sprache: „Ehrlich währt am längsten." Wir traten zu einem Kolloquium zur Begutachtung eines internationalen Forschungs- und Trainingsprogramms in Bad Godesberg an. Unser Sprecher hatte das Vorhaben mit viel Geschick vorgestellt, doch in der anschließenden Befragung lautete die letzte Frage: „Ist das Projekt von xxx nicht doch sehr randständig?" Alle hielten den Atem an, bis unser Sprecher den Kopf zur Seite neigte und bemerkte: „Das haben wir uns auch gedacht." Das Projekt wurde bewilligt und war sehr erfolgreich.

Was über das Gleichgewicht von Begutachten und Begutachtetwerden zu sagen ist, gilt umso mehr für eine einzelne Publikation. Nicht immer fühlt man sich gut behandelt. Allerdings nimmt ein Ausgleich der Lasten hier noch eine andere Bedeutung an, denn es gibt Kollegen, die fleißig publizieren, aber viel weniger bereitwillig als Gutachter zur Verfügung stehen. Ich wurde 2007 zum ersten nichtamerikanischen Associate Editor des *Journal of the American Chemical Society* ernannt, habe diese Aufgabe 14 Jahre wahrgenommen, und wenn ich abends nicht mein Päckchen an neuen Einsendungen bearbeitete, verdoppelte sich die Last am folgenden Tag. Dass eingeholte Gutachten in gegensätzliche Richtungen wiesen und dass unter dem Schutz der Anonymität manche Urteile getroffen wurden, die nicht immer der wissenschaftlichen Objektivität gerecht wurden, rief oft den Editor auf den Plan. Aber man

Abb. 7.1.
Mit Peter Stang.

konnte es nicht allen recht machen. Um es mit Peter Stang (**Abb. 7.1.**), dem damaligen Editor-in-Chief, zu sagen: „It is the safest way of making many false friends and true enemies".

Gremien sind Teil des Berufslebens, und es gibt viele davon. Aber den Auswahlausschuss der Alexander von Humboldt-Stiftung habe ich in besonders guter Erinnerung: mit dem Ringen um angemessene und faire Entscheidungen über die Disziplingrenzen hinweg, mit anregenden Redeschlachten, aber auch mit dem gemütlichen Teil des zu Ende gehenden Tages.

Wissenschaft, daran führt kein Weg vorbei, lebt vom Vergleich, von Konkurrenz, von Anstrengung. Das gilt aber nicht nur für die Leiter einer Arbeitsgruppe, sondern für jeden jungen Forscher auch. Es ist in unserer Gesellschaft, wie schon erwähnt, so viel von Leistungsverweigerung und Null-Bock-Mentalität die Rede, dass man auch einmal dagegenhalten muss: Eine Doktorarbeit in der Chemie ist immer noch ein hartes Stück Arbeit, auch wenn am Samstagmorgen kein Seminar mehr abgehalten wird. Diese Arbeit sollte anerkannt werden. Ob dazu die Standardnote „magna cum laude" oder gar die inflationäre Vergabe der Maximalnote gehören, steht auf einem anderen Blatt, aber bei den Abiturnoten scheint mir der Verlust der Wertmaßstäbe noch viel weiter gediehen zu sein, und wir setzen mehr Master als Meister in die Welt.

7.3 Wissenschaftliche Gesellschaften

Wenn ich über die Chemie als Community rede und über die Mechanismen, in denen sich Meinungen über Themen und Personen bilden, dann komme ich auch zur Gesellschaft Deutscher Chemiker (GDCh), die mir, das möchte ich gerne betonen, ein Herzensanliegen ist.

In meinen jüngeren Jahren sah ich in ihr den Honoratiorenclub, vielleicht auch den akademischen Selbstbeweihräucherungsverein mit ziemlich hierarchischen Strukturen. Eines Tages erhielt ich die schriftliche Anfrage, ob ich mich als Kandidat für die Vorstandswahlen zur Verfügung stellen wolle. Das erschien mir ehrenvoll und kaum abzulehnen. Zur Sicherheit fragte ich aber Henning Hopf und Gerhard Erker, Professoren in Braunschweig bzw. Münster und „Altpräsidenten" der GDCh, ob die Mitarbeit im Vorstand sehr viel Zeitaufwand erfordere. Ihre übereinstimmende Antwort war ein klares Nein, es sei denn, so fügten sie an, ich wolle Präsident werden. Das wiederum lag mir sehr fern, ich empfand diesen Hinweis eher als Scherz.

Die Wahl ergab dann eine bestimmte Zusammensetzung des Vorstandes, als deren Folge mich einige Tage später der scheidende Präsident, Professor Dieter Jahn, seines Zeichens hochrangiger Vertreter der BASF, anrief und fragte, ob ich bereit sei, sein Nachfolger zu werden. Wiederum standen für mich die Fragen nach meiner Eignung und nach dem Umfang des persönlichen Einsatzes im Raum, schließlich muss jeder für sich entscheiden, wie er sein Leben zwischen Forschung und Dienst an der wissenschaftlichen Gemeinschaft einteilen will. Um es kurz zu machen, Dieter Jahn ist heute mein Freund, aber seine Zeitangaben zum Präsidentenamt entbehrten wissenschaftlicher Genauigkeit. Und doch sage ich, die Zeit als Präsident war eine reiche Erfahrung (**Abb. 7.2.**).

Die GDCh, keine berufsständische, sondern eine wissenschaftliche Gesellschaft, steht für den Diskurs innerhalb der Mitglieder, aber auch für die Vertretung des Faches in der Gesellschaft. Die Arbeit im Vorstand war damals freundschaftlich und produktiv, die Jungchemikerforen eine dauernde Bereicherung und die Kooperation mit dem Verband der Chemischen Industrie (VCI) beispielhaft. Viele Initiativen der GDCh wären ohne die Unterstützung durch den VCI nicht möglich gewesen. Ebenso gilt mein persönlicher Dank dem Fonds der Chemischen Industrie. Präsidentinnen und Präsidenten kommen und gehen, aber für die Kontinuität der Arbeit braucht es Kenntnisse, welche der Vorstand, dem ja die Entscheidungen obliegen, nicht immer mitbringt. Umso wichtiger war für mich die loyale und unterstützende Zusammenarbeit mit der Geschäftsstelle der GDCh unter ihrem Geschäftsführer Professor Wolfram Koch, der im letzten Jahr, also 2024, in den Ruhestand trat und die Verantwortung an Dr. Tom Kinzel weitergab. Wolfram Koch hat die

Abb. 7.2. GDCh-Vorstandssitzung, hier mit Altpräsident Professor Heinrich Nöth.

GDCh mit seiner Umsicht an manchen Fährnissen vorbeigeführt, und sein Amt war nicht immer leicht. Wir bleiben freundschaftlich verbunden.

Ich mag nicht verhehlen, dass die Bindung mancher Industriechemiker und teilweise auch des akademischen Nachwuchses an die GDCh leider abgenommen hat. Gerne erzähle ich deshalb von einem Antwortbrief eines älteren Mitgliedes auf meinen Geburtstagsglückwunsch, in dem der Kollege die monatlichen *Nachrichten aus der Chemie* als seinen „Jungbrunnen" und die GDCh als seine „geistige Heimat" beschreibt. Die Freude an den *Nachrichten aus der Chemie* unter ihrem Chefredakteur Christian Remenyi teile ich seit vielen Jahren.

Im Dienst an der GDCh gibt es eine Fülle repräsentativer Aufgaben, mein US-Kollege sprach von „kissing babies". Es gab aber auch belastende Erfahrungen, von denen ich zwei kurz erwähnen möchte. Die GDCh und ihre Gremien hatten sich stets in Diskussionen zur Studienreform eingebracht, und so hatte ich auch etwa 30 Kollegen zu einem Gesprächsforum „Bachelor-Master-Studiengang" nach Frankfurt eingeladen. Die eine Hälfte der Teilnehmer war strikt dafür, die andere ebenso strikt dagegen, und die Diskussion verlief nicht nur freundlich.

Eine ähnliche Erfahrung weit auseinanderklaffender Meinungen machte ich, als ich im Namen der GDCh einen Arbeitskreis gründete, um mögliche Zukunftsthemen der chemischen Forschung zu definieren. Ein solches Nachdenken wird man als Uraufgabe einer wissenschaftlichen Gesellschaft betrachten können. Die Breite der Vorschläge und Kriterien war, um es vorsichtig auszudrücken, beträchtlich. Problematisch war schon der Auftakt, bei dem sich nämlich zwei profilierte Vertreter ihres Teilfaches der Chemie nicht darüber einigen konnten, wie denn Forschung in ihrer Disziplin zu betreiben und zu bewerten sei.

Für einen Wissenschaftler mag das Aufeinandertreffen von Meinungen tägliches Brot sein, denn eine Diskussion schärft die Standpunkte. Ergänzend dazu kommen mir zwei unterschiedliche Aspekte in den Sinn: Einerseits müssen wir uns bewusst werden, dass die Wirkung kontroverser Diskussionen in der Öffentlichkeit verheerend sein kann, denn diese erwartet eindeutige, wenn nicht gar einfache Antworten, auch wenn sie dem Thema nicht gerecht werden. Andererseits bildet sich in unserer gesellschaftlichen Diskussion bei einer Konfrontation mit einer gegenteiligen Meinung die Neigung heraus, rasch in eine Art Schnappatmung zu verfallen – einfach weil man sich auf der edleren Seite des Themas wähnt.

Ich würde mir wünschen, dass Maß und Mitte wieder stärker zur Richtschnur werden könnten. Ein guter Beginn wäre, mäßigend auf die schrille Wortwahl in manchen Diskussionen einzuwirken.

Schließlich möchte ich ein GDCh-Projekt erwähnen, mit dem ich gescheitert bin. Viele Hochschullehrer pflegen gute Kontakte zur Industrie. Dennoch erschien es Dr. Andreas Kreimeyer, damals im Vorstand der BASF, und mir ratsam, den Kreis der beteiligten Personen auf beiden Seiten zu erweitern und wechselseitige Forschungs- und Bildungsaufenthalte zu fördern. Die geringe Resonanz, trotz der Ankündigung in den *Nachrichten aus der Chemie*, empfinde ich noch heute als enttäuschend. Wenn ich mir weiter unten über Innovationen in der Chemie Gedanken mache, erschiene mir eine solche Grenzüberschreitung umso wichtiger.

Durch die GDCh geübt, wurde ich einige Jahre später Präsident der Gesellschaft Deutscher Naturforscher und Ärzte (GDNÄ). Sie ist die älteste wissenschaftliche Gesellschaft und hat im September 2022 ihr 200-jähriges Jubiläum in Leipzig, ihrem Gründungsort, gefeiert. Die wissenschaftlichen Fachgesellschaften, wie wir sie heute kennen, sind aus ihr hervorgegangen.

Die GDNÄ ist im Grunde eine Akademie für jedermann, bemüht sich um die Vermittlung aktueller naturwissenschaftlicher und medizinischer Themen über die Fachgrenzen hinweg und bettet diese zudem in einen politischen Rahmen ein. Auch hier war die Arbeit lehrreich und befriedigend zugleich, nicht zuletzt wegen der Mitwirkung so vieler Kollegen aus breiten Bereichen von Wissenschaft und Gesellschaft, ganz besonders derjenigen von Dr. Jörg Stetter, ehemals Bayer AG, der der GNDÄ als Generalsekretär diente.

Aber auch hier ist das Bild nicht ungetrübt, denn die Mitgliederschaft ist überaltert, und das liegt nicht zuletzt daran, dass die Bereitschaft vieler junger Wissenschaftler zum Blick über den Tellerrand des eigenen Faches hinaus abgenommen hat. Und doch muss ich mir an dieser Stelle mit Blick auf die Krisen, die Deutschland, Europa und die Welt in den letzten 10–15 Jahren erlebt haben, eine weitere Enttäuschung von der Seele schreiben. Über Nacht wurden wir ein Volk von Virologen und Epidemiologen, die sich aber ebenso rasch den Hut der Energie- und Klimaexperten aufsetzen konnten.

Eine Klage über die Diskussionen im öffentlichen Raum steht mir kaum zu, aber ich höre in meinem Freundes- und Bekanntenkreis, und der besteht ja nicht nur aus Naturwissenschaftlern, zu oft die verlegen lächelnde Ausrede: „Dafür habe ich mich schon in Schulzeiten nicht interessiert." Allgemeinbildung wächst aber nicht nur im Konzertsaal oder im Museum heran, sondern braucht auch naturwissenschaftliche Inhalte als Teil ihres Kanons. Zu diesen Bildungsaufgaben gehört eine Botschaft, die eben schon anklang, dass Wissenschaft nämlich auch widerstreitende Informationen bereithält und dass Technologien Vor- und Nachteile haben. Ich nehme das Beispiel der Windräder, die ich ja schon erwähnte. Es hat sich die Information durchgesetzt, dass die eingesammelte Energie mit der Größe der Flügel wächst und dass diese nicht gebaut werden können, ohne leichte Kunststoffe mechanisch mit Kohlenstofffasern zu verstärken. Wahr ist aber auch, dass das Recycling dieser Materialien noch Probleme bereitet. Über die Widerstände gegen die Installation von Windrädern muss ich gar nicht erst reden. Und ich nehme das Beispiel des Wasserstoffs, der zudem als grün bezeichnet wird. Seine Technologie durch Forschung und Entwicklung zu fördern macht Sinn, aber auch, gewisse naturwissenschaftliche Fakten nicht aus den Augen zu verlieren. Selbst wenn wir ihn denn energieaufwendig gewonnen haben, ist, wie ich schon schilderte, seine Nutzung weit davon entfernt, so beherrschbar zu sein, wie es von anderen Technologien gefordert wird.

Was bleibt für den Forscher? Erstens, sich vermehrt in den Dienst gesellschaftlicher Bedürfnisse zu stellen, und zweitens, unermüdlich zu versuchen, der Öffentlichkeit realistische und ehrliche Informationen zu liefern. Über einen Teil dessen, nämlich Vorträge, die sich an naturwissenschaftliche Laien richten, werde ich noch erzählen.

7.4 Wo sich Leute treffen

Vorträge sind das Salz in der Suppe.

Abb. 7.3. (nächste Seite) Wirklich alles klar?

Tagungen sind die Gelegenheit, sich zu zeigen, sich dem Vergleich zu stellen, Themen zu diskutieren, und das nicht nur im Vortragssaal, sondern auch bei weniger informellen und weniger trockenen Anlässen. Nach meiner Erfahrung ist der persönliche Kontakt dabei das Wichtigste, zumal in einer Zeit, da jegliche Information elektronisch leicht erhältlich ist. Als die Covid-Zeit das alles unterbrach und Onlinekonferenzen immer geläufiger wurden, fasste der Vorsitzende am Ende den Lauf der Dinge so zusammen: „Discussions went very well, as if they had been in real. What we missed were the coffee break and, even more, the beer at night."

Langmuir, 2009, 25,
laus Mullen

Abb. 7.4.
„Embarrassing question?“

Die Frage-und-Antwort-Runden nach Vorträgen lassen oft tief blicken, insbesondere über die Art, Kontroversen auszutragen (**Abb. 7.3. – 7.5.**). Ich erinnere mich, wie ein Diskutant nach dem Vortrag sehr ausführlich seine Meinung kundtat und er, immer wenn der Vorsitzende ihn zum Ende bringen wollte, diesem unwirsch das Wort abschnitt mit: „I am in the middle of my sentence.“ Lustiger war ein anderer Fall, als ein jüngerer japanischer Professor seinen Vortrag auf Englisch vorgelesen hatte, aber des Englischen nicht mächtig genug war, um in eine Diskussion

Abb. 7.5.
Gemeinsam alles im Griff (Diskussionsleitung zusammen mit Hans Wolfgang Spiess).

einzutreten. Der Vorsitzende zog daraufhin einen älteren japanischen Kollegen zu Rate, der eine aufgekommene Frage in das Japanische übersetzte. Was folgte, war eine sehr längliche Antwort des Redners auf Japanisch, die der Übersetzer schließlich widergab: „The answer is: no."

Über die Chemiedozententagungen und über die gemischten Gefühle, die eine solche Bühne für den Nachwuchs hinterlässt, habe ich schon berichtet. Meine erste große internationale Tagung war das International Symposium on Novel Aromatic Compounds (ISNA) 1974 in Lindau, die von den Professoren Klaus Hafner und Richard Kreher organisiert wurde. Jean Oth hatte angeregt, dass ich einen Vortrag anmelde, der dann auch angenommen wurde. Ich habe später gerne Vorträge gehalten, konnte mich dabei auch schnell in Begeisterung reden, aber nie in meinem Leben war ich nervöser als vor diesen 15 Minuten. Das ISNA war ursprünglich den „nonbenzenoid aromatic compounds" gewidmet, Professor Tetsuo Nozoe, der große alte Mann der japanischen Chemie und Vater des Tropolons, war der erste Tagungsvorsitzende des ISNA in Japan.

Abb. 7.6.
Mit Josef Michl.

In Lindau erlebte ich zum ersten Mal die von mir bewunderten Größen unseres Gebiets in persona, und viele von ihnen wie Hafner, Masamune, Nakagawa, Nozoe, Oth, Sondheimer oder Vogel haben in diesem Buch schon Erwähnung gefunden. In Lindau lernte ich auch Josef Michl (**Abb. 7.6.**) kennen, ein aus Prag stammender Schüler von Professor Rudolf Zahradnik. Josef machte dann eine bedeutende Karriere in den USA und konnte erst nach der politischen Wende auch wieder in Prag forschen. Seine Themenvielfalt und Produktivität kann ich hier kaum würdigen, wohl aber seinen Humor, seine schier unerschöpfliche Energie, seine historische Bildung und seine Sprachbegabung. Ehe ihn die Wissenschaft in ein neues Land führte, lernte er rasch dessen Sprache. Josef ist 85-jährig im Mai 2024 in Prag, seiner Heimatstadt, gestorben, mitten in seinem neuesten, den sogenannten Porphenen gewidmeten Forschungsvorhaben.

Thematisch mit dem ISNA verwandt sind Tagungen wie die F-π-Serie, die European Conference on Molecular Electronis (ECME) und die International Conference on the Science and Technology of Synthetic Metals (ICSM). F-π-x war, ebenfalls in Japan, von Professor Zen-ichi Yoshida (**Abb. 7.7.**) gegründet worden, die Konzeption schloss

Abb. 7.7. Mit Zen-ichi Yoshida.

ursprünglich funktionelle Farbstoffe ein, erweiterte sich aber allmählich auf funktionelle π-Systeme allgemein. Das ISNA wurde 1995 von Henning Hopf in Braunschweig und F-π-5 2002 von Peter Bäuerle in Ulm organisiert, wobei ich in beiden Fällen als Co-Organisator fungieren durfte. Anders als das ISNA sind die ICSM und die ECME viel stärker von Physik, Theorie und Nanowissenschaft beeinflusst, spiegeln also die Interdisziplinarität dieser Gebiete der Materialforschung wider. Gleichsam ein Gegenentwurf ist die International Kyoto Conference on New Aspects of Organic Chemistry (IKCOC), denn sie ist um die organische Synthese als Kern konzipiert. Ihre drei Teilbereiche sind deshalb Efficiency in Organic Synthesis, Organic Synthesis for Materials Science, and Synthesis for Life Science. 2015 hat Dieter Seebach, ETH Zürich, und 2023 Stuart L. Schreiber, Harvard University, den IKCOC-Preis erhalten. Ich bin stolz, dass er 2018 mir zuteilwurde. Zen-ichi Yoshida, den ich schon als Mitbegründer von F-π erwähnte, war über lange Jahre Triebkraft und zugleich Aushängeschild dieser Reihe. Yoshida, einer der Großen der japanischen Chemie, ist im Jahr 2023 hochbetagt verstorben. Sicher finden auch Sie es erwähnenswert, dass er als junger Mann, nur wenige Kilometer von Hiroshima entfernt, den Atombombenabwurf überlebt hat.

Später wuchs ich gleichsam wie von selbst in Tagungen der Polymerwissenschaften hinein, seien es IUPAC Macro, das Makromolekulare Kolloquium in Freiburg (Makro Freiburg) oder Konferenzen der European Polymer Federation. Dies mag als Beleg für die Offenheit der Community dienen, aber auch für den Reiz, als Quereinsteiger in andere Forschungsfelder hineinzuwachsen. Es waren auch die Polymerthemen, die mich über viele Jahre zu den ACS-Meetings oder alle fünf Jahre zum Pacifichem-Kongress auf Hawaii geführt haben. Mit jedem dieser Ereignisse verbinden sich viele wissenschaftliche, aber auch reiche persönliche Erfahrungen. Eine Erinnerung an Hawaii muss ich erzählen. Wir saßen in Liegestühlen auf der Terrasse und schauten dem Sonnenuntergang zu, schlürften einen blumenverzierten Cocktail, neben mir ein ehrenwerter Kollege, ein ehemaliger Schüler. Er schaute mich an, wollte aus der Stimmung heraus etwas Nettes sagen und meinte: „Weißt Du, dass Du für Dein Alter geistig noch recht beweglich bist?“ Da war ich 50.

Notgedrungen bin ich zu Tagungen manchmal hin- und gleich wieder zurückgereist, ohne mir einen längeren Blick auf Land und Leute zu erlauben. Ich möchte allerdings nicht verschweigen, dass mein Beruf, und auch dafür bin ich dankbar, mir unvergessliche Reiseeindrücke in allen Erdteilen geschenkt hat. Um Ihnen aber davon zu erzählen, müssten wir gemeinsam vor den Fotoalben sitzen können.

Auch an dieser Stelle frage ich mich, ob persönliche Erinnerungen es überhaupt wert sind, erzählt zu werden. Einen wissenschaftlichen Grund sehe ich schon, denn Tagungen können für die Entstehung eines

Forschungsgebietes und die Bindung der Forschenden untereinander eine große Bedeutung haben. Es hat wissenschaftlich einen guten Grund, sich in Communities zu organisieren, man weiß, worüber man spricht, Tagungen dienen aber oft auch der gemeinsamen Verteidigung nach außen. Andererseits steht auch fest, dass Tagungen manchmal ein modisches Auf und Ab erleben und sich wie das Forschungsgebiet selbst abnutzen können. Viele Gründungsmitglieder des ISNA wie die Professoren Ronald Breslow und Satoru Masamune hatten sich nach der Lindau-Tagung zurückgezogen und anderen Themen zugewandt, aber das ISNA hat sich nach meiner Einschätzung stetig erneuert, und die ISNA-Tagung 2022, die dem Generalthema π-konjugierter organischer Verbindungen gewidmet war, hat mit Erfolg in Warschau stattgefunden. Demgegenüber haben sich andere Tagungen thematisch etwas erschöpft. Dazu gehören die Dendrimertagungen oder die ICSM. Das schlägt sich dann auch in der Teilnehmerzahl nieder. Die ICSM in Tübingen, 1990 von Professor Michael Hanack organisiert, zog noch ca. 2.000 Teilnehmer an, die ICSM 2022 in Glasgow knapp über 500, was nicht nur Covid geschuldet war. Im Anfang der 1990er Jahre herrschte in der ICSM-Gemeinde noch die Hoffnung auf synthetische Metalle vor, und das zog natürlich die Aufmerksamkeit der Industrie auf sich. Karl Leo, Professor für Physik an der TU Dresden, hat dort im Juni 2024 die ICSM ausgerichtet und, noch wichtiger, neu belebt. Als weltweit führender Exponent der organischen Elektronik verbindet er Grundlagenforschung mit Anwendung, die bei ihm bis zu erfolgreichen Ausgründungen reicht. Als erster Schritt ist der Name der Tagung der Entwicklung angepasst und zu International Conference for Science and Technology of Synthetic Electronic Materials geändert worden. Es ist andererseits meine Beobachtung, dass die Wahrnehmungskompetenz der Industrie für akademische Forschung in der Chemie drastisch abgenommen hat. Während meiner Präsidentenzeit richtete die GDCh 2009 das Wissenschaftsforum in Frankfurt mit immerhin 1700 Teilnehmern aus, Besucher aus der Industrie hätte man an zwei Händen abzählen können, obwohl es durchaus prominente Vortragende aus der Industrie gab. Eine Ausnahme war lange Zeit das Makromolekulare Kolloquium in Freiburg („Makro Freiburg"), denn diese jeweils im Frühjahr stattfindende Polymertagung hatte sich den Charakter eines Familientreffens bewahrt, bei dem jeweils die aktiven und ehemaligen Mitglieder der Arbeitsgruppen zusammenkamen. Leider ist dieser Charme etwas verlorengegangen und leider spielte oft auch die Politik in die Abläufe hinein. Die ICSM 2016 in Guangchou im Süden Chinas begann an einem Sonntag, und wenige Tage zuvor hatten die britischen Wähler bei der Brexitabstimmung ihr Eigentor geschossen. Es braucht nicht viel Phantasie, die Stimmung der Teilnehmer von der Insel nachzuempfinden. Immerhin spielte die zunehmende Rivalität zwischen den Machtblöcken noch keine Rolle.

Das „Makro Freiburg“ bringt mich aber auch auf alles andere als auf wissenschaftliche Gedanken. Wenn beim Gesellschaftsabend in der Universitätsmensa Professor Joachim Cantow das Buffet eröffnete, musste er rasch zur Seite springen, weil ihn sonst die losstürmende hungrige Meute umgerannt hätte, das war einfach Tradition. Noch einmal, der soziale Teil einer Tagung, die Begegnungen während der Pause, die Begrüßungsabende, das Conference Dinner, die Ausflüge, das alles, also das Menschliche, gehören zur Wissenschaft und rufen oft besonders lebhafte persönliche Erinnerungen wach. Bei der ICSM 1990 in Tübingen schwamm ich einige Bahnen im Hotelpool, und bei jeder Wende begegnete ich einem mir unbekannten Herrn. Beim Conference Dinner saß ich diesem Herrn gegenüber, es war Professor Bert Meijer aus Eindhoven (**Abb. 7.8.**), den ich ja schon öfter erwähnt habe. Wir waren beide neu in der ICSM-Familie. Es wurde ein fröhlicher Abend, der eine bis auf den heutigen Tag reichende freundschaftliche Beziehung begründete. Diese fußte auf vielen gemeinsamen Forschungsinteressen und wurde auch dadurch nicht getrübt, dass wir bei dem obligatorischen Fußballspiel nach einem gemeinsamen Gruppenseminar in Eindhoven deutlich gewannen, wobei des Sängers Höflichkeit das genaue Resultat verschweigt. Bei der ICSM 1996 in Snowbird hatten Richard Friend, Alan Heeger, William (Bill) Salaneck, allesamt eher der physikalischen Seite der ICSM-Community zugehörig, und ich beschlossen, nicht am Ausflug mit Rodeo und Dinner teilzunehmen, sondern ein Forschungsprojekt zu besprechen. Weil wir damit früher fertig wurden und weil Bill ein Mietauto hatte, fuhren wir doch den Bussen nach. Alan hatte sein Ticket, immerhin ca. 40 US-Dollar wert, schon verschenkt, musste dann beim Eintritt ein neues kaufen. Was für uns vom Dinner noch übrig blieb, waren einige verbrutzelte Kartoffeln, und ich höre ihn noch stöhnen: „Jesus, these were the most expensive potatoes that I ever had in my lifetime“. Mit Familie Heeger verbindet mich übrigens noch eine andere Erinnerung, als ein weiterer Gast, raten Sie aus welchem Land, der Dame des Hauses mit Grandezza eine Schachtel Mozartkugeln überreichte und mit Stolz verkündete: „And here are Mozart's balls.“

Abb. 7.8.
Bert Meijer.

Wenn ich noch einmal einige Jahrzehnte zurückgehe, so war das Conference Dinner vom ISNA in Lindau noch eine sehr vornehme Angelegenheit. Später wurde alles viel lockerer, nicht nur die Kleiderordnung. Beim Konferenzdinner des ISNA in Osaka 1989 mussten die deutschen Teilnehmer auf die Bühne und dort „Sah ein Knab' ein Röslein stehn“ singen, was ohne die Stimmgewalt von Frau Hünig schlecht geendet hätte. Alan MacDiarmid, der ja aus Neuseeland stammte, führte bei der ICSM in vorgerückter Stunde den Hakatanz der Maori vor. Nur an die ECME 1996 in Leuven habe ich zwiespältige Erinnerungen. Die Tagung selbst, organisiert von Frans De Schryver, verlief prima, und das keineswegs deshalb, weil ich sie mit meinem Vortrag eröffnen durfte. Aber ich hatte meiner

Abb. 7.9.
GDCh-Vortrag beim Gießener Jungchemikerforum 2023, hier mit Manuel Schenker und Johannes Voigt.

Abb. 7.10.
Überzeugungsarbeit.

Frau vorgeschlagen, die Feier unserer Silbernen Hochzeit mit dem Bootsausflug der Konferenz zu verbinden, was nicht gut aufgenommen wurde.

Was von all dem bleibt, sind viele Freundschaften, die ich hier keineswegs vollständig aufzählen kann, aber auch konkrete Forschungspartnerschaften. Gerade deshalb möchte ich noch auf einen besonderen Typ von wissenschaftlichen Begegnungen eingehen: Das sind die Treffen im Rahmen vieler von der EU geförderter Projekte, oft von Frans De Schryver initiiert. Was diese besonders anregend und nützlich machte, waren zwei Besonderheiten: Sie dienten einem gemeinsam definierten und bearbeiteten Forschungsthema und, vielleicht noch wichtiger, sie schlossen die jungen Mitarbeiter mit ein, ja sie wurden zumeist von ihnen organisiert. Viele der Promovierenden, die experimentell die damaligen EU-Projekte voranbrachten, sind heute hoch angesehene Professoren, so etwa Steven De Feyter, Yves Geerts, Neil Greenham, Andreas Herrmann, Johan Hofkens, Alan Rowan, Paolo Samorì oder Tanja Weil, was als Ausbeute wahrscheinlich mehr wiegt als alle gemeinsamen Publikationen.

Teil der wissenschaftlichen Gesprächskultur sind Vorträge in einem Institut oder Department, oft auch im Rahmen der sogenannten GDCh-Vorträge (**Abb. 7.9.**). Die Erinnerungen an solche Ereignisse, von dem Austausch mit einzelnen Kollegen, dem Tee vor und die Diskussionen nach dem Vortrag, der Nachsitzung bis hin zu Nach-Nachsitzung im kleineren Kreis, sind unterschiedlich, manchmal ein wenig steif, manchmal lockerer und sehr herzlich, wissenschaftlich manchmal mehr, manchmal weniger ergiebig.

Gerne habe ich auch in öffentlichen Vorträgen als „Propagandaredner" für die Chemie gefochten, in Schulen, Bürgerversammlungen oder studentischen Verbindungen, dabei die Omnipräsenz der Chemie beschreibend (**Abb. 7.10.**). Es hat mich bewegt, wie viel Ängsten, aber auch wie viel Begeisterung ich begegnet bin. Der Hintergrund des Gedankenaustauschs war oft ähnlich: Während Begriffe wie Bio oder Natur als gesund und dem Menschen wohltätig empfunden wurden, erzeugten Attribute wie synthetisch, künstlich, chemisch oder industriell zumeist Skepsis, nicht selten gar Ablehnung. Oft habe ich aber auch hören dürfen „Das habe ich nicht gewusst", wobei mir die Geschichte von der Ammoniaksynthese und der damaligen Sorge um die Ernährung der – an der Wende vom 19. zum 20. Jahrhundert eine Milliarde zählenden – Weltbevölkerung oft als besonders hilfreiches Beispiel gedient hat.

Auch Lokales hat manchmal eine Rolle gespielt. Noch heute ehre ich eine CD von Johnny Cash, die ich als Präsent nach einem Vortrag im Rathaus von Landsberg am Lech hielt. Er handelte von den „üblichen Verdächtigen" – Energie, Wasser, Ernährung, Gesundheit – und der unverzichtbaren Rolle der Chemie mit einer wirklich anregenden Diskussion. Johnny Cash war der Stolz des Ortes, weil er dort als GI stationiert gewesen war.

7.5 Vorsichtiger Blick nach vorn

Ist es klug, in einem Rückblick auch über die Zukunft zu spekulieren? Ich habe gerade einige der drängenden Themen genannt, die vielfach die gesellschaftliche Diskussion und die Frage nach wichtigen Technologien beherrschen. Noch einmal sei es gesagt, keine dieser Herausforderungen wird eine technologisch gangbare Lösung ohne die richtigen Stoffe finden. Eigentlich sollte dieses simple Faktum die Chemie als die Wissenschaft von den Stoffen wichtiger denn je machen. Aber es gibt noch zwei weitere Seiten der Argumentation. Die eine Seite versammelt Themen der Grundlagenforschung. Deren Methoden stehen, ich habe es anhand von ABSCHNITT 3.2 beschrieben, in einem dramatischen Wandel. Die organische Synthese entwickelt immer effizientere Katalysatoren und nähert sich dank der bioorthogonalen Reaktionen immer stärker der Biologie an. Bewährte Disziplinen wie die Elektrochemie erleben eine Renaissance nicht nur im Lichte der Energiespeicherung, sondern auch der nachhaltigen Herstellung von Stoffen. Automatisierung hält in viele Prozesse der Chemie Einzug, und vor allem, Kernkompetenzen der Chemie verbinden sich zum Beispiel mit Nano- und Neurowissenschaften zu bisher ungeahnten Fragestellungen. Weiterhin steht zu erwarten, nicht zuletzt nach dem Nobelpreis des Jahres 2024, dass künstliche Intelligenz und maschinelles Lernen die Methoden unseres Forschens, also des Sammelns, Nutzens und Weiterentwickelns von Wissen, tiefgreifend verändern werden. Die Naturwissenschaften werden also konzeptionell und experimentell vor fundamentalen Durchbrüchen stehen. Techniken wie die Attosekunden-Spektroskopie können ultraschnelle Prozesse erfassen und stellen uns in Aussicht, der Beobachtung von Übergangszuständen, dem heiligen Gral der Chemie, näherzukommen. Eine große Rolle dabei wird der Europäische Linearbeschleuniger XFEL spielen, der besonders intensive Röntgenlaserblitze liefert.

Die andere Seite umfasst die industrielle Chemie. Die Forderungen nach einer Kreislaufwirtschaft, nach neuen Syntheseprozessen oder nach Energieeffizienz werden bedeuten, dass sich auch die chemische Industrie neu erfinden muss, ganz gleich, ob wir an die Katalyse, die Automatisierung oder das Wissensmanagement denken, und das kann sie nicht ohne die Wissenschaft. Es sollte aber an dieser Stelle auch einmal gesagt werden, dass die deutsche Industrie bereits viele Kreisläufe in hervorragender Weise optimiert hat und dass sie ohne diese Leistungen in der aktuellen Energiekrise und angesichts der hohen Kosten der Energie in Deutschland noch viel schlechter dastände.

Ungeachtet des dynamischen Wandels und ungeachtet allem Erreichten breitet sich, selbst innerhalb unseres Faches, oft die Meinung aus, die Chemie sei eine reife Wissenschaft, oder sagen wir gar Hilfswissenschaft, welche die wahren Durchbrüche anderen Disziplinen überlassen müsse. Vielleicht ist Ihnen aufgefallen, dass ich bei der Benennung fundamentaler Fortschritte von den Naturwissenschaften und nicht isoliert von der Chemie gesprochen habe. Die Frage nach dem Selbstverständnis der Chemie erfordert eine persönliche Antwort. Es ist aber klar, dass in einer solchen Diskussion die Hochschule und Industrie andere, wenn auch koordinierte Antworten brauchen.

Vorwegschicken muss ich, dass ich einen hohen Respekt vor der Leistung kleinerer und mittlerer, oft inhabergeführter Chemiefirmen habe, sich in ihren Märkten zu behaupten, aber dorthin zu wenig Berührungspunkte ausbilden konnte. Was die Industrie angeht, so war es mein Glück, mit Kollegen und Freunden aus der Industrie in regelmäßigem Austausch zu stehen. Diese Kontakte erlauben es mir, die Veränderungen vielleicht nicht zu bewerten, aber immerhin zu kommentieren. Ich denke an Dr. Karl Hahn (**Abb. 7.11.**) und Professor Dieter Jahn (**Abb. 7.12.**), beide ehemals BASF, die sich in vielfältiger Weise auch für die akademische Lehre und Forschung stark gemacht haben und es noch heute tun. Wir treffen uns als Ruheständler reihum in Heidelberg, Hamburg oder Köln, wobei es nie an Gesprächsstoff, chemisch und nichtchemisch, mangelt. Wir haben gemeinsam in den *Nachrichten aus der Chemie* der GDCh im Herbst 2022 einen Aufsatz über Innovation in der Chemie geschrieben, den ich ehrlich gesagt für lesenswert halte. Und ich denke an Josef Wünsch (**Abb. 7.13.**), erfolgreicher Polymerforscher und Vertreter der BASF in wichtigen Gremien, ob als Vorsitzender der Europäischen Technologieplattform SusChem in Brüssel oder als Mitglied der Zukunftsinitiative Rheinland-Pfalz in Mainz.

Hahn, K.; Jahn, D.; Müllen, K.: Wie innovativ ist die Chemie? *Nachr. Chem.* **2022**, *70*, 23–26.

Abb. 7.11. Mit Karl Hahn in Hamburg.

Abb. 7.12.
Mit Dieter Jahn in Köln.

Die enge und vertrauensvolle Wechselwirkung zwischen Universität und Industrie war lange eine Stärke der Chemie in Deutschland, aber dieser Zusammenhalt ist, vielleicht mit Ausnahme der chemischen Verfahrenstechnik, schwächer geworden. Es gibt Professoren, die sich herzlich wenig um die Belange der Industrie kümmern, aber umgekehrt gilt Entsprechendes. Für die abnehmende Anteilnahme der Chemiker in der Industrie an der akademischen Forschung sehe ich zwei Erklärungen. Einen technischen Grund: Viele Entwicklungsaufgaben vollziehen sich im Wege inkrementeller Verfahrensoptimierungen, und da kann die Chemie an der Universität weniger helfen, zumal vielfach Lehrstühle der Technischen Chemie anderweitig wiederbesetzt worden sind. Und einen geschäftlichen Grund: In den letzten zwei Dekaden hat sich die Chemieindustrie durch Zerschlagen großer Chemiekonglomerate mit ihren verzweigten Wertschöpfungsketten immer weiter auf Kerngeschäfte konzentriert. Randgeschäfte wurden aufgegeben oder haben sich in fokussierten Unternehmen wiedergefunden. In diesem Zuge sind

Unternehmen wie Hoechst entweder ganz verschwunden oder haben sich mehrfach gehäutet, so dass die traditionellen Namen wie DuPont, Dow, Bayer oder auch BASF nur noch wenig mit den ursprünglichen Firmen gemeinsam haben. Damit wächst der frisch eingestellte Chemiker in eine Atmosphäre des vorsichtigen Planens und der Gremienarbeit hinein, in der neue, das Kerngeschäft verlassende Ideen durch Bedenkentragen von Kollegen und Vorgesetzten eher karriereschädlich sein können als sich für ein Ziel stark zu machen. Kurzum, Manager sind eher gefragt als Erfinder, und was an Erfindertum übrigbleibt, wird durch das Kontrollsystem der großen Firma kleingehalten. Ich mag zugestehen, dass hinter diesen Veränderungen auch ein wirtschaftlicher Leidensdruck getrieben durch zunehmenden Wettbewerb und das Streben nach höheren Renditen im Sinne des Shareholder Values gestanden hat, allein, der Innovation und dem Erschließen neuer Arbeitsgebiete hat es nicht geholfen.

Abb. 7.13. Josef Wünsch.

Leider hat dieses defensive Denken auch ein Äquivalent in der gesamtgesellschaftlichen Diskussion. Gerald Haug, Präsident der Nationalakademie Leopoldina, hat beklagt, dass allenthalben voller Stolz irgendein Ausstieg propagiert werde. Ausstieg aus was, so muss man hinzufügen, auch aus der Industrialisierung? Zukunftssicherung braucht auch Initiative, also den Einstieg, aber dann braucht es auch Visionen, wohin eingestiegen wird. Sehr wichtig ist mir an dieser Stelle die bedeutende Rolle der Leopoldina, ebenso wie die der anderen deutschen Akademien zu würdigen: in der Durchdringung wissenschaftlicher, technischer und gesellschaftlicher Themen sowie daraus resultierend auch der Politikberatung.

Ich kann auch nicht verhehlen, und Sie werden einige Punkte des KAPITELS 6.4 „Energie, Chemie und ein wenig Politik" wohl auch so interpretiert haben, dass ich die deutsche Energiepolitik in manchen Punkten für kopflos halte. Aber die Frage der „Einstiege" stelle ich nicht allein der politischen Diskussion voran, sondern nehme die Industriekollegen keineswegs aus, die mit wissend abgeklärtem Blick verlauten lassen, welche Produktlinie sich nicht mehr lohne. Wenn man, was vorkommt, Gewinnbringer an den Wettbewerb verliert, muss man etwas an die Stelle setzen können. Zugegeben, die hiesige Industrie kann mit Fug und Recht darauf verweisen, dass andernorten durch staatliche Förderung bei Standardkunststoffen enorme Überkapazitäten aufgebaut worden sind. Als Wissenschaftler darf ich aber auch nach anderen, vielleicht chemischen Gründen für die verdunkelten Zukunftsaussichten fragen. Was keineswegs neu ist, aber von Ländern wie Saudi-Arabien und China mit großem Aufwand umgesetzt wurde, ist das Verfahrensprinzip „Crude Oil to Chemicals". Dieser Paradigmenwechsel weg von „Crude Oil to Naptha" und „Naphtha to Chemicals" bedingt einen enormen Kostenvorteil bei den sechs Basischemikalien Ethylen, Propylen, Butadien, Benzol, Toluol und Xylol – mit erwartbaren Folgen für die weitere Fertigungskette. Bei Spezialpolymeren andererseits mag die Hoffnung „protected by complexity" gelten, aber dann muss auch die Physik der Materialien Schritt halten.

Nicht aus-, sondern einzusteigen, Türen aufzumachen, Ziele zu setzen und neue Wege zu gehen, das alles ist aber nicht nur eine Aufgabenstellung der Technologien und derer, die sie erfinden oder in den Markt bringen sollen. Es sollte ein Auftrag an uns alle sein, vor allem da, wo wir uns in eine gewisse selbstzufriedene Bräsigkeit eingenistet haben. Deshalb hat mir ein Wort der Zukunftsforscherin Florence Gaub in der Wochenzeitschrift *Die Zeit* so gut gefallen, das sogar in der Zeitschrift *Christ in der Gegenwart* zitiert wurde: „Wir sollten vielleicht seltener fragen, Deutschland, wovor fürchtest Du Dich, und öfter, Deutschland, worauf hast Du Lust?"

Es steht also fest, dass die großen, von der Gesellschaft nachgefragten Herausforderungen nicht ohne die Chemie zu meistern sind. Die Frage ist nur, ob gerade die dazu nötigen Produkte noch einer chemischen Industrie bedürfen, denn Solarmodule, Chips oder Batterien werden schon anderswo hergestellt. So gerne wir auch in die Zukunft blicken möchten, wissenschaftliche, technische, aber auch gesellschaftliche Entwicklungen lassen sich nicht planen, und das führt zu einem heiklen Dilemma. Analysten, die ewigen Besserwisser, verlangen von der Industrie Fokussierung und Schärfung des Portfolios, denn das befördert die Transparenz, aber für aufkommende Entwicklungen bereit zu sein, benötigt umgekehrt Breite und Flexibilität der Themen und Produkte, also das Gegenteil von Fokussierung.

Die Industrie braucht neben den schrittweisen Verbesserungen zur Erhaltung der Marktpositionen wohl auch den Willen zum Durchbruch, der plötzlich eine neue Situation erschafft. Man könnte jedoch zweifeln, ob eine große Firma noch solchen bahnbrechenden Erfindungen den Boden bieten kann. Hier könnte sich der Blick auf Start-ups richten, die viel weniger zu verlieren haben als die komplexe und teure Infrastruktur einer großen Firma, aber Ideen und Entscheidungen viel rascher umsetzen können. Dagegen steht, dass ihr Überleben oft eine Frage der Ausdauer der Geldgeber ist. Manchmal habe ich erlebt, dass potente Firmen sich gerne von Start-ups mit Proben bemustern lassen, dort sogar weiteren Entwicklungsaufwand erfragen, ohne selbst auch nur einen Cent locker und einen Finger krumm zu machen. Erschwert wird das ganze Szenario noch durch die mangelnde Risikobereitschaft des hiesigen Kapitalmarktes. Und trotzdem, wie die jüngste Geschichte der Impfstoffentwicklung zeigt, können Innovationen auch aus neuen Mechanismen von „klein und groß" erwachsen. Am Ende sind es immer die einzelnen Personen, die Pioniere, die den Fortschritt verantworten, man muss sie aber hegen, statt verheizen, man muss sie machen lassen, statt sie möglichst rasch zu Bedenkenträgern und kleinen Industriekapitänen zu verformen. Hier kann sich aber der Blick nicht nur auf die

Chemie und die Energiekrise richten. Denn unter den weltweit führenden zehn Hightechfirmen ist keine mehr in Europa angesiedelt – was die Frage aufwirft, ob wir hierzulande nicht schon in einem postindustriellen Zeitalter angelangt sind. Der Draghi-Bericht in diesem Jahr betont, wie sehr auch staatliches Handeln aktiverer Innovation im Wege steht.

Auf die Hochschule zurückkommend verteidige ich entschieden die akademische Freiheit: Der einzelne Forscher muss sich für die Themen entscheiden können, die ihm lohnend und wert erscheinen, wehe, wenn diese Aufgabe von Agenturen übernommen werden soll. Aber wie sieht die Realität des Forschenden aus? Auf der einen Seite muss für die Beantragung einer Promotionsstelle ein beträchtlicher Aufwand – mit sehr ungewissem Ausgang – betrieben werden, auf der anderen Seite werden mit lockerer Hand Millionen verteilt, wenn ein Thema gesellschaftlich einmal für wichtig erklärt worden ist. Da ich eben über Gremien und Förderentscheidungen nachgedacht habe, schließe ich noch eine weitere Feststellung an: Aufgabe der Hochschule ist die Grundlagenforschung. Es sollte aber in der Grundlagenforschung weniger das gut Voraussagbare als die originelle und deshalb riskante Themenstellung gefördert werden. Dass manch einer das als naiv abtun wird, ist mir klar, denn kein Fördertopf ist beliebig voll. Projekte müssen ja begutachtet werden, wie soll es anders gehen, aber Peer Reviewing sollte sich stets der Gefahr bewusst werden, tendenziell den Mainstream und damit „more of the same" zu bevorzugen.

Eine der Kernaufgaben des Chemikers ist es, Stoffe zu machen und dies effizient und selektiv zu tun. Was ich aber mit meinem Wunsch nach einem Risikozuschlag auch anrege, ist zusätzlich – und hier fasse ich mein Credo noch einmal zusammen – den Willen, die eigenen Kompetenzen zu nutzen und dabei gemeinsam mit Partnern Grenzgebiete zu betreten. Dazu gehört als ein konkretes Beispiel, die Komplexität der mesoskopischen Bildung von Strukturen jenseits der kovalenten Bindung in Molekülen als Herausforderung anzunehmen. Die „Umgebung" – also die Reaktionsräume für chemische Prozesse – muss Teil dieses Szenarios sein, das mag ein ultradünner Film, ein Nanoteilchen, ein Mikroreaktor oder eine biologische Zelle sein. Bei einer solchen Abenteuerreise stehen Grundlagenforschung und Anwendung für mich, wie ich schon begründet habe, keineswegs in einem Spannungsverhältnis.

7.6 War das alles?

Es war mir zugefallen, eine ältere Dame in den letzten Wochen ihres Lebens zu begleiten. Einer ihrer letzten zu verstehenden Worte war: „Und das soll nun alles gewesen sein?" Dieser Satz hat mich begleitet, aber erst später habe ich mehr darüber nachgedacht. Ich freue mich, während ich das schreibe, sehr am Rückblick auf mein Berufsleben und am Leben im Ruhestand. Aber die Frage nach den eigenen Motiven und Zielen sollte man sich eigentlich zu jeder Zeit stellen. Meine Gedanken kreisen vor allem um den Beruf des Forschers und Lehrers an einer Hochschule, einen Beruf, der sicherlich ganz besondere Anforderungen an die Belastbarkeit sowie den zeitlichen und emotionalen Einsatz des Einzelnen stellt. Wenn mich deshalb Jüngere nach einem Rat fragen, so betrifft diese Frage zuerst die eigenen Prioritäten. Was ist einem im Konfliktfall wichtiger: der Antrieb des Forschenden, die konkrete berufliche Zielsetzung oder das „Leben", also auch die Summe sozialer Bindungen? Hier habe ich im Gespräch mit jungen Forschern die ganze mögliche Spannbreite von Antworten kennengelernt.

Was meine persönliche Rückschau anbetrifft, stehen zwei Erfahrungen im Vordergrund. Forschen zu dürfen und eine Idee Gestalt werden zu lassen, habe ich als großes Privileg empfunden. Dabei hat mir meine Familie Sicherheit und Lebensfreude gegeben, und Kindern kommt einfach die Gabe zu, einen immer wieder von sich selbst abzulenken. Dennoch habe ich die frühe Zeit als Postdoktorand und als Privatdozent ein Stück weit als belastend erlebt. Sowohl über die Bildung eines eigenen Profils als auch über die existenzielle Unsicherheit habe ich ja schon berichtet. Selbst als ich dann auf einer C3-Professur saß, warm und verbeamtet, spürte ich noch oft die unausgesprochene Frage meiner Umgebung, wie es denn weitergehe. Und ich habe noch die Bemerkung eines Kollegen über einen Dritten im Ohr: „Warum bewirbt er sich nicht mehr, arbeitet seine Frau? Oder ist er immer auf dem Tennisplatz?" Da war es mir wichtig, im Frieden mit mir selbst und eben nicht abhängig von den Erwartungen anderer zu sein. Wie ist es aber mit der inneren Ruhe, wenn sich Hoffnungen, die mit einer konkreten Forschungsidee oder einer bestimmten Bewerbung verbunden sind, nicht erfüllen?

Ich habe von der unvermeidlichen Konkurrenz in der Wissenschaft gesprochen, und ja, man braucht für diesen Beruf ein starkes Ego. Keiner kann behaupten, dass diese besondere Situation nicht auch eitel machen kann. Aber es geht noch weiter. Bei Bewerbungen oder Beförderungsanträgen gibt es ja immer ein Kapitel „service for the community". Das leuchtet auch ein, denn wir alle setzen Strukturen voraus, zu denen wir dann auch beitragen müssen. Die Gefahr ist nur, dass am Ende selbst dieser Dienst zur Selbstinszenierung für andere wird.

Wenn ich mich zum Schluss hinterfrage, dann möchte ich, ohne jeden Anspruch auf gedankenschwere Allgemeingültigkeit, drei Erfahrungen in den Vordergrund rücken: das „sich Berührenlassen" von einem Thema, die Neugier und das Wachsen persönlicher Beziehungen. Zum Ersten: Vor vielen Jahren habe ich das Buch „Kleriker" des Theologen und Psychoanalytikers Eugen Drewermann gelesen, in dem er sich lang und

Drewermann, Eugen: *Kleriker. Psychogramm eines Ideals.* Deutscher Taschenbuchverlag, München, **1991**.

breit über die psychischen Strukturen kirchlicher Amtsträger Gedanken macht. Zugegeben mag dieser Schlenker Ihnen ziemlich überraschend vorkommen, aber der Autor schreibt da: „Man kann psychoanalytische Bücher nicht lesen wie eine Abhandlung über die Chemie der Kohlenwasserstoffe; man soll und muss sie lesen in Richtung auf die eigene Existenz, wenn man sie verstehen will." Ich weiß nicht, welche Kohlenwasserstoffe Drewermann im Sinn hatte, die Graphennanostreifen gab es ja noch nicht, aber er dachte sicher, dass der Chemiker seine Themen in großer Distanz von sich fernhalten könne und zu ihnen keine tiefergehende persönliche Bindung aufbaue. Genau das aber entspricht weder meiner eigenen Erfahrung noch würde ich es den Jüngeren als Maxime ans Herz legen. Ich möchte sogar noch einen Schritt weiter gehen und mit Steve Jobs sagen: „The only way to do great work is to love what you do." Zum Zweiten: Als sicherster Weg zum persönlichen Gleichgewicht des Forschers, trotz der Unwägbarkeiten seines Tuns, erscheint mir die Grundneugier für das wissenschaftliche Problem, egal, ob es die Welt verändern wird oder nicht, egal, ob es der Karrierebooster ist oder nicht, egal, ob es das eigene Thema betrifft oder das anderer. Zum Dritten: In den USA gilt es als Anerkennung, wenn ein Kollege als „nice guy" bezeichnet wird. Nicht jeder ist aber ein „nice guy", der eine oder die andere ist umgänglicher, mehr oder weniger streng mit sich und anderen, wieder ein anderer ist eher ein Schulterklopfer. Doch solche Sichtweisen bleiben an der Oberfläche. Was aber Wissenschaft braucht, ist der Austausch von Ideen, die aufbauende Kritik, die Kooperation, und genau das ist das Menschliche an ihr. Werner Heisenberg hat seiner Autobiographie einen Satz vorangestellt, auf den auch Gerhard Ertl eingegangen ist: „Wissenschaft wird von Menschen gemacht." Die Wahrheit dieses schlichten Satzes hat mich deshalb beeindruckt, weil unsere Arbeit so oft den Begriff Kontrolle enthält, Kontrolle von experimentellen Bedingungen zum Beispiel, während sich das Menschliche an ihr eben solcher Kontrolle entzieht.

Noch einmal möchte ich abrupt meine Bahn wechseln, und wer jetzt Tiefschürfendes erwartet, wird wohl bitter enttäuscht sein, wenn ich unseren Hundetrainer zu Wort kommen lasse. Ehe man einem Hund etwas beibringen wolle, müsse der spielen und Spaß haben, gleichsam in die richtige, aufnahmebereite Stimmung versetzt werden. Könnten die Freude am eigenen Tun, der Spaß, auch ein guter Ratschlag für den Forschenden sein? Dazu mag ein Zitat aus der „Neuen Zürcher Zeitung" vom 30. März 2023 passen: „... vor allem die Kölner beherrschen die Kunst, es sich vollkommen unabhängig vom Ergebnis gut gehen zu lassen." Dieses Zitat befasst sich eigentlich mit dem Fußball im Rheinland, gilt aber vielleicht auch darüber hinaus – und für mich. Etwas ganz anderes, und doch keineswegs im Widerspruch dazu stehend, ist die strenge Anforderung an mich selbst, wenn es um Wissenschaft geht. Und die ist eben nicht unabhängig vom Ergebnis. Forschung ist ein Tun, das im Augenblick immer als etwas zu schwer für die eigenen Fähigkeiten erscheint, das einen leiden lässt, das aber die Mühe reichlich belohnen kann. Ich erinnere mich dankbar an die viele harte Arbeit in der Gruppe und an die gemeinsame Freude über gelungene Experimente. Deshalb zitiere ich gerne einen Kollegen, der am Ende des Vortrages seiner Gruppe mit den Worten dankte: „... because they sometimes worked very hard."

Ich habe erzählt, wie sehr mich das Leben mit jungen Mitarbeitern geprägt hat. Ich habe Geld verliehen, Lebensberatung gemacht, Hochzeiten mitgefeiert und Scheidungen begleitet, wir haben zu tief ins Glas geschaut, wir haben gestritten, und ja, wir haben Tote betrauert. Rückblickend sage ich: „Die Chemie hat gestimmt", denn sie hat mich begleitet und mir ein reiches Leben beschert. Ich möchte aber noch einmal aus der Zeitung zitieren, diesmal aus der „Süddeutschen Zeitung" vom 18. Mai 2023, wo ich in einer Rubrik auf Seite 2 lese: „Anregende Tätigkeiten tragen zu einem erfüllten Seniorenleben bei. Welche man wählt, ist fast egal." Ich habe die Chemie gewählt und bleibe dabei.

VITA
CHEMISTREE

 DOI.ORG/10.47261/1572-A

Vita

Geboren am 2. Januar in Köln als zweites von drei Kindern des Elektrikers Alexander Müllen und der Hausfrau Maria Müllen 1947
Einschulung in Köln 1953
Realschule Dechenstraße, Köln-Ehrenfeld 1957
Albertus-Magnus-Gymnasium, Köln-Neuehrenfeld; Abitur 1959–1966
Chemiestudium an der Universität zu Köln 1966
Diplom bei Emanuel Vogel 1969
Heirat mit Renate Werkmeister, Dr. rer. nat. Dipl.-Psychologin; 1971
Promotion an der Universität Basel bei Fabian Gerson („NMR- und ESR-Untersuchungen an überbrückten Annulenen") 1971
Postdoktorand an der ETH Zürich bei Jean F. M. Oth 1972
Geburt des Sohnes Stefan 1975
Habilitation an der ETH Zürich; Mentor Jean F. M. Oth 1977
Geburt des Sohnes Florian 1978
Professur für Organische Chemie an der Universität zu Köln 1979
Geburt der Zwillinge Julia und Tobias 1983
Professur für Organische Chemie an der Universität Mainz 1984
Ruf an die Universität Göttingen (abgelehnt) 1989
Annahme des Rufs an das Max-Planck-Institut für Polymerforschung in Mainz zum Direktor und wissenschaftlichen Mitglied 1989
Gastprofessur, Osaka, Japan 1990
Ruf an die Universität zu Köln (abgelehnt) 1992
Honorar-Professur an der Universität Mainz 1995
Wissenschaftspreis des Stifterverbandes 2003
Associate Editor, *Journal of the American Chemical Society* 2006
Präsident, Gesellschaft Deutscher Chemiker (GDCh) 2008–2009
International Award, Society of Polymer Science of Japan 2009
Adolf-von-Baeyer-Medaille der GDCh; Member of the American Academy of Arts & Sciences 2013
Carl-Friedrich-Gauß-Medaille, Braunschweigische Wiss. Gesellschaft 2014
van't Hoff Award, Royal Netherlands Academy of Sciences; Hermann-Staudinger-Preis, GDCh 2015
Emeritierung, Leitung Emeritus-Forschungsgruppe 2016
IKCOC Prize, Kyoto 2018
Karl-Ziegler-Preis, GDCh; Cothenius-Medaille, Deutsche Nationalakademie Leopoldina 2019
Grand Prix de la Maison de la Chimie, Paris; Auswärtiges Mitglied, Chinesischen Akademie der Wissenschaften, Beijng; Unesco Russia Mendeleev International Award, Moskau 2023
Autobiographie in der Reihe Lebenswerke in der Chemie 2025

Neunfacher Ehrendoktor, Mitglied o. Ehrenmitglied von zehn Akademien
Weitere Informationen bietet das Supporting Material › Links **[6]**.

Chemistree

Fig. A.1.
Oben: Doktoranden, Postdoktoranden und Habilitanden in akademischen Positionen mit ihrem derzeitigen Wirkungsort, von unten nach oben in Fünfjahres-Zeiträumen jeweils ab 1995, 2000, 2005, 2010, 2015 und 2020 (Stand: Juni 2025). In der tabellarischen Übersicht sind die Abschlussjahre in eckigen Klammern angegeben. *Unten:* Klaus Müllens Mentoren und deren akademische Herkunft; die Ortsangaben weisen hier auf den Ort der Zusammenarbeit hin (Promotion, Postdoc oder Habilitation).

Auwers, Karl von
(1863–1939) Marburg, DE

Baumgarten, Martin
[1997] Mainz, DE

Bunz, Uwe
[1997] Heidelberg, DE

Chandarasekar, Rajadurai
[2003] Hyderabad, Indien

Chen, Lie
[2013] Nanchang, China

Chen, Long
[2014] Jilin, China

Chen, Qiang
[2020] Soochow, China

Chen, Yulan
[2014] Jilin, China

Chen, Zhongping
[2017] Zhejiang, China

Criegee, Rudolf
(1902–1975) Karlsruhe, DE

Cui, Guanglei
[2008] Qingdao, China

Desreux, Victor
(1910–2004) Gent, Belgien

Dimroth, Otto
(1872–1940) Würzburg, DE

Dong, Renhao
[2014] Shandong, China

Duan, Ruomeng
[2017] Dongguan, China

Dumele, Oliver
[2011] Köln, DE

Feng, Xinliang
[2014] Halle, DE

Fischer, Erhard W.
(1929–2011) Mainz, DE

Fittig, Rudolph
(1835–1910) Göttingen, DE

Flory, Paul
(1910–1985) Ithaca, USA

Gao, Peng
[2010] Bejing, China

Geerts, Yves
[1997] Brüssel, Belgien

Geng, Yanhou
[2000] Tianjin, China

Gerson, Fabian
(1926–2011) Basel, Schweiz

Gmelin, Leopold
(1788–1853) Heidelberg, DE

Grimsdale, Andrew
[2005] Singapur

Gu, Yanwei
[2023] Ningbo, China

Guo, Xin
[2013] Dalian, China

Günther, Harald
(* 1935) Köln, DE

Harth, Eva
[1998] Houston, USA

Heilbronner, Edgar
(1921–2006) Zürich, Schweiz

Hernandez, Yenny
[2012] Bogotá, Kolumbien

Herrmann, Andreas
[2000] Aachen, DE

Hofmann, August Wilhelm von
(1818–1892) Berlin, DE

Hu, Yunbin
[2018] Changsha, China

Ito, Shunji
[2000] Hirosaki, Japan

Ito, Yoshikazu
[2012] Tsukuba, Japan

Jacob, Josemon
[2005] Delhi, Indien

Kabe, Ryota
[2012] Okinawa, Japan

Kawano, Shin-ichiro
[2013] Nagoya, Japan

Keerthi, Ashok
[2016] Manchester, UK

Kekule von Stradonitz, August
(1829–1896) Gent, Belgien

Kivala, Milan
[2011] Heidelberg, DE

Klok, Harm-Anton
[1999] Lausanne, Schweiz

Kremer, Kurt
(* 1956) Mainz, DE

Kreyenschmidt, Martin
[1995] Münster

Kwak, Minseok
[2007] Busan, Südkorea

Li, Haolong
[2011] Jilin, China

Li, Memgmeng
[2016] Beijing, China

Li, Ronjin
[2015] Tianjin, China

Liang, Haiwei
[2016] Hefei, China

Liebig, Justus von
(1803–1873) Gießen, DE

Limpricht, Heinrich
(1827–1909) Göttingen, DE

Liu, Junzhi
[2015] Hongkong, China

Liu, Ruili
[2010] Shanghai, China

Liu, Yi
[2017] Shenzhen, China

Liu, Zhaoyang
[2017] Changchun, China

Liu, Zhihong
[2008] Wuhan, China

Lucas, Nigel T.
[2005] Otago, Dunedin, Neuseeland

Mai, Yiyong
[2013] Shanghai, China

(Fortsetzung auf Seite 296).

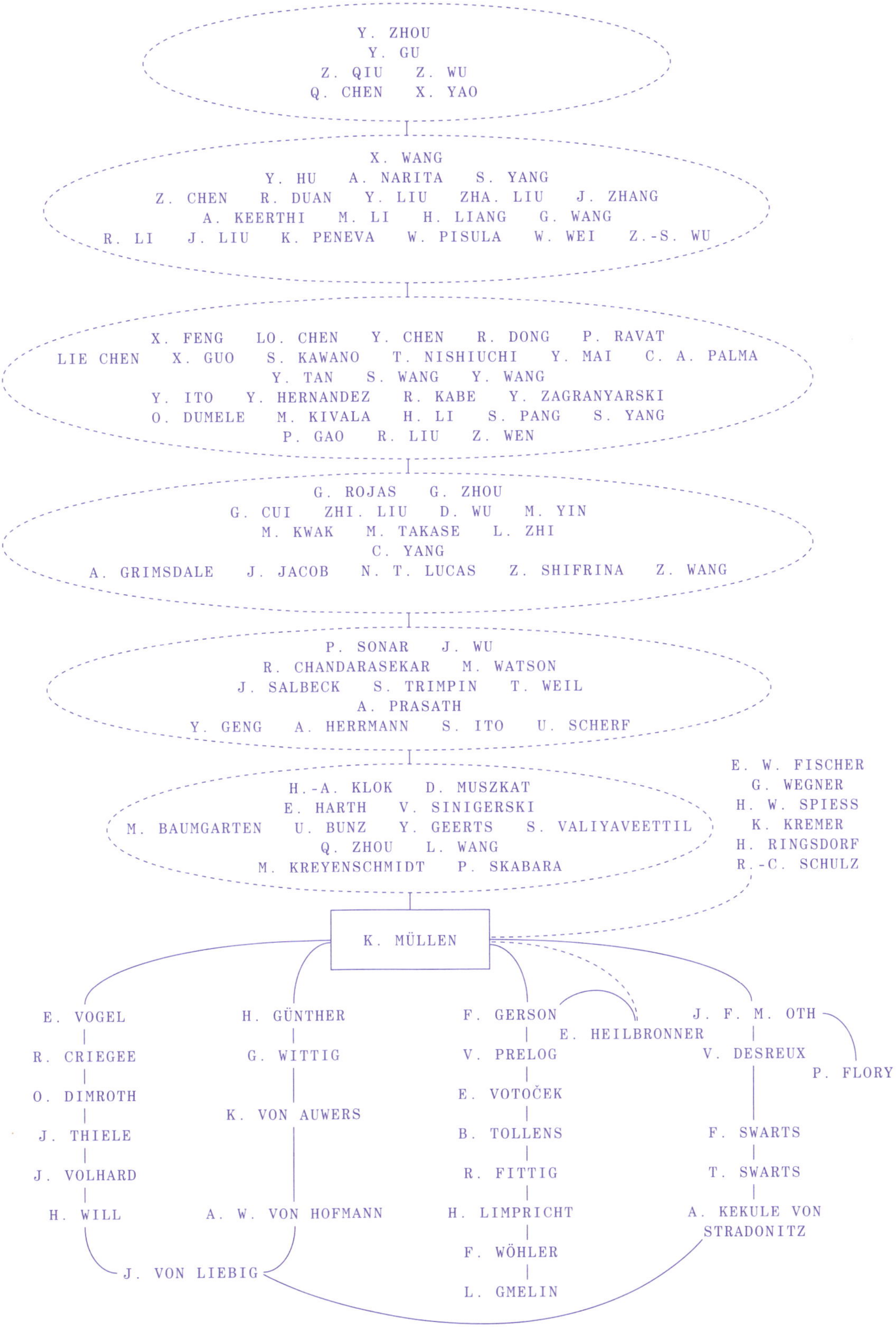
Y. ZHOU
Y. GU
Z. QIU Z. WU
Q. CHEN X. YAO
X. WANG
Y. HU A. NARITA S. YANG
Z. CHEN R. DUAN Y. LIU ZHA. LIU J. ZHANG
A. KEERTHI M. LI H. LIANG G. WANG
R. LI J. LIU K. PENEVA W. PISULA W. WEI Z.-S. WU
X. FENG LO. CHEN Y. CHEN R. DONG P. RAVAT
LIE CHEN X. GUO S. KAWANO T. NISHIUCHI Y. MAI C. A. PALMA
Y. TAN S. WANG Y. WANG
Y. ITO Y. HERNANDEZ R. KABE Y. ZAGRANYARSKI
O. DUMELE M. KIVALA H. LI S. PANG S. YANG
P. GAO R. LIU Z. WEN
G. ROJAS G. ZHOU
G. CUI ZHI. LIU D. WU M. YIN
M. KWAK M. TAKASE L. ZHI
C. YANG
A. GRIMSDALE J. JACOB N. T. LUCAS Z. SHIFRINA Z. WANG
P. SONAR J. WU
R. CHANDARASEKAR M. WATSON
J. SALBECK S. TRIMPIN T. WEIL
A. PRASATH
Y. GENG A. HERRMANN S. ITO U. SCHERF
H.-A. KLOK D. MUSZKAT
E. HARTH V. SINIGERSKI
M. BAUMGARTEN U. BUNZ Y. GEERTS S. VALIYAVEETTIL
Q. ZHOU L. WANG
M. KREYENSCHMIDT P. SKABARA
E. W. FISCHER
G. WEGNER
H. W. SPIESS
K. KREMER
H. RINGSDORF
R.-C. SCHULZ
K. MÜLLEN
E. VOGEL
R. CRIEGEE
O. DIMROTH
J. THIELE
J. VOLHARD
H. WILL
H. GÜNTHER
G. WITTIG
K. VON AUWERS
A. W. VON HOFMANN
J. VON LIEBIG
F. GERSON
E. HEILBRONNER
V. PRELOG
E. VOTOČEK
B. TOLLENS
R. FITTIG
H. LIMPRICHT
F. WÖHLER
L. GMELIN
J. F. M. OTH
V. DESREUX
P. FLORY
F. SWARTS
T. SWARTS
A. KEKULE VON STRADONITZ

(Fortsetzung von Seite 294).

Muszkat, Dirk
[1999] Rosenheim, DE

Narita, Akimitsu
[2018] Okinawa, Japan

Nishiuchi, Tomohiko
[2013] Osaka, Japan

Oth, Jean François M.
(1926 – 2003) Zürich, Schweiz

Palma, Carlos-Andres
[2013] Beijing, China

Pang, Shuping
[2011] Qingdao, China

Peneva, Kalina
[2015] Jena, DE

Pisula, Wojtek
[2015] Lodz, Polen

Prasath, Arun
[2001] Kalbet, Indien

Prelog, Vladimir
(1906 – 1998) Zürich, Schweiz

Qiu, Zijie
[2022] Hongkong, China

Ravat, Prince
[2014] Köln, DE

Ringsdorf, Helmut
(1929 – 2023) Mainz, DE

Rojas, Giovanni
[2009] Cali, Kolumbien

Salbeck, Josef
[2002] Kassel, DE

Scherf, Ullrich
[2000] Wuppertal, DE

Schulz, Rolf-Christian
(1920 – 2010) Mainz, DE

Shifrina, Zinaida
[2005] Moskau, Russland

Sinigerski, Vesselin
[1998] Sofia, Bulgarien

Skabara, Peter
[1995] Glasgow, UK

Sonar, Prashant
[2004] Brisbane, Australien

Spiess, Hans Wolfgang
(* 1942) Mainz, DE

Swarts, Frédéric
(1866 – 1940) Gent, Belgien

Swarts, Theodore
(1839 – 1911) Gent, Belgien

Takase, Masayoshi
[2007] Matsuyama, Japan

Tan, Yuan-Zhi
[2013] Xiamen, China

Thiele, Johannes
(1865 – 1918) München, DE

Tollens, Bernhard
(1841 – 1918) Göttingen

Trimpin, Sarah
[2002] Detroit, USA

Valiyaveettil, Suresh
[1997] Singapur

Vogel, Emanuel
(1927 – 2011) Köln, DE

Volhard, Jacob
(1834 – 1910) Halle, DE

Votoček, Emil
(1872 – 1950) Prag, Tschechien

Wang, Gang
[2016] Ningbo, China

Wang, Lixiang
[1996] Changchun, China

Wang, Suhao
[2013] Neuville-sur-Oise, Frankreich

Wang, Xiao-Ye
[2019] Tianjin, China

Wang, Yafei
[2013] Nanchang, China

Wang, Zhaohoui
[2005] Beijing, China

Watson, Mark
[2003] Middletown, USA

Wegner, Gerhard
(* 1941) Mainz, DE

Wei, Wei
[2015] Xi'an, China

Weil, Tanja
[2002] Mainz, DE

Wen, Zhenhai
[2010] Beijing, China

Will, Heinrich
(1812 – 1890) Gießen, DE

Wittig, Georg
(1897 – 1987) Heidelberg, DE

Wöhler, Friedrich
(1800 – 1882) Heidelberg, DE

Wu, Dongqing
[2008] Shanghai, China

Wu, Jishan
[2004] Singapur

Wu, Zhong-Shuai
[2015] Dalian, China

Wu, Zehua
[2022] Xi'an, China

Yang, Changduk
[2006] Ulsan, Südkorea

Yang, Sheng
[2018] Shanghai, China

Yang, Shubin
[2011] Beijing, China

Yao, Xuelin
[2020] Chengdu, China

Yin, Meizhen
[2008] Beijing, China

Zagranyarski, Yulian
[2012] Sofia, Bulgarien

Zhang, Jian
[2017] Xi'an, China

Zhi, Linjie
[2007] Qingdao, China

Zhou, Gang
[2009] Shanghai, China

Zhou, Qilin
[1995] Tianjin, China

Zhou, Yazhou
[2025] Ostrava, Tschechien

PUBLIKATIONEN

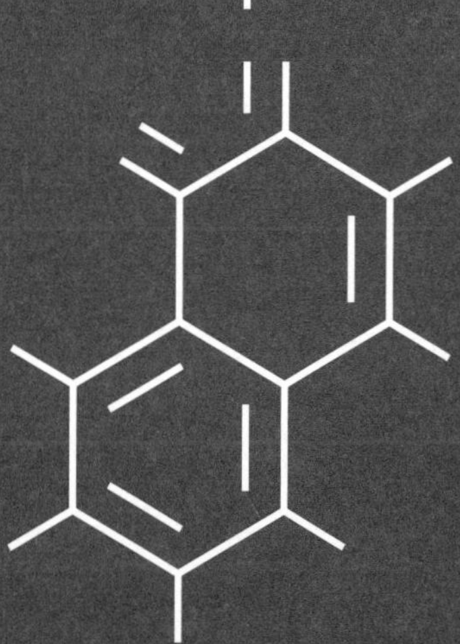

Publikationen

› Links [6]

[163] Scherf, U.; Müllen, K.: Polyarylenes and poly(arylenevinylene)s: 8. The first soluble ladder polymer with 1,4-benzoquinone-bis-methide subunits. *Polymer* **1992**, *33*, 11, 2443 – 2446. DOI: 10.1016/0032-3861(92)90543-6. (Zitiert von: 18, jeweils Stand: Google Scholar am 4. Juni 2025 21:30 Uhr).

[267] Stabel, A.; Herwig, P.; Müllen, K.; Rabe, J. P.: Diodelike Current–Voltage Curves for a Single Molecule – Tunneling Spectroscopy with Submolecular Resolution of an Alkylated, *peri*-Condensed Hexabenzocoronene. *Angew. Chem., Int. Ed. Engl.* **1995**, *34*, 15, 1609 – 1611. DOI: 10.1002/anie.199516091. (Zitiert von: 401).

[851] Pisula, W.; Menon, A.; Stepputat, M.; Lieberwirth, I.; Kolb, U.; Tracz, A.; Sirringhaus, H.; Pakula, T.; Müllen, K.: A zone-casting technique for device fabrication of field-effect transistors based on discotic hexa-perihexabenzocoronene. *Adv. Mater.* **2005**, *17*, 6, 684 – 689. DOI: 10.1002/adma.200401171. (Zitiert von: 764).

[1032] Zhang, M.; Tsao, H. N.; Pisula, W.; Yang, C.; Mishra, A. K.; Müllen, K.: Field-effect transistors based on a benzothiadiazole-cyclopentadithiophene copolymer. *J. Am. Chem. Soc.* **2007**, *129*, 12, 3472 – 3473. DOI: 10.1021/ja0683537. (Zitiert von: 583).

[1029] Wu, J.; Pisula, W.; Müllen, K.: Graphenes as potential material for electronics. *Chem. Rev.* **2007**, *107*, 3, 718 – 747. DOI: 10.1021/cr068010r. (Zitiert von: 3.354).

[1109] Wang, X.; Zhi, L.; Tsao, N.; Tomović, Ž.; Li, J.; Müllen, K.: Transparent carbon films as electrodes in organic solar cells. *Angew. Chem., Int. Ed.* **2008**, *47*, 16, 2990 – 2992. DOI: 10.1002/anie.200704909. (Zitiert von: 5.633).

[1115] Yang, X.; Dou, X.; Rouhanipour, A.; Zhi, L.; Räder, H. J.; Müllen, K.: Two-dimensional graphene nanoribbons. *J. Am. Chem. Soc.* **2008**, *130*, 13, 4216 – 4217. DOI: 10.1021/ja710234t. (Zitiert von: 974).

[1157] Kinkhabwala, A.; Yu, Z.; Fan, S.; Avlasevich, Y.; Müllen, K.; Moerner, W. E.: Large single-molecule fluorescence enhancements produced by a bowtie nanoantenna. *Nat. Photonics* **2009**, *3*, 11, 654 – 657. DOI: 10.1038/nphoton.2009.187. (Zitiert von: 2.406).

[1256] Liu, R.; Wu, D.; Feng, X.; Müllen, K.: Nitrogen-doped ordered mesoporous graphitic arrays with high electrocatalytic activity for oxygen reduction. *Angew. Chem., Int. Ed.* **2010**, *49*, 14, 2565 – 2569. DOI: 10.1002/anie.200907289. (Zitiert von: 1.735).

[1295] Weil, T.; Vosch, T.; Hofkens, J.; Peneva, K.; Müllen, K.: The rylene colorant family-tailored nanoemitters for photonics research and applications. *Angew. Chem., Int. Ed.* **2010**, *49*, 48, 9068 – 9093. DOI: 10.1002/anie.200902532. (Zitiert von: 709).

[1217] Cai, J.; Ruffieux, P.; Jaafar, R.; Bieri, M.; Braun, T.; Blankenburg, S.; Muoth, M.; Seitsonen, A. P.; Saleh, M.; Feng, X.; Müllen, K.: Atomically precise bottom-up fabrication of graphene nanoribbons. *Nature* **2010**, *466*, 7305, 470 – 473. DOI: 10.1038/nature09211. (Zitiert von: 4.185).

[1300] Yang, S.; Feng, X.; Ivanovici, S.; Müllen, K.: Fabrication of graphene-encapsulated oxide nanoparticles: Towards high-performance anode materials for lithium storage. *Angew. Chem., Int. Ed.* **2010**, *49*, 45, 8408 – 8411. DOI: 10.1002/anie.201003485. (Zitiert von: 1.288).

[1472] Wu, Z. S.; Winter, A.; Chen, L.; Sun, Y.; Turchanin, A.; Feng, X.; Müllen, K.: Three-dimensional nitrogen and boron co-doped graphene for high-performance all-solid-state supercapacitors. *Adv. Mater.* **2012**, *24*, 37, 5130 – 5135. DOI: 10.1002/adma.201201948. (Zitiert von: 1.483).

[1601] Narita, A.; Feng, X.; Hernandez, Y.; Jensen, S. A.; Bonn, M.; Yang, H.; Verzhbitskiy, I. A.; Casiraghi, C.; Hansen, M. R.; Koch, A. H. R.; Fytas, G.; Ivasenko, O; Li, B.; Mali, K. S.; Balandina, T.; Mahesh, S.; De Feyter, S.; Müllen, K.: Synthesis of structurally well-defined and liquid-phase-processable graphene nanoribbons. *Nat. Chem.* **2014**, *6*, 2, 126 – 132. DOI: 10.1038/nchem.1819. (Zitiert von: 597).

[1780] Ruffieux, P.; Wang, S.; Yang, B.; Sánchez-Sánchez, C.; Liu, J.; Dienel, T.; Talirz, L.; Shinde, P.; Pignedoli, C. A.; Passerone, D.; Dumslaff, T.; Feng, X.; Müllen, K.; Fasel, R.: On-surface synthesis of graphene nanoribbons with zigzag edge topology. *Nature* **2016**, *531*, 7595, 489 – 492. DOI: 10.1038/nature17151. (Zitiert von: 1.476).

[1885] Gröning, O.; Wang, S.; Yao, X.; Pignedoli, C. A.; Borin Barin, G.; Daniels, C.; Cupo, A.; Meunier, V.; Feng, X.; Narita, A.; Müllen, K.; Ruffieux, P.; Fasel, R.: Engineering of robust topological quantum phases in graphene nanoribbons. *Nature* **2018**, *560*, 7717, 209 – 213. DOI: 10.1038/s41586-018-0375-9. (Zitiert von: 586).

[2098] Gu, Y.; Qiu, Z.; Müllen, K.: Nanographenes and Graphene Nanoribbons as Multitalents of Present and Future Materials Science. *J. Am. Chem. Soc.* **2022**, *144*, 26, 11499 – 11524. DOI: 10.1021/jacs.2c02491. (Zitiert von: 210).

[2137] Müllen, K.; Scherf, U.: Conjugated Polymers: Where We Come From, Where We Stand, and Where We Might Go. *Macromol. Chem. Phys.* **2023**, *224*, 3. DOI: 10.1002/macp.202200337. (Zitiert von: 63).

[2192] Gu, Y.; Xiang, F.; Liang, Y.; Bai., P.; Qiu, Z.; Chen, Q., Narita, A.; Xie., Y.; Fasel, R.; Müllen, K.: A Poly(2,7-anthrylene) with peri-Fused Porphyrin Edges. *Angew. Chem., Int. Ed.* **2025**, *64*, 4. DOI: 10.1002/anie.202417129. (Zitiert von: 1).

HANDSCHRIFTEN

Ich wurde am 2. 1. 1947 in Köln geboren. Meine Eltern, Alexander Müller und Maria Müller geb. Breuer, sind ebenfalls gebürtige Kölner. Von ihnen habe ich gelernt, stolz auf meine Vaterstadt zu sein, weil ihre besondere Lebensart vielen Problemen die Schärfe nimmt und sie unter die Sonne der Heiterkeit stellt.

Mein Vater arbeitet als Elektriker bei den Stadtwerken, erst kürzlich haben wir sein 25-jähriges Dienstjubiläum gefeiert. Sicher leben wir zu Hause nicht in einem ausgesprochenen Wohlstandsmilieu – ohne Ferienarbeit könnte ich nicht in jedem Jahr meinen englischen Freund besuchen – aber gefehlt hat es meinen beiden Geschwistern und mir an nichts. Dies gilt auch im Persönlichen. Denn Vater, Pfarrer und Lehrer – besonders auf der Oberstufe der Höheren Schule – sind mir Vorbilder gewesen, die meine Bahn in der rechten Weise absteckten.

[redacted] Doch stets hat mich mein Ehrgeiz weitergedrängt, ~~aus dem heraus~~ so daß ich allzu schnell Getanes um neuer Leistungen willen herabmindere. Man sagt, ich könne mich für meine Aufgaben begeistern, und darüber bin ich froh. [redacted] Eine Analyse richtig zu haben, einen Fortschritt deutlich zu spüren, ließ mich die (die Trennungsgänge) Mühe leicht vergessen. Die Schule, das weiß ich jetzt, hat mich demgegenüber weit weniger gefordert.

Mein Weg bis zum Abitur hin kennt keine großen ~~Schwierigkeiten~~.
Klippen. 1953 wurde ich in die katholische Volksschule in
Köln-Bickendorf eingeschult, von Ostern 1957 bis zum März
1966 besuchte ich das Albertus-Magnus-Gymnasium. [redacted] [Gute
~~ensuren wurden mir fast zur Gewohnheit, so daß ich über ein~~
~~befriedigend" schon enttäuscht gewesen wäre.~~]
[redacted] Zwar weckten Bücher wie „Wir bauen eine neue Welt"
Hausen) und „Die Schöpfung ist noch nicht zu Ende" (Boschke) schon
üh in mir die Neigung zu den Naturwissenschaften, ich habe Vor-
räge an der Ingenieurschule besucht, und [redacted] natürlich habe ich
Hause im Badezimmer mit Chemikalien hantiert, doch stets war
h auf der Schule um gute Leistungen in allen Fächern bemüht. [redacted]

rec.
s ist für mich ein Erlebnis, in die Systematik eines physikalischen oder
emischen Lehrbuches einzudringen, ihr Gedankengebäude ist eine
elt für sich, ruht - so glaube ich - genau so in sich selbst wie etwa
ine Sinfonie oder die hohe Architektur einer Kathedrale.
ber wo begegnen sich diese Geisteswelten in der Bildung meiner Persön-
ichkeiten? Diese Frage hat mir den Weg zum naturwissenschaft-
ichen Studium, in das reiche Feld der Chemie, schwer gemacht.
Naturwissenschaft, mit diesem Begriff verband sich für mich schon
rüh die Vorstellung von Klarheit und gesicherter Erkenntnis. [Das
eispiel der Temperaturdefinition, anhand dessen wir durch unseren
ehrer in die Methodik der Physik eingeführt wurden, überzeugte mich.
etzen wir nämlich einen kausalen Zusammenhang zwischen Wär-
megrad und den auffallenden Körpereigenschaften voraus, so löst

sich die Physik in der nun erfolgenden Temperaturdefinition von ihrem anthropomorphen Ursprung und vermag zu „messen". Wir haben oft in unserer Philosophie-Arbeitsgemeinschaft über diesen Schritt diskutiert, da doch das Eingreifen des Kausalgesetzes eine erkenntnistheoretische Voraussetzung birgt, die nicht zu beweisen ist, ohne die man aber auch nicht weiterkommt.] Der quantitative Aspekt der Welt bestach mich, und obwohl wir die Welt unmittelbar gar nicht quantitativ oder als Walten der Kausalität erleben mögen, schien mir die wissenschaftliche „Objektivität" erstrebenswert.

Es sind besonders zwei Schriften, die mich in dieser Überzeugung wanken gemacht haben: der Aufsatz Professor Heitlers über „Die Grenzen der naturwissenschaftlichen Erkenntnis" und Ernst Jüngers „Sgraffiti". Ich sehe die Lebensfeindlichkeit der Wissenschaft nicht darin, daß fast jede Erfindung eine zweite nötig macht, die uns vor den Folgen der ersten schützt, denn schließlich haben wir ja den Fortschritt zur Lösung unserer Zeit gemacht. Aber jenem Cartesianismus, der sich die Welt als Ansammlung von Objekten hält, um erst aus dieser Abstandsspannung auf sie ausgreifen zu können, fühle ich mich noch nicht gewachsen. Zwar bekommen wir sie ohne das „Pathos der Distanz" nicht in den Griff, Und jedoch aus dem einem fast pathologischen Drang nach Sicherung die immer ausgreifenderen Zwecksetzungen mir auf den Wegen zu verfolgen, die das Durchschnittskalkül der Statistik breittritt und die gleißend der Kausalnexus beleuchtet: das ist mir für meine Ausbildung nicht Ansporn genug.
Ich will deshalb für mein Leben, so wie unsere gesamte Zeit es tut, nach einer Synthese dieser Pole suchen. Ein Bildungserlebnis steht mir dabei besonders vor Augen. Seit ich vor der Oberstufe unserer Schule einmal ein Referat über die Geschichte des chinesischen Imperiums halten durfte, bewundere ich die großen

ieses Volkes, das wie kein zweites nach der „Totalformel", nach dem
lles Sein durchwirkenden Bauprinzip gesucht hat. Ich habe in
iesen Ferien mehrmals das Ostasiatische Museum in Köln sowie
as Britische Museum in London besucht – ich sammle Postkarten
nd Drucke asiatischer Kunst –; denn die sanften Bilder chinesi-
cher Meister auf mich wirken zu lassen, erschien mir seltsam beruhigend
nd anregend zugleich. Jene Künstler setzten nicht ihr eigenes Erle-
en absolut, sondern ihr Schaffen diente stets der Harmonie der Welt
nd hatte in seinen besonderen Ausdrucksmöglichkeiten den Kontakt
it dem „tao" zu suchen. Gerade um dieser Verantwortung willen
st bei ihnen Bildung so eng mit dem personalen Sein verwoben,
nd darin sehe ich sie als Vorbilder.
uch ich will Verantwortung tragen, – für den eigenen Bildungs-
uftrag und für die Menschen, denn auch in meinem Beruf werde ich
ich Menschen gegenübergestellt sehen. Diese Bereitschaft gehört zur Na-
urwissenschaft, die für mich deshalb weit mehr ist als Steigbügelhal-
ter des technischen Fortschritts.

Abb. A.2.–A.5. (Seiten 300–303) Handschriftlicher Lebenslauf, 1966 geschrieben anlässlich der Bewerbung um das Stipendium der Fritz-ter-Meer-Stiftung der Bayer AG.

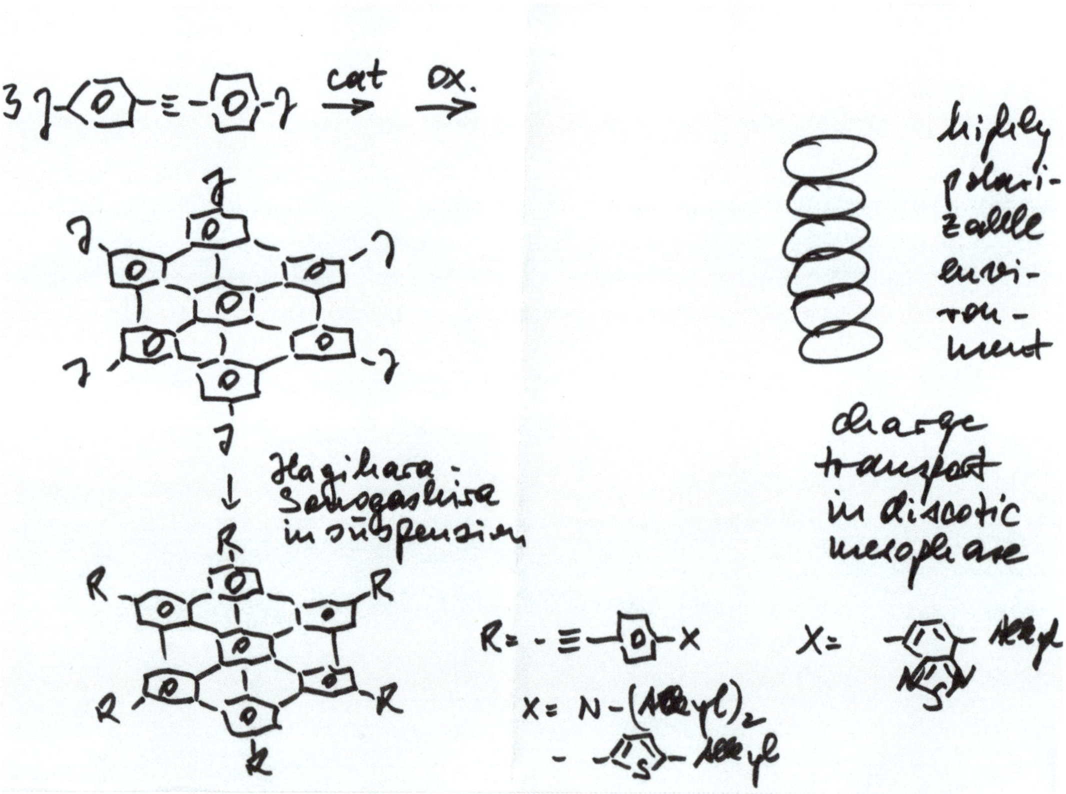

Abb. A.6. Hexabenzocoronene schufen Ende der 90er Jahre unseren Einstieg in die Welt immer grösserer Nanographene. Sie begleiteten mich bis zum Italiener. Neben ihrer Bedeutung für eine molekulare Elektronik stach die Bildung diskotischer Mesophasen mit stapelförmigen Überstrukturen hervor. Die Serviette musste herhalten, weil wir den Ladungstransport in diesen Kolumnen durch Einbetten in eine heteroatomreiche, hoch polarisierbare Umgebung steigern wollten (siehe Abschnitte 5.3 und 6.2). Trotzdem ist aus dieser Idee nichts geworden.

LINKS
BILDQUELLEN
PERSONEN

Links und Literatur

Dieser Teil des Anhangs möge dazu anregen, sich weiter mit im Werk Erwähntem zu beschäftigen! Beispielhaft sind Links zu wichtigen Schlüsselthemen und -begriffen, Organisationen, Menschen und wichtigen Informations- und Inspirationsquellen aufgeführt.

1. Buchreihe und Feedback

[1] Fragen und Feedback an den Autor können direkt an die Mailadresse gerichtet werden
kmuellen@l-i-c.org

[2] Feedback an Herausgeber und Verlag
https://l-i-c.org/1139#feedback

[3] Weitere Informationen zum Werk und allen weiteren der Reihe
https://l-i-c.org/

[4] sowie zur Fachgruppe Geschichte der Chemie der GDCh
https://www.gdch.de/netzwerk-strukturen/fachstrukturen/geschichte-der-chemie.html

[5] Für mehr „Lebenswerke in der Chemie" folgen Sie uns auf Social Media @livesinchem
https://bsky.app/profile/livesinchem.bsky.social
https://instagram.com/livesinchem
https://linkedin.com/in/livesinchem
https://x.com/livesinchem
https://youtube.com/@livesinchem

[6] Supporting Material
https://l-i-c.org/1139#supporting

2. Wissen

[7] Die Historie des Kölner Karnevals, Stadt Köln
https://www.stadt-koeln.de/artikel/05206/

[8] Eine Frage der Chemie, Bonnie Garmus, 2022
https://www.piper.de/buecher/eine-frage-der-chemie-isbn-978-3-492-07109-3

[9] Publikationen von Nina Janich
https://www.linglit.tu-darmstadt.de/institutlinglit/mitarbeitende/ninajanich/publikationen_5/index.de.jsp

[10] Beyer/Walter: Organische Chemie, 25. Aufl. 2016
https://www.hirzel.de/beyer-walter-organische-chemie/9783777616735

[11] Pathways to Impact: Researcher's Handbook on Science-for-Policy, Helsinki 2024
https://acadsci.fi/wp-content/uploads/2024/04/Researchers-handbook-2024.pdf

[12] Trendberichte, Nachrichten aus der Chemie, GDCh, z.B. zur Makromolekularen Chemie
https://www.gdch.de/publikationen/nachrichten-aus-der-chemie/downloads/trendberichte.html

3. Personen

[13] Emanuel Vogel
https://www.ioc.kit.edu/65_348.php
https://chemie.uni-koeln.de/aktuell-veranstaltungen/archiv/newsarchiv/single-news-archive/nachruf-prof-em-dr-dr-h-c-mult-emanuel-vogel

[14] Fabian Gerson: „... ohne Abschied von ihnen nehmen zu können!", in *„Mit meiner Vergangenheit lebe ich", Memoiren von Holocaust-Überlebenden* (Hg.: Ivan Lefkovits). Jüdischer Verlag im Suhrkamp Verlag, Berlin, **2016**.
https://www.suhrkamp.de/buch/mit-meiner-vergangenheit-lebe-ich-t-9783633542772

[15] Edgar Heilbronner
https://de.wikipedia.org/wiki/Edgar_Heilbronner

[16] Jean François Oth
https://de.wikipedia.org/wiki/Jean_Fran%C3%A7ois_Oth

[17] Harald Günther
https://www.wiley-vch.de/de/fachgebiete/naturwissenschaften/nmr-spectroscopy-978-3-527-33000-3

[18] Romano Guardini
https://de.wikipedia.org/wiki/Romano_Guardini

[19] Carl Zuckmayer
https://rppd.lobid.org/118637304

[20] Eugen Drewermann
https://www.evangelisch.de/personen/eugen-drewermann

4. Institutionen / Firmen

[21] Academia Europaea
https://www.ae-info.org/

[22] American Academy of Arts & Sciences
https://www.amacad.org/

[23] Alexander von Humboldt-Stiftung
https://www.humboldt-foundation.de/

[24] Deutsche Akademie der Naturforscher Leopoldina
https://www.leopoldina.org/

[25] Deutsche Akademie der Technikwissenschaften (acatech)
https://www.acatech.de/

[26] Deutscher Akademischer Austauschdienst (DAAD)
https://www.daad.de/

[27] Deutsche Forschungsgemeinschaft (DFG)
https://www.dfg.de/

[28] ETH Zürich
https://ethz.ch/

[29] Johannes Gutenberg-Universität Mainz
https://www.uni-mainz.de/

[30] Max-Planck-Institut für Polymerforschung, Mainz
https://www.mpip-mainz.mpg.de/

[31] Studienstiftung des Deutschen Volkes
https://www.studienstiftung.de/

[32] Universität zu Köln
https://www.uni-koeln.de/

[33] Universität Basel
https://www.unibas.ch/

5. Wissenschaftliche Gesellschaften und Verbände

[34] American Chemical Society (ACS)
https://www.acs.org/

[35] Chinese Academy of Science (CAS)
https://english.cas.cn/

[36] Gesellschaft Deutscher Chemiker (GDCh)
https://www.gdch.de/

[37] Gesellschaft Deutscher Naturforscher und Ärzte (GDNÄ)
https://www.gdnae.de/

[38] The Israel Chemical Society (ICS)
https://www.chemistry.org.il/

[39] Max-Planck-Gesellschaft (MPG)
https://www.mpg.de/

6. Preise und Ehrungen

[40] Van 't Hoff Award-lectures
https://www.knaw.nl/en/funds-and-prizes/van-t-hoff-fund

[41] Cothenius Medaille
https://www.leopoldina.org/ueber-uns/auszeichnungen/medaillen/cothenius-medaille/

[42] Adolf-von-Baeyer-Denkmünze
https://www.gdch.de/gdch/preise-und-auszeichnungen/gdch-preise/adolf-von-baeyer-denkmuenze.html

[43] Hermann-Staudinger-Preis
https://www.gdch.de/gdch/preise-und-auszeichnungen/gdch-preise/hermann-staudinger-preis.html

[44] Karl-Ziegler-Förderpreis
https://www.gdch.de/gdch/stiftungen/karl-ziegler-stiftung/karl-ziegler-foerderpreis.html

[45] UNESCO-Russia Mendeleev International Prize in the Basic Sciences
https://www.unesco.org/en/prizes/mendeleev

7. Publikationen

[46] Zeitschriften der American Chemical Society
https://pubs.acs.org/

[47] Zeitschriften der Gesellschaft Deutscher Chemiker
https://www.gdch.de/publikationen/fachzeitschriften.html

[48] Zeitschriften der Royal Society of Chemistry
https://pubs.rsc.org/en/journals

[49] GDCh-Plattform Faszination Chemie
https://www.faszinationchemie.de/

[50] Nachrichten aus der Chemie
https://www.gdch.de/publikationen/nachrichten-aus-der-chemie.html

[51] ChemistryViews
https://www.chemistryviews.org/

8. Unbeirrt von der Idee bis zum wirtschaftlichen Erfolg

Karl Reuter ist der Initiator und Förderer der Reihe „Lives in Chemistry – Lebenswerke in der Chemie". Er studierte von Nov. 1974 bis Dez. 1981 in Gießen Chemie und promovierte dort im Anschluss bis Juni 1985 bei Günther Maier. Es folgte eine Karriere in der chemischen Industrie, die in die Gründung eines eigenen erfolgreichen Start-Up-Unternehmens, der Reuter Chemische Apparatebau e. K. in Freiburg mündete. „Auf Forschung basierendes Wissen benötigt intensive Arbeit im Labor und kreative Ideen" – diese Überzeugung bestimmte stets Karl Reuters eigenes Wirken. Den Beginn der Reihe beschreibt Günther Maier in der Vorbemerkung zu seiner Autobiographie „Das war's". Der Beirat dieser Reihe dankt Karl Reuter herzlich. 2025 wurde Karl Reuther von der Gesellschaft Deutscher Chemiker für sein Wirken mit der Carl-Duisberg-Plakette ausgezeichnet.

[52] Reuter Chemische Apparatebau e. K., Dr. Karl Reuter, Freiburg i. Br.
http://www.rca-separations.com/

[53] Video von Karl Reuter: Die Entstehungsgeschichte des Buchprojekts
https://l-i-c.org/de/lives-in-chemistry.html

[54] Günther Maier: Das war's
https://l-i-c.org/1125

Bildquellen

Akimitsu Narita: Abb. 5.79.
American Chemical Society (ACS): Abb. 5.82., 5.83., 5.86., 5.99., 6.1., 6.6., 6.8., 6.9., 6.16., 6.26., 6.27.
American Institute of Physics (AIP): Abb. 6.2.
Andreas Herrmann: Abb. 5.46.
Bert Meijer: Abb. 6.8.
Carlos-Andres Palma: Abb. 6.40.
Chen Li: Abb. 5.45.
Christof Wöll: Abb. 6.12.
Dominik Wöll: Abb. 6.34.
ETH-Bibliothek Zürich, Bildarchiv: Abb. 2.9. (Portr_07150).
Emanuel Vogel: Abb. 3.1.
Erhard Fischer: Abb. 4.1.
Fabian Gerson: Abb. 2.4.
Felix Buchholz: Porträtfoto Backcover.
Frans C. De Schryver: Abb. 6.10.
Georg Fytas: Abb. 5.80.
Georg Hohlneicher: Abb. 3.4.
George Floudas: Abb. 4.10.
Gerhard Wegner: Abb. 4.2.
GNT Publishing, Berlin: Abb. A.1. (Idee: Eva E. Wille; Redaktion: Eva E. Wille mit Ralf Hahn und Klaus Müllen; Gestaltung: Andreas Töpfer).
Hans Wolfgang Spiess: Abb. 4.3.
Hans-Jürgen Butt: Abb. 4.6.
Helma Wennemers: Abb. 5.52.
Herbert Meier: Abb. 3.23.
Horst Kunz: Abb. 3.22.
Johan Hofkens: Abb. 6.33.
Josef Wünsch: Abb. 7.13.
Jürgen Rabe: Abb. 6.3.
Kalina Peneva: Abb. 5.44.
Katharina Landfester: Abb. 4.7.
Kenneth B. Wagener: Abb. 3.29.
Klaus Hafner: Abb. 5.49.
Klaus Müllen, Privatarchiv: Bilder Inhaltsverzeichnis, Abb. 0.1., 1.1. – 1.3., 2.3., 2.5. – 2.8., 2.10. – 2.14., 3.2., 3.3., 3.5. – 3.7., 3.10., 3.12. – 3.16., 3.18., 3.19., 3.21., 3.24. – 3.28., 4.8., 4.11., 5.1. – 5.4., 5.6. – 5.11., 5.14. – 5.43., 5.48., 5.50., 5.53. – 5.63., 5.66. – 5.78., 5.80, 5.81., 5.84., 5.87., 5.88., 5.90. – 5.94., 5.96. – 5.98., 6.4., 6.7., 6.17. – 6.19., 6.23., 6.28., 6.31., 6.39., 6.42. – 6.50., 7.1. – 7.7., 7.9. – 7.12., A.2. – A.6.
Krsystof Matyjaszewski: Abb. 5.89.
Kurt Kremer: Abb. 4.4.
Laren Tolbert: Abb. 3.17.
Lifeng Chi: Abb. 6.29.
Marianne Baudler: Abb. 2.1.
Martin Jansen: Abb. 2.2.
Michael Buchmeiser: Abb. 6.41.
Roman Fasel: Abb. 6.13., 6.21.
Springer, Heidelberg: Abb. 5.51., 5.85., 6.14., 6.15., 6.22., 6.24., 6.25., 6.35., 6.36.
Steven De Feyter: Abb. 6.5., 6.20.
Tadeusz Pakula: Abb. 4.9.
Tanja Weil: Abb. 5.101.
Thomas Basché: Abb. 6.30.
Ullrich Scherf: Abb. 5.12.
Uwe Bunz: Abb. 4.12.
Wiley-VCH, Weinheim: Abb. 3.8., 3.9., 3.11., 3.20., 5.5., 5.13., 5.64., 5.65., 5.95., 5.100., 6.11., 6.32., 6.37., 6.38.
Wolfgang Knoll: Abb. 4.5.
Yves Geerts: Abb. 5.47.

Von einigen Bildern konnten die Rechteinhaber leider nicht ermittelt werden.
Der Verlag bittet etwaige Rechteinhaber, sich bei ihm zu melden.

Personen

G

H

I

J

K

L

M

N

O

P

Q

R

S

T

U

V

W

Y

Z

REAKTIONEN
DIE REIHE

Reaktionen unserer Leser

Bestechend! … Lesebücher, die sicher nicht nur das Fachpublikum ansprechen.

Silvia Werfel, Leipzig, in *bindereport*

ausgezeichnet von der stiftung buchkunst · eines der schönsten deutschen bücher

Das Buch von Maier … liegt gut in der Hand und lässt sich leicht aufschlagen. Die Typographie, Farbe und der Raum sind wunderschön gestaltet, und die Anordnung der Elemente ist an jedem Punkt sichtbar. … Herzlichen Glückwunsch an Andreas Toepfer für eine schöne Gestaltungsarbeit.

Roald Hoffmann, Ithaca, USA

Günther Maiers Buch liest sich wie ein Krimi aus dem Labor, besonders spannend ist die aus persönlicher Sicht geschriebene erste Synthese des Tetra-*tert*-butyl-tetrahedrans. Viele andere persönliche Darstellungen, darunter auch die Beschreibung der Unabhängigkeit der Forschung, die ein traditioneller Lehrstuhl möglich machte, sind lehrreiche Erinnerungen. Ich kann das Buch mit größtem Nachdruck als anregende Lektüre empfehlen.

Bernhard Breit, Freiburg, in *Chemie in Unserer Zeit*

Dieses Buch ist ein *pageturner*. … Ist daher aus meiner Sicht eine exzellente, kurzweilige Lektüre nicht nur für all diejenigen, die sich für Wissenschaftsgeschichte im Allgemeinen und Gerhard Ertl im Besonderen interessieren.

Melanie Schnell, Hamburg, in *Angewandte Chemie*

Gerade lese ich die Brunner-Biographie: es ist wirklich ein Buchgenuß! ich hab ihn nur kurz kennengelernt, aber durch dieses Buch wird die ganze Geschichte sehr lebendig, als Kurzzeit-Münchner finde ich die historischen Details zur LMU-Chemie auch sehr spannend.

Sonja Herres-Pawlis, Aachen, in eine E-Mail an Eva E. Wille, Weinheim

Das Bakteriorhodopsin (BR) steht im Mittelpunkt des neuesten Bands der wunderbaren Reihe „Lebenswerke in der Chemie". … Oesterhelts Autobiographie schildert seinen Lebensweg, nicht nur den wissenschaftlichen, sondern auch den privaten. Aus allem spüren die Leser:innen den Enthusiasmus und die menschliche Wärme …

Ferdinand Hucho, Berlin, in *BIOspektrum*

Bislang in der Reihe erschienen

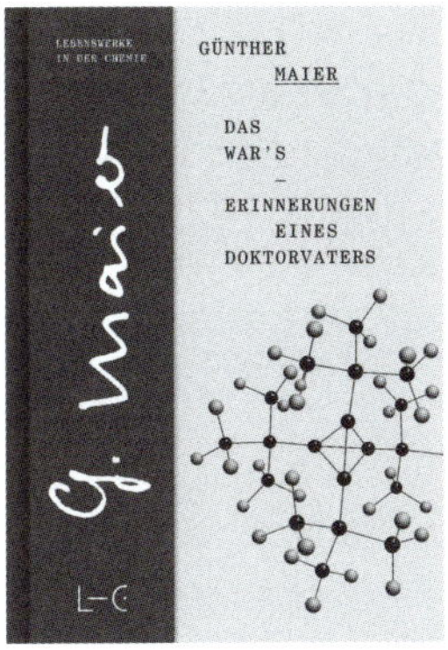

312 S.
170 ABB.
39,80 €
L-I-C.ORG/1125

172 S.
85 ABB.
34,80 €
L-I-C.ORG/1126

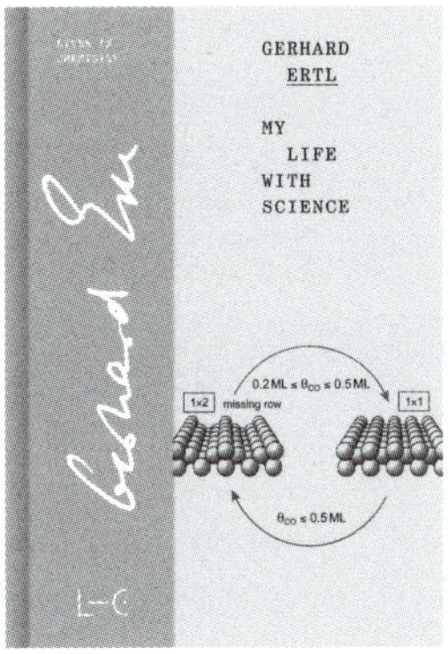

196 S.
98 FIGS.
39,80 €
L-I-C.ORG/1131

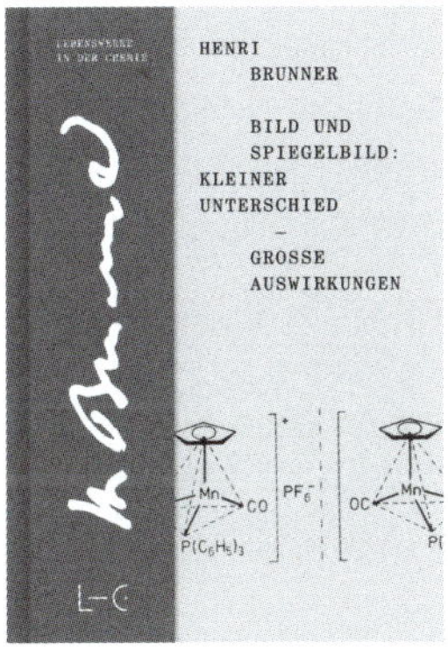

296 S.
261 ABB.
39,80 €
L-I-C.ORG/1127

288 S.
82 ABB.
39,80 €
L-I-C.ORG/1128

336 S.
267 ABB.
39,80 €
L-I-C.ORG/1129

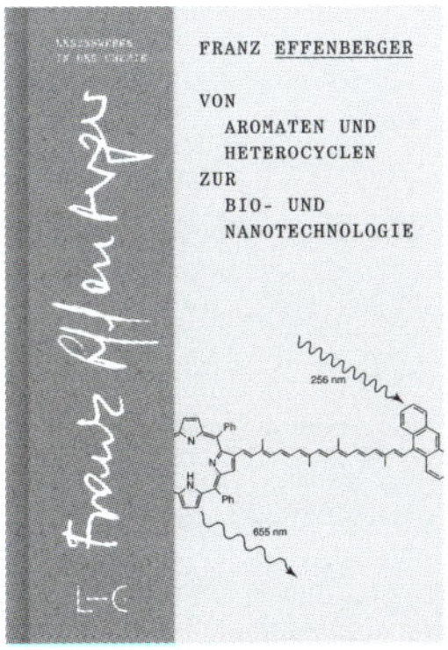

268 S.
231 ABB.
39,80 €
L-I-C.ORG/1130

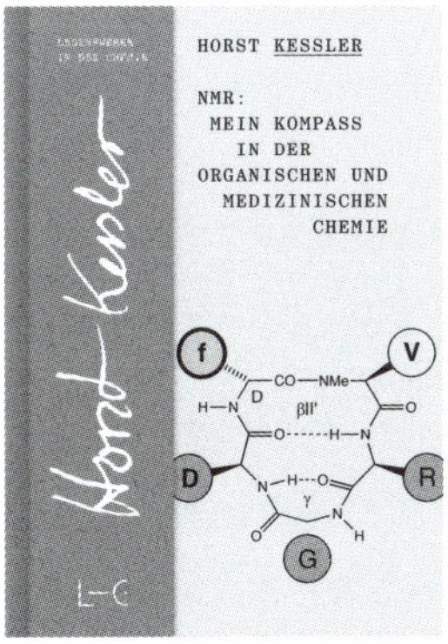

300 S.
239 ABB.
39,80 €
L-I-C.ORG/1132

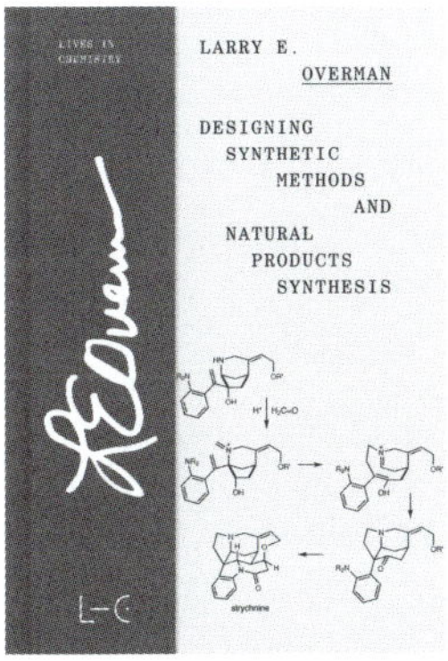

247 S.
225 ABB.
39,80 €
L-I-C.ORG/1133

Kents Motivation war es, einen Beitrag zum Verständnis der enzymatischen Katalyse zu leisten ... Als Modell hierfür diente ihm die HIV-1-Protease, als Methode die von ihm entwickelte „Native Protein Ligation". Ein Fest für jeden Chemiker, die entsprechenden Kapitel seiner Autobiographie zu lesen!

Ferdinand Hucho, Berlin, in *BIOspektrum*

Die Reihe „Lebenswerke in der Chemie" überzeugt durch klare Strukturierung, attraktives Design und durch Leserfreundlichkeit. ... Praxisrelevanz zieht sich wie ein roter Faden durch die Forschung von Franz Effenberger, aber auch durch seine Aktivitäten außerhalb des Labors. Seine Forschung zeichnet der Dualismus zwischen der Freude an der chemischen Synthese und dem starken Interesse an den grundlegenden Strukturen und Mechanismen aus.

Dieter Jahn, Hamburg, in *Nachr. Chem.*

Nichtspezialisten Fachwissen zu vermitteln ist eine Gratwanderung zwischen Präzision und Verständlichkeit, die Horst Kessler hervorragend gelungen ist. ... Das Werk ist eine empfehlenswerte Lektüre für alle, die sich für die chemische Forschung im weiteren Sinne interessieren. Es hat großes Potenzial, die gegenwärtige und die kommende Generation von Naturwissenschaftlern zu mutiger und unabhängiger Forschung zu inspirieren.

Thorsten Berg, Leipzig, in *Nachr. Chem.*

Larry Overmans Autobiographie ist eine Pflichtlektüre, da sie zeitlose Einblicke in den Aufbau und die Leitung einer Forschungsgruppe vermittelt. Dieses Buch ist sowohl inspirierend als auch höchst relevant für heutige Fachleute.

Vera Koester in *ChemistryViews*

Das Buch von Katharina Kohse-Höinghaus ist eine großartige Biographie, die man mit großer Freude liest und allen angehenden Wissenschaftlerinnen – aber keineswegs nur ihnen – sehr zu empfehlen ist.

Stefanie Dehnen, Karlsruhe, in ihrer First-Reader-Reaktion

Lives in Chemistry: Rethinking again and again!

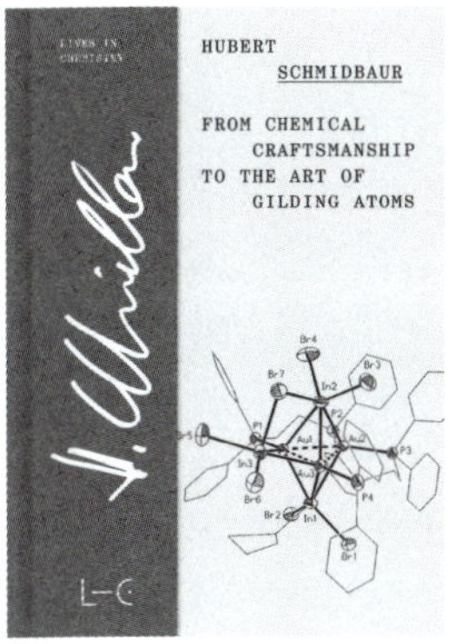

282 S.
266 ABB.
39,80 €
L-I-C.ORG/1134

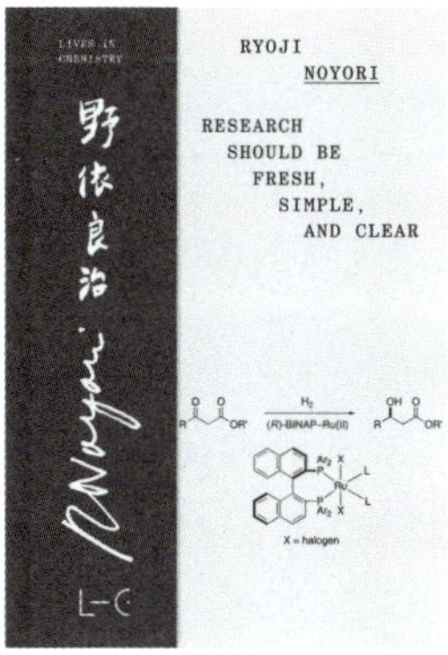

346 S.,
316 ABB.
39,80 €
L-I-C.ORG/1135

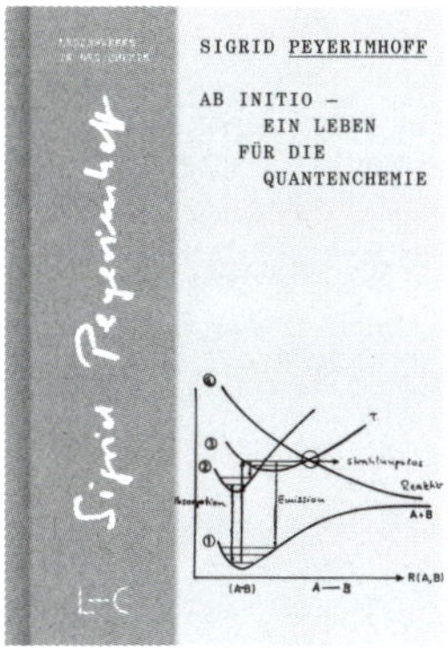

202 S.
80 ABB.
39,80 €
L-I-C.ORG/1138

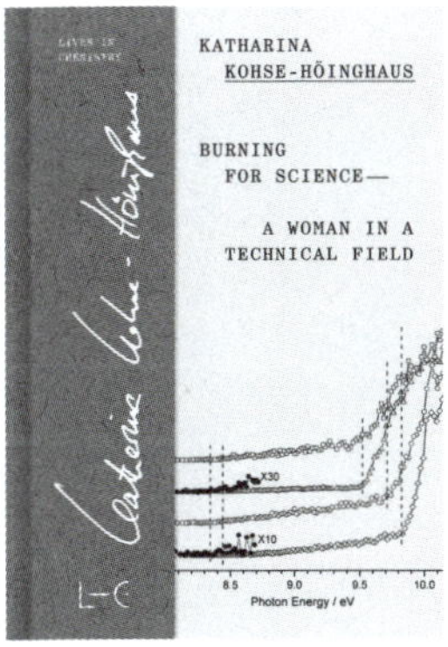

314 S.
227 ABB.
39,80 €
L-I-C.ORG/1137

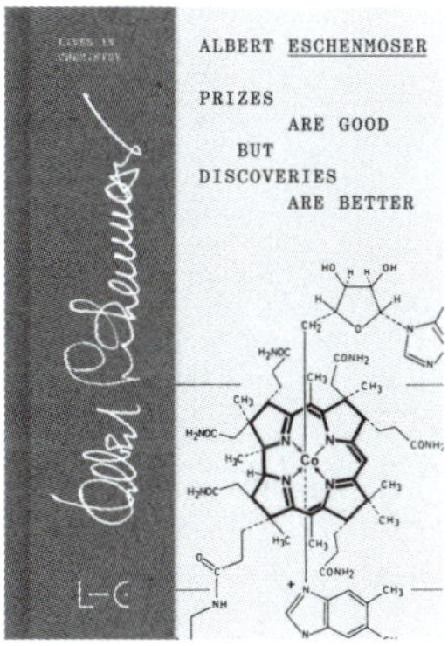

348 S.
339 ABB.
39,80 €
L-I-C.ORG/1136

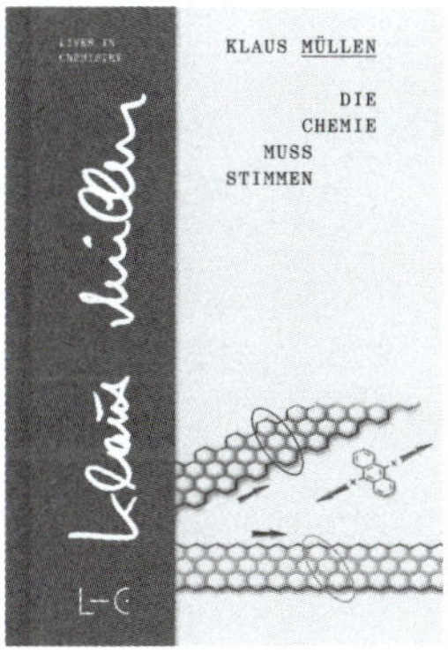

314 S.
230 ABB.
39,80 €
L-I-C.ORG/1139

FOLLOW US
BSKY.APP/PROFILE/LIVESINCHEM.BSKY.SOCIAL
INSTAGRAM.COM/LIVESINCHEM
LINKEDIN.COM/IN/LIVESINCHEM
X.COM/LIVESINCHEM
YOUTUBE.COM/@LIVESINCHEM